迪拜哈利法塔

高铁武汉站

三峡大坝

汶川地震灾害

美国金门大桥

北京四元桥立交枢纽

普通高等教育“十二五”住建部规划教材
普通高等教育“十一五”国家级规划教材
普通高等学校土木工程专业新编系列教材
中国土木工程学会教育工作委员会　审订

土木工程(专业)概论

（第5版）

主　编　罗福午　王　红　李　斌
副主编　刘　芳　郭细伟　刘英棨

武汉理工大学出版社
·武　汉·

【内 容 简 介】

《土木工程(专业)概论》是一本供土木工程专业所开设“土木工程概论”课程用的教科书，也是一本对学生进行专业思想教育的教科书。其内容围绕以下4个方面展开：① 为什么学习——阐述了土木工程专业的培养目标和对所培养人才的素质要求。它是学习的目的。② 学习什么——概述了土木工程，其中着重介绍了建筑工程、地下工程、桥梁工程、道路工程、铁路工程以及土木工程建设中的若干主要问题。它是学习的对象。③ 怎样学习——介绍了土木工程专业的课程设置、教学安排和学习方法要点。它是学习的内容。④ 为何这样学习——讲述了大学学习的规律、原则和主要原理。它是学习的理论。

本书的作用是指导大一新生了解专业，引导他们适应大学生活，遵循学习规律，掌握学习方法，建立热爱土木工程的感情和对土木工程事业的责任心，为今后积极主动地学好课程，培养自主学习的能力打下思想基础。

本书可供普通高等学校、高等专科学校、高等职业技术学院教学用，也可供土建工程技术人员了解土木工程用。

图书在版编目(CIP)数据

土木工程(专业)概论 / 罗福午，王红，李斌主编. 5 版. -- 武汉 ：武汉理工大学出版社，2024. 7.
ISBN 978-7-5629-7136-8

Ⅰ. TU

中国国家版本馆 CIP 数据核字第 2024UN6232 号

土木工程(专业)概论

Tumu Gongcheng (Zhuanye) Gailun

项目负责人：高　英　汪浪涛
责 任 编 辑：戴皓华
责 任 校 对：张明华
排 版 设 计：芳华时代
出 版 发 行：武汉理工大学出版社
社　　　址：武汉市洪山区珞狮路 122 号
邮　　　编：430070
网　　　址：http://www.wutp.com.cn
经　　　销：各地新华书店
印　　　刷：湖北恒泰印务有限公司
开　　　本：889×1194　1/16
印　　　张：15.5
彩　　　插：1
字　　　数：480 千字
版　　　次：2024 年 7 月第 5 版
印　　　次：2024 年 7 月第 1 次印刷　总第 69 次印刷
印　　　数：547001—550000 册
定　　　价：38.00 元

普通高等学校土木工程专业新编系列教材

编 审 委 员 会

前　　言

（第 5 版）

《土木工程(专业)概论》发行至今，已经历了 24 年。

24 年来，我国的国内生产总值(GDP)已从 2000 年的 10 万亿元大幅增长到 2023 年的 126 万亿元，一般认为，土木工程建设对国内生产总值的贡献占 1/3 以上。今后我国的经济增长，更要转移到包括土木工程在内的科技进步和提高劳动者素质上来。

24 年来，我国土木工程建设有着飞速的进步：目前，高速铁路通车里程超过 4.5 万千米，占全球高铁总里程的 70%以上；高速公路通车里程超过 18 万千米，稳居世界第一；城市轨道交通运营里程超过 1 万千米，9 个城市地铁通车里程进入世界前 10 名；人均住宅面积由 2000 年的约 10 m^2 增长到超过 40 m^2。基础设施的高速发展，实现了我国现代化的需求，增强了我国的综合国力。显然，这些建设还需要高质量的增长。

24 年来，本书的发行量接近 60 万册，表明有近 60 万学子从进入大学殿堂起就以本书为契机，进行了一次良好的土木工程专业思想教育，为他们今后能够进行高质量的学习打下基础。

这一切都使我们深深感受到我国土木工程教育工作者肩上的重担，意识到国家对培养高素质土木工程人才、促进高质量发展国民经济的需求，认识到编写好本书第 5 版的迫切性。

教育是涉及人的心灵的科学，教师的主要职责是启发学生“学习向上”。本书是一本服务于土木工程专业新生入学初期心灵启蒙的教科书，也是教师主讲“土木工程概论”课程的主要教材。本书第 5 版的教学目标仍确定为下列 4 个方面：

(1)开拓土木工程的视野——以生动宏伟的建设场景和案例，使学生建立土木工程的整体和发展思维，从而提高他们学习后续课程的兴趣和质量。

(2)培育土木工程的意识——以理论结合实践的“实践意识”和工程的本质是创造力的“创新意识”，指导学生自身的学风建设。

(3)懂得学习目标和原理——有利于建立学习过程中的使命感，有利于提高勤奋求学的自觉性，有利于获得良好的学习方法。

(4)激发持久的学习动力——使学生在整个大学学习期间充满激情和活力，在“知、情、意、行”4 方面的全面素质不断提高。

第 5 版在第 4 版基础上作了较大篇幅的修订。它包括一些新的工程项目、新的建设思路、新的前沿发展、新的教育和学习理念以及对第 4 版不足处的改正。本次修订还增加了部分数字资源和课程思政案例，读者可扫书中二维码阅览。

参加本书编写的有：罗福午、王红、李斌、刘芳、郭细伟、刘英桀、王新武同志，全书由罗福午教授统稿。

编　者

2024 年 4 月

目　录

1 土木工程专业培养目标和人才素质要求

1.1 土木工程和土木工程专业

土木工程(Civil Engineering),是建造各类土建工程设施的科学技术的统称。它既指与人类生活、生产活动有关的各类工程设施,如建筑工程、道路工程、铁路工程、桥梁工程、港口工程等,也指应用材料、设备为这些工程设施所进行的勘察、设计、施工、检测、维修等工程技术活动。

土木工程是社会和科技发展的主要先行者。由于它的投入大(指劳动力、资金、材料的投入),带动的行业多(如建材、钢铁、化工、机电等),担负着城市建设和交通网络建设的重大任务,所有工业、农业乃至科技、国防、文教部门都需要土木工程为它们创造建设和发展的条件,所以土木工程对任何一个国家的国民经济发展都起着重要作用。我国改革开放以来,大规模住宅建筑、高速公路、铁路网和港口建设的飞速发展,对促进国家现代化、提高人民生活水平、增强综合国力的重要作用已为历史所证实。2023 年,我国国内生产总值(GDP)已达到 126 万亿元,其中固定资产的投入已超过 GDP 总值的 40%,它们绝大多数与土木工程相关的产业有关。

(1)土木工程需要解决的问题

土木工程的实施,要解决以下四方面的问题:

①土木工程需要解决的问题,表现为形成人类活动所需要的、功能良好和舒适美观的空间和通道,它既有物质方面的需要,又有精神方面的需要。这是土木工程的根本目的和出发点。

②土木工程需要解决的问题,表现为能够抵御自然或人为的作用力。前者如地球引力、风力、气温和地震作用等;后者如振动、爆炸等。这是土木工程存在的原因。

③土木工程需要解决的问题,表现为充分发挥所采用材料的作用。土木工程都是应用石、砖、混凝土、钢材、木材乃至合金材料、化工复合材料等在地球表面的土层或岩层上建造的。材料需要的资金占土木工程投资的大部分。材料是建造土木工程的根本条件。

④土木工程需要解决的问题,表现为怎样通过有效的技术途径和组织管理手段,利用社会所能提供的物资设备条件,"好、快、省"地组织人力、财力、物力,把工程设施管理、建造成功,付诸安全耐久的使用。这是土木工程的最终归宿。

为解决上述问题所进行的土木工程活动,一般包括两个方面:技术方面,有勘察、测量、设计、施工、监理、开发等;管理方面,有制定政策和法规、企业经营、项目管理、施工组织、物业管理等,如图 1.1 所示。

(2)土木工程的基本属性

①社会性　土木工程随不同历史时期的社会需求和科学技术水平的提高而发展,同时也受社会政治、经济、资源、能源、环境等条件的约束。

②综合性　土木工程是运用多种生态资源和各类科学技术,进行开发、勘测、设计、施工、维护、管理的综合成果。

③实践性　土木工程是在实践中形成和发展的,不但一切土木工程的价值判断都有赖于实践,而且只有在实践中才能揭示新的需求,使土木工程不断得到创新,使土木工程学科理论不断得到发展。

④统一性　土木工程必须符合人们的物质和精神需求,但要利用和消耗大量的人力、财力和物力资源;力求土木工程的建设成果既经济实用,又美观悦目,是人们需求的必然。

⑤建造过程单项性　土木工程一般按照建设单位的设计任务书和招投标要求单项进行设计、单项进行

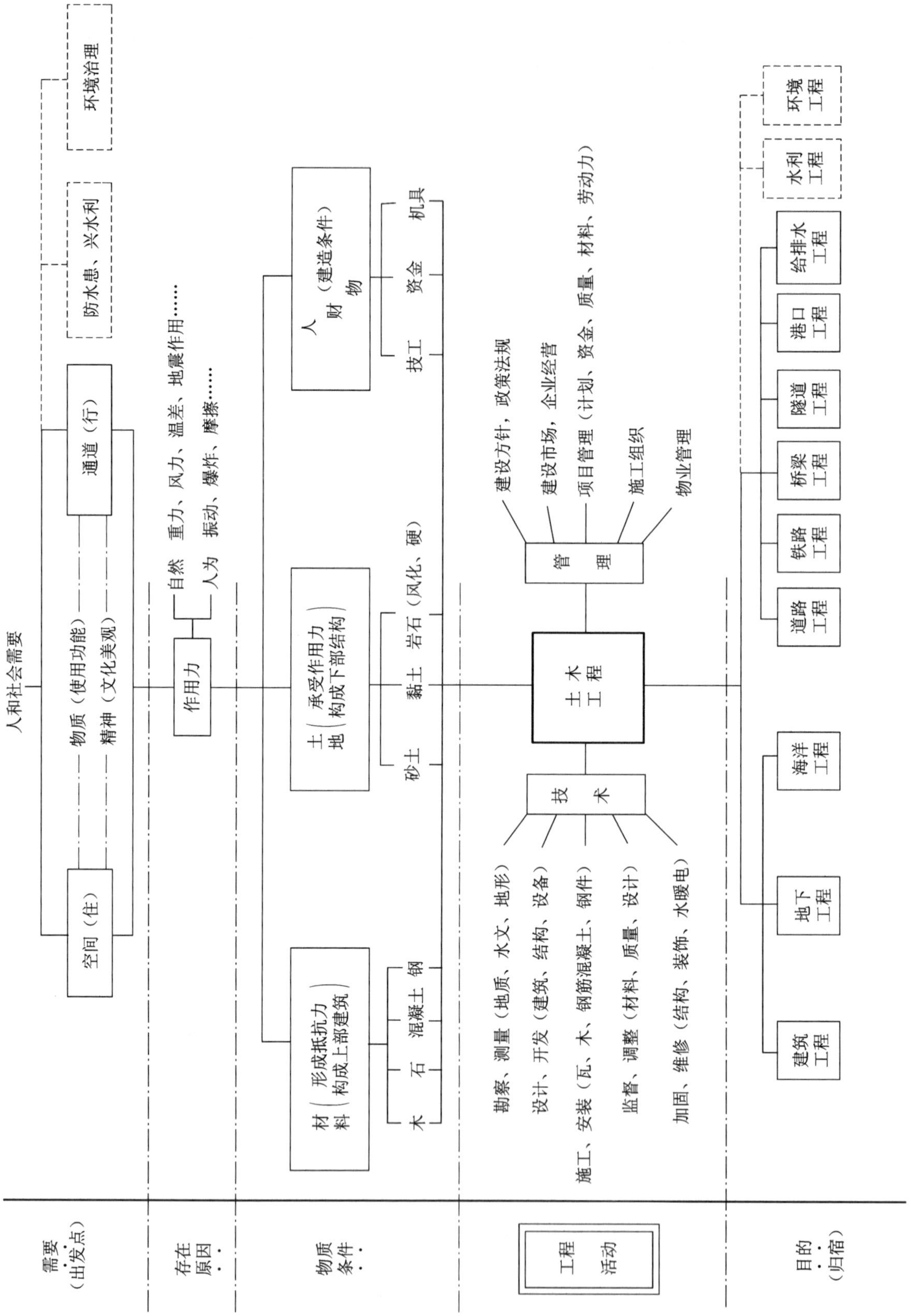

图 1.1 土木工程的要素和目的

施工，并且多数是在自然环境中建造的；建造周期较长，来自大自然和社会环境的风险较多，因而建造过程中的质量和安全问题十分重要。

发展土木工程的根本，是培养大批掌握土木工程科学技术、懂得土木工程基本属性、具有能解决上述四方面问题的专门人才。

土木工程专业在两类学校里设置：一是高等学校（包括普通高等院校和高等职业技术学院、高等专科学校），培养的是未来的土木工程师、技术师；二是中等职业学校，培养的是未来的土木工程技术员。

土木工程（学科代码：081001）专业就是为培养这类人才所设置的学业门类。其他土木类专业还包括：城市地下空间工程（081005T）、道路桥梁与渡河工程（081006T）、铁道工程（081007T）、智能建造（081008T）、智能建造与智慧交通（081012T）等。

1.2 我国高等学校土木工程专业的培养目标

我国高等学校土木工程专业的培养目标：培养适应社会主义现代化建设需要，德智体全面发展，掌握土木工程相关学科的基本原理、知识和方法，获得土木工程师基本训练的，具有创新精神的高等工程技术专门人才；毕业后能从事土木工程的设计、施工和管理工作，具有初步的规划和研究开发能力。（高等职业技术学校相应专业的表述为：高素质技术技能型专门人才，毕业后从事生产第一线的工程施工、工程管理、中小型工程设计、房地产开发、物业管理等工作。）

作为刚跨进高等学校大门的大学生，理解本专业的培养目标，就是懂得“为什么学习”这个根本问题。大学生要按照这个培养目标进行学习，接受教育，严格要求自己，提高自己的素质修养；毕业时，用人单位将根据这个培养目标评价和选择毕业生，学生自己则要按照这个培养目标选择适合自己发展的工作岗位。

1.2.1 关于科学、技术、工程和工程师的概念

为了认清本专业的培养目标，需要讨论科学、技术、工程和工程师的概念。

（1）科学是关于自然、社会和思维的知识体系，它的任务是研究事物和事实的本质和机理，探索它们发展的客观规律。其中，基础科学如数学、物理、化学、生物等学科，研究的是自然界最基本的客观规律；技术科学如固体力学、流体力学、机械学、电工学、化工原理等学科，研究的是相邻几门技术或工程方面共同性的客观规律。科学家（scientist）是从事科学研究的专家。

（2）技术是根据生产实践经验和自然科学原理发展成的各种生产工艺、作业方法和操作技能的总称，它的任务是利用和改造自然，以其生产的产品为人类服务。技术家（technologist）是从事技术工作的专家，工程师、农艺师、医师都称为技术家。

（3）科学和技术在目的、目标、方法等方面是有区别的，如表 1.1 和图 1.2 所示，但它们又有着十分密切的联系。例如，在 18 世纪，人们对热现象的研究促进了原始蒸汽机的发明和改进，这些发明和改进又为热力学的产生创造了条件，热力学的研究又指导了内燃机的研制；在 20 世纪，现代物理学推动了电子技术的发展，电子计算机更带动着当前一切学科的发展，推动着各类工程技术的进步。

表 1.1 科学和技术的区别

	科学	技术
范畴	知识	实践
目的	解决是什么（What）和为什么（Why），以发现为己任	解决怎么做（How），以应用、革新、发明为宗旨
目标	相对确定的[图 1.2(a)]	相对不确定的[图 1.2(b)]
方法	侧重于分析，探索规律	侧重于综合，受到各种约束
评价标准	正（准）确与否	有效与否

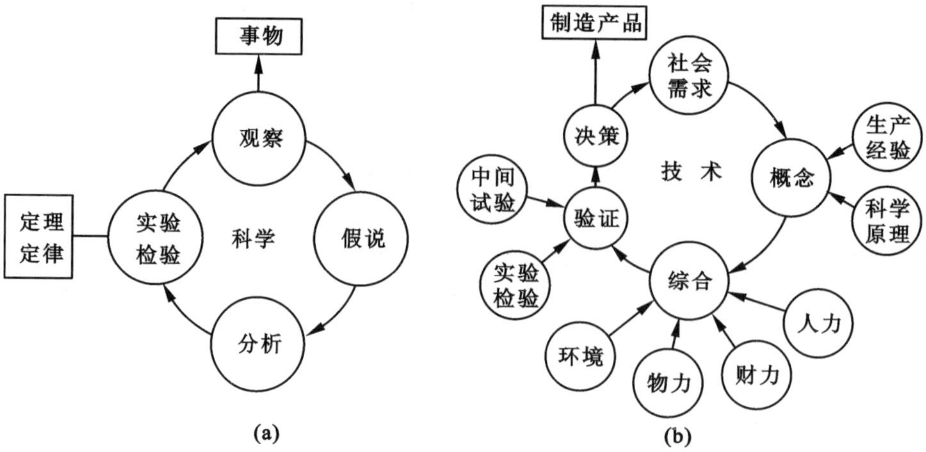

图 1.2　科学和技术的区别

(4)工程并不就是科学,也不就是技术。工程完整的概念:开发应用科学的知识和技术的手段,在物质、经济、人力、政治、法律和文化限制内满足社会需求的一种有创造力的建设实践。在这个概念中,有创造力的实践是工程的本质。以建筑工程为例,它与各方面的关系如图 1.3 所示。土木工程与相关基础科学、技术科学、工程技术(含材料技术、生产技术、产品技术)的关系如图 1.4 所示。

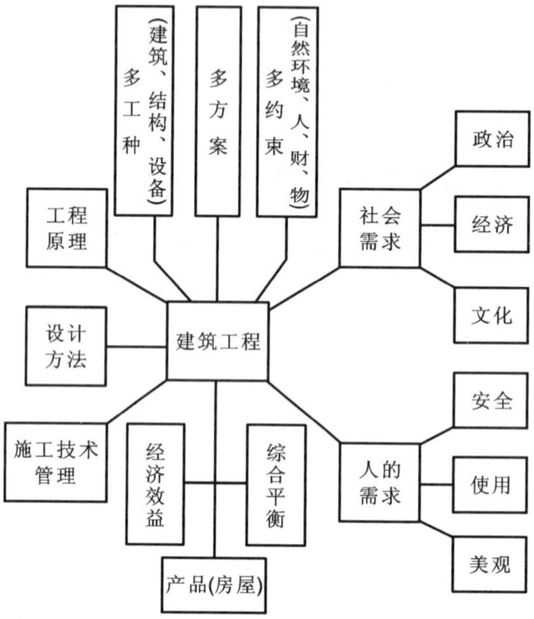

图 1.3　工程与各方面的关系(以建筑工程为例)

(5)工程师是从事工程活动的技术家。工程师具有的特征可以从其英文名称 Engineer＝Engine＋ er 上看出来。Engine 是发动机,是实现一个目标的原动力,它的同义词 Ingenuity 是创造性;英文名词的词尾加 er,是人称的表示。可见,工程师必须具有创新精神,是工程的原动力、启动人。

工程师的核心职能是革新和创造。1989 年,来自美国、英国、加拿大、爱尔兰、澳大利亚、新西兰 6 个国家的民间工程专业团体发起和签署了《华盛顿协议》,主要针对国际上本科工程学历(一般为四年)资格互认,确认由签约成员认证的工程学历基本相同,并建议毕业于任一签约成员认证的课程的人员均应被其他签约国(地区)视为已获得从事初级工程工作的学术资格。该协议规定毕业生应具备解决复杂工程问题的能力和素质。2013 年,我国加入《华盛顿协议》成为预备成员,2016 年成为国际本科工程学位互认协议《华盛顿协议》的正式会员。

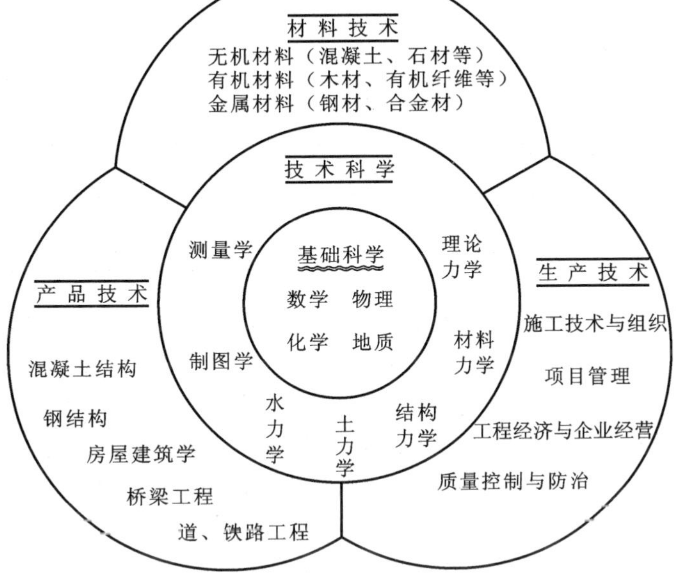

图 1.4 土木工程与有关科学和技术的关系

从宏观说来，工程师有 3 种类型：

①技术实施型 他们是在工业生产第一线从事规划、设计、制造、施工、检测、运行等技术工作的人才，善于解决各种复杂的技术问题。这类人才占工程师总数的 55％～65％。

②研究开发型 他们是从事技术科学研究或工程技术开发的人才，具有理论研究和新材料、新工艺、新产品开发的能力。这类人才约占工程师总数的 15％。

③工程管理型 他们是从事以工程为背景的统筹、决策、管理、经营、销售等工作的人才；他们知识面宽，组织能力和识别、判断能力强。这类人才占工程师总数的 20％～30％。

在工程实践中，这 3 类工程师往往因工作需要而互换。因而，每个成为工程师的人，都应该基本胜任这 3 种类型的工作。

工程师的职责：

——能够以科技知识和实际经验为公众服务，作为自身的专业职责(能)；

——应该以保障社会、资源和环境的可持续发展，作为自身的社会责任(应)；

——以合理的人力、财力、物力和时、空条件，作为自身完成任务的价值约束(值)；

——以恪守许可的法律政策、本行业的行为标准，作为自身的行动准则(可)；

——以忠诚的事业心、责任感和执着追求新发展的态度，作为自身的职业风范(诚)。

1.2.2 对于我国土木工程专业培养目标的理解

(1)我国土木工程专业培养目标的内涵，是指对学生进行土木工程师在知(认知)、情(情感)、意(意识)、行(行为)4 方面的基本训练。学生毕业后在工作岗位上的职称只是“助理工程师”或“技术员”；要经过几年在工程实践中的锻炼并通过评审，才能成长为工程师或注册工程师(参见表 1.2；工程师是职称，注册工程师才是执业工程师)，其中业绩充实、有突出贡献的，才能成为高级工程师。培养目标中的“高等工程技术型(或高素质技术技能型)专门人才”只是相应于高等工程教育而言的；对于中等工程教育所培养的中专毕业生，则是“中等工程技术人才”。

表 1.2 “工程师基本训练”和“工程师形成”的关系

培养的内容	获取方式	
	在校获得(工程师基本训练)	工程实践中锻炼(工程师形成)
知	知识(科技、人文)、技能,获取信息的能力	接受工程实际知识(能否、应否、值否、可否)
情	爱国情、使命感、责任心,新事物敏感性	完成生产任务的业绩,高度的责任心和信念
意	自觉工程意识(实践、协作、经济、法制等)	具备良好的沟通、交流、创新、经营意识和能力
行	参与工程建设的坚定意向,初步创新能力	掌握工程实践技能,积累丰富的实际工程经验

(2)目前,我国土木工程企(事)业单位多数还不能承担大学生毕业后的培训任务,高等院校的本科或职业技术教育都是一个“独立培养阶段”。高等工科院校教育的强项是基础科学、技术科学、工程技术学科理论和实践课程。其中,本科生尤其要打好扎实的技术科学的理论基础(一般指本专业的主干学科和核心课程,即对土木工程发展起重要作用的课程);高职生则更应重视本专业技术知识和技能的熟练掌握。本科生和高职生都要十分注重科学和工程实践环节(实验、设计、实习等)的学习,在这些实践环节中检验所学理论,积累实际经验,养成工程意识和使命感、责任心,培育创新思维和能力。

(3)由于“社会需求的可变性和学校教育的相对稳定性之间”,以及“学生个性发展和学校规定必修课程之间”必然存在矛盾,因此鼓励学生在学好本专业必修课程的基础上选修其他课程,尤其是一些人文社会学科的课程,以适应社会发展的需求和个人发展的需要。也鼓励学生在完成本科学业的基础上攻读硕士和博士学位,确定自己今后的业务发展方向,获得进一步进行科学研究和技术开发的能力。

1.3 土木工程专业对所培养人才的素质要求

人的素质,是指人在先天生理基础上,受后天环境和教育的影响,通过自身的认识和实践,养成的比较稳定的基本品质。土木工程专业学生作为未来的工程师,应该具备高标准的基本品质。它大体有以下 4 个方面:

(1)认知和学识方面——既要博、又要精,它们是素质的根本。

“博”,指认知本专业相关必修和选修课程知识的基本概念、原理和方法,能够加以应用,并了解它们的发展方向;

“精”,指进入一些主干学科、核心课程以及一些自己热爱的学科领域的前沿,对它们有自己的学术见识。

(2)意识和才能方面——是对现实的思维反应,并有自觉行动的能力,一般表现在信息、应用、心智、沟通 4 个方面。它们是素质的核心。

①“信息”方面,指获取、储存、记忆信息的意识和技能,由此产生较强的自主学习能力;

②“应用”方面,指运算、写作、制图、实验、设计、制作的实践意识和技能,由此产生较强的动手能力和解决问题的能力;

③“心智”方面,指养成逻辑、辩证、创新思维和统计、分析、归纳、评价技能,建立注重效益和综合平衡的意识,由此产生勇于探索和初步创新的能力;

④“沟通”方面,指联络、交流、协商、合作等方面的协作意识和技能,由此产生必须具备的组织管理能力。

(3)情感和品德方面——表现为正确处理与社会、事业和他人的关系,是素质的灵魂。

①“政治”方面,指热爱祖国,拥护中国共产党,懂得党的方针政策,对社会思潮有判别力;

②“思想”方面,指懂得马列主义、毛泽东思想、邓小平理论、“三个代表”重要思想、科学发展观、习近平新时代中国特色社会主义思想,对土木工程事业有使命感、责任心,走与工农群众相结合的道路;

③“品德”方面,指遵纪守法,以诚待人,以信为本,有鲜明的职业道德。

(4)体魄和心理方面——身心健康、学风纯正,是素质的基础。它表现为:

①“体质”的健康,“体能”的良好,有经常运动的习惯;
②“精力”的旺盛,“思路”的活跃,有实现目标的坚定意志;
③“学风”上,严谨、勤奋、求实、创新;
④“作风”上,谦虚、谨慎、诚挚、守信。

思政:“公路院士”沙庆林

作为大学生,养成上述基本品质的途径:
●充分利用学校设备和学习条件,严谨、勤奋地学习;
●努力参与多种教学、研究和工程实践,增强自己的实践意识,提高动手能力;
●自觉培养自主性学习的能力,勤于思考,敢于探索,勇于创新;
●积极参加集体活动,承担社会工作,在学习和社会工作上“两个肩膀挑担子”;
●养成运动习惯,注意劳逸结合,加强心理修养;
●关心国家大事,关注国际和国内科技发展新动向;提高自身素质,适应时代和社会进步新潮流。

要切记,一个人素质的养成具有“不可替代性”,自觉接受后天社会环境和学校教育的良好影响,是形成自身优秀素质的必要和充分条件。

《华盛顿协议》规定工程教育认证专业毕业生应具备以下12个方面的品质:

(1)工程知识:能够将数学、自然科学、工程基础和专业知识用于解决复杂工程问题;

(2)问题分析:能够应用数学、自然科学和工程科学的基本原理,识别、表达并通过文献研究分析复杂工程问题,以获得有效结论;

(3)设计/开发解决方案:能够设计针对复杂工程问题的解决方案,设计满足特定需求的系统、单元(部件)或工艺流程,并能够在设计环节中体现创新意识,考虑社会、健康、安全、法律、文化以及环境等因素;

(4)研究:能够基于科学原理并采用科学方法对复杂工程问题进行研究,包括设计实验、分析与解释数据,并通过信息综合得到合理有效的结论;

(5)使用现代工具:能够针对复杂工程问题,开发、选择与使用恰当的技术、资源、现代工程工具和信息技术工具,对复杂工程问题进行预测与模拟,并能够理解其局限性;

(6)工程与社会:能够基于工程相关背景知识进行合理分析,评价专业工程实践和复杂工程问题解决方案对社会、健康、安全、法律以及文化的影响,并理解应承担的责任;

(7)环境和可持续发展:能够理解和评价针对复杂工程问题的工程实践对环境、社会可持续发展的影响;

(8)职业规范:具有人文社会科学素养、社会责任感,能够在工程实践中理解并遵守工程职业道德和规范,履行责任;

(9)个人和团队:能够在多学科背景下的团队中承担个体、团队成员以及负责人的角色;

(10)沟通:能够就复杂工程问题与业界同行及社会公众进行有效沟通和交流,包括撰写报告和设计文稿、陈述发言、清晰表达或回应指令,并具备一定的国际视野,能够在跨文化背景下进行沟通和交流;

(11)项目管理:理解并掌握工程管理原理与经济决策方法,并能在多学科环境中应用;

(12)终身学习:具有自主学习和终身学习的意识,有不断学习和适应发展的能力。

复习思考题

1.1 试述培养目标、大学生基本素质要求和学习目的之间的联系和区别。

1.2 你在入学前的职业意向和本专业培养目标一致吗?如果一致,你准备怎样实现培养目标?如果不一致,你准备怎样进行调整?

1.3 你对于人的素质是怎么看的?通过本章学习,你认识到大学生全面素质包括哪些?为什么说在大学阶段培养学生的全面素质十分重要?

1.4 大学生基本素质要求和发展大学生个性特征之间有什么关系?

1.5 什么样的人是科学家、工程师和技术工人?试述科学家、工程师以及技术工人对社会的贡献各自应该是什么?他们间哪些是共同的?哪些却有很大不同?

1.6 举例说明你所了解的本专业领域内属于科学的问题、属于技术的内容以及属于工程的表现各是什么?它们间哪些是共同的?哪些有很大不同?

1.7 你当前认识到在高等学校工学院里工程师基本(初步)训练的内涵是什么?你准备怎样致力于这种训练?这种训练中最关键的内容是什么?

1.8 你为什么报考工科?为什么报考土木工程专业?你所了解到的学习本专业后未来从事的职业是什么?谈谈自己对未来的设想。

1.9 你认为“高等工程科学技术专门人才”和“高等工程技术应用型专门人才”两种培养目标有什么区别?

1.10 工科大学培养的人才和实际工作岗位上的工程师之间有哪些重大差别?工科大学生毕业后成长的道路是什么?对于这条道路,工科大学生在校学习期间应该怎样有意识地进行模拟性的实践?

1.11 试述你对国内和国际土木工程建设所了解的大体情况和你感受到未来作为土木工程建设者的社会责任。

2　土木工程的发展简史

土木工程是一种工程分科，指用石材、砖、砂浆、水泥、混凝土、钢材、木材、合成高分子材料等修建房屋、铁路、道路、桥梁、隧道、运河、堤坝、港口等工程的生产活动和工程技术。这种生产活动和工程技术，包括对上述各类工程的勘测、设计、开发、施工、保养、维修等活动以及它们所需要的相应技术。

土木工程也是一门学科，称为土木工程学。它是指运用数学、物理、化学等基础科学知识，力学、材料学等技术科学知识以及土木工程方面的工程技术知识来研究、设计、修建各种建筑物和构筑物的一门学科。这里，建筑物（通称建筑）是指供人们进行生产、生活或其他活动的房屋或场所，如工业建筑、民用建筑、农业建筑、铁路建筑、交通建筑等，以及铁路、公路、桥梁、码头等工程设施；而构筑物则指人们一般不直接在内进行生产、生活活动的工程设施，如水塔、烟囱、栈桥、堤坝、蓄水池、囤仓等。

思政：方左英教授事迹（一）

土木工程，在英语里称为 Civil Engineering，直译为“民用工程”。它的原意是与“军事工程”（Military Engineering）相对应的。在英语中，历史上土木工程、机械工程、电气工程、化工工程都属于 Civil Engineering，因为它们都具有民用性。后来，随着工程科学技术的发展，机械、电气、化工都已逐渐形成独立的学科，Civil Engineering 就成为土木工程的专门名词。至今，在英语中，Civil Engineering 还包括水利工程、环境工程；而在我国，水利工程和环境工程也已成为与土木工程十分密切的相对独立分支。

思政：方左英教授事迹（二）

土木工程虽然是一门古老的学科，但是其领域随相关学科的发展、经济建设和社会进步的需要而不断深化、不断拓展。本章回顾土木工程的发展简史，并非简单地瞄向过去，而是为了土木工程的今天和未来回顾往事，让我们看到人类对土木工程经历和期待的延伸，以及对土木工程需要保留和要求的延伸。

土木工程的发展经历了古代、近代和现代 3 个历史时期。

2.1　古代土木工程

古代土木工程有着很长的时间跨度，它大致从新石器时代（约公元前 5000 年起）开始至 17 世纪中叶。随着年代的推移，具有代表性的古代土木工程有：

（1）中国黄河流域的仰韶文化遗址（约公元前 5000—前 3000 年我国新石器时代的一种文化称仰韶文化，其遗址 1921 年首次发现于河南渑池仰韶村，分布于黄河中下游流域，遗留有残穴与平面为圆形、方形和多室联排矩形的地面建筑残迹）和西安半坡村遗址（约公元前 4800—前 3600 年，1954 年开始发掘）。半坡村遗址有很多圆形房屋的痕迹，经分析这些痕迹是直径为 5～6 m 的圆房屋的土墙，墙内竖有木柱，支承着用茅草做成的屋面，茅草下有密排树枝起龙骨作用。现仍遗存有木柱底的浅穴和一些地面建筑残痕。半坡村房屋复原示意如图 2.1 所示。

图 2.1　西安半坡村房屋复原示意

（2）埃及帝王陵墓建筑群——吉萨金字塔群，建于公元前 27 世纪。其中以古王国第四王朝法老胡夫的金字塔最大。该塔塔基呈方形，每边长 230.5 m，高约 146.6 m，用 230 余万块巨石砌成。塔内有甬道、石阶、墓室等（详见附录 1）。

（3）公元前 7 世纪春秋时期的楚国开始建造绵延数百里的长城；公元前 221 年秦统一中国后将战国时期各国修筑的自卫长城

连接起来,长达约 2 500 km。此后汉、南北朝、隋、金直至明朝都大规模修筑长城。至今西起嘉峪关,东至山海关,绵延 8 850 km 的万里长城,是明代遗留下来的(详见附录 2)。

(4) 约公元前 256—前 251 年(战国时期)始建于秦昭王末年的四川都江堰大型引水枢纽,是世界历史上最长的无坝引水工程。此工程以灌溉为主,兼有防洪、水运、供水等多种效益,一直沿用至今。其规模之大,规划之周密,技术之合理,均为前所未有。

(5) 公元 532—537 年间建造在君士坦丁堡(今土耳其伊斯坦布尔)的索菲亚大教堂(Hagia Sophia)为砖砌穹顶(圆形球壳),穹顶直径 30 余米,高 50 余米,支承在大跨砖拱和用巨石砌筑的巨型柱(截面约 7 m×10 m)上,如图 2.2 所示,详见附录 3。

(6) 公元 590—608 年建造在河北省赵县洨河上留存至今的隋代敞肩式单孔圆弧弓形石拱桥,即赵州桥(图 2.3),全长 50.82 m,桥面宽约 10 m,跨度 37.02 m,采用 28 条并列的石条砌成拱券形成。拱券矢高 7.23 m。拱上设有 4 个小拱,既能减轻桥身自重,又便于排洪,且更显美观。该桥无论在材料使用、结构受力、艺术造型和经济上都达到极高成就,是世界上最早的敞肩式拱桥,早于欧洲同类桥约 1 000 年。

图 2.2　索菲亚大教堂结构示意

图 2.3　赵州桥

(7) 公元 1056 年建成的山西应县木塔(佛宫寺释迦塔),塔高 67.3 m,呈八角形,底层直径 30.27 m。该塔共 9 层,其中 8 层是用约 3 m 长的木柱支顶重叠而成,为一内外两环柱网,用交圈的扶壁拱组成的双层套筒式结构;是保存至今的唯一木塔,也是我国现存的最高的木结构之一。它经多次大地震仍完整无损,足以证明我国历史上木结构的辉煌成就(见 5.4 节图 5.12)。

(8) 中国历代封建王朝建造的大量宫殿和庙宇建筑,都系木构架结构。它们是用木梁、木柱做成承重骨架,用木制斗拱做成大挑檐,四壁墙体都是自承重的隔断墙(见 5.4 节图 5.11)。

(9) 西欧各国以意大利比萨大教堂和法国巴黎圣母院(见 5.5 节图 5.16)为代表的教堂建筑,都采用了砖石拱券结构。

在这个历史时期内,土木工程所用的材料最早只是当地的天然材料,如泥土、砾石、树干、树枝、竹、茅草、芦苇等,后来发展了土坯、石材、砖、瓦、木、青铜、铁、铅以及混合材料如草筋泥、混合土等。土木工程的工艺技术,最早只是利用石斧、石刀等简单工具,后来发展了斧、凿、钻、锯、铲等青铜和铁制工具,兴起了窑制和煅烧加工技术,以及打桩机、桅杆起重机等施工机械。工程上的分工也日益细致,有木工、瓦工、泥工、土工、窑工、雕工、石工、彩画工等。

但是,在这个历史时期内,除了有一些经验总结和形象描述土木工程的著作(如我国公元前 5 世纪的《考工记》,北宋李诫(? —1110 年)在公元 1100 年编写成书的《营造法式》,意大利文艺复兴时期阿尔贝蒂著的《论建筑》),土木工程仍缺乏理论上的依据和指导。

2.2　近代土木工程

近代土木工程的时间跨度为从 17 世纪中叶至 20 世纪中叶的 300 年。这个历史时期内土木工程的主要特征有：

——有力学和结构理论作为指导；

——砖、瓦、木、石等建筑材料得到日益广泛的使用，混凝土、钢材、钢筋混凝土以及早期的预应力混凝土得到发展；

——施工技术进步显著，建造规模日益扩大，建造速度大大加快。

在这个历史时期内，以下几件大事具有重大意义：

(1) 意大利学者伽利略在1638年出版的著作《关于两门新科学的谈话和数学证明》中论述了建筑材料的力学性质和梁的强度，首次用公式表达了梁的设计理论。

(2) 英国科学家牛顿在1687年总结了力学三大定律，它们是土木工程设计理论的基础。

(3) 瑞士数学家欧拉1744年出版的《曲线的变分法》建立了柱的压屈理论，得到计算柱的临界受压力的公式，为分析土木工程结构物的稳定问题奠定了基础。

(4) 1825年纳维建立了土木工程中结构设计的容许应力分析法；19世纪末里特尔等人提出极限平衡的概念。他们都为土木工程的结构理论分析打下了基础。

(5) 1824年英国人阿斯普丁取得了波特兰水泥的专利权，并于1850年开始生产。波特兰水泥是形成混凝土的主要材料，它的问世使得混凝土在土木工程中得到广泛应用。后来，在20世纪初，有人发表了水灰比等学说，才初步奠定了混凝土强度的理论基础。

(6) 1859年发明了贝塞麦转炉炼钢法，使得钢材得以大量生产，并能愈来愈多地应用于土木工程。

(7) 1867年法国人莫尼埃用铁丝加固混凝土制成花盆，并把这种方法推广到工程中，建造了一座蓄水池，这是应用钢筋混凝土的开端。1875年，他主持建造了第一座长16 m的钢筋混凝土桥。

(8) 1883年在美国芝加哥由被称为“摩天楼之父”的詹莱建造的11层住宅保险大楼(图2.4)，是世界上最先用铁框架(部分钢梁)承受全部大楼内的重力，外墙仅为自承重墙的高层建筑。同一年(1883年)美国建成世界上第一座大跨钢悬索桥——布鲁克林桥，跨度为[(284＋486＋284)m][(930＋1 595＋930)ft]，详见附录4。1889年法国在巴黎建成高312 m的埃菲尔铁塔，使用钢约8 000 t(详见附录5)。它们是近代高层建筑结构的萌芽。此外，由奥蒂斯在19世纪50年代初期发明的安全升降机(图2.5)也使高层建筑成为可能；它最先采用的是蒸汽动力升降机，直到1857年在纽约才安装了第一台载人电梯。

图2.4 美国芝加哥的住宅保险大楼

(Home Insurance Building)

图2.5 由奥蒂斯(E. Otis)发明的安全升降机(电梯的前身)

(9) 1886年美国人杰克逊首先应用预应力混凝土制作建筑配件,后又用它制作楼板。1930年法国工程师弗涅希内将高强度钢丝用于预应力混凝土,克服了因混凝土徐变造成所施加的预应力完全丧失的问题。于是,预应力混凝土开始在土木工程中得到广泛应用。

(10) 土木工程在铁路、公路、桥梁建设中得到大规模发展。如:

——1825年英国人斯蒂芬森在英格兰北部斯托克顿和达灵顿之间修筑了世界上第一条长21 km的铁路;接着,1863年英国又在伦敦建成了世界第一条地下铁道。

——1779年英国用铸铁建成跨度为30.5 m的拱桥;1826年英国用锻铁建成跨度为177 m的第一座悬索桥;1890年英国又建成两孔主跨达521 m的悬臂式桁架梁桥(图2.6[①])。这样,现代桥梁的3种基本形式(梁桥、拱桥、悬索桥)相继出现。

图2.6 由贝格(B. Baker)设计并于1890年建成的福斯桥(Forth Bridge)

——1905—1908年间,中国铁路工程先驱詹天佑创造了建造京张(北京—张家口)铁路的奇迹。他在崇山峻岭的复杂地形地质条件下,以有限的经费(仅及列强各国在中国建造铁路每公里造价的1/3~1/2),按照"使用复式大功率机车""33.3‰坡度""最合理选线"的配合设计,使该铁路越过海拔2 000 m的八达岭,成为当时的世界奇迹;列车顺利爬上33.33‰坡度,成为世界之最。

——1931—1942年,德国率先修筑了长达3 860 km的高速公路网。

(11) 1906年美国旧金山大地震、1923年日本关东大地震等自然灾害推动了结构动力学和工程抗震技术的发展。

2.3 现代土木工程

现代土木工程为20世纪中叶第二次世界大战结束后至今的土木工程。它们具有以下一些特点:

社会经济建设对土木工程提出日益复杂和高标准的要求,表现为以下3个方面:

(1) 土木工程功能化

即土木工程日益同它的使用功能或生产工艺紧密结合。如:

——公共和住宅建筑物要求建筑、结构、给水排水、采暖、通风、供燃气、供电等现代技术设备结合成整体。

① 此桥位于英国爱丁堡附近,跨度521 m(1 710 ft),桥面在水上45 m(150 ft),总耗钢50 000 t。

——工业建筑物往往要求恒温、恒湿、防微振、防腐蚀、防辐射、防火、防爆、防磁、除尘、耐高(低)温、耐高(低)湿,并向大跨度、超重型、灵活空间方向发展。

——发展高技术和新技术对土木工程提出高标准要求。如发展核工业需要建造安全度极高的核反应堆和核电站;研究微观世界需要建造技术要求极高的加速器工程;发展海洋采、炼、贮油事业要求建造多功能的海洋工程,如海上钻井平台、海上炼油厂、海底油库等。

(2) 城市建设立体化

20 世纪中叶以来,城市建设有 3 个趋向:

——高层建筑的大量兴起　不少国家城市人口大量集聚,人口密度猛增,造成城市用房紧张、地价昂贵,因此就迫使建筑物向高空发展,不少国家的高层建筑几乎占整个城市建筑面积的 30%～40%。美国的高层建筑高度在 160～200 m 的就有 100 多幢。近年来,中国、马来西亚、新加坡、韩国等东南亚国家的高层建筑得到很大的发展。如马来西亚的石油双塔大厦(见 5.6 节图 5.26),高 450 m,为钢筋混凝土结构建筑;最高的钢-混凝土组合结构哈利法塔(见 5.8 节图 5.44),高 828 m。

——地下工程的高速发展　如地下铁道、地下商业街、地下停车库、地下体育馆、地下影剧院、地下工业厂房、地下仓库等,在有些城市已经形成规模宏大的地下建筑群(参见 6.1 节)。

——城市高架公路、立交桥大量涌现　如我国首都北京从 1974 年开始建造第一座全互通式立交桥起,仅至 1996 年就建成各种形式和不同类型的道路立交桥 160 余座。它们的修建,不仅缓解了城市交通的拥挤、堵塞现象,同时又为城市建设的面貌增添了风采。

(3) 交通运输高速化

其标志:

——高速公路的大规模修建　据不完全统计,21 世纪初全世界有 60 多个国家和地区拥有高速公路,总长约 170 000 km,其中有近 20 个国家和地区拥有 1 000 km 以上,如美国约 8.4 万 km,德国约 9 000 km。截至 2022 年底,我国公路总里程达 535 万 km,10 年增长 112 万 km,高速公路通车里程 17.7 万 km,成为世界第一高速公路大国。高速公路已在一定程度上取代了铁路的职能。

视频:中国公路从 0 至 500 km

——铁路电气化的形成和大量发展　1964 年 10 月世界铁路运营史上第一块高速金牌在日本东京至大阪的“新干线”上诞生,它的行车时速达到 210 km,为普通铁路列车行车时速的 3 倍。1981 年建成的法国巴黎到里昂的高速铁路运行时速高达 270 km,把高速铁路的发展推向新阶段。磁悬浮列车采用的电磁原理是 1922 年由德国工程师肯佩尔提出的,他于 1934 年获得专利,到 1983 年才在德国建设了一条长 32 km 的试验线,完成了载人试验,行驶速度达 412 km/h。我国高速铁路起步于 2005 年,2010 年开通的京沪高速铁路(设计时速 300 km)全长 1 318 km,投资 2 000 多亿元,是当时世界上一次建成的最长的高速铁路。截至 2023 年底,我国铁路运营里程达到 15.9 万 km,其中客运列车最高运营时速在 200 km 以上的达到 4.5 万 km,我国内地高速铁路里程占全球高速铁路总里程的 70.45%。

——长距离水底隧道的出现　如日本越过津轻海峡连接本州(青森)与北海道(函馆)的青函海底隧道长达 53.85 km,是世界上最长的海底铁路隧道[见图 2.7(a)],它的埋深有 100 m,海水深度为 140 m。1990 年贯通的英法海峡隧道长 50.5 km,它最浅处埋深 45 m,海水深度 60 m。我国 1970 年建成通车的第一条水底隧道(上海黄浦江打浦路隧道)全长 2.76 km,其隧道主体断面见图 2.7(b)。我国其他代表性水底隧道还包括:武汉长江隧道(2008 年通车,全长 3.6 km),南京长江隧道(2010 年通车,全长 6.0 km),厦门翔安海底隧道(2010 年通车,全长 8.6 km),青岛胶州湾海底隧道(2011 年通车,全长 7.8 km),港珠澳大桥海底隧道(2018 年通车,全长 6.7 km)等。

由于随社会发展出现了以上 3 方面要求,构成土木工程的 3 个要素:材料、施工和设计理论,以及工程教

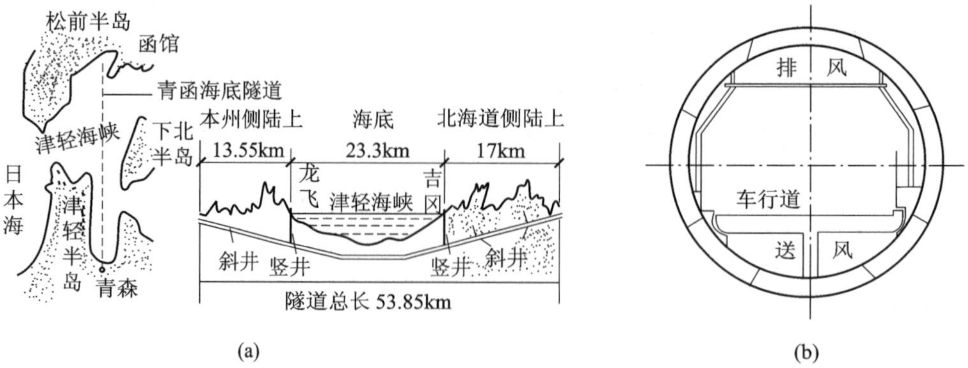

图 2.7 青函海底隧道与上海打浦路水下隧道

(a) 青函海底隧道路线示意;(b) 上海打浦路水下隧道主体断面

育的理论也出现了新的发展趋势。它们是:

——建筑材料的轻质高强化　其中,普通混凝土向轻骨料混凝土、加气混凝土和高性能混凝土方向迅速发展,使混凝土的密度由 2 400 kg/m^3 降至 600～1 100 kg/m^3,抗压强度由 20～40 N/mm^2 提高到 60～100 N/mm^2,其他结构性能也得到很大改善。此外,钢材也向低合金、高强度方向发展;一批轻质高强材料,如铝合金、建筑塑料、玻璃钢也得到迅速发展。

——施工过程的工业化、装配化　即土木工程的施工出现了在工厂里成批生产房屋、桥梁的各种构配件、组合体,再将它们运到建设现场进行拼装的方式。此外,各种先进的施工手段,如大型吊装设备、混凝土自动搅拌输送设备、现场预制模板、石方工程中的定向爆破等也得到很大发展。

——设计理论的精确化、科学化　它表现为理论分析由线性分析到非线性分析,由平面分析到空间分析,由单个分析到系统的综合整体分析,由静态分析到动态分析,由经验定值分析到随机分析乃至随机过程分析,由数值分析到模拟试验分析,由人工手算、人工做比较方案、人工制图到计算机辅助设计、计算机优化设计、计算机制图。此外,土木工程学的学科理论,如可靠性理论、土力学和岩体力学理论、结构抗震理论、动态规划理论、网格理论等也得到迅速发展。

——建造与运维的信息化、数据化、智能化　随着大数据、物联网、人工智能等新兴技术的快速发展,土木工程的建造和运维方法也在快速转型升级。例如,通过 BIM 技术、GIS 技术、云计算技术等,提高土木工程建设的效率和质量,降低工程成本和风险;通过传感技术、物联网技术、大数据技术对土木工程的数据进行采集、处理和分析,实现对土木工程全生命周期的精细化管理和优化;通过人工智能、机器学习等技术手段,实现土木工程全生命周期的自动化和自主化。

——工程教育理念的工程化　随着 20 世纪中期以后科学、技术和工业化程度的迅猛进展,工程教育的理念也在不断进步。许多国家的工程教育从侧重"工程技术教育"进步到侧重"工程科学教育"。20 世纪 90 年代,美国工程教育界提出"回归工程"的理念,强调技术和科学教育的内容必须与工程实践紧密结合,成为"工程教育"。不久,美国麻省理工学院(MIT)校长又提出"大工程观(Engineering with a big E)"的教育理念,它指的是工程教育所培养的人才要有宏远的工程视野,工程中多学科所需要的科学基础素养,以及相应的人文情怀和工程组织素养。这些工程教育理念,已为我国高等工程教育所重视。

下面仅以建筑结构的发展为例,用表 2.1 表示不同时期代表性建筑物的形式、所用主要材料、主要尺度、建造时间以及材料和设计理论对建筑结构发展的影响。由此可以推见上述 3 个历史时期变迁的概貌。

表2.1 建筑结构发展简史

时　期	6 000余年前	4 000余年前	1 400余年前	100余年前	当　前	未　来	
代表性建筑	自8 000年前的裴李岗文化至6 000年前的仰韶文化 	尺寸误差$\frac{0.2}{230.5}=\frac{1}{1\,153}$ 角度误差$\frac{3.5'}{90\times60'}=\frac{1}{1\,542}$ 高程误差$\frac{0.0125}{230.5}=\frac{1}{18\,400}$ 	537年 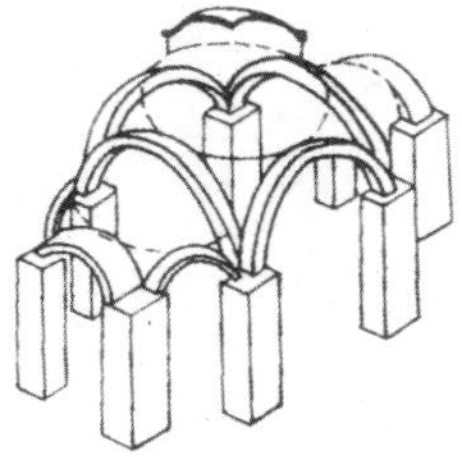	1889年 	1998年 	609.7m 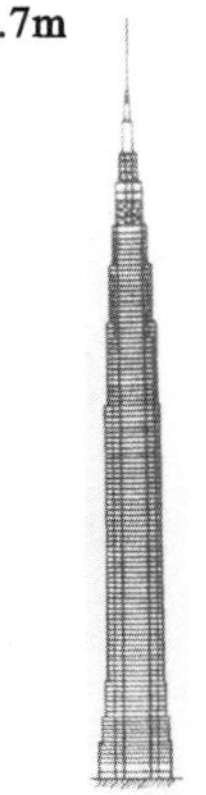	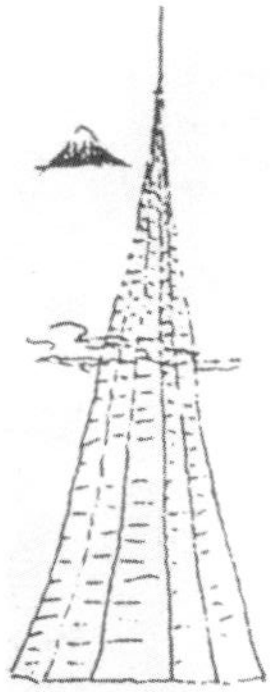
地点、名称	西安，半坡村遗址	埃及，金字塔	土耳其，索菲亚教堂	法国，埃菲尔铁塔	马来西亚，石油双塔	美国，米格林-拜特勒大厦	日本，空中城市
主要材料	土、木、草	石块	石、砖、石灰砂浆、铅	钢材	混凝土，钢材	混凝土，钢材	
结构形式		砌体结构	壳、拱、柱	桁架式空间刚架	框架剪力墙	框剪组合	
主要尺度	直径(或边长) 5~6m 高度 2~3m	底边 230.5m 高 146.6m 高宽比 0.64∶1	跨 31m 高 55m 高宽比 1.3∶1	底边 128m 高 312m 高宽比 2.44∶1	底边 48.6m 高 452(390)m 高宽比 8.64(8)∶1	底边 42.7m 高 609.7m 高宽比 11.8∶1	
设计、建造人		古埃及祭司	希腊，恩塞缪斯	法国，埃菲尔	建筑:西萨·佩里事务所 结构:索顿·托马萨蒂事务所	索顿·托马萨蒂事务所	
劳力、建造时间		8~10万名;约30年	1万名;5年10月零4天	250名;2年2月零5天			
特　点	房屋的锥形	巨大，精确	宏伟，大跨	高耸纪念碑		纤细型建筑	工程师之梦
材料发展	土、石、木	瓦 (B.C.1070)　石灰 (B.C.800) 砖 (B.C.475)		水泥 (1850年)　生铁 (1870年)　钢筋混凝土 (1875年)　钢 (1883年)　预应力混凝土 (1886年,1928年)　高性能混凝土 (1989年)			
理论发展		浮力 (B.C.250)		梁理论 (1638年)　牛顿定律 (1687年)　柱稳定 (1744年)　容许应力分析 (1825年)　桁架理论 (1847年)　极限平衡 (19世纪末)　有限元分析 (1950年) 可靠度分析、地震危险分析 (20世纪60年代)			

注：本表尚未列入2010年建成的钢-混凝土组合结构的建筑物——哈利法（迪拜）塔，总高度为828m（见图5.44）。

复习思考题

2.1 什么叫土木工程？古代、近代、现代土木工程有哪些重要区别？土木工程和土木工程中的房屋、铁路……有什么区别？

2.2 土木工程的发展与哪些因素直接相关？

2.3 试述土木工程在国民经济发展中的地位和作用。

2.4 试以土木工程为核心，将与土木工程关系最密切的基础科学(数、理、化、天、地、生)、技术科学(材料学、各种力学、机械学、电工学、电子学、化学工程学等)和社会科学(经济学、市场学、法学、美学、社会学、管理学、伦理学等)写在内圈，次密切的写在外圈(图 2.8)。

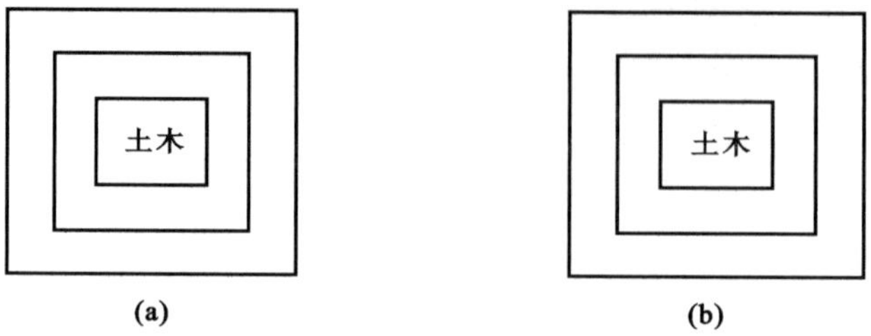

图 2.8 思考题 2.4 附图

(a) 土木工程与基础科学、技术科学的关系；(b) 土木工程与社会科学的关系

2.5 你认为哪些工程属于土木工程的范畴？它们有何共同特点？

2.6 与建筑工程最相近的土木工程是什么？为什么说它们相近？

2.7 土木工程的基本内涵是什么？它们与工程所在地的自然环境(气温变化、湿度变化、土质、地下水、风、雪、冰冻、地形、地震……)有哪些重要关系？

2.8 土木工程的发展和材料有什么关系？和理论有什么关系？和社会的需求有什么关系？

2.9 你从土木工程发展简史中能预见今后土木工程的发展方向是什么？

2.10 谈谈你在学习本章后的体会。

3 土木工程中的材料

3.1 土木工程材料的一般性质

土木工程设施都是由多种工程材料(Construction Material)有序构筑起来的。1 m^2 建筑物所用的材料量为 1～2 t,一幢 5 000 m^2 房屋的材料量就是 5 000～10 000 t,铺设 1 km 铁路上部建筑(仅钢轨、轨枕、道床等)的材料量也和这个量相近。这些材料的采集、制作、运输、贮存、保管都需要大量的人力、资金和设备。更为重要的是材料的开发、利用促进了土木工程的不断发展。远古时代,人类的住、行采用的是石块和树木。公元前 12—4 世纪先后创造了瓦和砖,人类才有用人造材料做成的住房。17 世纪有了生铁和熟铁,直到 18 世纪才有了第一条铸铁铁路;后来发展了钢材,才在 19 世纪后期诞生了第一幢 11 层高的高层建筑。1824 年有了波特兰水泥,才使后来的钢筋混凝土工程得到蓬勃发展。如今各种高强度结构材料、新型装饰材料和防水材料的开发,则和 20 世纪中期以来高分子有机材料在土木工程中的广泛应用密切相关。

各类土木工程设施都会对它所采用的材料提出种种要求,譬如"坚固、耐久"是对所有材料的共同要求;不同土木工程设施还会对材料提出"耐火、防水、耐磨、隔热、绝缘、抗冲击"等多种不同的需要,甚至像"抗核辐射"这样的特殊需要。因而,土木工程所用材料的下列性质是重要的:

(1) 物理性质

如容积密度(材料在自然状态下单位体积的质量),密度(材料在绝对密实状态下单位体积的质量),材料与水有关的性质如含水率、吸水性、透水性、抗冻性,材料的热工性质如导热性、耐火性、收缩膨胀(因温、湿度变化或材料本身化学反应引起的)等。

(2) 力学性质

如强度(在外力作用下抵抗破坏的能力),变形(承受形状改变的能力),弹性(外力除去后仍能恢复原状的性质),塑性(外力除去后不能恢复原状保持变形后的性质),韧性等。

(3) 耐久性质

指材料在长期使用过程中经受各种所处环境和条件的作用(如日光暴晒,大气、水和化学介质侵蚀,温、湿度变化,冻融循环,机械摩擦,虫菌寄生等)仍能保持其使用性能的能力。

土木工程所用的材料按其自身组织的不同可分为金属材料和非金属材料两大类,金属材料又可分黑色金属和有色金属,非金属材料又可分无机材料和有机材料。具体分类见表 3.1。

若按材料在土木工程设施中所起的作用和功能,又可分为以下类别:

① 承重材料——起承受大自然和人为的各种作用力的作用,典型的如各种钢材、混凝土、木材和由黏土砖等多种块材、砂浆组成的砌体。

② 围护材料——起保持空间和通道使用功能的作用,典型的如黏土砖瓦、轻质混凝土、无机和有机隔热制品(石棉、玻璃棉、软木等)、沥青防水材料。

③ 装饰材料——起创造优美和舒适环境的作用,典型的如玻璃、油漆、墙地面饰面材料。

④ 胶结材料——典型的如水泥、石灰、石膏、沥青。

表 3.1 土木工程材料分类表

非金属材料	无机材料	天然石材(砂、石); 陶质材料(砖、瓦、陶瓷); 胶结材料(石膏、石灰、水泥、水玻璃等); 混凝土、砂浆; 未焙烧人造石材(硅酸盐和水泥制品); 隔热材料(无机纤维); 玻璃及其制品
	有机材料	木材、竹材; 胶结材料(沥青等); 隔热材料(有机纤维); 油漆; 塑料
金属材料	黑色金属	生铁、铸铁; 碳钢、合金钢
	有色金属	铝、铜、铅、锌、锡等及其合金

3.2 4种主要工程材料简介

在所有材料中,最为主要和最为大宗的是钢材、混凝土、木材和砌体。下面就这4种材料作简要介绍。

(1) 钢材[Steel,图 3.1(a)]

土木工程所用钢材的主要成分是铁(Fe,约占99%)和少量的碳(C),称为碳素结构钢(或称普通碳素钢)。含碳量低于0.25%的碳素钢称为低碳钢。若其还含少量锰(Mn)、硅(Si)、钒(V)等元素,称为低合金结构钢。

根据现行国家标准《碳素结构钢》(GB/T 700—2006)的规定,碳素结构钢分为Q195、Q215、Q235和Q275等牌号。其中Q是屈服强度中"屈"字汉语拼音的首位字母,后接的数字表示屈服强度的大小,单位为"N/mm^2"。其中在钢结构中被广泛使用的Q235的屈服强度为235 N/mm^2。

根据现行国家标准《低合金高强度结构钢》(GB/T 1591—2018)的规定,低合金高强度结构钢分为Q355、Q390、Q420、Q460、Q500、Q550、Q620、Q690等牌号。其中Q后接的数字同样表示屈服强度的大小,单位为"N/mm^2"。

钢材最常用的类型有型材(如角钢、槽钢、工字钢、H形钢)、板材(如薄板、厚板、压型钢板)、管材(如无缝钢管、有缝钢管)和线材(如钢筋、钢丝、钢绞线)。型材、板材、管材可通过焊接、铆接、螺栓连接的方式组合成各种形状的截面,做成所需要的各种钢结构。线材可浇筑在混凝土内做成所需要的各种钢筋混凝土结构。钢材的容积密度为7850 kg/m^3。

钢材的优点是材质均匀、强度高(因而做成的结构相对质量较轻)、塑性好,便于加工安装;但耐火性差、易于锈蚀、维护费用较高。

(2) 混凝土[Concrete,图 3.1(b)]

土木工程所用的混凝土,是由水泥作胶凝材料,以砂、石子作骨料与水(经常还有各种外加剂和掺合料)按一定比例配合,经搅拌、成型、养护而成的水泥混凝土。此外还有保温用的由轻质骨料做成的轻混凝土,铺路面地面用的由沥青和骨料做成的沥青混凝土等。水泥混凝土的容积密度为2 400 kg/m^3,钢筋混凝土的容积密度为2 500 kg/m^3,沥青混凝土的容积密度为2 000 kg/m^3。

混凝土的强度等级按立方体试件抗压强度标准值划分。立方体试件抗压强度标准值则是指按标准方法制作、养护的边长为150 mm的立方体标准试件,在28 d龄期用标准试验方法所测得的抗压强度总体分布中的一个值,强度低于该值的百分率不得超过5%,亦即保证率为95%。混凝土的强度等级采用混凝土(Concrete)的代号C与其立方体试件抗压强度标准值的兆帕数表示,如立方体试件抗压强度标准值为50

MPa 的混凝土，其强度等级以“C50”表示。

结构用水泥混凝土的强度等级一般为 C20～C40，甚至可达 C60～C80(指将混凝土做成边长 150 mm 立方体试块的极限抗压强度分别为 20 N/mm^2、40 N/mm^2、60 N/mm^2、80 N/mm^2)。C20～C40 混凝土在实际受压构件中的抗压设计强度为 10～20 N/mm^2，抗拉设计强度为 1.1～1.7 N/mm^2。由于混凝土的抗拉强度很低，混凝土结构多是由混凝土和钢筋黏结组成的钢筋混凝土结构。

混凝土的优点是可模性、耐久性、耐火性、整体性都较好，易于就地取材，价格较低，强度比砖、木材高，能和钢筋黏结做成各种强度高的钢筋混凝土结构；但其自重较大，施工比较复杂，工序多，工期长，易产生裂缝。

(3) 木材[Wood，图 3.1(c)]

土木工程用的木材主要取自树木的树干。常用的树种是针叶树如松木、杉木等；常用的木材有原木(除去树皮、树枝和树梢的树干，一般直径 120 mm 以上)、方木(直角锯切且宽厚比小于 3，截面为方形或矩形的锯材)、条木(宽度不大于厚度的 2 倍的锯材)、板材(宽度为厚度 3 倍或 3 倍以上的锯材)等。还可以木材、木质碎料、木质纤维为原料，加胶黏剂制成木质人造板和胶合木。杉(松)木的容积密度为 400～500 kg/m^3(500～700 kg/m^3)。

木材在生长过程中形成纹理，是各向异性的材料，其沿顺纹与横纹方向的力学性能不同。松木顺纹抗拉设计强度为 8～10 N/mm^2，顺纹抗压设计强度为 10～16 N/mm^2(在承重结构中不允许木材横纹受拉)。

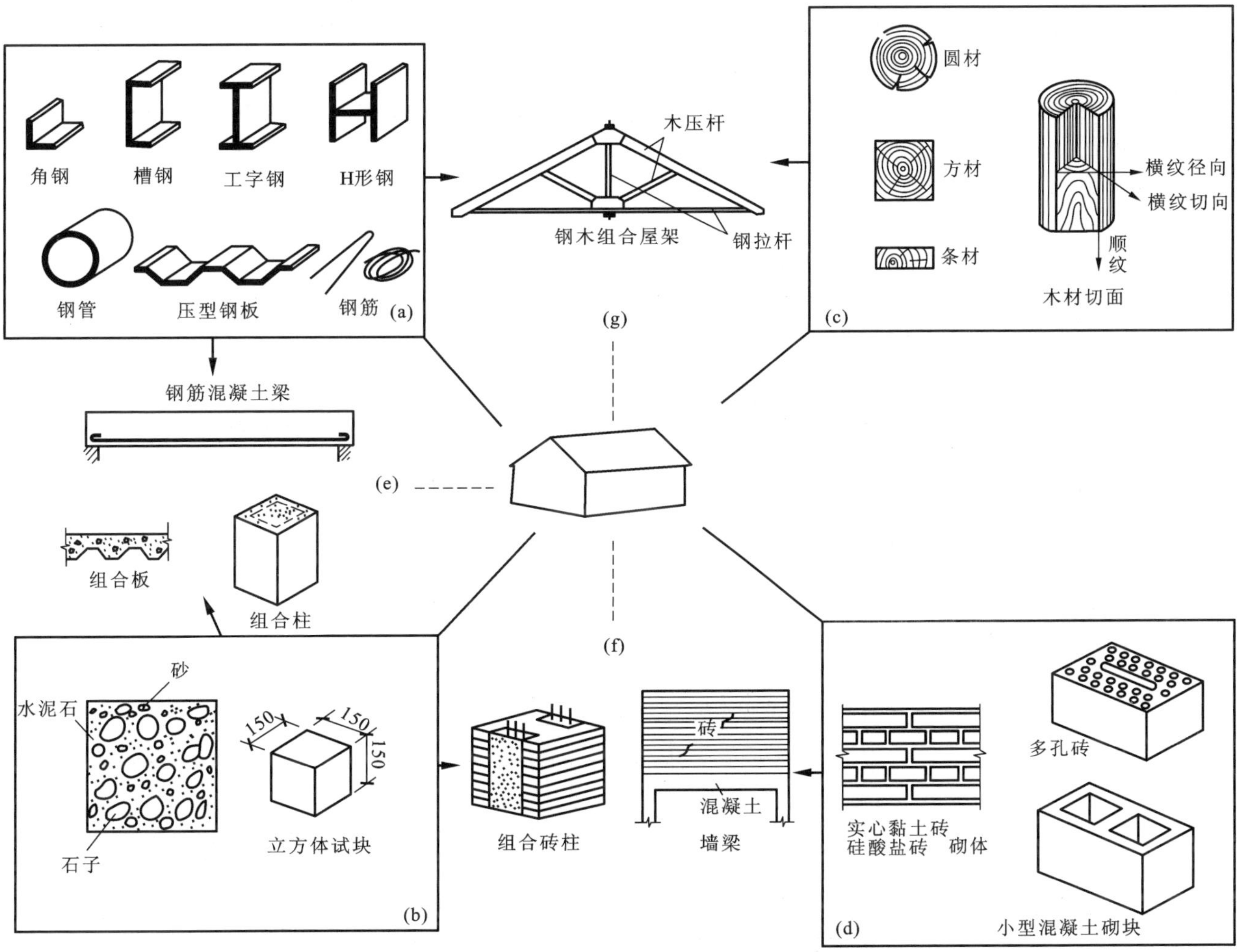

图 3.1 各种结构材料和不同材料组合的结构

(a) 各种型钢和钢筋；(b) 混凝土组成和确定混凝土强度的立方体试块；(c) 木材切面和成材；
(d) 砌体材料：实心砖砌体、多孔砖、混凝土砌块；(e) 钢筋混凝土梁、压型钢板和混凝土组合板、型钢和混凝土组合柱；
(f) 组合砖柱、砖砌体和混凝土组合墙梁；(g) 钢木组合屋架木材有结构自重轻，制作容易，架设简便，工期短，造价低等优点；但也有易燃、易腐朽和结构变形大等缺点。

(4) 砌体[Masonry，图 3.1(d)]

土木工程用的砌体，是由石材、黏土块、砖、混凝土、工业废料等材料做成的块材，和水泥、石灰膏等胶凝材料与砂、水混合做成的砂浆，叠合黏结而成的复合材料。它的品种很多，有各种石砌体、实(空)心砖砌体、中小混凝土块砌体、硅酸盐块砌体等。它们的强度都很低。以常用砖砌体为例，抗压强度只有 1.5～3.5 N/mm^2，抗拉强度仅有 0.1～0.2 N/mm^2。石砌体的容积密度为 2 400～2 600 kg/m^3，实心砖砌体的容积密度为 1 900 kg/m^3，其他砌体的容积密度视具体情况确定。

砌体的优点是易于就地取材，价格低廉，施工简便，隔热保温性以及耐火耐久性好；但因其强度很低导致结构笨重，而且制造黏土砖与农田争地，应限制使用；此外，砌体结构当前主要是用手工在现场砌筑而成的，施工时劳动量大，工程中质量问题偏多。

这 4 种主要材料的历史发展简况可参见图 3.2。就我国国情来看，在土木工程中应用得最为广泛的是钢筋混凝土。钢筋混凝土(Reinforced Concrete)是广义的材料，它的混凝土可以就地取材(主要是砂石骨料和水)，它的钢筋可以因受力需要按需布置，可谓集混凝土和钢材两种材料的优点于一身，所以能适应各种土木工程设施的多种功能需要。钢材的优越性高，故多用于高层、大跨、重型建筑物，大跨度桥梁，铁路工程和大直径管道工程中，是土木工程用材的发展方向。木材在古建筑中被广泛应用于寺庙、宫殿和民居中，但由于资源匮乏，目前在我国应用范围不广(林区除外)，主要用于木屋盖、木模板、枕木、门窗、家具和建筑装修。砌体虽强度低，但可用地方性材料(砖、石、砂、混凝土等)，且品种众多、价格低廉、施工简便，可普遍用于中小型房屋和桥梁，以及涵洞、挡土墙等构筑物中。

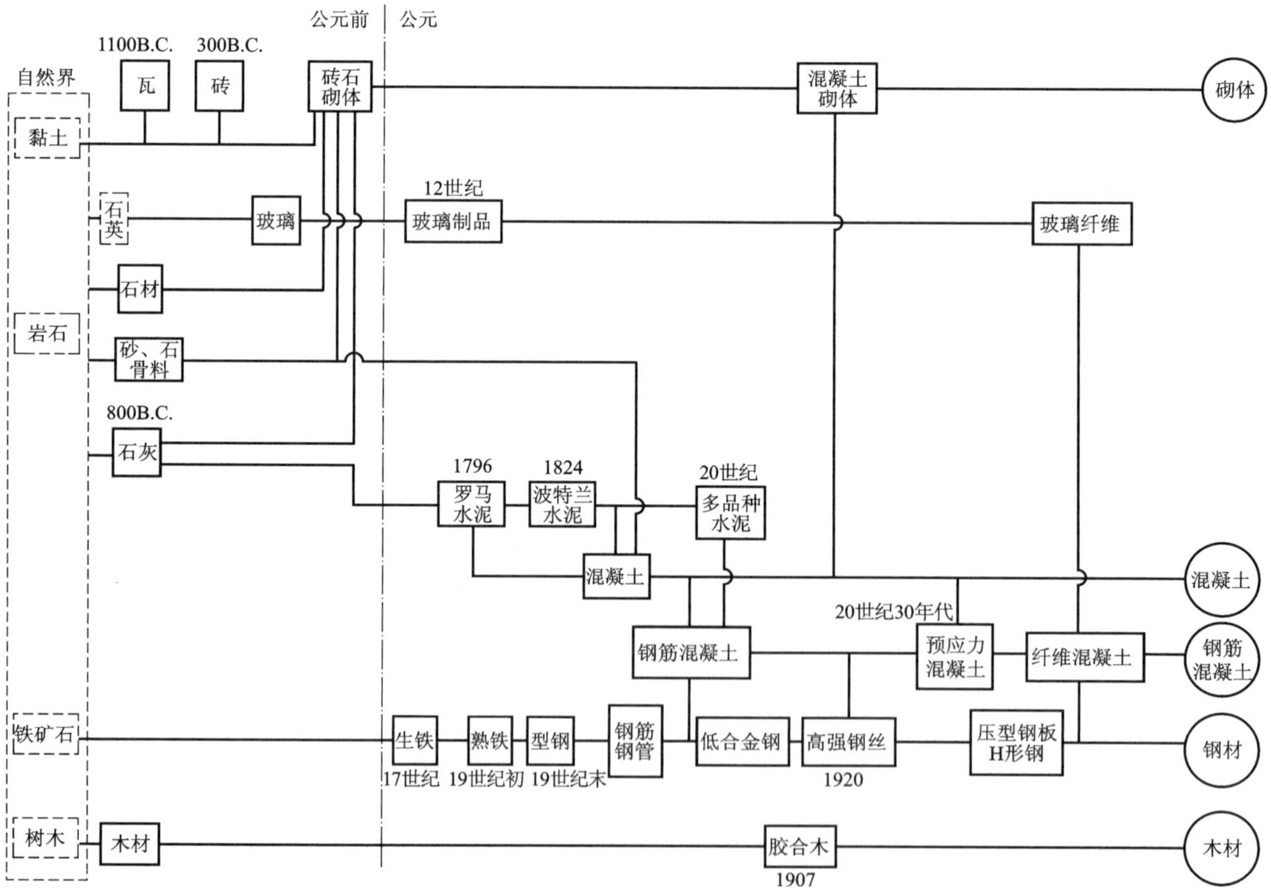

图 3.2　4 种主要材料的历史发展

近年来，利用钢材和混凝土两种材料的优点，将它们组合在一起，做成的组合结构得到很大发展。例如，混凝土和型钢组合做成的压型钢板混凝土楼板、混凝土和各种型钢做成的组合柱[图 3.1(e)]或组合大梁；砖砌体和钢筋混凝土组合做成的组合砖柱和墙梁[图 3.1(f)]；钢材和木材组合做成的钢木组合屋架[图 3.1(g)]等。

复习思考题

3.1 试述土木工程中材料的重要性。

3.2 为什么说土木工程的发展与材料的发展密切相关？

3.3 土木工程要求所采用的材料有哪些主要性质？为什么材料必须具有这些性质，才能成为土木工程材料？

3.4 试述材料应有力学性质的内涵；材料应有耐久性质的内涵。耐久性在土木工程中为什么这么重要？

3.5 为什么钢材、混凝土、木材、砌体是土木工程中 4 种最重要和最大宗的材料？

3.6 试对上述 4 种材料在使用范围、物理性质、力学性质、耐久性质、经济价值、优缺点等方面作分析比较。

3.7 试列举你所住的房屋、所在的教学楼、所知道的体育场所、所走的道路桥梁都是用哪些材料做成的。可围绕下列几方面陈述：

(1) 楼板、梁、墙、屋架、楼梯；

(2) 地面、墙面、顶棚、门窗、屋面、隔断；

(3) 路面、桥梁、飞机跑道、码头。

3.8 你能不能从 4 种主要材料的发展简况看出土木工程发展的趋势，以及今后材料的发展方向？

3.9 试解释“土木工程要解决的问题是充分发挥材料的作用”。怎样才能充分发挥材料的作用？为什么说在土木工程建设中必须十分注意节约材料？

3.10 在你生活的圈子中经常接触到的与土木工程有关的材料有哪些？

4 土木工程中的力学和结构概念

土木工程要解决的问题之一是建造抵御自然或人为作用力的空间和通道，就必然遇到大量的力学和结构问题，在学习本课程期间也会遇到不少力学和结构方面的术语，本章陈述土木工程中一些最基本的力学和结构概念。

4.1 力、力矩和平衡

力(Force)是一种物体间有方向的相互作用，这种相互作用使物体改变原来形状或改变运动方向，或二者俱有的效应。因此，力不是标量(只有量值特征)，而是矢量(既有量值又有方向)。任何矢量都可用一条有方向的线段代表，其相对于某固定轴线的方向为矢量方向，其长度按比例画出代表矢量段的量值。譬如任何物体的重量都可用重力表示：重力的作用点在该物体重心处，方向竖直向下，量值跟物体的质量 m 成正比。

力矩是描述力对物体作用时所产生的转动效应的物理量。力矩的计算方法为力乘以力臂，力臂是指力作用点到轴线的垂直距离。

平衡力与力矩之间存在一定的关系。若一个物体受到多个力的作用，只有当它们合成的力为零，且合成的力矩也为零时，物体才处于平衡状态。

用 Alexander Calder 提出的装置①(图 4.1)可以说明力矩和平衡的概念。在这个处于静止状态的装置中，任何一个支杆都有一组重力作用在上面，每个重力围绕悬挂点的转动效应都可量化为该重力值和悬挂点到重力作用线的垂直距离的乘积 $F_i \times d_i$，这个转动效应称为力矩(Moment，在土木工程中习惯称为弯矩)。力矩既可按顺时针方向转动，也可按逆时针方向转动，当各个力对悬挂点转动效应之和为零时($\sum M = 0$)，称处于转动平衡(Rotation Equilibrium)状态。另外，装置上所有向下的重力必然和悬挂点处反方向上的支反力相等，装置才会处于不移动的静止状态，这时 $\sum F = 0$，也称此装置处于移动平衡(Transition Equilibrium)状态。

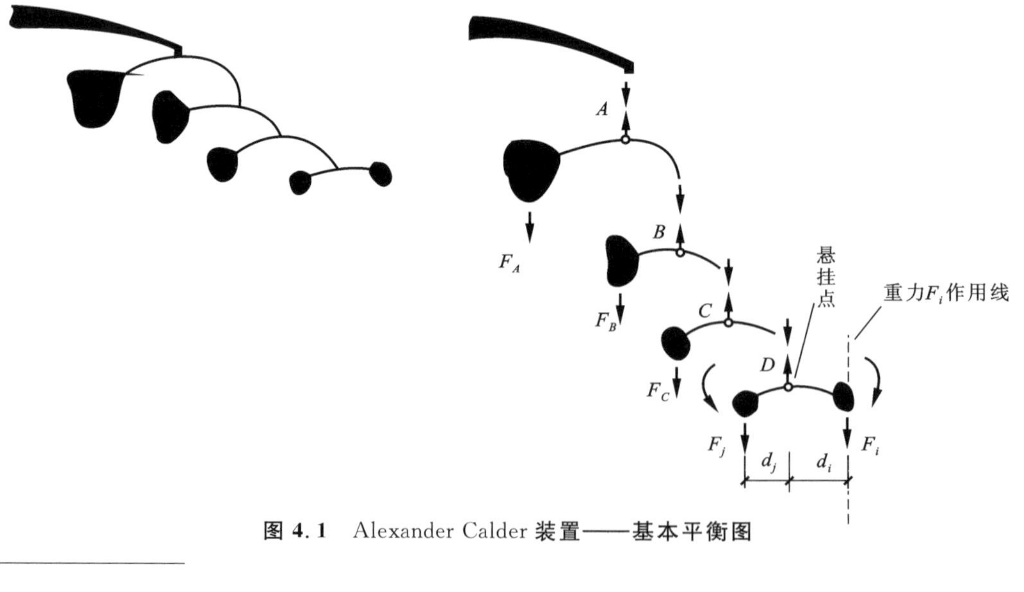

图 4.1 Alexander Calder 装置——基本平衡图

① 此装置可参见《建筑结构》[美]D. L. Schodek 著，罗福午等译，清华大学出版社，2004 年。

4.2 外力、内力和反力

对任何一个土木工程的结构而言，力有外力、反力、内力之分。当人将重物放在独木桥中跨处的轴线上时，人体、重物的重力和木桥自重是独木桥承受的外力(External Force)，桥身两端固定处承受的是桥座给桥身的反力(Reaction Force)。倘若仔细观察桥身，就会发现桥身下半部伸长了、上半部缩短了、全桥弯曲且下垂了，这说明独木桥还承受有内力(Internal Force)。这些内力使桥身下半部受拉伸、上半部受压缩，使全桥受弯曲[图 4.2(a)]。再想象倘若桥的两端曾可能被锯过又接了起来[图 4.2(b)]，当人一旦拿着重物走上去时，桥身必然像被剪切般地下落[图 4.2(c)]，现在桥身没有被锯，受力后完好无损，说明在可能锯开的地方附近还承受有剪切力。如果再设想将重物放在桥身一侧，全桥还将受到扭曲[图 4.2(d)]。这些拉伸、压缩、弯曲、剪切、扭曲就是桥身承受内力的结果，人和重物能静止地位于桥上，说明它处于平衡状态($\sum F=0$，$\sum M=0$)。

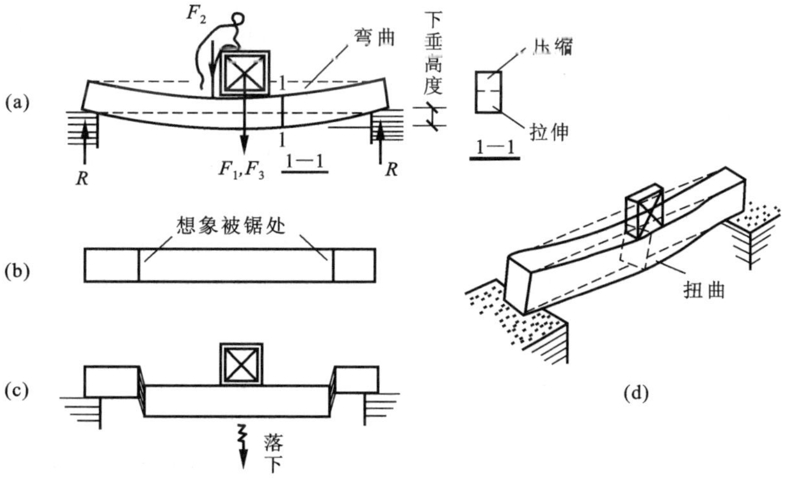

图 4.2 独木桥受力的示意图

独木桥是最简单的案例。所有土木工程设施的结构，无论大小、轻重、厚薄(大如铁路大桥、小如独木桥)都处于外力、反力和内力作用下的平衡状态。它承受的内力，归纳起来无非是下列 5 种(图 4.3)以及它们间的组合：

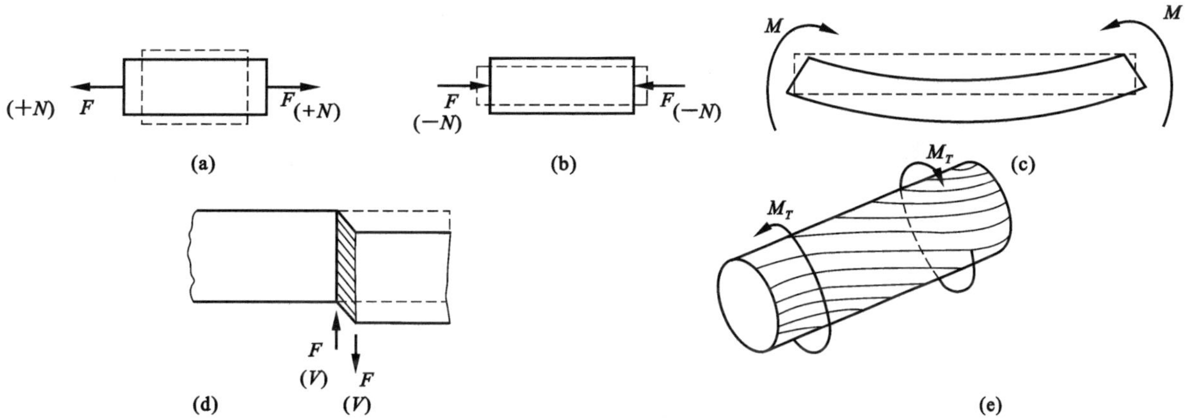

图 4.3 土木工程结构的基本内力特征

(a) 受拉，发生拉伸变形(拉长)；(b) 受压，发生压缩变形(缩短)；(c) 受弯，发生弯曲变形(上部压缩，下部拉伸)；(d) 受剪，发生剪切变形；(e) 受扭，发生扭曲变形

(1) 产生拉伸变形的是拉力(Tension),一般以 $+N$ 表示;

(2) 产生压缩变形的是压力(Compression),一般以 $-N$ 表示;

(3) 产生弯曲变形的是弯矩(Moment),一般以 M 表示;

(4) 产生剪切变形的是剪力(Shear),一般以 V 表示;

(5) 产生扭曲变形的是扭矩(Torsion),一般以 M_T 表示。

土木工程结构就是通过上述5种内力的基本作用,将施加在结构上的外力通过基础传递给地球(即工程设施下面的土层,在土木工程中称为地基)的。地球给予结构的则是作用在结构基础上的反力。

4.3 荷载和作用

直接施加在土木工程结构上的外力是由荷载(Load)引起的。如果地球没有引力、空中没有风吹,荷载就不会存在,土木工程中也就不需要结构。但实际上土木工程的建造者必须设置结构,因为只有结构才能抵御自然界和人为的作用力,保障建造的空间和通道的安全,为人类服务。土木工程师的一个重要任务是确定有哪些荷载会作用在土木工程设施上,在极端情况下,这些荷载的值有多大。土木工程中的荷载大体有以下三类(一般都以 kN、kN/m 或 kN/m^2 计):

(1) 永久荷载(Permanent Load)

指在使用期间永久施加在结构上,其值不随时间变化的荷载,也称恒载(Dead Load)。承重结构的自重、围护结构(墙面、地面、屋面、桥面等)的重力以及固定装置的重力就是恒载[图4.4(b)中的1,2]。恒载一般以构件的体积乘以所用材料单位体积的质量即容积密度得到。在建筑物中,承重结构的恒载占总荷载的50%~70%。此外,埋置在地下的、挡土的和隧道的工程设施所承受的土压力和围岩压力也是恒载。

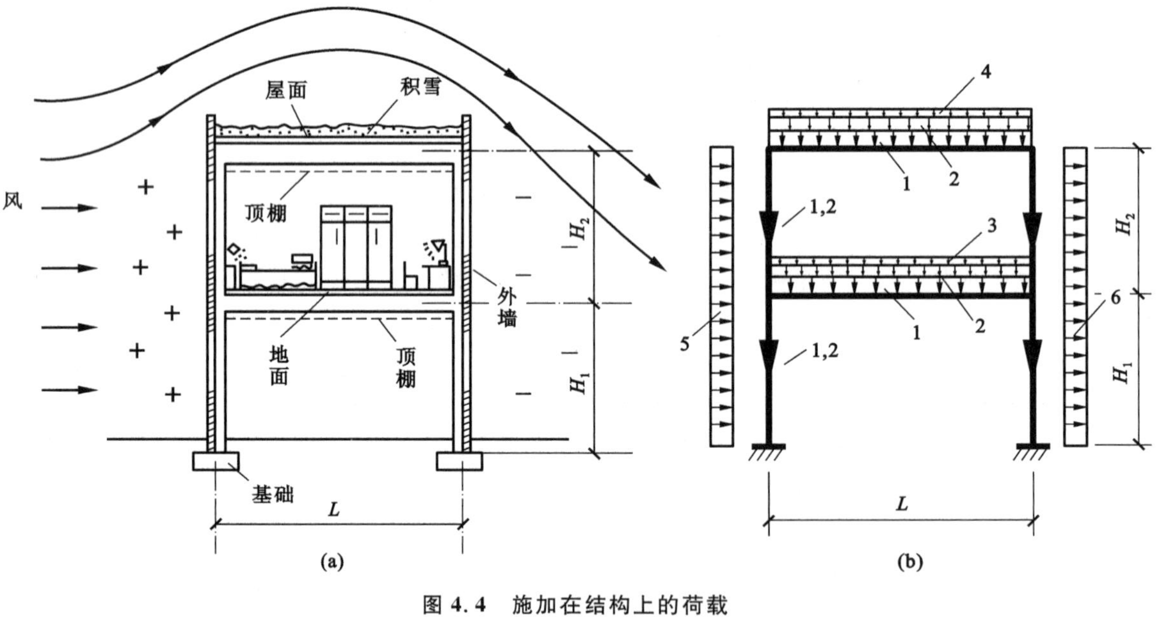

图 4.4 施加在结构上的荷载

(a) 剖面;(b) 结构荷载简图

1—承重结构自重;2—墙面、屋面、地面(含顶棚)恒载;3—楼面活载;4—雪载;5—风载(压力,+);6—风载(吸力,−)

(2) 可变荷载(Variable Load)

指在使用期间施加在结构上的、荷载值随时间变化的荷载,也称活载(Live Load)。活载有多种类型,如:

① 使用活载 楼面活载(人群、家具、可移动设备、操作时使用的工件等)、屋面活载(屋面上人时的人群和设施、屋面积灰、屋面直升机停机坪等)都是使用活载[图4.4(b)中的3]。

② 车辆活载 主要是铁路列车或公路车辆的荷载,它们表现为一系列集中荷载和均布荷载组成的移动

荷载(Moving Load,图 4.5)。此外,工业厂房中的起重吊车(俗称天车)也是一种移动式活载。

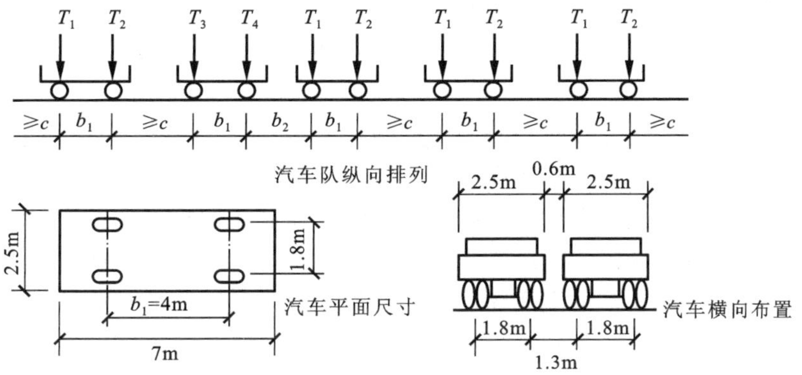

图 4.5 桥梁上的汽车荷载

T_1、T_2、T_3、T_4—汽车轴重;b_1、b_2、c—不同规范规定的车轴间距离

③ 风载 风是由大气压力不等引起的空气运动。由风的运动而施加在墙面或结构上的压力称为风载[Wind Load,图 4.4(b)中的 5,6]。风载有 3 个“不一样”:a. 不同地区不一样(沿海大、内陆小);b. 同一地区每时每刻不一样;c. 不同高程、不同部位不一样(50 m 比 5 m 高程处的风载约大 1.5 倍)。设计时采用的风载值是重现期为 50 年的 10 min 内平均风压的统计值。

④ 雪载 指由积雪引起的荷载[图 4.4(b)中的 4]。雪载(Snow Load)也因地区不同而异。我国南方地区如广州、海口,甚至没有雪载。

(3) 偶然荷载(Accidental Load)

指在使用期间不一定出现,一旦出现,其值很大且持续时间很短的荷载,如撞击荷载、爆炸荷载等。

除直接施加在结构上的外力(即荷载)外,还有一种因间接施加影响引起结构受力的作用(Action)。作用也使结构内部产生内力和变形。它们也以三类形式出现:

(1) 约束变形作用

以温差作用(Temperature Differential Action)为典型。土木工程中的结构构件因昼夜和季节温差,每时每刻都在改变着形状和尺寸;当这种改变受到约束时就会使结构受到内力,这就是温差作用。在现代高层建筑和大跨度桥梁中,这种因温差作用引起的结构内力是很大的,必须在设计中予以考虑[图 4.6(a)]。另外,钢结构构件在焊接时产生的作用也属于这类。

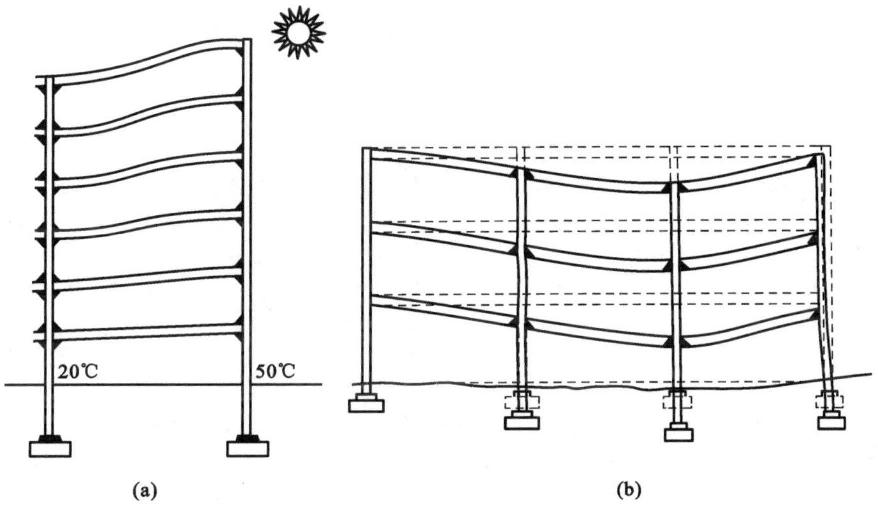

图 4.6 温差作用和沉陷作用

(a)温差作用;(b)沉陷作用

(2) 外加变形作用

以地基的沉陷作用(Settlement Action)为典型。土木工程的结构是构筑在土层上的，土层受力后总会产生不均匀沉陷，但过大的不均匀沉陷会使结构产生不小的内力，甚至可使结构开裂或倒塌[图 4.6(b)]。

(3) 惯性作用

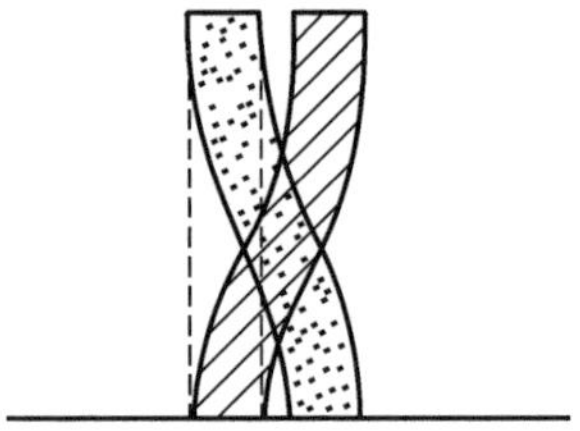
图 4.7 地面运动时建筑物的相应运动

以地震作用(Earthquake Action)为典型。地震引起的地面运动会使土木工程结构在水平和竖向产生加速度反应(图 4.7)。这种加速度反应值与土木工程设施本身质量的乘积就形成了地震施加给结构的力，即地震作用。地震作用按牛顿第二定律考虑是一种惯性力，它的大小除和工程设施质量有关外，还和地面运动的强烈程度(即地震烈度)以及结构的动力特性(与结构的刚性程度有关)有关。地震作用以水平方向为主，对北京地区一幢 8～9 层用砌块填充的框架结构建筑物来说，它的总水平地震作用为其总重的 5%～8%，如果该建筑总重为 75 000 kN，则其总水平地震作用为 3 800～6 000 kN。

上述荷载和作用可归纳如图 4.8 所示。

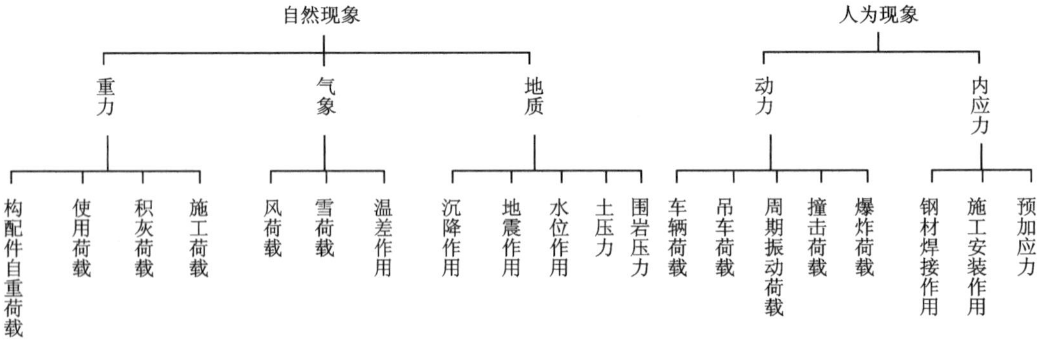

图 4.8 荷载和作用分类

4.4 结构和结构失效

土木工程设施中的结构，是一个在空间和通道中用各种基本构件组合建成的机体，为土木工程设施的持久使用和文化美观的需求服务，为人民生命财产提供安全保障。

(1) 结构的构件和类型

承受由荷载和作用在结构中产生的内力的是结构的构件(Structure Member)。一般说来结构的基本构件有以下几种，以使用广泛程度为序，它们是(图 4.9)：

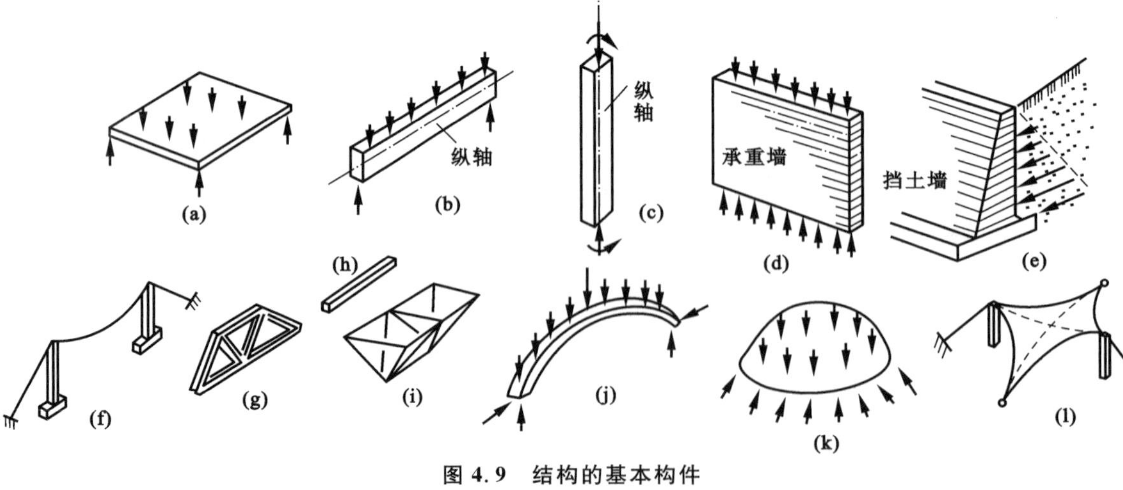

图 4.9 结构的基本构件

① 板(Slab,Plate) 有较大平面尺寸但厚度较小的平面构件,通常以水平方向设置,承受垂直于板面的荷载,以受弯矩为主,见图 4.9(a)。

② 梁(Beam) 承受垂直于其纵轴方向荷载的直线形构件,其截面尺寸小于其长向跨度,以受弯矩和剪力为主,见图 4.9(b)。

③ 柱(Column) 承受平行于其纵轴方向荷载的直线形构件,其截面尺寸小于其高度,以受压力和弯矩为主,见图 4.9(c)。

④ 墙(Wall) 承受平行或垂直于墙面方向荷载的竖向平面构件,其厚度小于墙面尺寸;主要形式有承重墙和挡土墙,前者以受压力为主,见图 4.9(d),后者以受弯矩和剪力为主,见图 4.9(e)。

⑤ 杆(Rod,Bar) 承受轴向力(拉力或压力)的直线形构件,见图 4.9(h),其截面尺寸比长度小得多,多用于组成桁架结构,见图 4.9(g),或网架,见图 4.9(i)。

⑥ 拱(Arch) 承受沿其纵轴平面内荷载的曲线形(或折线形)构件,其截面尺寸小于其弧长(折线总长),以受压力、弯矩和剪力为主,见图 4.9(j)。

⑦ 壳(Shell) 一种具有很好空间传力性能的曲面形构件,能以极小厚度覆盖大跨度空间,以受压力为主,见图 4.9(k)。

⑧ 索(Cable) 以柔性受拉钢索组成的构件,呈直线或曲线形,见图 4.9(f)。

⑨ 膜(Membrane) 以薄膜材料(如玻璃纤维布)制成的构件,只能承受拉力,见图 4.9(l)。

由上述基本构件组成的结构(Structure)在土木工程中是丰富多彩的。例如,在建筑工程中就有如图 4.10 所示的一些常遇的典型结构:

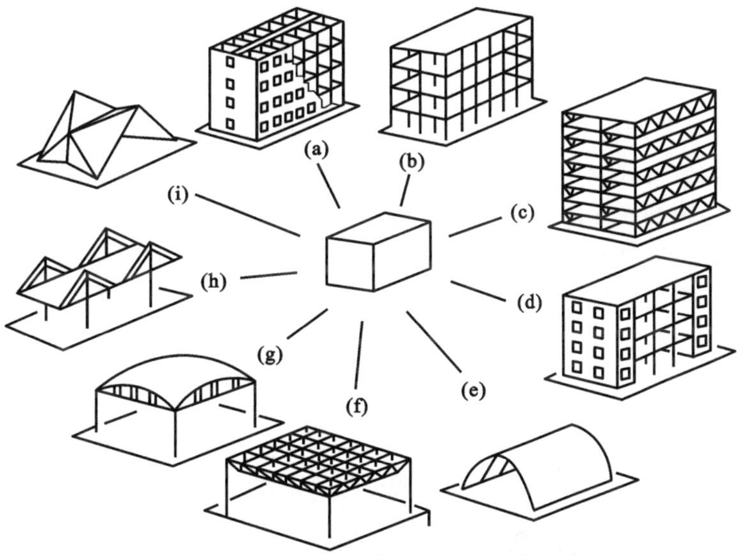

图 4.10 建筑工程中房屋结构的各种形式示意

(a) 墙体结构;(b) 框架结构;(c) 错列桁架结构;(d) 筒体结构(也是框架-筒体结构);(e) 拱结构;(f) 网架结构;(g) 壳体结构;(h) 钢索结构;(i) 空间折板结构

在图 4.10 所示的各种形式的结构中,以墙为主体的称为墙体或筒体结构,见图 4.10(a)、(d);以梁、柱组成的框架为主体的,称为框架结构,见图 4.10(b);以杆组成的桁架或网架为主体的,称为桁架结构或网架结构,见图 4.10(c)、(f);以拱、壳或索分别为主体的,称为拱结构、壳体结构或钢索结构,见图 4.10(e)、(g)、(h);以多块平板折叠结构或空间折板为主体的,称空间折板结构,见图 4.10(i)。

在桥梁工程中常见的则是梁式桥(图 7.3 至图 7.5)、拱式桥(图 7.6 至图 7.7)、刚构桥(图 7.8 至图 7.9)、悬索桥(图 7.10 至图 7.11)和斜拉桥(图 7.12 至图 7.14);它们分别是由梁、拱、框架(梁和柱)、索作为主体形成的桥梁结构。又如,在隧道工程中可以见到各种衬砌结构(图 6.2),它们也都是由一些连续延伸的圆形、椭圆形、曲墙形、矩形的拱体或墙体组成的结构。

(2) 结构与材料的关系

无论什么结构都是由材料做成的。结构的受力、变形状态和它们所采用材料的力学性质密不可分。

当一个结构构件受力后,它所采用的材料在每个单位面积上也将相应受力,称为“应力”,以 σ 表示;同时该构件还会发生变形,其材料每个单元发生的相应变形,称为“应变”,以 ε 表示。以均匀承受压力 F,截面面积为 A,长度为 l 的轴向受压构件为例,其压应力 $\sigma=F/A$;在产生压应力的同时,该构件有 Δl 的压缩变形,将 Δl 被 l 相除所得到的压缩率称为压应变 $\varepsilon=\Delta l/l$。

结构承受外荷载的能力与所采用材料能够承受的应力直接相关。结构承受外荷载时的变形,也与所采用材料发生应变引起的结构总体变形直接相关。

(3) 结构与地基的关系

无论什么结构都必须坐落在基础上,由基础将结构承受的全部荷载传给地基。受结构传来荷载影响的土层或岩层称地基(Ground)。地基内通常不是均一的土,而是若干层各类土[图 12.3(b)]。常见的土可分为 6 类:

① 岩石　颗粒间牢固连接的、整体的或有裂隙的岩体;

② 碎石土　多数粒径大于 2 mm 的土,按粗细又分块(漂)石、卵(碎)石、圆(角)砾;

③ 砂土　多数粒径大于 0.075 mm、小于 2 mm 的土,按粗细又分砾砂、粗砂、中砂、细砂、粉砂;

④ 粉土　颗粒粒径更细,黏性介于黏性土和上述非黏性土之间的土;

⑤ 黏性土　粒径比粉土更细,具有明显黏性的土;

⑥ 人工填土　回填土、垃圾、工业废料等。

各类土的承载力大体为 100～400 kN/m^2(0.1～0.4 N/mm^2)。

对基础和地基应有以下认识:

① 基础(Foundation)既是结构和地基的连接件,又是结构的一部分,也称下部结构;它的设置既要考虑上部结构的形式、规模、用途、荷载大小与性质,又要考虑下部地质条件、土层分布、土的性质和地下水情况。基础应搁置在坚实土层上,因搁置深度不同,可分为浅基础和深基础两类。浅基础如图 4.11 所示的独立基础、条形基础、筏形基础和箱形基础;深基础如本书第 7 章图 7.19 所示的桩基础和沉井基础、沉箱基础。不论浅基础还是深基础,它们都是由厚板、深梁、粗柱、厚墙作为基本构件组成的,这是因为土的承载力远低于结构构件所用材料强度的缘故。

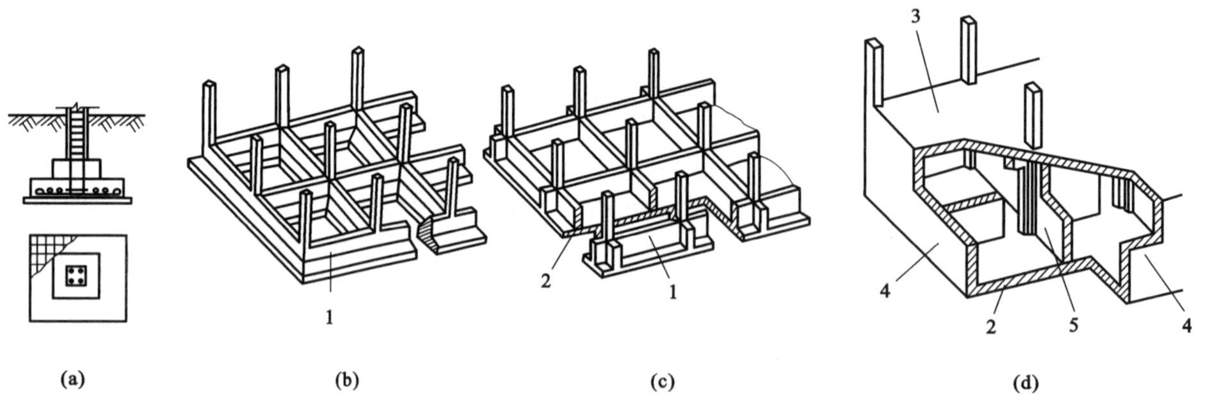

图 4.11　房屋结构的浅基础

(a) 独立基础;(b) 条形基础;(c) 筏形基础;(d) 箱形基础

1—基础梁;2—底板;3—顶板;4—外壁;5—内壁

② 地基的土(Soil)由固体矿物颗粒、水和空气三部分组成,这三部分称为土的三相,即固相、液相、气相。结构搁置在地基上,土体颗粒间的空气和水被挤出,颗粒间的距离变小,称地基压缩,同时结构发生沉陷。由

于土的透水性不同，土体完成压缩过程的时间也很不一样，这就是结构搁置在地基上会在一段时间内发生不均匀沉陷(Settlement)的原因。一般砂土完成沉陷的过程较短；而黏土则很长，有时需几年甚至十几年。上述各类土的地基承载力(Ground Bearing Capacity)，是指在保证地基稳定的条件下，地基压缩变形控制在房屋容许范围内时，地基单位面积上所能承受的最大荷载，单位是 kN/m^2 或 kPa。为了弄清地基的实际承载力和预估房屋沉陷的状态，就要掌握该房屋下各土层的基本物理力学性能，如土的天然松散密度、天然含水量以及反映土松密程度和压缩性能的指标——孔隙比、密实度、塑性性能等。

(4) 结构的预定功能和失效

土木工程的任何结构都应该具有以下四项预定功能：

① 能承受正常施工和使用时可能出现的各种内力(例如拉力、压力、弯矩、剪力、扭矩等)；

② 在正常使用时具有良好的工作性能(例如不发生过大的挠度和侧向位移，不发生过大的不均匀沉陷，不使人感到晃动等)；

③ 在正常维护下具有足够的耐久性能(例如有抵抗酸类或盐类物质侵蚀的能力)；

④ 在偶然事件发生时能保持必需的稳定性(例如有很好的抗地震能力)。

在这四项预定功能中，①和④是安全性；②是适用性；③是耐久性。"安全、适用、耐久"三者缺一不可，但安全第一。

结构的失效，意味着结构或者属于它的构件不能满足上述某一预定功能要求。结构的失效有下列几种现象：

① 破坏　指结构或构件截面抵抗作用力的能力不足以承受作用效应的现象，如拉断、压碎、弯折等。

② 失稳　指结构或构件因长细比(如构件长度和截面边长之比)过大而在不大的作用力下突然发生作用力平面外的极大变形的现象，如柱子压屈、梁在平面外扭曲等。

③ 发生影响正常使用的变形　指板、梁的过大挠度或过宽裂缝；柱、墙的过大侧移；结构有过大的倾斜或过大的沉陷；人在室内有摇晃的感觉等。

④ 倾覆或滑移　指整个结构或结构的一部分作为刚体失去平衡而倾倒或移动的现象。

⑤ 结构所用材料丧失耐久性　指钢材生锈、混凝土腐蚀、砖遭冻融、木材被虫蛀蚀等化学、物理、生物现象。

4.5 对土木工程结构的要求

一个优质的土木工程结构要求具有以下特点：

(1) 在应用上，要充分满足空间和通道的多项使用要求；

(2) 在安全上，要完全符合承载、变形、稳定的持久需要；

(3) 在造型上，要能够与环境、规划和建筑艺术融为一体；

(4) 在技术上，要力争体现科学、技术和工程的新发展；

(5) 在建造上，要合理用材、节约能源、与施工实际紧密结合。

其中，为了达到安全可靠的目的，在结构设计中必须做到：

(1) 结构承受荷载后的内力($\pm N, M, V, M_T$)小于或等于结构的承载力；

(2) 结构承受荷载后的变形(挠度、侧移、沉陷)小于或等于变形的允许值。

复习思考题

4.1　试述力、荷载、作用的共性和不同。

4.2　试述并区别下列基本概念：

① 内力、外力、反力和应力;拉力、压力、弯矩、剪切和扭矩;转动平衡和移动平衡。

② 恒载、活载;重力荷载、使用荷载;风载、地震作用;竖向荷载、水平荷载;静载、动载。

③ 材料的屈服强度、抗拉强度、抗压强度、结构的承载力、结构的失效。

④ 材料的应变、变形、弹性模量。

⑤ 结构的受力变形、温差变形和不均匀沉降。

4.3 试述结构和结构构件的异同。区别下列结构构件:① 板;② 梁;③ 柱;④ 墙;⑤ 杆;⑥ 拱;⑦ 壳;⑧ 索;⑨ 膜。在土木工程中,结构所起的作用是什么?结构构件所起的作用是什么?

4.4 试区别结构失效的下列5种现象:① 破坏;② 失稳;③ 过大变形;④ 倾覆、滑移;⑤ 丧失耐久性。

4.5 试说明土木工程中结构和“土”的关系。为什么将土木工程习称为“土木工程”而没有按其原意称为“民用工程”?区别下列基本概念:① 土;② 土层;③ 岩石;④ 岩层;⑤ 土基;⑥ 岩基;⑦ 地基;⑧ 基础;⑨ 下部结构;⑩ 上部结构。

4.6 同一横截面(A)、同一长度(l)的钢拉杆和木拉杆,在受拉破坏以前哪个能够承受的拉力(F)更大些?在同样的拉力作用下,哪个被拉伸的长度更长些?试用本节所述的力学原理加以分析说明。

4.7 为什么不能将房屋及桥梁的墙、柱直接搁置在地面上或土层上,必须通过基础?基础为什么往往做成厚板、深梁、厚墙?

4.8 在土木工程中力学的作用是什么?结构的作用是什么?试述力学和结构之间的紧密联系。

4.9 试述土木工程中结构的准确定义。一个优秀的结构应具有什么特色?

4.10 试调查你所住的住宅楼、所在的教学楼、所经常经过的桥梁是由哪些结构构件组成的,它们属于什么结构(按材料分和按结构类型分)。

5 建筑工程概述

5.1 引　　言

典型的建筑工程是房屋工程(Building Engineering),它是兴建各类房屋的规划、勘察、设计、施工的总称,其目的是为人类生产与生活提供场所。人们对房屋的基本要求是“实用、美观和经济”。

房屋好比一个人,它的规划就像人所生活的环境,是由规划师负责的;它的布局和艺术处理相应于人体的体型、容貌、气质,是由建筑师负责的;它的结构好比人的骨骼和寿命,需要坚实和耐久,是由结构工程师负责的;它的给排水、供热、通风和电气等设施,就如人的器官、血液和神经,是由设备工程师负责的。它也像自然界完好地塑造人类一样,在城市和地区规划基础上建造房屋,是建设、勘察、设计和施工部门全面协调合作的建设过程。这个过程示意如下:

(1)初步设计阶段:建设部门提出使用要求,勘察部门提供勘察资料后,由设计人员进行设计。

①初步设计构思;

②明确各种功能要求;

③形成总体设计方案。

(2)施工图阶段:①协调处理各设计工种的技术问题;

②进行各设计工种的细部设计;

③绘制施工图,撰写设计说明书,完成总体设计。

(3)施工阶段:①将施工图和设计说明书交付施工部门,设计人员向施工人员交底;

②实施施工,并由工程监理人员进行工程质量和工程进度的监督;

③竣工,房屋落成,交付使用。

在这个过程中,各有关部门的技术和管理人员,尤其是设计、施工、监理的主持人,要在多方面通力合作,满足相互联系着的多种要求,如表5.1所示。

表5.1　各部门要解决的问题

部门或人员名称	建设部门	勘察部门	施工部门
需解决的问题	(1)提出使用要求,编制设计任务书; (2)确定土地使用范围; (3)保证落实建设资金; (4)通过招标,选择设计和施工部门	(1)勘察测量房屋所在地区的地质和地形、地貌; (2)提供地质和水文资料,以及该地区的地形地貌图; (3)提出不良地基的处理方案; (4)提出房屋基础设计的建议	(1)施工组织设计和落实现场布置; (2)确定施工技术方案,选用主要施工设备; (3)工程材料的购置、检验和使用,熟练技工和劳动力的组织; (4)确保安全、工程质量和工程进度
部门或人员名称	建筑师	结构工程师	设备工程师
需解决的问题	(1)与地区的规划协调,进行房屋体型和周围环境的设计; (2)合理布置和组织房屋的室内空间和人流路线; (3)解决采光、隔音、隔热、防冻、防振等技术问题; (4)艺术处理和室内外装饰	(1)确定房屋结构的荷载,选用结构的材料; (2)选用结构体系和结构形式; (3)解决结构承载力、变形、稳定、地基沉降等技术问题; (4)解决各种结构构件间的连接构造问题,对施工提出建议	(1)确定水源和给排水系统; (2)确定热源和供热、制冷、空调系统; (3)确定电源和照明、弱电、动力用电系统; (4)使给排水、供热、供电系统和建筑、结构的设计布置协调一致

土木工程专业面向房屋工程中的勘察、结构设计和施工，培养的是勘察、结构、施工工程师和各类土木工程技术和管理人员。他们在勘察、设计和建造房屋的过程中，首先遇到的是与房屋有关的下列几个基本问题：

① 要弄清房屋所在位置土地的表面现状，即地形[见 12.1 节(5)和图 12.2]；

② 要了解房屋所在位置地面以下的土质情况，即地基[见 4.4 节(3)，12.1 节(6)和图 12.3]；

③ 要掌握房屋所经受的自然界和人为的荷载和作用(见 4.3 节和图 4.4 至图 4.8)；

④ 要熟悉建造房屋所采用的材料，即工程材料(见 3.2 节和图 3.1、图 3.2)；

⑤ 要懂得房屋结构的组成，即结构的构件、受力和失效[见 4.4 节(1)、(2)、(4)和图 4.9 至图 4.11]；

⑥ 要清楚属于房屋工程的建筑物和构筑物有哪些结构形式[见 4.4 节(1)和图 4.10]和建筑物有哪些类别。

弄清以上 6 个基本问题和前述的建设过程，既是了解建筑工程的前提，也是了解其他类型土木工程的需要。

5.2 建筑物的类别

房屋统称建筑物，它的类别有多种分法。可以按建筑物的使用性质分类，可以按建筑结构采用的材料分类，也可以按建筑主体结构的形式和受力系统(也称结构体系)分类。建筑师习惯于用第一种分法，结构和施工工程师习惯于用第二、三种分法，尤其是习惯于用第三种分法。

(1)按建筑物的使用性质分类

按建筑物的使用性质分类，有：

①居住建筑(Residential Building)

如别墅、宿舍、公寓等。它们内部房间的尺度虽小，但使用布局却十分重要，对朝向、采光、隔热、隔音等建筑技术问题有较高要求。

②公共建筑(Public Building)

如展览馆、剧院、体育馆、候机楼等。它们是大量人群聚集的场所，室内空间和尺度都很大，人流走向问题突出，对使用功能及其设施的要求很高。公共建筑经常以网架、拱、壳结构等为主体结构，层数以单层或低层居多。

③商业建筑(Commercial Building)

如商店、银行、商业写字楼、宾馆、娱乐场、停车场的综合楼等。由于它们也是人群聚集的场所，有着与公共建筑类似的要求，往往做成多层或高层建筑，对结构体系和结构形式有较高的要求。

④文教卫生建筑(Cultural ,Educational and Health Building)

如图书馆、实验楼、医院等。它们有较强的针对性，如图书馆有书库、实验楼要安置特殊试验设备、医院有手术室和各种医疗设施。它们经常以框架结构、框架-剪力墙为其主体结构。

⑤工业建筑(Industrial Building)

如重型机械厂房、纺织厂房、制药厂房、食品厂房等。它们往往有巨大的荷载、沉重的撞击和振动，需要大空间，有温湿度、防爆、防尘、防菌等特殊要求，以及要考虑生产产品的起吊运输设备和生产路线。它们有的是单层的，有的是多层的。单层工业厂房经常采用的是铰接框架(也称排架)结构，多层工业厂房往往采用刚接框架结构。

⑥农业建筑(Agriculture Building)

如暖棚、畜牧场等，往往采用轻型钢结构。

(2)按房屋结构采用的材料分类

按房屋结构采用的材料分类，有：

①生土结构(Raw Soil Structure)

生土结构也称“生土建筑”，它是以地壳表层的天然物质(岩土)作为建筑材料，经过采掘、成型、砌筑或夯筑而建造的建筑物。如我国各地的土坯房和窑洞民房。

②木结构(Timber Structure)

木结构是指采用方木、圆木、条木、板材连接做成的建筑物。我国古代采用木结构的房屋很多,如宫殿、庙宇、塔楼、民居等。近年来除林区和农村房屋外,较少采用木结构,但用木材做木梁、木屋架、木屋面板者亦有之。

③砌体结构(Masonry Structure)

砌体结构是指采用砖、石、混凝土砌块等砌体做成的建筑物。多数砌体结构房屋仅利用砌体做承重墙,楼面、屋面则采用钢筋混凝土梁板或木楼板、木屋架,它们也可称为“砖混结构”和“砖木结构”。但也有整幢建筑物都用砌体建造,其屋面、楼面均采用砌体做成拱形的结构形式。

④钢筋混凝土结构(Reinforced Concrete Structure)

钢筋混凝土结构是指采用钢筋混凝土或预应力混凝土[①]做成的建筑物。它们主要的结构类型有框架结构、剪力墙结构、筒体结构、拱结构、空间薄壳和空间折板等。

⑤钢-混凝土组合结构(Steel-Concrete Composite Structure)

钢-混凝土组合结构是指采用部分由钢构件、部分由钢筋混凝土构件组成的承重结构体系的建筑物,或者是其承重结构的主要构件(梁、柱、板等)内同时存在混凝土和型钢或钢管的建筑物。这种组合结构也可表述为不同材料之间能以某种方式有效传递内力,以整体的形式产生抗力的结构。目前采用钢-混凝土组合结构的建筑物十分广泛。

⑥钢结构(Steel Structure)

钢结构是指采用钢材(钢板、型钢、钢管、圆钢等)连接组合形成其主要结构体系的建筑物。钢结构的应用范围很广,用小型角钢和圆钢组成的结构称“轻钢结构”,常用于农业建筑物;普通钢材则适用于各类大中型建筑物,尤其适用于大跨和高层建筑物。

⑦张拉整体结构(Tensegrity Structure)和膜结构(Membrane Structure)

张拉整体结构和膜结构常用于公共建筑的屋盖结构。

上述各种材料的结构将在5.3～5.9节分别作具体讨论。

(3)按结构体系分类

按组成房屋主体结构的形式和受力系统即结构体系分类,有:

①承重墙结构(Bearing Wall Structure)

在高层建筑中也称剪力墙结构(Shear Wall Structure)。该种结构利用房屋的墙体作为竖向承重和抵抗水平荷载(如风荷载或水平地震作用)的结构。墙体同时也作为围护结构及房间分隔构件,见图4.10(a)。

②板-柱体系(Slab-Column System)

它是由板和柱形成的受力体系,不设梁,但往往在柱顶与板接触处设扩大柱头(柱帽)。板柱结构可以使楼层有效空间加大,平滑的板底可改善采光、通风等条件。当楼层较多时,宜设置墙体构成板柱-抗震墙结构。

③框架结构(Frame Structure)

它是由梁、柱组成的框架作为房屋的竖向承重结构,并同时承受水平荷载。其中,如梁和柱整体连接,可以承受弯矩的称为刚接框架结构,见图4.10(b);如梁和柱非整体连接,其间可以自由转动、不能承受弯矩的称铰接框架结构,也称排架结构。

④筒体结构(Tube Structure)

利用房间四周墙体形成封闭筒体(也可利用房屋外围由间距很密的柱与截面很高的梁组成形式上像框架,实质上有许多窗洞的筒体)作为主要抵抗水平荷载的结构,也可以由框架和筒体组合成框架-筒体结构,见图4.10(d)。

---

① 在钢筋混凝土构件上预先施加压应力,以抵消或减少该构件在使用时荷载产生的拉应力的混凝土结构。

⑤错列桁架结构(Staggered Truss Structure)

利用整层高的桁架横向跨越房屋两外柱之间的空间,并利用桁架交替在各楼层平面上错列的方法增加整个房屋的刚度,也使居住单元的布置更加灵活,这种结构体系称错列桁架结构,见图 4.10(c)。

⑥拱结构(Arch Structure)

以在一个平面内受力的、由曲线(或折线)形构件组成的拱所形成的结构,来承受整个房屋的竖向荷载和水平荷载,见图 4.10(e)。

⑦壳体结构(Shell Structure)

壳体结构是指由曲面形板与边缘构件(梁、拱或桁架)组成的空间结构。它能以较薄的板面形成承载能力高、刚度大的承重结构,能覆盖大跨度的空间而无需中间支柱,见图 4.10(g)。

⑧折板结构(Folded Plate Structure)

由多块平板组合而成的空间结构,是一种既能承重又可围护、用料较省、刚度较大的薄壁结构,见图 4.10(i)。

⑨网架结构(Spatial Grid Structure)

由多根杆件按照一定的网格形式,通过节点连接而成的空间结构,具有空间受力、质量轻、刚度大、可跨度大、抗震性能好等优点,见图 4.10(f)。

⑩悬挂式结构(Suspension Structure)

也称钢索结构(Steel Rope Structure),是指楼面荷载通过吊索或吊杆传递到支承柱上去,再由柱传递到基础的结构,见图 4.10(h)。

⑪巨型桁架和巨型框架结构(Giant Truss System and Mega Frame Structure)

巨型桁架结构通常沿外框筒面设大型斜向支撑构件,它可以增加整个结构体系的刚度。巨型框架则可理解为将一般框架的比例放大。它的“柱”一般布置在建筑物的四角,它的“梁”通常隔若干楼层设置一根。巨型框架的“梁”“柱”可由多片立体支撑构成,“柱”也可由小框筒构成。巨型“梁”“柱”之间的若干层为一般框架,可视为巨型结构的子结构,这样,巨型结构就更加充分地发挥了立体构件的空间工作性能。

5.3 生土结构建筑物

生土建筑是利用自然界的原土作为主要承重材料的建筑物。生土材料就地取材,造价低廉,可塑性好,易于成形,便于自己动手施工;生土材料具有良好的热稳定性,使建筑内冬暖夏凉,节约能源;生土原土无需焙烧,从而节省了燃料和运输的费用;生土建筑融入自然,是保护环境和维持生态平衡最好的建筑类型。

我国是世界上黄土(生土)资源最为丰富的国家之一,生土建筑的历史悠久。考古发现,古人类从居住天然岩洞到人工凿穴的历史,可追溯到50万—60万年前的蓝田猿人。距今6 000年的半坡村时期已有了聚落和半穴居式的生土建筑。与此同时在黄河流域的黄土高原地区,“穴居”一直相继沿用并不断发展,形成了今日的窑洞民居。生土建筑中至今尚存在的窑洞多为明清年代以后建造的,明代以前的生土古迹尚存的有:古烽火台、古城墙(如新疆吐鲁番地区的高昌、交河故城遗址)及秦汉古长城残段、大型古墓及古窟寺(如敦煌、云冈、龙门、新疆吐鲁番和库车的千佛洞)。这些古代生土建筑,经历了漫长的历史发展和演变,蕴藏着丰富的营建技术、建筑艺术和凝固在这些传统建筑中的文化思想、建筑风格、风土民俗,将为今日研究现代生土建筑提供有益的启示与借鉴。

历代形成的生土建筑类型繁多,从材料结构和构造方面分,有黄土窑洞、土坯拱窑洞、砖石掩土窑洞、夯土墙、土坯墙及草泥垛墙的各类民居和夯土的大体积的构筑物。它们以土体、土坯、草泥为结构用材料,以承重墙、拱体为其主要的结构形式,图 5.1(a)为生土纵墙承重、木屋架房屋。图 5.1(b)为生土横墙承重、硬山搁檩房屋。硬山搁檩即将木檩条直接搭在生土山墙和横墙上所形成的屋面结构。如果从房屋营建和使用功能上分,可将生土建筑划分为三大类:①窑洞民居;②生土建筑民居;③以生土材料建造的各类公用建筑物和构筑物(如城墙、粮仓、堤坝等)。

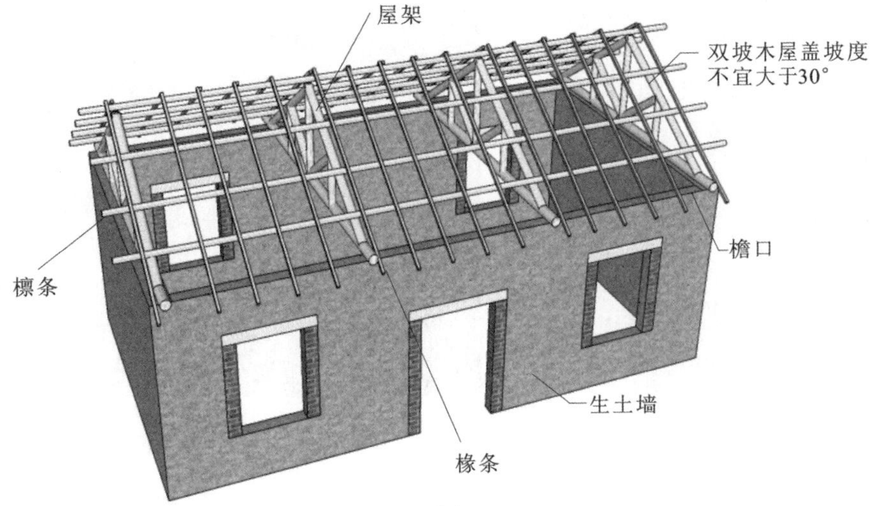

(a)

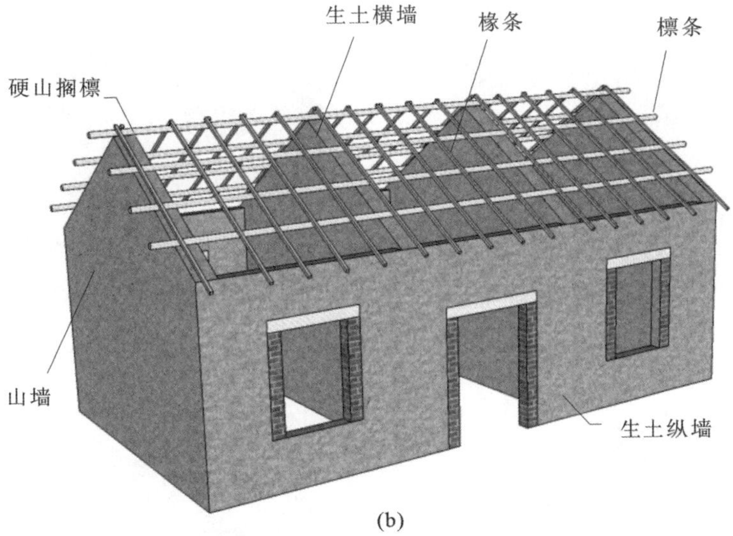

(b)

图 5.1 生土结构建筑物示意

(a)生土纵墙承重、木屋架房屋;(b)生土横墙承重、硬山搁檩房屋

据估计现在世界上有 1/3 的人口居住在各类生土建筑之中,我国黄土高原地区总面积 63 万～64 万平方千米,主要集中分布在豫、陕、晋、甘、宁、青、新七个省和自治区,居住人口约为 6 000 万,其中居住窑洞的人口约 4 000 万,图 5.2 为山西的窑洞,图 5.3 为陕西的下沉式窑洞。各类生土民居遍布全国。

生土建筑在世界上分布的范围也相当广泛,不仅亚、非、拉等地区的发展中国家有,在工业发达的欧、美等国也有;从寒冷的地区到炎热地区、从多雨地区到干旱地区,几乎遍布全球。由于各地区的民族传统、宗教信仰、生活习惯和地理气候环境的差异,不同地区的生土建筑在建筑艺术风格和技术措施上各有不同的特点,已成为各自文化传统的一个组成部分。

自 20 世纪 70 年代第一次全球能源危机起,以夯土建筑为代表的传统生土建筑受到国际相关研究领域的普遍关注。过去 40 多年来,欧美发达国家针对传统夯土建筑技术的改良和现代化进行了大量的基础研究和实践,尤其对生土建筑材料及结构的科学机理、建造工具和方法进行了大量的基础研究和实践,取得了大量研究成果,形成了一系列具有广泛应用价值的现代夯土建造技术体系。至今,现代夯土建筑已成为实现绿色建筑、可持续建筑最为有效的载体之一,该领域的研究也越来越受到重视。2000 年,联合国教科文组织专门成立了生土建筑分部,以支持全球相关领域的研究和推广。图 5.4 至图 5.6 为国外现代生土建筑。

图 5.2　山西窑洞

图 5.3　陕西下沉式窑洞

图 5.4　欧洲现代多层夯土住宅①

图 5.5　现代夯土建筑施工①

(a)　　(b)

图 5.6　欧洲现代夯土住宅区①

目前国内外对传统夯土建筑结构的技术改造主要集中在以下几个方面：

(1)夯土材料的改良及其优化，即通过土质分析，在原土中添加一定比例的细砂、砾石和改性材料，以提高夯土墙体的强度指标和耐久性能；

(2)采用现代气动、电动夯筑工具替代传统手工夯具，以提高夯制工具的夯击力；

(3)采用现代夯筑模板体系替代粗糙的传统模板体系，模板安装、拆卸更加灵活，显著提高夯筑效率；

① 图片由西安建筑科技大学周铁钢提供。

(4)通过在夯土墙体中加入竖向与水平约束构件(如纤维材料、木材、混凝土构件或轻钢构件),或加强夯土墙体与房屋楼(屋)盖的构造连接,以提高夯土建筑结构的防灾安全性能。

图 5.7、图 5.8 为 2008 年攀枝花地震后在四川凉山州的夯土建筑示范工程。

图 5.7　四川凉山州夯土建筑村民活动中心①

图 5.8　四川凉山州夯土建筑民居①

5.4　木结构建筑物

木结构和砌体结构,都是人类最早兴建的建筑工程结构。西安半坡村遗址(图 2.1)显示了 5 000 年前的木结构建筑。它是以茅草、树枝做屋面,以木柱和夯土墙为主要承重结构。

顾名思义,木结构是将原有木材[方材、圆材、条材、板材等,见图 3.1(c)]经过齿形连接、螺栓连接、钉连接、键连接或胶连接(图 5.9),形成的各种形式的结构,如木桁架、木网架、木拱等。其中最常用于房屋工程的是木桁架。在木桁架上架设垂直于桁架平面方向的木檩条,并在木檩条上铺置木望板,在木望板上铺瓦,就做成了一般的木屋盖(图 5.10)。

中国是最早应用木结构的国家之一。古代大量宫殿、庙宇、民居建筑采用的是抬梁式木结构(也称木举架),其层层叠垛而成的重檐和优美的曲线形屋面既可减少夏天日照和多容纳冬季阳光,又显示榫连接做法能逐层悬挑的结构特色[图 5.11(a)],但毕竟跨度有限,用料甚多。现在,木结构建筑则既可以做成木制"板-梁-柱"式或"板-屋架-柱"式的传统结构体系,也可以做成木刚架、木拱、木网状筒拱或木薄壳式的新型结构体系,见图 5.11(b)、(c)、(d)。木梁的跨度可达 8～10 m,木屋架、木刚架的跨度可达 18～30 m,木网架状筒拱或壳体结构的跨度可达 80～150 m。

① 图片由西安建筑科技大学周铁钢提供。

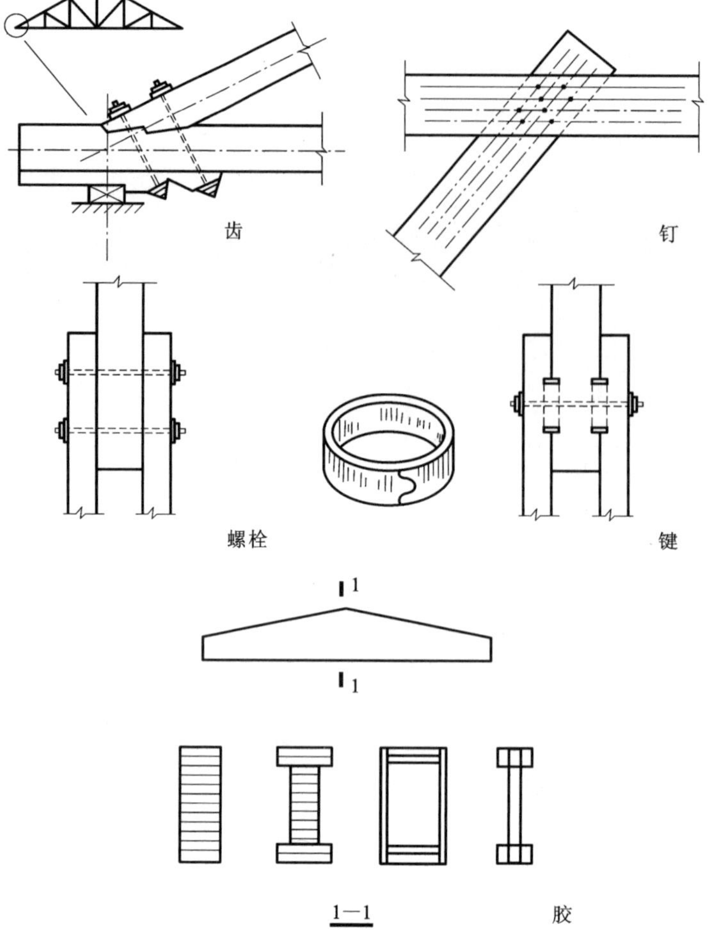

图 5.9　木结构的各种连接

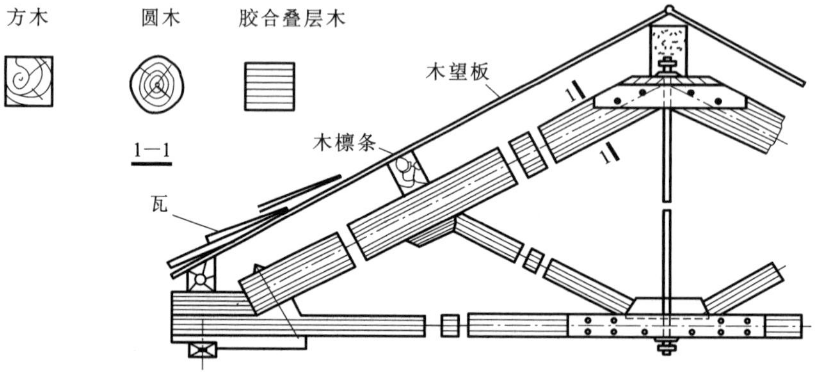

图 5.10　木屋盖及其木桁架、木檩条、木望板

目前中国现存最高的木结构古建筑是山西应县木塔(图 5.12)。该塔建于公元 1056 年,外观 5 层,内有 4 个暗层,实为 9 层,平面为八角形,底层直径 30.27 m,塔高 67.31 m。

木材是一种天然、可再生的绿色建筑材料。植树造林可保护生态环境;建造木结构建筑能显著降低对矿石资源和能源的消耗;木材的销毁不对环境造成污染。另外,木结构建筑中,木材可以吸收阳光中的紫外线,调节室内空气湿度,降低二氧化碳浓度,改善音响效果;木结构构件采用工厂化制作,成品规格灵活,现场安装便捷;木结构建筑还由于其自重轻、韧性好而具有良好的抗震性能。因此,木结构建筑被认为是一种可持续发展的建筑结构体系。

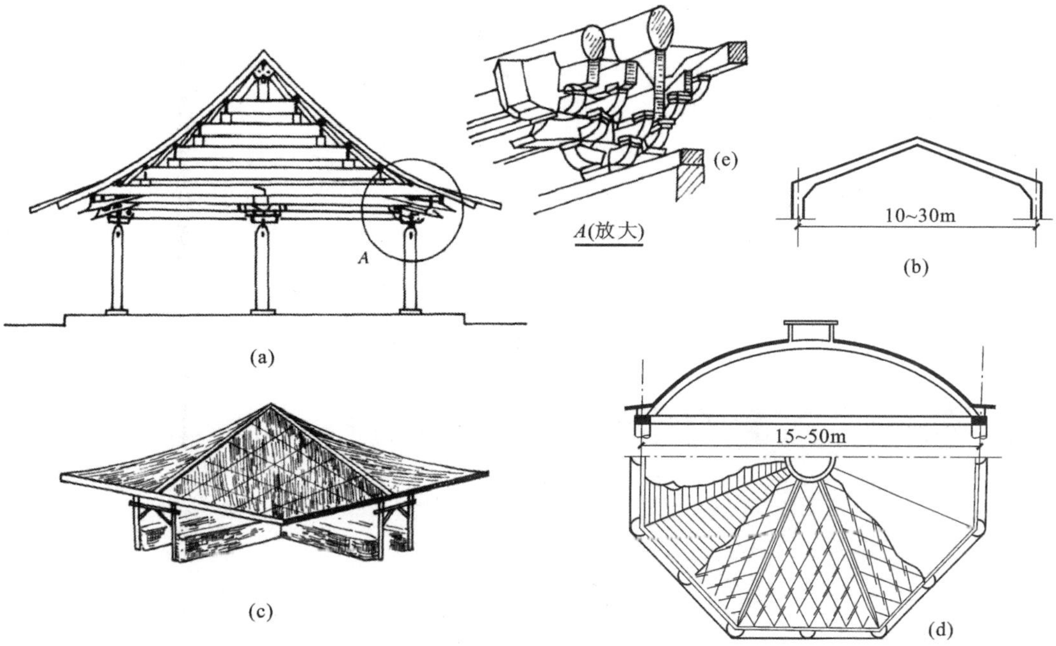

图 5.11　各种木结构示意

(a)抬梁式木举架；(b)木刚架；(c)木扭壳(胶合木)；(d)网状围合圆顶；(e)木举架结构檐口斗拱做法(放大)

图 5.12　应县木塔剖面

现代木结构建筑大多采用工程木(Engineered Wood)。工程木主要分为两大类:胶合层积木(Glued laminated timber,Glulam)和结构复合木材(Structural Composite Lumber,SCL)。其中结构复合木材分为:单板层积材(Laminated Veneer Lumber,LVL)、平行木片胶合木(Parallel Strand Lumber,PSL)、层叠木片胶合木(Laminated Strand Lumber,LSL)、定向刨花板(Oriented Strand Board,OSB)和木质工字梁(Wood I-joist)。胶合层积木(Glulam)是由 20～50 mm 厚的木板经干燥,采用环保型胶黏剂顺纹胶合而

成;单板层积材(LVL)是原木经剥皮后采用专用设备旋切成 2.5～6.4 mm 的单板,再由单板顺纹组坯胶合而成;定向刨花板(OSB)是将长度不小于 30 mm 的长条刨花施胶分 3 层定向铺装加压制成的刨花板。工程木可充分利用小径材和低质原木,做到次材优用、小材大用;既保留了实木锯材的天然特性,又具有材质均匀、尺寸稳定性好、强度高、防腐阻燃等特点,且便于工厂化制作。图 5.11(c)所示的扭壳或图 5.10 所示的木桁架均采用工程木建造。

1981 年,美国华盛顿州阿纳海姆市建成塔科马体育馆[图 5.13(a)],其主体结构为胶合木穹顶结构,穹顶直径 162 m,距地面 45.7 m,屋盖由 414 个高度为 762 mm 的弧形胶合木梁组成,该结构是当时世界上最大的木结构穹顶。该设计方案除了在外观、环保、性能等方面具有优势外,其造价也比充气穹顶结构和混凝土穹顶结构低。2001 年,在距体育馆不到 25 km 的地方发生了里氏 6.8 级地震,体育馆未出现任何损坏。图 5.13(b)为美国迪士尼溜冰场。

(a) (b)

图 5.13 美国木结构体育建筑

(a)塔科马体育馆;(b)迪士尼溜冰场

5.5 砌体结构建筑物

砌体是由不同尺寸和形状的砖石、混凝土砌块或其他块材(图 5.14)用砂浆砌筑成的整体,它是一种复合材料,用这种复合材料做成承重构件的结构称为砌体结构。砌体可分为无筋砌体和配筋砌体两大类。常见的无筋砌体有:烧结普通砖和烧结多孔砖砌体、蒸压粉煤灰和蒸压灰砂砖砌体、混凝土和轻骨料混凝土砌块砌体和石砌体;配筋砌体又分为配筋砖砌体和配筋砌块砌体。

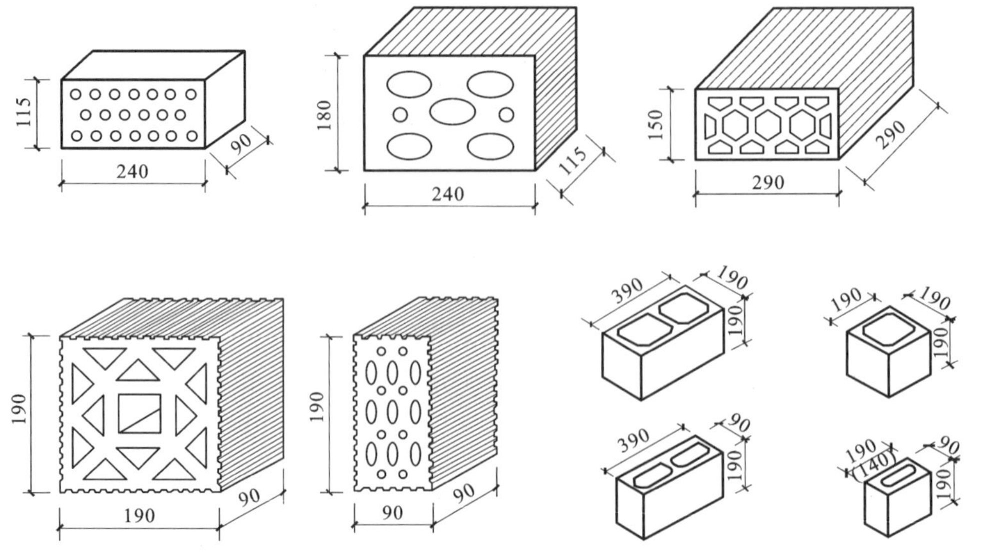

图 5.14 混凝土小型空心砌块块型

古代砌体结构建筑物成就辉煌，埃及胡夫金字塔建成于公元前2000多年，是一座用230余万块巨石砌垒起来的高146.6 m的伟大建筑(详见本书附录1)。建成于公元537年的位于伊斯坦布尔的索菲亚大教堂，是一座由砖砌球壳(直径约30 m，壳顶离地约50 m)和石砌半圆拱以及巨型石柱组成的宏伟砖石建筑(详见本书附录3)。它们至今仍完整地矗立在原址，供世人观赏。

古代砌体结构建筑的典型做法可以从古希腊的帕特农神庙(The Partheon，图5.15)的构造中看出，这种构造做法直至公元5世纪一直在雅典被普遍采用，并流传至今。它是先在地下深处的基础上砌3～4层大理石台阶式平台，在平台上用石块叠成长立柱，在柱顶安放石过梁、石腰带和飞檐，形成人字形屋顶[图5.15(a)]。立柱通常由几个像鼓一样的单元构件连接而成，它们用埋置在柱内的销钉对中，其间设有砂浆。在将单元构件仔细连接后，再由熟练雕工雕刻成凹槽[图5.15(b)]。

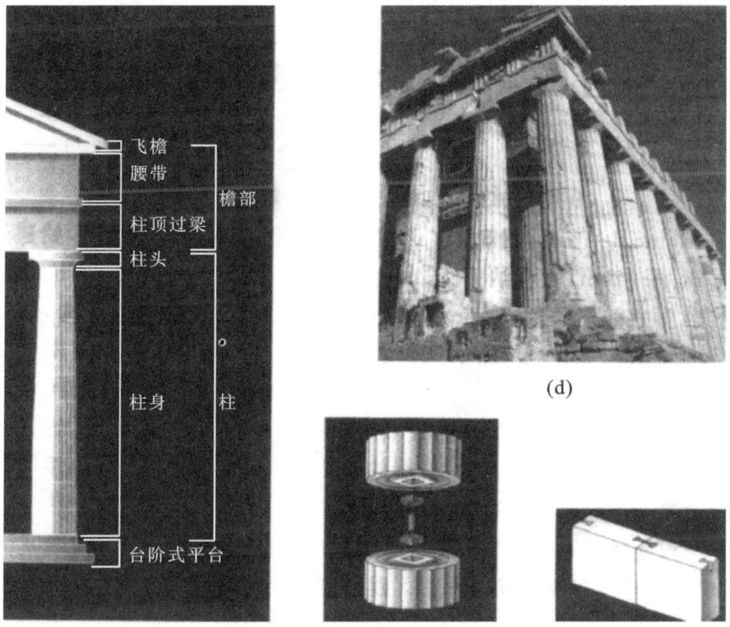

图5.15　帕特农神庙构造示意图

(a)柱身上下做法；(b)柱身单元构件间的连接；(c)石块间连接；(d)万神殿遗迹

巴黎圣母院[Notre Dame de Paris，图5.16(a)]是世界著名哥特式教堂建筑，始建于1163年，约建成于1180年，建筑平面宽47 m，深125 m，可容纳万人。它是12世纪西方典型的有划时代创造性的砌体结构建筑，采用的是由柱墩骨架、券拱和飞扶壁(Flying Buttress)等组成的砖石框架结构，墙体不承重。由于在始建时就决定它的中厅(也称中殿)要比同期其他教堂的中厅高1/4～1/3，这使得中厅两侧的墙体要承受更大的风力。为了迎接这个挑战，建造者开发设计了飞扶壁的结构做法[见图5.16(b)、(c)]。飞扶壁是外墙外侧的既高又薄的扶壁，顶部呈弧形拱状，它越过侧廊屋顶，抵住中厅骨架拱脚，可以承受通过四方肋形穹顶砖券拱[图5.16(d)]传来的外推力以及施加于中厅侧墙的风力；同时，它还能解放两侧墙体的承重功能，使墙上可以开设各种形状的大玻璃窗。飞扶壁不仅受力合理，而且建筑造型美观，又有利于室内采光，在结构上是一个了不起的创造。巴黎圣母院建成后，很快就被后来建造的哥特式教堂所仿造，其结构在西方曾风靡一时。

中国古代的砌体建筑结构也有辉煌成就。明代建筑南京灵谷寺无梁殿以砖拱券为主体结构，室内空间为一大型砖拱，总长53.5 m，总宽37.35 m，纵横两个方向均为砖砌穹拱，无一根梁。中列最大跨度11.25 m，净高11.4 m，前后列跨度5 m，净高7.4 m，与列正交的小洞跨度3.85 m，净高5.9 m，外部出檐、斗拱、檩、枋等均以砖石仿造木构件制作。

图5.17所示为陕西泾阳的崇文宝塔，也称“泾阳塔”，是目前国内第一砌体结构高塔，原建于唐朝，于1556年关中大地震中震毁，1591年重建，塔体为青砖八面棱柱体，底层平面为八边形，每边长9 m，周长

(a)

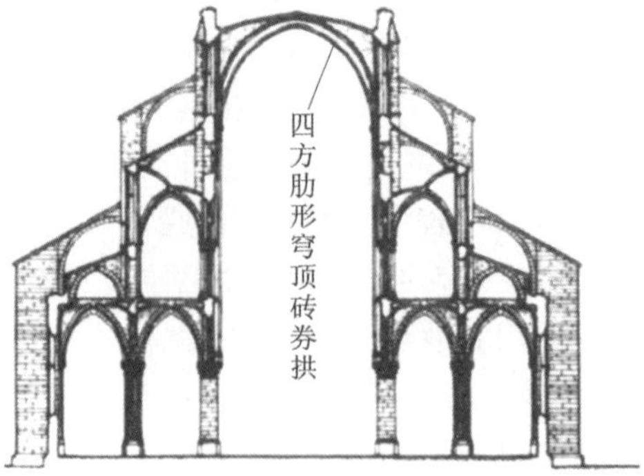

(b)

(c)

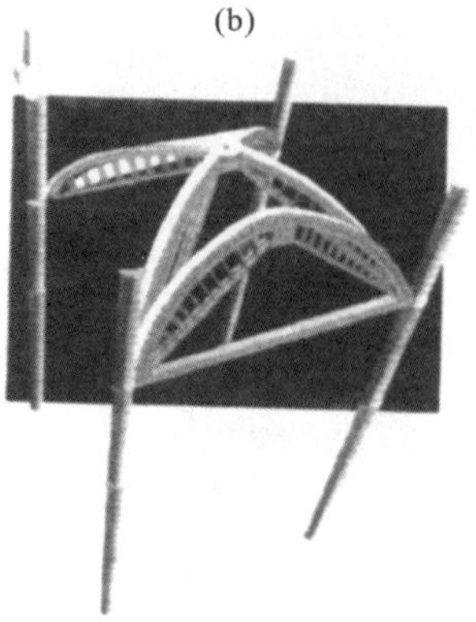

(d)

图 5.16　巴黎圣母院

(a)外貌;(b)飞扶壁剖面图;(c)飞扶壁受力示意;(d)四方肋形穹顶砖券拱(Ribbed Quadripartite Vault)做法

72 m,从塔内地面至塔顶总高 87.218 m,高度为全国砖塔之首。塔共 13 层,每层 4 门 4 龛,沿塔轴的砖砌螺旋式楼梯直通塔顶,每层有宽敞的人行通道,并沿外周边设有通廊。该塔是在陕西泾阳人士李世达倡导主持下,由江苏镇江工匠施工建造的,全塔在造型、结构、建筑工艺等方面技艺精湛,堪称中国古建筑的璀璨明珠。

(a)

(b)

(c)

图 5.17　崇文宝塔

(a)崇文宝塔立面;(b)砖砌螺旋式楼梯;(c)塔内人行通道的砖砌穹顶

近代20世纪以前，世界上最高的现代砌体结构办公用楼房是1891年在美国芝加哥建成的莫纳德·洛克大楼(Monadnock Building)，它长62 m，宽21 m，共16层，是一幢带有电梯的大厦(图5.18)，沿用至今。1932年，苏联涅克拉索夫(В. П. некрасоь)提出在砌体砂浆层中配置钢筋做成配筋砌体，使砌体结构的应用得到大面积推广。瑞士在20世纪50年代后用抗压强度达60 MPa、孔洞率为28%的多孔砖建成19层和24层高的塔式住宅建筑，砖墙仅280 mm厚。美国用两片90 mm厚单砖墙中间夹70 mm厚的配筋灌浆层的做法建成21层高的公寓(图5.19)。

图5.18　莫纳德·洛克大楼(16层)

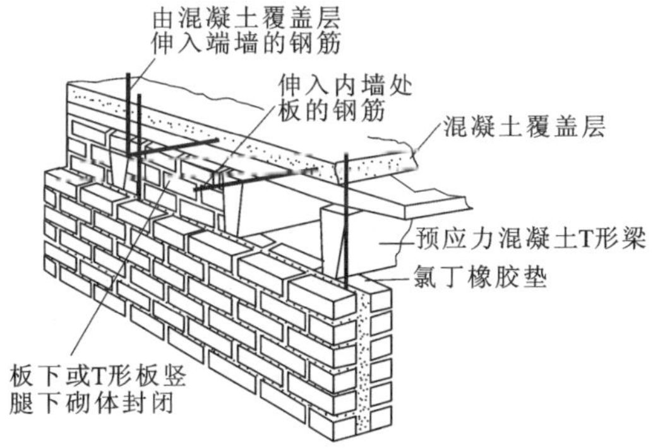

图5.19　单砖砌墙中夹配筋灌浆层的做法示意

当前，高强砖砌体、配筋砖砌体或空心砖砌体、配筋混凝土块材、配筋混凝土空心砖以及混凝土和砖组合砌体，已成为不少国家常用的砌体结构材料。图5.20是位于美国内华达州的神剑城堡饭店，它是几幢高强加筋砌体(其抗压强度达到约28 MPa)的28层饭店大楼。

20世纪50年代以来，我国的砌体建筑结构经历了一个“黏土砖砌体(含承重多孔空心砖砌体)→配筋砖砌体→大型振动砖壁板→配筋混凝土砌块砌体”的发展过程(图5.21)。北京9层高的外交公寓是配筋砖砌体结构的实例[图5.21(f)]；北京左家庄住宅区建筑群是大型振动砖壁板结构的实例(图5.22)；南京8层高的大桥旅馆是承重空心砖砌体结构的实例。为了提高砖墙的抗震性能，我国研制以240 mm×240 mm×90 mm为模数的抗震空心砖，在砖的孔洞中可放置竖向钢筋、浇筑混凝土，形成构造柱体(图5.23)。在西安已陆续建造了一些用这种砖做成的6～7层住宅楼，它们都是按8度抗震设防烈度设计的。1998年，在上海曾采用190 mm厚的混凝土空心砌块配筋砌体建成了18层的住宅楼。它属于配筋砌块剪力墙结构体系的高层建筑。

图5.20　用高强砌体砌筑的28层大楼

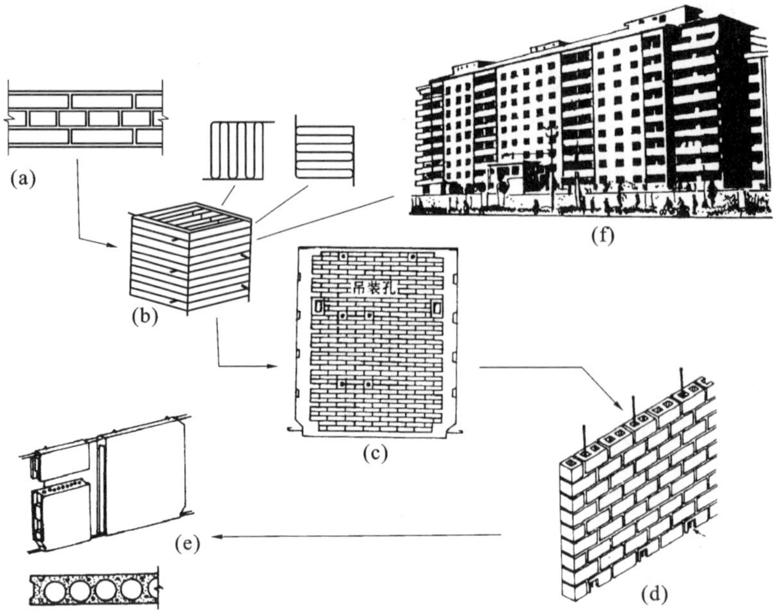

图 5.21　我国 20 世纪 50 年代以来砌体结构的发展过程

(a)黏土砖砌体;(b)配筋砖砌体;(c)大型振动砖壁板(北京左家庄住宅区所用);(d)配筋小型混凝土砌块砌体;(e)预制混凝土空心墙板;(f)北京外交公寓(配筋砖砌体结构,9 层)

图 5.22　振动砖壁板吊装情况

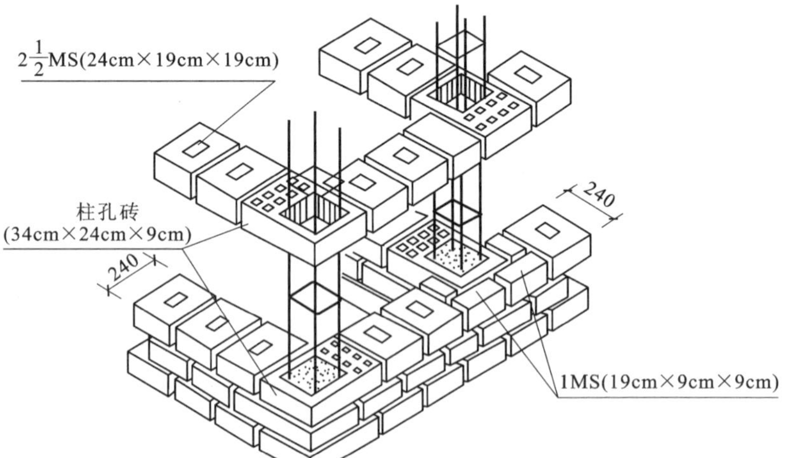

图 5.23　抗震空心砖砌体

5.6　混凝土结构建筑物

混凝土是一种原材料资源丰富,成本较低,可以与钢筋、型钢黏结共同使用的材料。混凝土由于可模性、耐火性、耐久性、整体性、刚性均较好,体内能按受力需要配置钢筋等优点,可用于各种受力构件(如板、梁、柱、基础等),做成各种结构体系(如承重墙体结构体系、框架结构体系、壳体结构体系等),建造各种建筑(如居住建筑、公共建筑、商业建筑、工业建筑等)。

混凝土结构包括素混凝土结构、钢筋混凝土结构和预应力混凝土结构。素混凝土结构是指不配置钢筋的混凝土结构,在工程中应用较少。钢筋混凝土结构是指在混凝土内配置钢筋的结构。预应力混凝土结构指在结构构件制作时,预先在构件受拉的部位施加预压应力,以改善结构在使用期间的性能的一类结构。随着预应力概念的提出和成功的应用，高性能混凝土、轻骨料混凝土、纤维混凝土、自密实混凝土、活性粉末混凝土等新型混凝土相继出现和发展，使混凝土的应用范围大大扩展。它可应用于土木工程的各个领域，如高层和超高层建筑、大跨度建筑、高耸构筑物、海洋工程、核工程以及高达1 800℃、低至−160℃的高、低温工程建筑。混凝土结构是现代各种土木工程建设中的主要结构类型。

1824年波特兰水泥发明以后，混凝土结构逐步发展起来。19世纪80年代一些学者相继发表钢筋混凝土材料和结构的一些研究成果和试验结果，例如德国学者G. A. Wayss，J. Bauschinger，M. Koenen等人在1886—1887年发表了钢筋混凝土结构的试验报告及混凝土结构理论设计的书稿，初步奠定了钢筋混凝土在建筑工程中应用的科学基础。1903年在美国辛辛那提建成了世界第一幢混凝土结构高层建筑——英格尔斯大楼(Ingalls Building)(图5.24)。第一次世界大战前混凝土结构只是在多层建筑的基础和楼盖中得到应用，第二次世界大战后，由于钢材短缺，混凝土结构建筑得到大规模发展。20世纪50年代早期，混凝土结构建筑的高度可达到20层，1958年即上升到38层，1962年达到50层，1968年又达到70层(美国芝加哥的湖心大厦，见图5.25)。

图5.24　英格尔斯大楼外貌图

图5.25　美国芝加哥的湖心大厦

我国的水泥工业始于1889年。19世纪末20世纪初，上海等沿海城市的个别建筑物部分采用钢筋混凝土楼板。1908年建造的上海电话公司大楼是我国最早的钢筋混凝土框架结构。1949年中华人民共和国成立后，混凝土结构在建筑工程和其他土木工程中得到广泛的应用。

目前，世界上典型的钢筋混凝土结构建筑是马来西亚吉隆坡的石油双塔大厦(图5.26)。它是两个并排的圆形建筑，各自都由23 m见方的混凝土墙体内芯和底部直径为46.2 m的16个混凝土圆柱周边框架组成。框架柱直径由底层的2.4 m逐渐变化到顶层的1.2 m。大厦建筑面积600 000 m^2左右，地上88层，考虑夹层共95层，高390 m，连同桅杆总高452 m。从底层至84层采用的都是钢筋混凝土结构，混凝土强度自下向上为C80至C40，支承84层以上的是钢柱和钢环梁。大厦在第60层、72层、82层、85层处收进，46层以下有两个圆形副楼，直径23 m，为由12根钢筋混凝土柱组成的框架结构。整个建筑的高宽比为8.64，是细长型建筑。

图5.27(a)所示为高度居世界前列的混凝土高层建筑——美国芝加哥的特朗普国际酒店大厦(Trump International Hotel Tower)，于2009年建成。主体结构高340.1 m，连同桅杆总高423.2 m，地上92层，沿

(a)

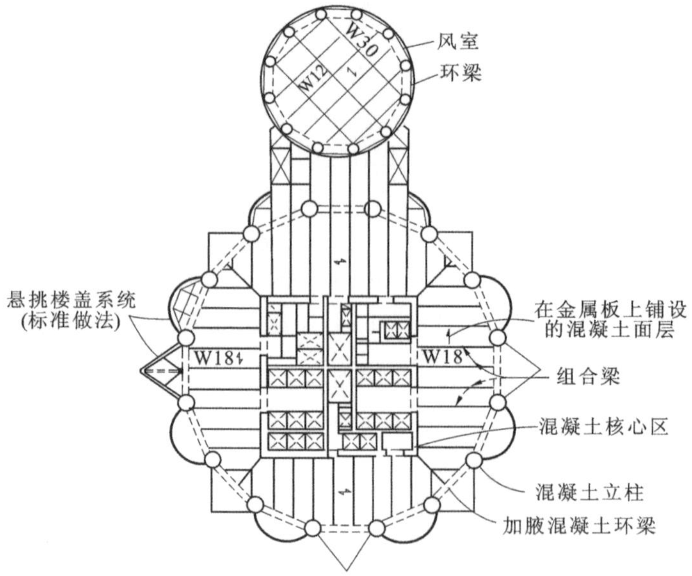

(b)

图 5.26　马来西亚吉隆坡石油双塔大厦

(a)立面;(b)主塔楼标准层平面

(a)

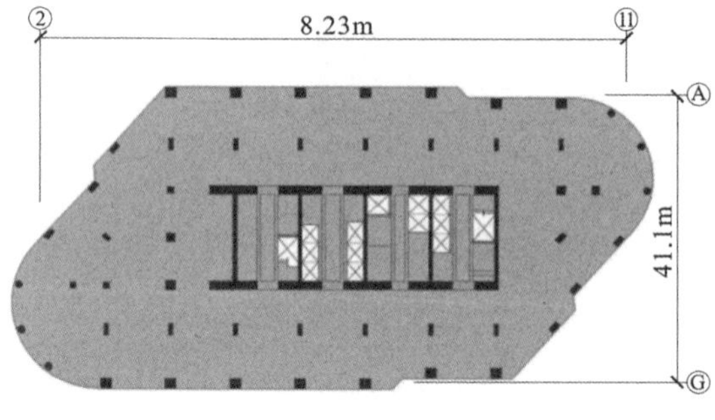

(b)

图 5.27　美国芝加哥的特朗普国际酒店大厦

(a)立面图;(b)标准层平面图

高度方向在 16 层、29 层和 51 层三次向内收进。核心筒与周边柱由外侧支架构件连接,为整个建筑提供了良好的抗侧刚度和抵抗风荷载的能力。核心筒位于建筑中心部位,底部由 4 个工形和 2 个 [形墙体构成,在标准层核心筒由 4 个工形和 1 个 [形墙体构成[图 5.27(b)]。外伸构件是巨大的钢筋混凝土矩形截面墙梁,宽 1.7 m,高 5.3 m,巨大的外伸构件布置在建筑体型向内收进的位置,对整体结构有很好的加强作用。建筑的高宽比为 8.0,属细长形建筑物。

我国的广州中信广场由 3 座塔楼和裙房组成(图 5.28),于 1996 年建成。它的主塔楼为 80 层高的办公楼,采用钢筋混凝土框架-筒体结构,高 322.5 m,连同桅杆(钢塔)总高 382.5 m,为目前国内最高、世界第五高的混凝土结构建筑。两座副塔楼是 40 层公寓;5 层裙房为商场,它们将两座公寓连接在一起。裙房屋面有花园和游泳池。主塔楼平面为边长约 48 m 的正方形，由于建筑要求，外框筒不能全部落地，因此，在 5 层以下的框筒四角设了 4 根 L 形巨型角柱，单肢长 7.75 m，宽 2.5 m，承受上部荷载。

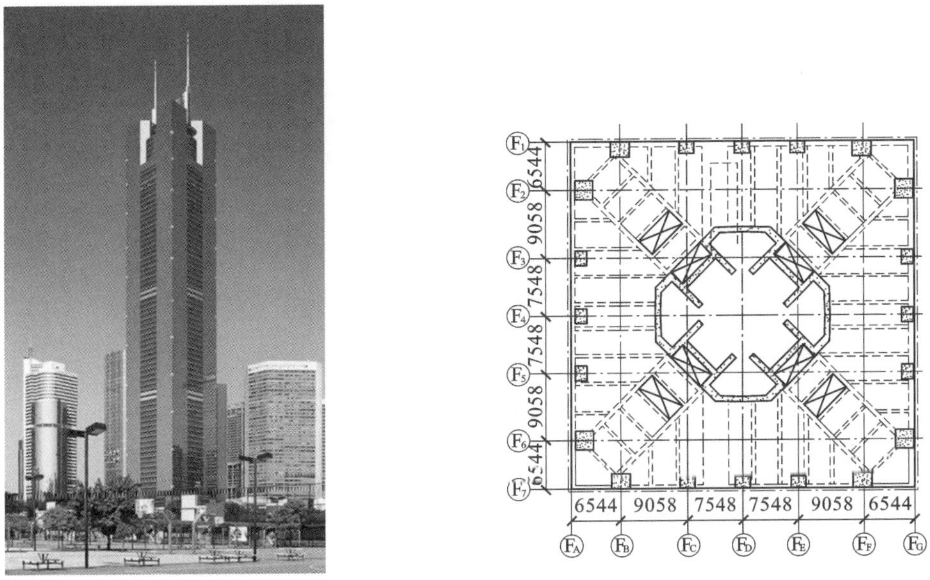

(a) (b)

图 5.28 广州中信广场

(a)外立面；(b)标准层平面

朝鲜平壤建造的柳京大厦，平面为 Y 形，立面为金字塔形(图 5.29)，地下 4 层，地上 105 层，高 305 m，采用小开间钢筋混凝土纯剪力墙结构，混凝土强度等级为 C45，该楼主体建筑已于 1995 年建成，但由于资金短缺，直至 2017 年才正式启用，现为朝鲜最高的建筑物。

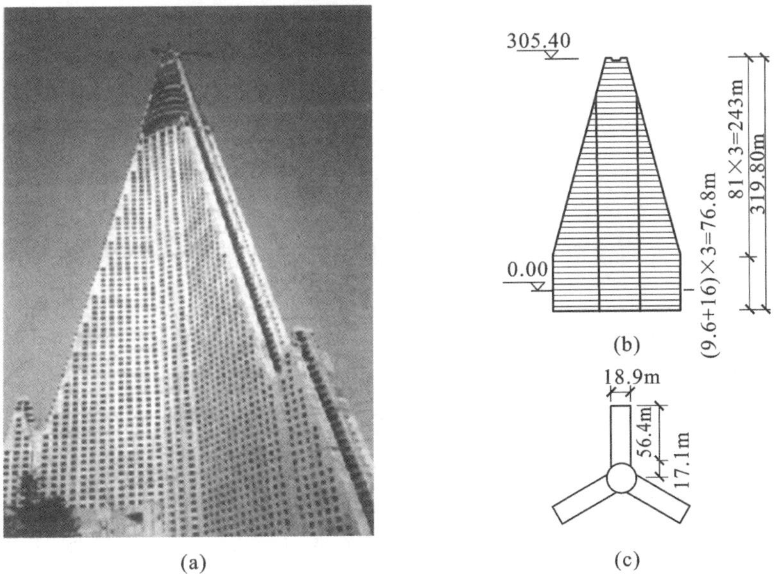

(a) (b) (c)

图 5.29 朝鲜平壤柳京大厦

(a)外立面；(b)剖面示意；(c)平面示意

法国巴黎国家工业与技术展览中心大厅(图 5.30)的钢筋混凝土薄壳结构是当前世界上混凝土结构中跨度较大的公共建筑之一。它的平面呈三角形，边长 219 m(此即跨度)，壳顶离地面 46 m，是双层波形拱壳，支承在 3 个脚部墩座上，墩座与预应力拉杆相连。上下两层壳面的厚度仅 64 mm，相隔 1.8 m，中间有间

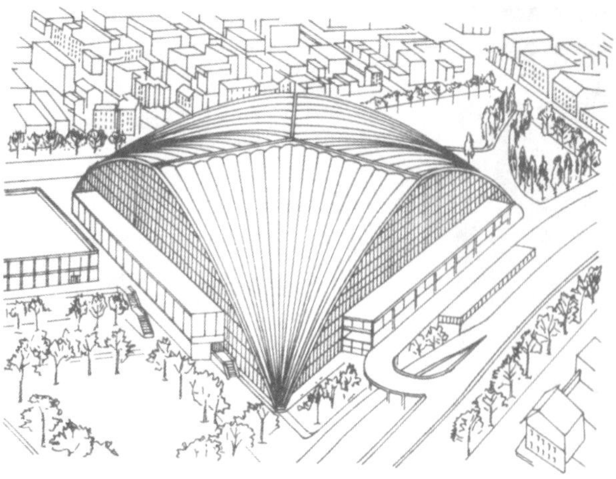

(a)

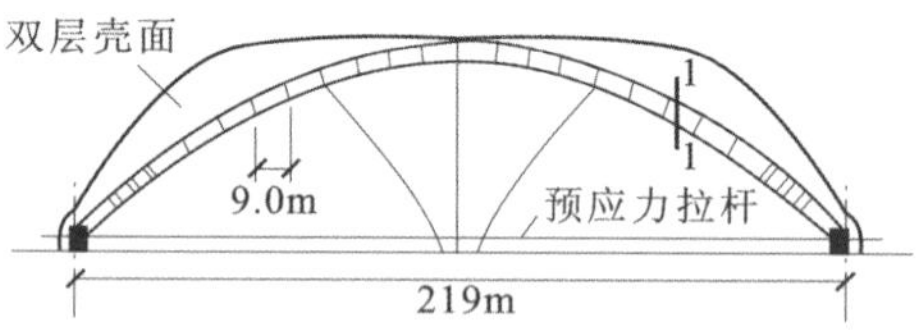

(b)

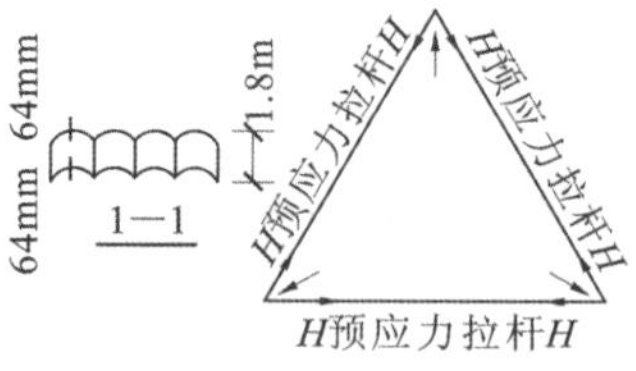

(c)

(d)

图 5.30　法国巴黎国家工业与技术展览中心薄壳结构

(a)鸟瞰图;(b)剖面;(c)平面;(d)外立面

距为 9 m 的竖板连接,折算壳面总厚度只有 180 mm,厚跨比为 1∶1200,是鸡蛋蛋壳的厚长比 1∶100 的 1/12,而且建筑造型新颖,充分说明混凝土壳体结构的优越性。该建筑是把结构、材料、自然力、建筑功能融为一体的杰作,在结构计算和施工方面都有大胆的创新,是世界建筑领域的一大进步。

意大利罗马小体育宫是 1960 年为罗马奥运会修建的圆形体育馆[图 5.31(a)],屋盖为钢筋混凝土网格型薄壳结构。圆顶直径 60 m,由 1 620 个壁厚 25 mm 的菱形槽板拼装而成,槽板上浇有一层混凝土以增加整体性,兼作防水层。圆壳由 36 根 Y 形斜撑支承,沿着最直接的路线将拱顶推力传到地环上去,斜撑根部空间无法利用,于是把它划到隔墙以外,不仅在外形上显示了建筑的结构特色,而且形象地表现了独具风格的艺术效果。该建筑平面俯视或仰视都像一朵盛开的向日葵,比例协调,造型优美[图 5.31(b)]。结构的合理与简洁、结构与建筑空间处理、结构与建筑功能需要完美地结合在一起,充分显示了设计者的创造力和结构设计技巧。它是受到国际建筑界高度赞誉的建筑与结构融为一体的典范。

悉尼歌剧院位于澳大利亚悉尼港,建造在伸入海中的一块狭小地段上,远看似群帆泊岸,由 3 组、10 对壳片组成(图 5.32),以环境优美和建筑造型独特而闻名于世。该建筑物虽为钢筋混凝土结构,但与罗马小体育宫不同的是,它的外部造型与内部功能没有联系,内部形状由吊在钢筋混凝土壳上的钢桁架决定。该建筑的结构受力相当复杂,最终是以 Y 形、T 形的钢筋混凝土肋骨拼接成三角形壳瓣,才使设计和施工得以进行。由于结构复杂、施工困难,该建筑的工期长达 17 年,造价超过预算十几倍。

(a)　　(b)

图 5.31　罗马小体育宫

(a)外立面；(b)内部仰视图

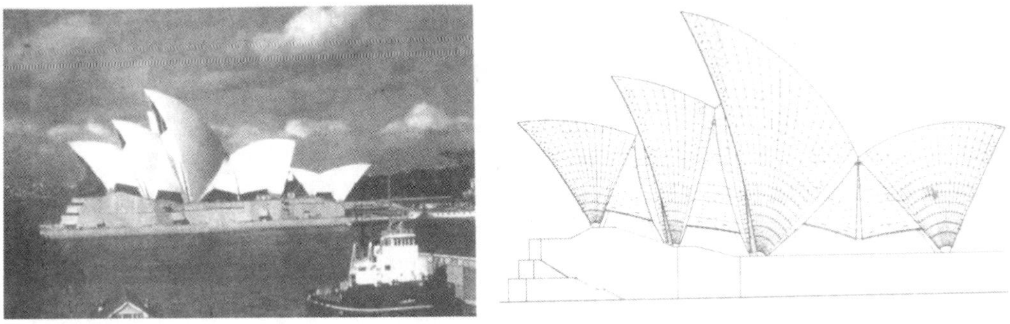

(a)　　(b)

图 5.32　澳大利亚悉尼歌剧院

5.7　钢结构建筑物

钢结构建筑物是以钢材作为主要承重材料的建筑物。钢结构通常由型钢、钢管、钢板等制成的钢梁、钢柱、钢桁架等构件组成，各构件之间采用焊缝、螺栓或铆钉连接（图 5.33）。有些钢结构还用钢绞线、钢丝绳（束）组成。钢结构常用于跨度大、高度大、荷载大、动力作用大的各种建筑及其他土木工程结构中。

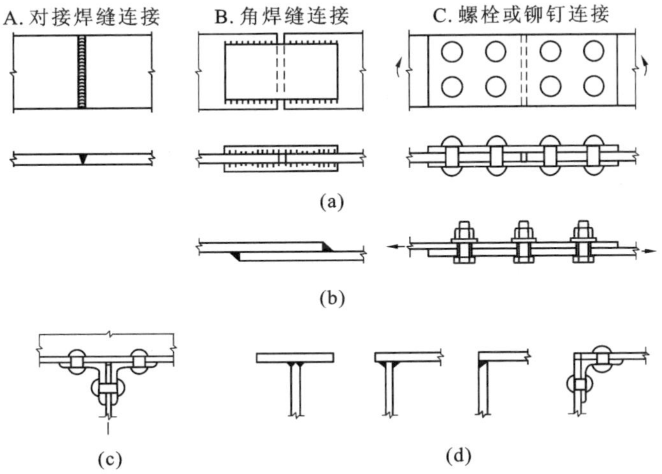

图 5.33　钢结构连接的方法和形式

(a)对接连接；(b)搭接连接；(c)T 形连接；(d)角接连接

最初应用铁类金属做成的建筑结构构件是铸铁柱和熟铁梁。1772 年建成的英国利物浦圣安妮教堂是最早成功采用铸铁做结构构件的范例。1851 年伦敦国际博览会建造的水晶宫(Crystal Palace,见图 5.34)充分展示了铸铁结构和预制装配技术的潜力。19 世纪 80 年代结构型钢的出现加快了钢结构在建筑工程中的发展。美国在 1883 年用钢框架建成了 11 层的住宅保险大楼;不久,在 1895 年又用钢框架建成了 61 m 高(14 层)的信托大楼(Reliance Building),它采用在陶砖覆面的钢框架内镶嵌大块玻璃的做法,成为 19 世纪后半叶出现的现代玻璃与钢材相结合的高层建筑的先锋。

图 5.34　英国伦敦的水晶宫示意

我国是最早用铁建造结构的国家之一。如建于南汉朝(967 年)的广州光孝塔东铁塔,塔高 6.35 m,共 7 层;建于宋朝(1061 年)的位于湖北当阳市的玉泉寺塔,高 17.9 m,共 13 层;等等。它们都表明了中国古代冶金和营造技术的高超水平。1949 年中华人民共和国成立后,钢结构在大跨重型工业厂房、大型公共建筑和高耸结构中得到应用。

目前,世界上最高的全钢结构建筑是美国芝加哥的威利斯大厦(Willis Tower),原名为西尔斯大厦(Sears Tower)。它高 442 m,110 层,建筑面积 413 800 m^2,它的标准楼层是在 9 个 23 m×23 m 成束筒结构①基础上形成的 69 m×69 m 的方形平面,如图 5.35(a)所示。每个筒体的柱距为 4.6 m。随着建筑的升高,各筒在不同高度上终止,形成不同楼层面积。1 至 50 层,每层 4 893 m^2;51 至 66 层,每层 3 848 m^2;67 至 90 层,每层 2 802 m^2;91 至 110 层,每层 1 141 m^2。

纽约帝国州大厦[Empire State Building,图 5.35(b)]于 1931 年建成,曾保持世界最高楼的纪录 40 多年。帝国州大厦平面尺寸为 130 m×60 m,在第 6、30 层处收进,至 85 层平面缩为 40 m×24 m,85 层以上是一个直径约为 10 m、高 61 m 的圆塔,塔身高度相当于 17 层楼,塔顶距地面 381 m,因此,该大厦号称有 102 层。帝国州大厦是由埋置在炉渣混凝土中的用铆钉连接的钢框架作为承重结构的,仅仅钢框架就能承担建筑物 100%的荷载,外包的炉渣混凝土实际上对抵抗建筑物的水平位移有很大意义。

1954 年,一架轰炸机在大雾中撞上了帝国州大厦的第 79 层,飞机坠毁,大楼的一道边梁和部分楼板受到破坏,一架电梯被振落下去,但对楼房整体没什么影响。

芝加哥约翰·汉考克大厦(John Hancock Building,见图 5.36)是 1970 年建成的钢结构建筑,100 层,332 m 高,底层平面为 79.2 m×48.7 m,顶层平面为 48.6 m×30.4 m,为上小下大的截锥体,建筑重心下移,抗倾覆能力强。其结构形式为钢斜撑周边桁筒体系,钢斜撑节点相连,连续传力,在建筑的每个立面都形成巨大的 X 形斜向支撑,由于巨型支撑的作用,外框柱距可以达到 13.2 m;结构的钢柱向内倾斜约 5°,使轴

① 多个筒体连在一起的结构体系称为多筒结构。多筒结构可分为两类:一类是将多个筒体合并在一起形成成束筒;另一类是在筒体之间用刚度很大的水平构件相互连接,成为巨型框架。成束筒的侧向刚度很大,可以建成超高层结构。

(a) (b)

图 5.35 威利斯大厦和帝国州大厦

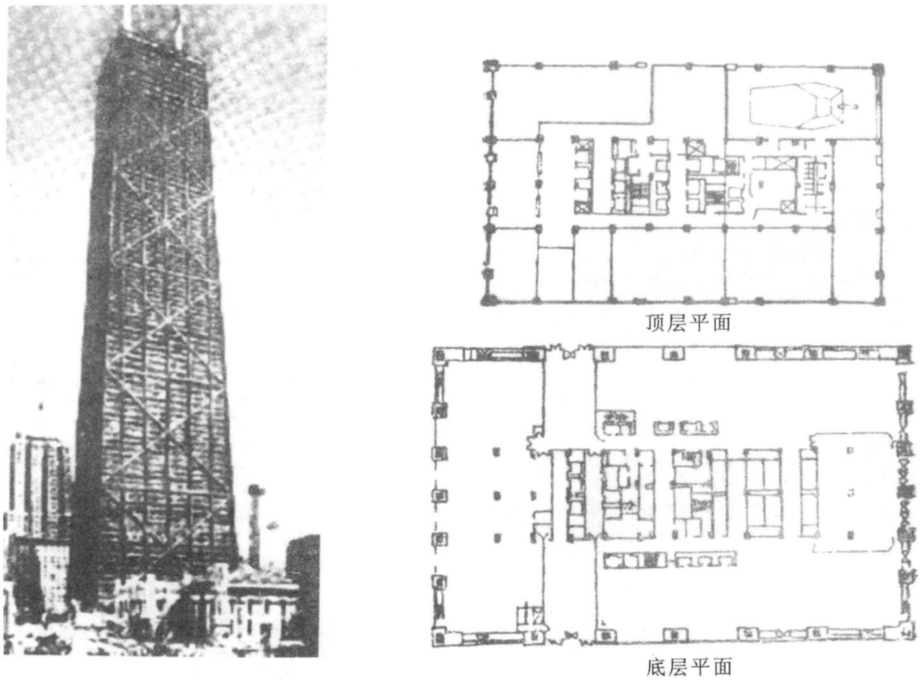

(a) (b)

图 5.36 芝加哥约翰·汉考克大厦

(a)外立面;(b)顶层和底层平面

压力、轴拉力产生反向水平力抵消部分楼层水平剪力。该建筑为最早的巨型桁架结构,曾被公认为建筑外形美观且结构设计合理的范例。

中国香港的汇丰银行大楼是另一幢著名的全钢结构大厦,它以结构体系完全暴露的独特建筑造型而闻名世界[图 5.37(d)]。该大楼地上 45 层、地下 4 层,高 175 m,底层平面尺寸为 55 m×72 m。为使底层成为全开敞式大空间,与前后广场连成一体,限制上部框架落地,大厦采用了钢结构悬吊体系,由 8 根格构式巨型钢柱和 5 层巨型钢桁架组成主体结构,承担整个建筑的水平和竖向荷载。桁架之间的 4 至 7 层楼盖靠巨型钢拉杆悬挂在上层桁架上(图 5.37)。

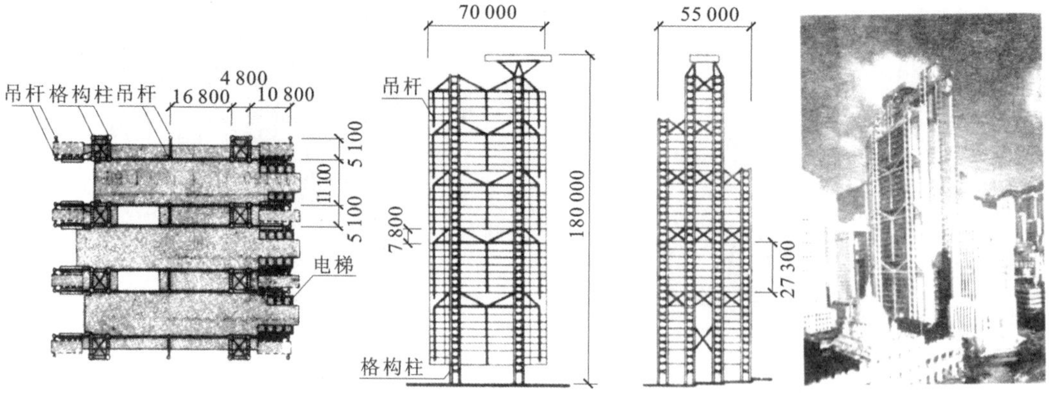

(a) (b) (c) (d)

图 5.37 香港汇丰银行大楼的悬挂结构体系

(a)结构平面(13 至 28 层);(b)结构纵剖面;(c)结构横剖面;(d)外立面

图 5.38 为世界闻名的美国明尼亚波利斯的联邦储备银行大楼(Federal Reserve Bank Building)。这是一幢 11 层的以钢悬索结构为主体的建筑物,悬索跨越 83.2 m,仅两端支承在截面和刚性极大的筒体结构上。悬索下凹,矢高 45.7 m。悬索支承曲线以上的柱子和曲线以下的吊杆(各层楼面支承在这些柱子和吊杆上)。估算得到的悬索截面需要约 48 400 mm^2(如施加预应力,可降至 19 400 mm^2)。下凹悬索的水平推力(受压),由位于相应标高处(即顶部)的巨型钢桁架承受。此建筑留有将来扩建加高的空间,扩建时可用拱结构。拱结构所产生的拱脚处的水平推力使上述钢桁架受拉。这样,悬索与拱的水平推力可以相互抵消一部分[图 5.38(c)]。

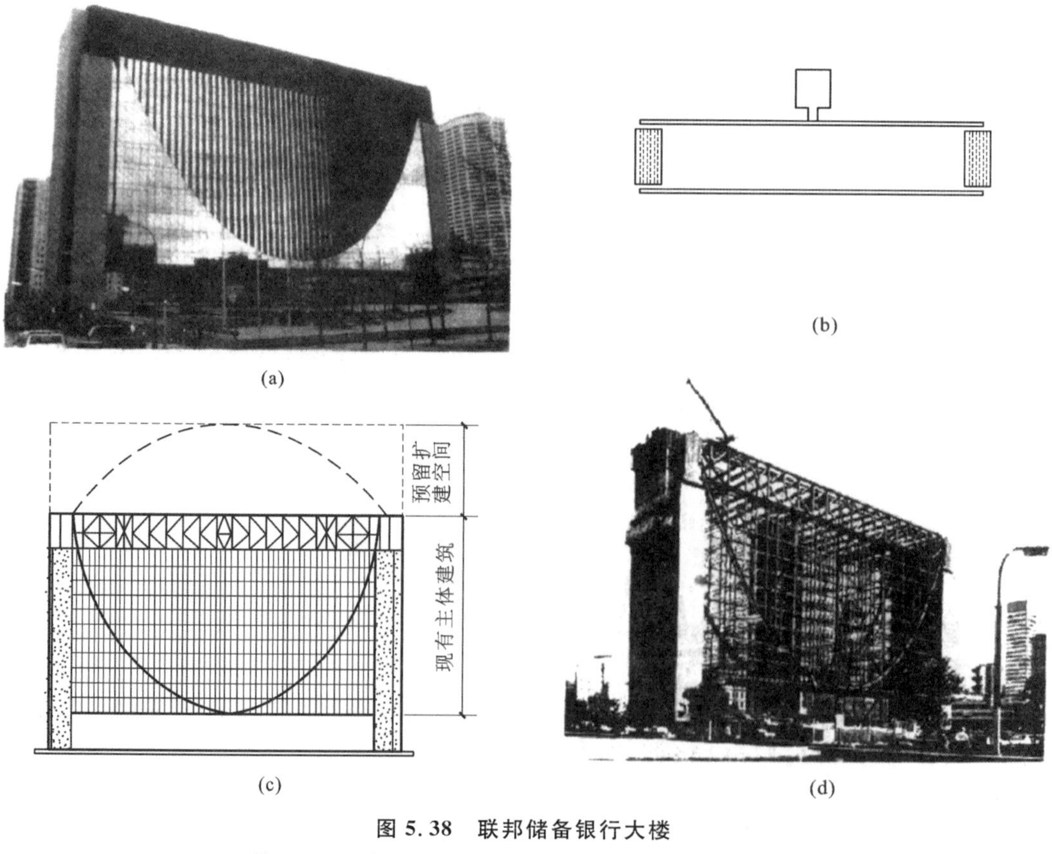

(a) (b) (c) (d)

图 5.38 联邦储备银行大楼

(a)外立面;(b)平面;(c)立面及预留扩建的空间;(d)施工中的现场

在钢结构中，网架、桁架、悬索、索-膜结构等适应于大跨度屋盖的结构形式近年来发展迅速。网架是由多根按一定构架形式通过节点连接成的空间结构，分平板网架和曲面网架（网壳），如图 5.39 所示，具有空间受力、质量轻、刚度大、整体性好、稳定性好、抗震性能好等优点。

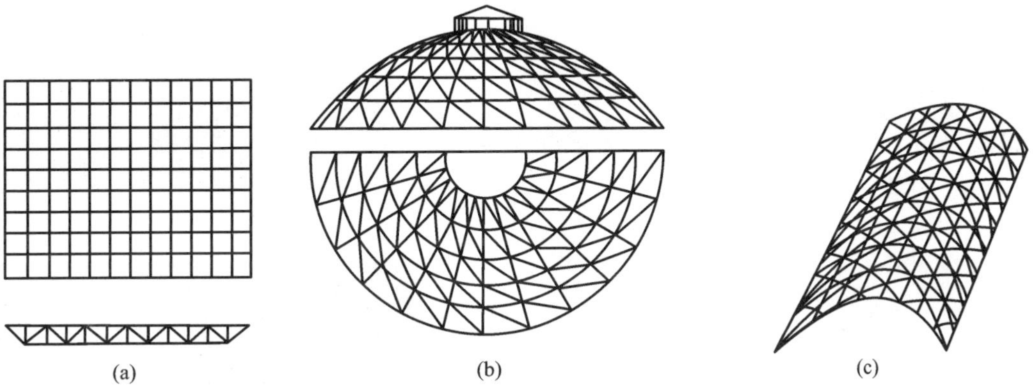

图 5.39 钢网架示意

(a)双层平板式钢网架；(b)单层球壳形钢网架；(c)单层筒壳形钢网架

1993 年建成的日本福冈体育馆（图 5.40），其屋盖直径达 222 m，更为著名的是该屋盖具有开合性，它的球形屋盖由 3 块可旋转的扇形网壳组成，最下面一块固定，中间和上面两块扇形网壳沿圆周导轨移动，开合方式为回转重叠式，体育馆可呈全封闭、开启 1/3 或开启 2/3 等不同状态。各块网壳均为自支承，为避免在开合过程中振幅过大，而使顶部装饰材料互相碰撞，在屋顶设置了液压阻尼器。由于日本为多地震国家，该建筑在屋盖移动的轨道上装有地震仪，当地震仪接收到超过 50 gal（$0.5\ m/s^2$）的加速度时，尾盖能自动停止移动。

图 5.40 日本福冈体育馆

为承办 2008 年北京奥运会，我国建造了一大批体育场馆，大多采用了当时世界最先进的技术和材料、最新颖的设计构思和结构体系。国家体育场（鸟巢，图 5.41）就是其中之一。它是一个巨型空间马鞍形钢桁架编织式鸟巢结构，平面尺寸为 340 m×292 m，顶部中间留有 185.3 m×127.5 m 的开口，整体的承重结构是由一系列门式刚架绕着内环旋转组成的一个三维空间承重体系[图 5.41(a)]。每一榀刚架由高 12 m 的屋盖桁架和三角形桁架柱组成。共有 24 根桁架柱，所有刚架的杆件均采用加肋薄壁箱形截面。为了形成鸟巢效果，主桁架上弦还设有交叉的次要杆件，杆件也为箱形截面。图 5.41(b)为桁架柱顶，图 5.41(c)为箱形截面杆件交织的节点。国家体育场的看台为地下一层、地上七层的钢筋混凝土框架-剪力墙结构体系。鸟巢形式的钢结构与混凝土看台在上部完全脱开，但形式上看似相互围合，钢结构和混凝土结构看台同坐在一个相连为一体的混凝土筏形基础上。屋顶钢结构上覆盖了双层膜结构，钢结构上弦之间用 ETFE 膜覆盖，下弦之下及内环侧壁等采用半透明的 PTFE 声学吊顶。鸟巢新颖的外观造型和特殊的结构体系使之成为 2008 年奥运会的一座独特的标志性建筑。

(a)

(b)

(c)

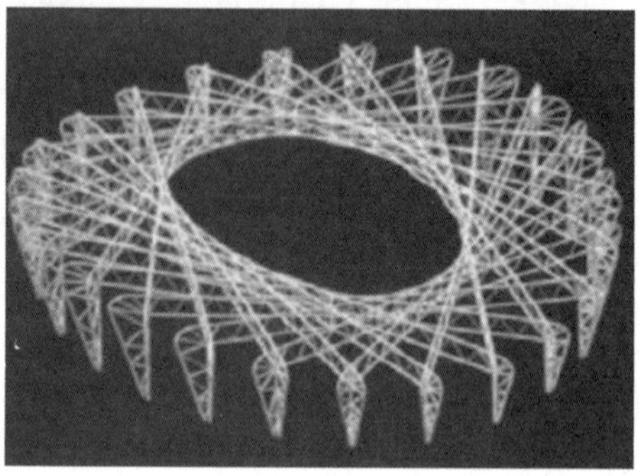

(d)

图 5.41　国家体育场(鸟巢)

(a)骨架图;(b)桁架柱顶;(c)杆件箱形截面图;(d)主体刚架

南京奥林匹克体育中心主体育场的俯视平面为直径 285.60 m 的圆,屋顶钢结构体系(图 5.42)由与水平面成 45°倾斜、跨度为 360.06 m 的三角形变截面的钢桁架拱和 104 榀钢箱梁形成的空间马鞍形屋面罩棚组成。主拱是整个尾盖结构的灵魂,其拱脚支座间距为 360.06 m,实际跨度为 361.582 m,弧线长度为 415 m,主拱顶标高为 65 m,单榀质量为 1 635 t。

南京奥林匹克体育中心主体育场的钢桁架主拱跨度较大,为了减少拱脚巨大的水平推力和拱脚水平位移,在两拱脚底座间跨越体育场的地下用无黏结预应力筋束连接成大斜拱的"弦",使之与拱形成"弓"结构,成功地控制了大跨度钢拱支座的水平位移和水平推力。体育场的主体结构为部分预应力钢筋混凝土框架-剪力墙结构体系(2 至 7 层),整个主体结构外围长达 892.24 m,东西两面中间最宽处达 78 m。

图 5.42　南京奥林匹克体育中心主体育场

北京奥运会自行车馆(即老山自行车馆)总建筑面积 32 250 m^2,局部地下一层,地上三层。下部为钢筋混凝土结构。上部屋盖采用双层球面焊接网壳结构[图 5.43(a)]。该屋面水平投影为圆形,直径 149.5 m,

矢高 14.69 m。网壳厚度 2.8 m，顶高 35.29 m。整个屋盖系统由 24 组向外倾斜 15°、垂直高度为 10.35 m 的人字柱支承。人字柱由 2 根 ϕ1000×18 的钢管相贯焊接而成。通过铸钢支座与竖向承重的混凝土结构铰接连接，人字形柱柱顶支撑高度达 133 m，柱顶支撑构造见图 5.43(b)。老山自行车馆的屋盖是我国跨度较大的封闭式双层球面网壳，网壳采用四角锥网格，最大网格尺寸为 4.96 m×4.24 m。图 5.43(c)为屋盖平面及剖面图，屋盖矢高小，呈蝶形，有效降低了结构高度，减少了室内无用空间。屋顶的各管桁架环梁系统有效地承担了网壳的水平推力，从而减少了混凝土支座的水平推力。

老山自行车馆在建筑物理方面也有创新。例如，屋面板选用智能调光的双层聚碳酸酯阳光板，晴天可通过调节屋面板空腔内小百叶角度达到均匀进光效果；阴雨天把小百叶完全打开增大进光量，利用双层板间空气隔层的隔音膜可降低雨水冲击声；夜间把小百叶带有反射涂层的一面朝向室内，利用其反射灯具的漫反射光线来照明，还可消除强光对体育运动的干扰。

(a)

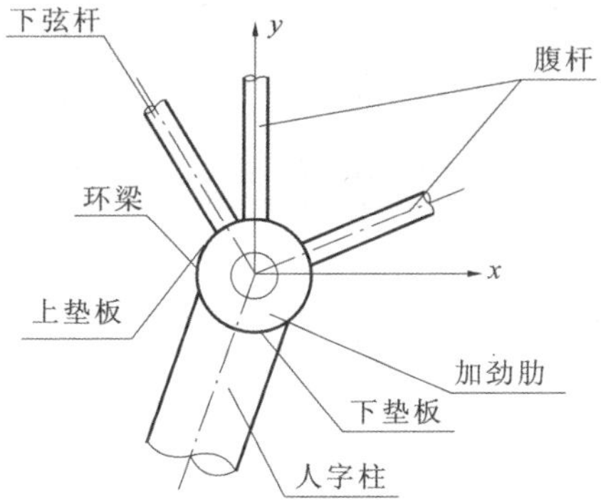

(b)

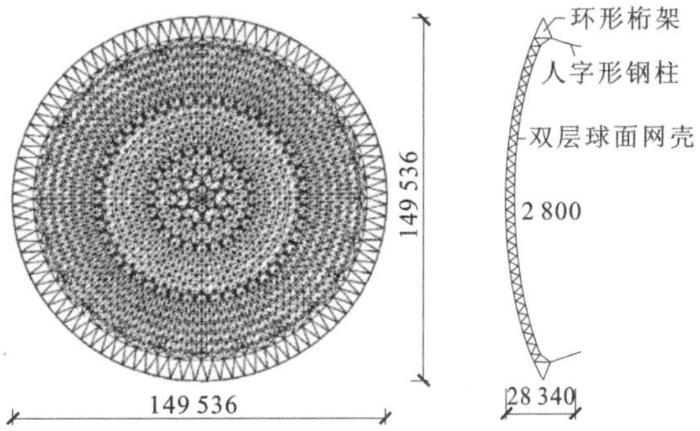

(c)

图 5.43 老山自行车馆

(a)全景图；(b)柱顶圆钢管相贯节点示意图；(c)屋盖平面及剖面图

5.8 钢-混凝土组合结构建筑物

钢-混凝土组合结构建筑物是由钢构件和钢筋混凝土构件(或钢-混凝土组合构件)共同组成结构体系而形成的建筑物。这种组合可使钢和混凝土两种材料取长补短，取得良好的技术经济效果。钢-混凝土组合结构的构件有组合板、组合梁、组合柱等。其中，钢管混凝土柱的应用已有 80 多年的历史。早在 20 世纪初，美国就在一些单层和多层房屋中采用钢管混凝土柱①。20 世纪 60 年代我国也将钢管混凝土柱用于建造北京

① 在组合结构中，钢管混凝土结构是一种很有前途的新型结构体系。在钢管内填充混凝土形成的构件，具有承载力高、塑性韧性好、施工方便、耐火性能好、经济效果好等优点。

地下铁道车站，以后又相继在工业厂房框架、高炉和锅炉的构架中应用。至于钢-混凝土组合结构体系，如组合剪力墙体系、组合框架体系、组合筒体系、组合巨型框架体系等，则是在 1969 年后由美国芝加哥 SOM (Skidmore Owings & Merril)公司的发兹勒·坎恩(Fazlur Khan)博士提出建议后发展起来的。

目前，世界上最高的建筑物是钢-混凝土组合结构体系的哈利法(迪拜)塔(图 5.44)。该塔于 2004 年 1 月开工，2010 年 1 月 4 日竣工。它的总高度为 828 m(其中 768～828 m 为钢桅杆)，全部楼层有 206 层，其中办公用的楼层有 162 层，总建筑面积 527 000 m^2。哈利法塔创造了多项世界纪录，除高度外，还有办公楼层最多(162 层)、混凝土泵送高度最大(601 m)、电梯速度最快(17.5 m/s)等。

(a) (b)

图 5.44 哈利法塔

(a)立面图；(b)底层结构平面图

哈利法塔的平面为三叉形，三叉端部呈鼻尖状。该体型具有良好的对称性和刚度，并有利于承受风荷载。该塔采用核心筒＋剪力墙＋端部柱的结构体系。为了提高建筑物的刚度，601 m 以下(含 30 m 深的地下结构)采用钢筋混凝土结构，混凝土强度达到 80 N/mm^2；601 m 以上则采用钢框架结构。每隔 25～30 层设一两层高的加强层，采用伸臂墙加腰桁架形成较大的刚度，既能安放设备还可作为避难层。它的各层楼盖都采用可以增加楼层使用高度的混凝土无梁楼盖。

上海中心大厦(图 5.45)，在钢-混凝土组合结构建筑物中，是高度排“全球第三、中国第一”的建筑物。它从地面到屋顶的高度为 587 m，地下 5 层，地上 127 层，总高度 632 m，采用巨型框架匹配钢骨架混凝土巨型核心筒的结构体系。结构整体呈现螺旋上升形态，寓意现代中国如巨龙腾飞。为应对高层风压，大厦玻璃幕墙设有 V 形凹槽，可降低风阻 32％以上。该大厦始建于 2008 年 11 月，于 2013 年 8 月完成主体结构施工，于 2016 年 4 月正式对外运营。上海中心大厦总建筑面积达 57.8 万 m^2，沿主楼竖向共分为 8 个区段和 1 个观光层，为我国首个采用自主研发的电涡流调谐质量阻尼器的高层建筑，此阻尼器可以降低高层摆幅，提升大厦在地震与强风工况下的舒适度。

上海第二高楼为上海环球金融中心(图 5.46)，于 2008 年建成，位于上海陆家嘴金融贸易区。主体建筑为地下 3 层，地上 101 层，总高度 492 m，采用了外筒为巨型桁架筒体、内部为钢筋混凝土筒体的筒中筒结构。上部结构具有三重抗侧力体系：第一重体系是由矩形柱、巨型斜撑和周边带状桁架构成的巨型框架结构；第二重体系是钢筋混凝土核心筒；第三重体系是连系核心筒和巨型框架结构柱间的外伸臂桁架。这三重

图 5.45 上海中心大厦

图 5.46 上海环球金融中心

体系共同承担了由风和地震引起的倾覆力矩，前两个体系则承担了由风和地震引起的剪力。混凝土核心筒外围墙体厚度由下部的 1 600 mm 变化至上部的 500 mm。混凝土强度等级为 C60。大楼顶部的钢结构采用了空间桁架结构体系。同时，为了减少建筑物顶部的晃动，大楼在第 90 层处设置了两个各为 300 t 的有动力制震装置，该装置可根据楼顶晃动的情况决定采用静止、有动力、无动力或锁止的状态。它们在大风作用时，可使楼顶的加速度减少 60%左右。

深圳平安金融中心(图 5.47)是我国内地第二高的钢-混凝土组合结构建筑，于 2017 年 3 月在深圳落成。深圳平安金融中心采用混凝土核心筒＋钢管超级巨柱框架柱＋混凝土外伸臂墙＋V 形支撑的组合结构体系，按照原设计，其建成后将刷新我国建筑高度。但受通航要求影响，建筑最终高度定在 599 m，其中，地下 5 层、地上 118 层，为办公及商业双用建筑。

值得一提的是，自 2018 年航空限高规定实施以来，国内不少正在动工的高层建筑受到影响，其中也包括原设计建筑高度 636 m 的武汉绿地中心(图 5.48)。

图 5.47 深圳平安金融中心

图 5.48 武汉绿地中心

香港中国银行大厦建于 1989 年，地上 71 层，高 315 m，天线顶端高 368 m。按建筑师贝聿铭设计的造型，平面为 52 m×52 m 的正方形，沿正方形对角线分成 4 个等腰三角形，向上每隔若干层切去一个角区，仅一个角区至楼的顶部，上部结构由 4 个结合在一起而高度递增不同的三棱柱组成[图 5.49(a)]。整座大楼由 8 片钢结构平面支撑和 5 根型钢混凝土柱组成“大型立体支撑体系”组合结构[图 5.49(c)、(d)]。型钢混凝土柱平面尺寸 4.3 m×7.93 m。该建筑在受力上极为合理，其独到之处有：

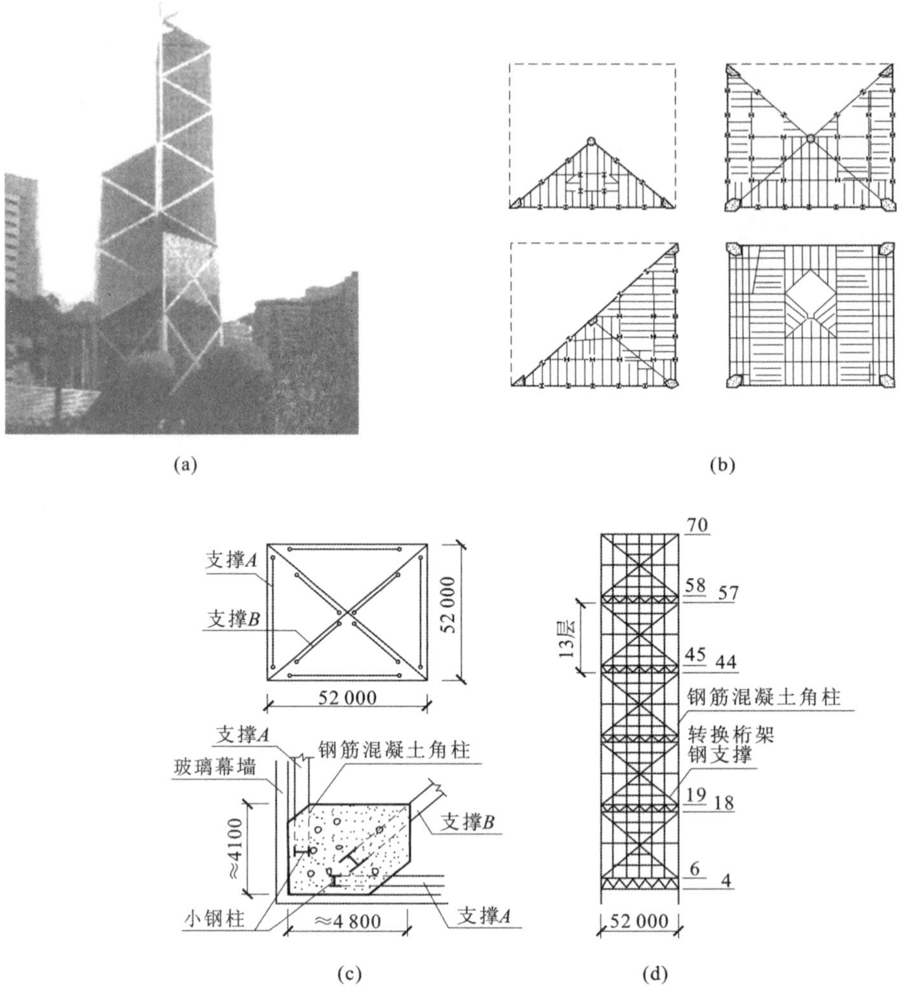

图 5.49 香港中国银行

①采用几何不变的轴力杆(三角形桁架杆件仅受拉、受压)代替几何可变的弯曲杆来抵抗水平荷载，经济有效；

②多片平面支撑组成立体支撑，可承受水平荷载和竖向重力荷载，抗倾覆能力强；

③最大柱布置在四角，抗倾覆力臂最大；

④多个钢构件连接节点复杂，用型钢混凝土组合柱使节点构造简化；

⑤混凝土参与受压，降低造价，也有利于抵抗侧移和倾覆。

钢-混凝土组合结构作为一种合理的结构形式，近年来发展很快，已成为 21 世纪土木工程结构发展的重要方向，被誉为最有发展前途的结构形式之一。

目前，世界上高度前十位的钢-混凝土组合结构见表 5.2。

表 5.2 全世界高度前十位的钢-混凝土组合结构

排序	建筑名称	建造地址	建成年代	高度(m)	层数(地上)	结构形式	建筑功能
1	哈利法塔	迪拜(阿联酋)	2010	828	163	筒体结构	多功能
2	默迪卡 118	吉隆坡(马来西亚)	2021	679	118	巨型框架核心筒结构	多功能
3	上海中心大厦	上海(中国)	2015	632	128	巨型框架-钢筋混凝土核心筒结构	多功能
4	皇家钟塔酒店	麦加(沙特)	2012	601	120	钢框架-钢筋混凝土核心筒结构	多功能
5	平安金融中心	深圳(中国)	2016	599	115	组合框架-钢筋混凝土核心筒结构	多功能
6	高银金融 117 大厦	天津(中国)	2019	591	117	组合框架-钢筋混凝上核心筒结构	多功能
7	乐天世界大厦	首尔(韩国)	2016	555	123	组合框架-筒体结构	多功能
8	世贸中心一号楼	纽约(美国)	2014	541	94	组合框架-钢筋混凝土核心筒结构	多功能
9	周大福金融中心	广州(中国)	2016	530	111	巨型框架-核心筒结构	多功能
10	周大福滨海中心	天津(中国)	2019	530	97	巨型框架-核心筒结构	多功能

5.9 张拉结构和膜结构建筑物

张拉结构是由一系列受拉的直线形或曲线形索及相应构件所组成的承重结构，属于承受张拉力的结构。索一般是采用高强度钢丝组成的钢绞线、钢丝束，也可采用圆钢筋制成；索通过锚具固定在支承结构上，通过索的拉伸承受外荷载，能跨越很大的跨度。索结构可充分利用钢材的强度，用料经济、施工方便，可做成多样的外形，造型美观。但设计中必须采取构造措施，以便保证屋盖结构在风和地震作用下具有足够的刚度和稳定性。

膜结构则是通过一定方式在多种高强薄膜材料和加强构件(如钢架、张拉式钢索)内部产生一定的预拉应力，使其形成一种作为屋盖结构的空间形状并能承受一定的外荷载的空间结构形式。膜结构可分为气承式膜结构和张拉式膜结构。在薄膜覆盖的空间内充气，利用内外气压差来承受荷载，并与钢索共同形成结构，称为气承式膜结构；将薄膜与索张紧在刚性或柔性的边缘构件上(也可能悬挂或支承在若干独立支点上)，通过张拉建立预应力，获得确定的形状，称为张拉式膜结构。薄膜材料主要有玻璃纤维布、塑料薄膜、金属编织物等，其中用得最多的是玻璃纤维布，其表面可涂聚四氟乙烯等涂料，以增强耐久性和防火性。薄膜材料之间可用熔接、黏结或缝合 3 种方法连接。气承式或张拉式膜结构均属于张拉结构，和悬索结构相似，它具有质量轻、构造简单、施工方便、造型灵活等优点(缺点是隔热、防火性较差)，在大跨和超大跨建筑中极具应用前景，在发达国家已获得较大发展，在我国的应用也越来越多。

北京工人体育馆建成于 1961 年，是我国早期张拉结构的代表作，可容纳 15 000 名观众。圆形屋顶采用车辐式双层悬索体系，直径 94 m(图 5.50)。屋盖形如自行车车轮，上下层各 72 根钢索锚于内环和外环上。内环受拉，为直径 16 mm、高 11 m 的钢环；外环受压，用截面为 2 m×2 m 的钢筋混凝土制作。上下索均施加预应力以保证结构的刚度。北京工人体育馆无论从结构跨度还是技术水平来看，当时都居世界领先地位。

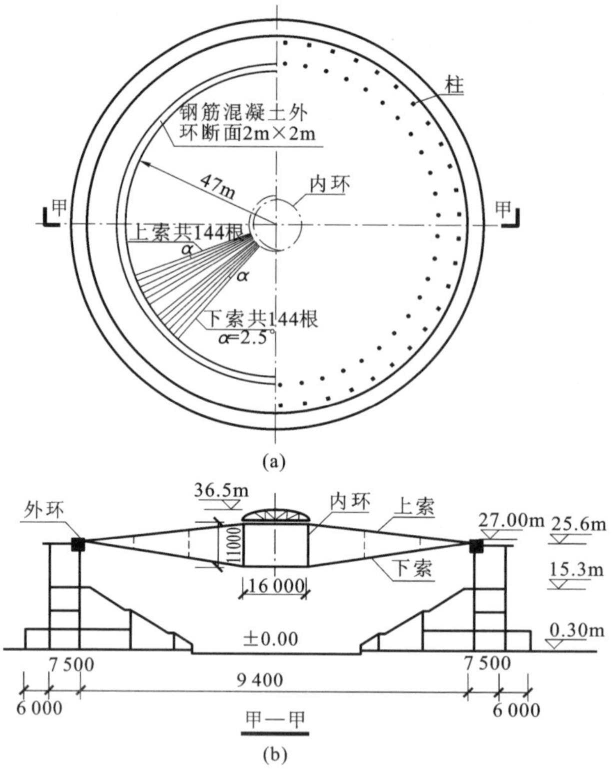

图 5.50　北京工人体育馆

(a)平面图;(b)剖面

目前,世界上张拉结构中跨度最大的是美国亚特兰大乔治亚穹顶(Georgia Dome)[图 5.51(a)]。该建筑物是 1992 年亚特兰大奥运会的主体育馆,平面为椭圆形(193 m×240 m),是一种以双曲抛物面为基本单元的新型索穹顶结构。整个屋盖周边支承在一个预应力环上,预应力环是一个宽 7.9 m、高 1.5 m 的预应力混凝土环梁。由于乔治亚穹顶采用了新型的张拉膜屋顶,其合理的受力体系使结构屋面的用钢量非常少,不足 30 kg/m^2。图 5.51(b)、(c)所示是乔治亚穹顶的屋顶平面图和屋顶结构剖面图。

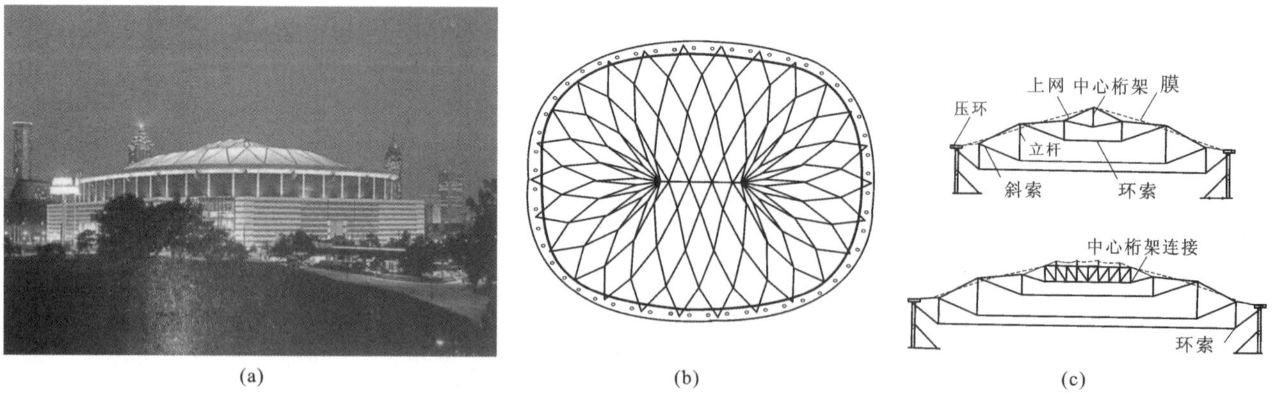

图 5.51　美国亚特兰大乔治亚穹顶

(a)外观图;(b)屋顶平面图;(c)屋顶结构剖面图

国家游泳中心(水立方)是 2008 年北京奥运会的新场馆[图 5.52(a)],建筑体型简单,为 177 m×177 m×30 m 的方盒子状。但这个外表面布满水泡的方盒子却是一种全新的结构体系,是空间网架结构和膜结构大家族中的新成员。“水泡”是轻盈的,而支承这种“轻盈体”的却是一个造型独特的大力士——“新型多面体空间网格结构”(观众看台及室内建筑仍由钢筋混凝土结构构筑)。这种多面体空间网格结构的屋盖厚 7 m、

(a)

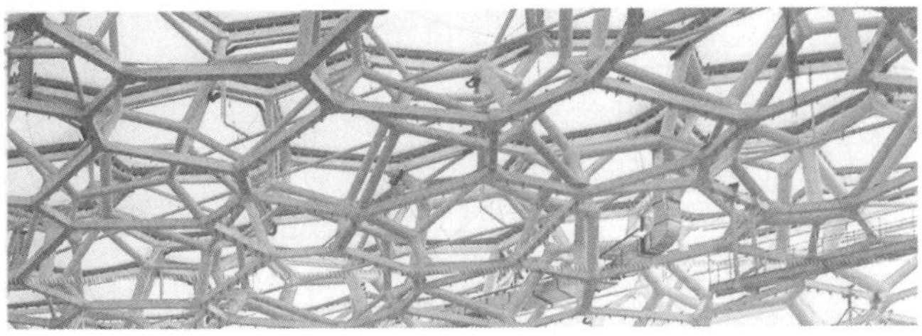

(b)

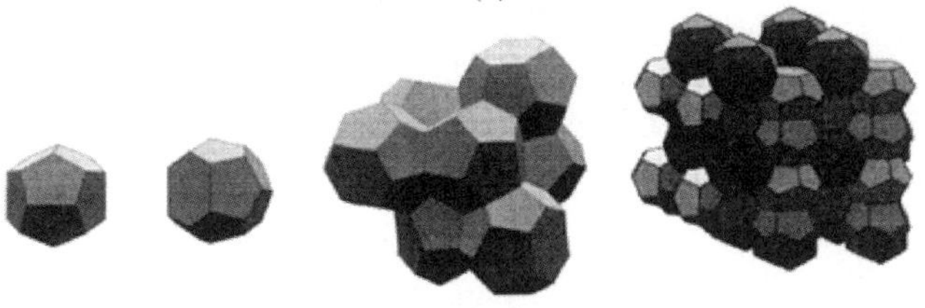

①十二面体 ②十四面体 ③基本组合 ④阵列

(c)

图 5.52 水立方

(a)外观图;(b)骨架空间结构图;(c)WP 多面体组合

墙厚 5.4 m,屋面和外墙的填充单元是由十二面体和十四面体组合而成的异型网格或称 WP 多面体(weaire-phelan)[图 5.52(c)],按一定角度斜切成水泡状网格组成的。其上弦、下弦用方钢管,腹杆用圆钢管,节点为焊接空心球节点。图 5.52(b)所示的骨架空间网格内外均用透明的 ETFE(聚氟乙烯)充气膜膜枕覆盖。整个建筑外观晶莹剔透,这种结构称为"水立方"(Water Cube)。水立方的钢架结构由 2 万多根杆件和 6 000 多个节点组成,是根据细胞排列形式和肥皂泡天然结构设计而成的。这种新型的多面体空间网格结构是首次由中国人实现的,它是空间网格结构中的新形式,填补了世界建筑结构史上的空白。

1985 年建成的沙特阿拉伯利亚得体育馆(图 5.53),外径 288 m,其看台挑篷由 24 个连在一起的形状相同的单支柱帐篷式索-膜结构单元组成。每个单元悬挂于中央支柱,外缘通过边缘索张紧在若干独立的锚固装置上,内缘则绷紧在直径为 133 m 的中央索环上。

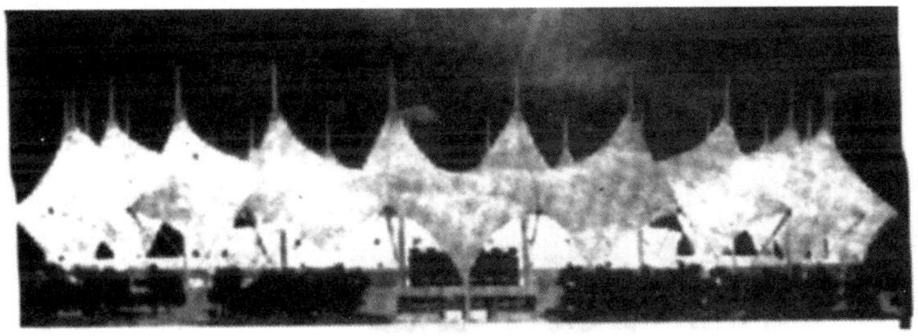

图 5.53 沙特阿拉伯利亚得体育馆

我国也不乏膜结构工程实例，其中规模大、影响力强的是 1997 年建成的上海八万人体育场[图 5.54(a)]，其看台挑篷为大型钢管空间结构，由径向 64 榀大悬挑主桁架和 2～4 道环向次桁架组成[图 5.54(b)]，屋面为钢骨架支承的膜结构，膜为进口高技术材料(Sheerfill)。屋面平面投影呈椭圆形，长轴 288.4 m、短轴 274.4 m，中间有敞开的椭圆形孔(长轴 215 m，短轴 150 m)，总覆盖面积 36 100 m^2，最大悬挑长度 73.5 m，最短悬挑长度 21.6 m，该体育场当时为国内跨度最大、悬挑长度最长和覆盖面积最大的体育场，也是我国首次在大型永久性建筑上采用膜结构。

(a)

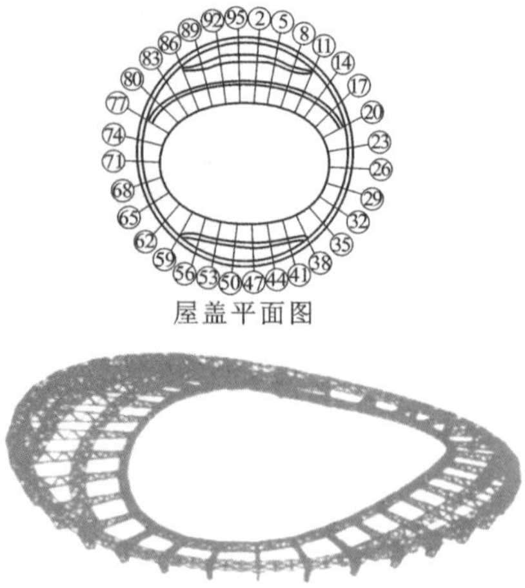

(b)

图 5.54　上海八万人体育馆

(a)外立面；(b)主次桁架和环梁布置示意

5.10　特种构筑物

特种构筑物(Special Structure)也称特种结构，指房屋、地下建筑、桥梁、隧道、水工结构以外的具有特殊用途的工程结构(也称构筑物)。特种结构，包括贮液池、烟囱、筒仓、水塔、挡土墙、深基坑支撑结构、电视塔及纪念性构筑物等。本节主要介绍水塔和电视塔。

(1)水塔(Water Tower)

水塔是常用的给排水工程构筑物，高于地面，以支架支承，用于储存液体。图 5.55 所示为常见的水塔形式。图 5.56 所示为目前世界上容量最大的水塔——瑞典马尔默水塔，容量为 10 000 m^3，顶上设有旋转餐厅。科威特水塔(图 5.57)建于 1997 年，高 187 m，在塔身距地 80 m 处有一个大球体。球体下部贮水 4 500 m^3，上部为餐厅。塔身距地面 120 m 处有一个观光小球体，可在其上远眺波斯湾景象。

(2)电视塔(Television Tower)

电视塔为筒体悬臂结构或空间框架结构，由塔基、塔座、塔身、塔楼及桅杆等组成。以加拿大多伦多 CN 电视塔为例，其塔高 553 m，塔身采用预应力混凝土以滑升模板建造，如图 5.58(a)所示。该塔身的横断面为自上而下逐渐加大的等边 Y 形，由 3 片互成 120°交角的矩形空心支腿和中间六边形筒体组合而成[图 5.58(b)]。在标高 335 m 处有一个七层高的空中舱(即塔楼部分)自塔身向四周挑出，舱内有屋顶餐厅、瞭望平台、夜总会、电视广播器材室等房间。在 447 m 处有一个空中平台[图 5.58(d)]，可眺望远处的风景。空中平台上是 102 m 高的钢制天线桅杆，它是用直升机安装就位的，安装后最高点偏差仅 27.9 mm，为高度的 1/20 000。CN 电视塔的塔基位于地平面下 15 m 深的基岩上，承受全塔 130 000 t 的重力荷载。全塔刚度极大，在 3 220 m/min 风速下，空中舱内只有轻微的摇晃。天线桅杆用 270 块玻璃纤维板保护，以防结冰。

目前世界上最高的电视塔是日本东京的天空树(图 5.59)。天空树于 2008 年 7 月 14 日动工，2012 年 2

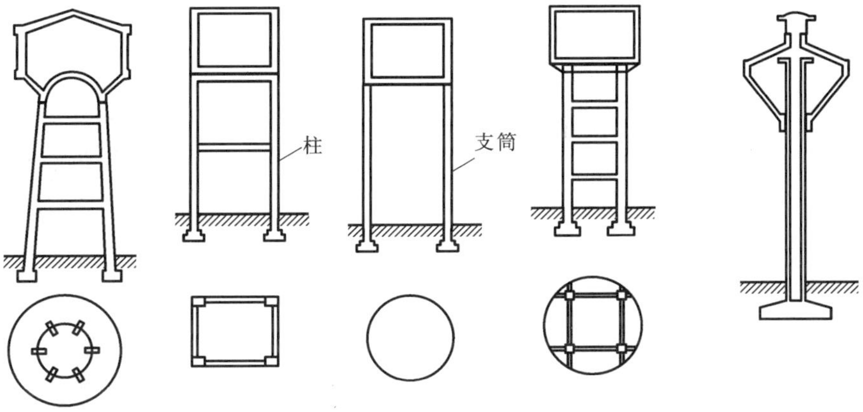

图 5.55 水塔的结构形式

图 5.56 瑞典马尔默水塔

图 5.57 科威特水塔

月 29 日竣工，其高度为 634.0 m，于 2011 年 11 月 17 日获得“世界第一高塔”吉尼斯世界纪录认证，成为全世界最高的自立式电视塔。除了铁塔主体之外，天空树尚有其他附属设施，这些附属设施与主体一起构成一个完整的街区，被称为“东京天空树城”。

目前，中国最高的电视塔是广州的新电视塔，又称海心塔(图 5.60)，塔高 610 m，其中，塔身主体 454 m，天线桅杆 156 m，是一座以观光旅游为主，兼容广播、电视发射功能的综合性设施。

主塔外形由底部和顶部两个不同直径且相互转动、错心的椭圆拉线形成，底部椭圆长短轴轴长分别为 80 m 和 60 m，顶部椭圆长短轴轴长分别为 50 m 和 40.5 m，两个椭圆长轴方位角夹角为 45°[图 5.60(b)]。上下椭圆各 24 个点对应拉直线构成外框筒钢管混凝土柱，外框筒在腰部处的椭圆长短轴轴长分别为 27.5 m 和 20.6 m，形成两头大、中间小的“小蛮腰”造型。

主塔竖向传力结构由混凝土核心筒和外框筒组成，核心筒为短轴 14 m、长轴 17 m 的椭圆，底部墙厚 1 m，混凝土强度等级 C80，顶部墙厚 0.4 m，混凝土强度等级 C45。外框筒由 24 根倾斜的钢管混凝土直柱、46 道钢环杆和 45 道钢斜撑组成，竖向构件构成方式如图 5.60(d)所示。

钢管混凝土柱为倾斜的锥形柱，从底部到顶部为一条直线，在底部为直径 2 m 的圆，在顶部直径减至 1.2 m，柱子最大壁厚 50 mm，内灌 C60～C45 混凝土；钢环杆布置在 15.5°的斜平面上，用圆管弯成，最大规格为 D800×35，每道环均构成不同长短径的近似椭圆；钢斜撑为圆管。放射状布置的钢梁连系混凝土核心筒和钢结构外筒形成楼面，但混凝土楼板并未与外筒钢柱直接相连，典型的楼层布置如图 5.60(c)所示。

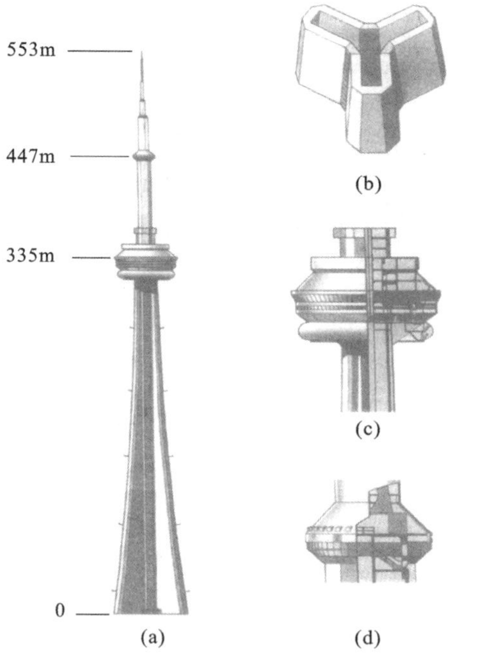

图 5.58　加拿大多伦多 CN 电视塔

(a)全貌;(b)塔身断面图;(c)335 m 高程处的空中舱;
(d)447m 高程处的空中平台

图 5.59　日本东京的天空树

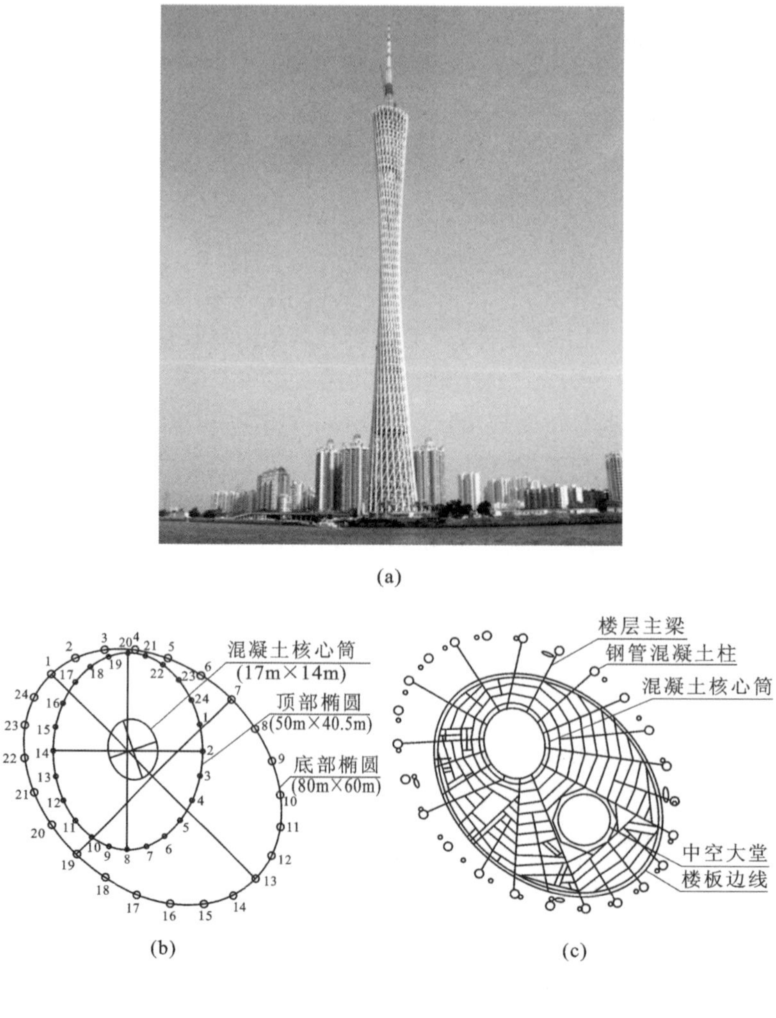

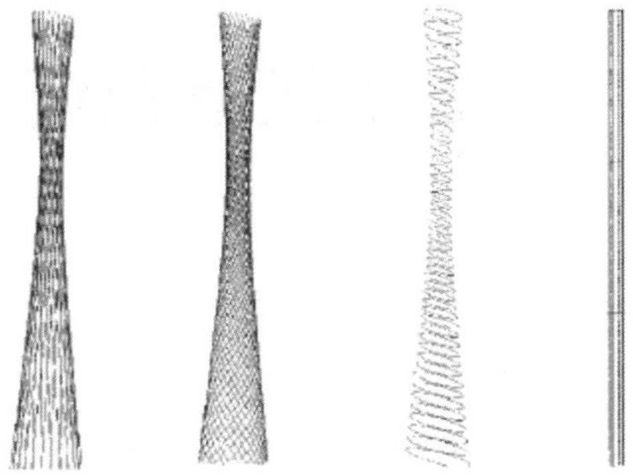

(钢管混凝土柱+钢斜撑+钢环杆+混凝土核心筒)

(d)

图 5.60 海心塔

(a)外观图;(b)外框柱定位图;(c)典型楼层结构布置图;(d)竖向构件构成方式

复习思考题

5.1 社会对建筑的基本要求是什么?实用、经济、美观之间的关系应怎样处理?

5.2 试述建筑工程中建筑、结构、设备、施工之间的关系。建筑师、结构工程师、施工工程师的任务分别是什么?

5.3 试述建筑结构与建筑使用要求、建筑美观要求、建筑体型要求、建筑构造要求之间有什么关系。

5.4 建筑结构的水平承重结构部分(屋顶和楼层)主要由哪些结构构件组成?建筑结构的竖向承重结构部分主要由哪些结构构件组成?建筑结构的基础部分主要由哪些结构构件组成?

5.5 建筑结构与汽车结构、船舶结构相比有何异同?

5.6 古代建筑物和现代建筑物相比,在材料应用、建筑形式、建筑尺度、结构体型、结构构件等方面有何区别?

5.7 在建筑工程中建筑物和构筑物是不同的两个概念,它们主要的区别在哪里?

5.8 居住建筑物(如住宅、公寓、宿舍)、公共建筑物(如剧院、体育馆、展览馆)、工业建筑物(如单层或多层工业厂房)、高层建筑物(如办公大楼、高层公寓)的建筑结构有什么重要区别?

5.9 在正常使用期间施加和作用在建筑物上的荷载有哪些?

5.10 建筑物中的楼、板、梁、柱、墙、屋架各主要承受什么样的外加荷载和作用?

5.11 构筑物中的水塔、烟囱、筒仓、电视塔各主要承受什么样的内力?各主要承受什么样的外加荷载和作用?

5.12 混凝土结构、木结构、钢结构、砌体结构中结构构件间的连接方法各是什么?它们间有什么不同?它们主要的施工方法有什么不同?

5.13 什么叫钢-混凝土组合结构?它有什么优越性?

5.14 在本章列举的建筑物中哪些是墙体结构?哪些是框架结构?哪些是拱结构?哪些是壳结构?哪些是张拉结构或膜结构?

5.15 建筑物或构筑物的安全性、适用性、经济性各体现在什么地方?

6 地下工程概述

6.1 引　　言

建筑在岩石中、土中或水底以下的工程设施统称地下工程(Underground Engineering)(图 6.1),如工业建筑工程(工厂、电站)、民用建筑工程(人民防空工程、地下商店、地下剧场)、交通工程(地下铁道、铁路和公路隧道)、矿山工程(矿井)、水利工程(输水道)、军事工程(指挥所、通信枢纽、军火库)和各种公用服务性建筑等。

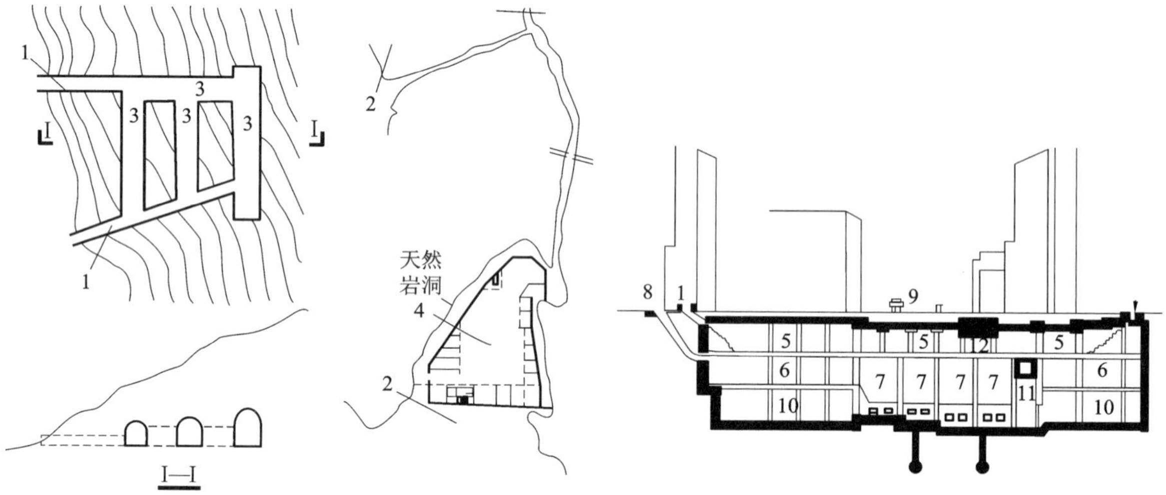

图 6.1　地下工程示意

(a)岩石中的地下建筑;(b)利用天然岩洞的地下工厂;(c)埋入土中的地下街道

1—出入口;2—洞口;3—储藏室;4—地下厂房;5—商店;6—车库;7—地下铁道;

8—汽车出入口;9—地上街道;10—机房;11—污水管道;12—电缆道

地下工程设施可以构筑成隧道形式,也可以和地面房屋相似,在平面布局上采用棋盘式和房间式,建成多层多跨的框架结构。它的横断面可以有各种不同的形状,最常见的有圆形、矩形、拱顶直墙(包括厚拱薄墙)、拱顶曲墙(当地基软弱时在底板处多加设仰拱)、落地拱、穹顶直墙等。

地下工程设施的特点是,一方面它必然承受四周岩层和土层传来的压力,称围岩压力或岩体压力(Rock Pressure);另一方面岩层和土层又都具有较好的抗爆、抗震能力和良好的热稳定性、密闭性。因而,地下工程设施可作为有效的防空、防爆设施,形成恒温恒湿防震防振的环境,并能节约地面建筑占地,这是它的优点。但是地下工程设施建造对地质条件要求较高,施工比较困难,投资较高,这又是它的缺点。

地下工程设施的结构与地上建筑的结构不同,主要是与岩(土)层接触处必须有衬砌结构(Lining Structure,图 6.2),其作用是承受岩(土)层和爆炸等静力和动力荷载,并防止地下水和潮气的侵入。衬砌结构的材料一般为钢筋混凝土或砖、石等圬工材料。衬砌结构的形式主要由使用条件、地质条件和施工条件 3 个因素综合决定。其中地质因素既涉及作用于衬砌四壁的岩石或土压力以及水压力,又与施工方法有密切联系。为了使衬砌四壁大体受压而较少受弯、受拉,最适宜的衬砌外形介于圆形和蛋形之间。

人类在原始时期就利用天然洞穴作为群居、活动场所和墓室,但更多地局限于帝王贵人的陵墓和人类居住的窑洞。工业革命后,随着各种工程技术手段的不断提高,人类开始大规模开发人工地下空间。扩展城市

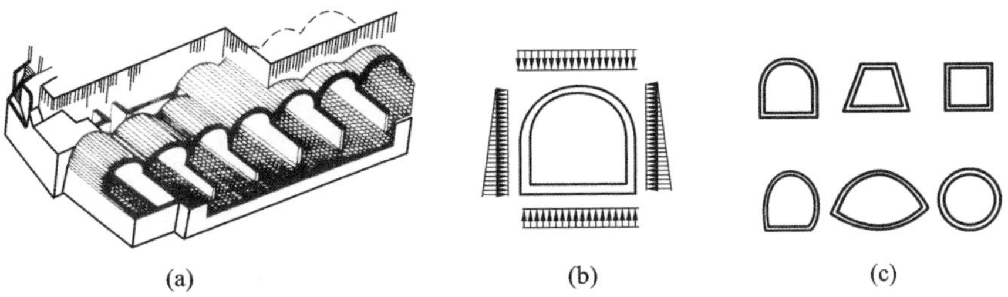
(a) (b) (c)

图 6.2 衬砌结构示意

(a)整体图;(b)受力图;(c)断面形式

空间的一种有效途径是向地下发展,地下工程在扩大城市空间容量和改善城市环境方面有着广泛的前景。大规模建筑地下工程,始于20世纪50—60年代,现在地铁、地下停车场、地下街道等城市地下工程已经是一个现代化大都市必不可少的基础设施。近年来,由于城市化的快速发展、城市人口饱和、建筑空间拥挤和绿地减少,建筑物越建越高,地下部分也越来越深,深基础的支护也成为地下工程的一个重要部分。

为了适应城市地下空间的快速发展,东南大学、哈尔滨工业大学、山东大学、重庆大学等国内上百所高校先后增设了城市地下空间工程(Urban Underground Space Engineering,081005T)本科专业,专门培养城市地下空间的规划、设计、研究、开发利用、施工和管理等方面的专业人才。

6.2 地下工程设施的分类

根据使用目的,地下工程设施(Underground Installations)主要有以下8类:

(1)居住设施:指各种地下或半地下住宅,我国的窑洞及北美等地的覆土式房屋就是典型的地下住宅。地下住宅有着显著的节能和改善微气候功能,但是在目前条件下,将地下住宅内部环境改造为高标准居住环境,使大量人口穴居地下,仍是不现实的。

(2)公共设施:城市的发展需要开发地下空间,形成商业街、停车场、下沉式广场、地下过街人行通道等。

(3)功能设施:指为改善城市功能的各项设施,包括埋在地下的各类管线、变电站、水厂、污水处理系统、地下垃圾处理系统、管沟等。

(4)生产设施:在城市人口密集区,将有噪声污染、振动污染的工业厂房、变电站等迁至地下,有益于改善城市环境、提高市民生活质量。

(5)交通设施:指运送物资或人员的各种地下铁路、公路、管线等。交通功能是大多数城市开发利用地下空间的主要目的。

(6)贮藏设施:地下空间有恒温性及防盗性好、鼠害轻等优点,因此节能、安全、低成本的地下仓库广泛用于储存食品、水资源、石油、城市垃圾等。

(7)防灾、人防设施:地下空间对各种自然、人为灾害具有较强的综合防御能力,地下人防设施在战争时承担人防功能,而和平时期仍可用于其他事业。

(8)军事设施:指各种永久的和野战的工事、屯兵和作战坑道、指挥所、通信枢纽部、掩蔽所、军用油库、军用物资仓库、导弹发射井等。

地下工程按周围环境的材料不同,分为岩石地层中的地下工程和土质地层中的地下工程两大类:岩石地层中的地下工程除了人工洞室外,也包括改造利用的天然溶洞和废弃坑井;土质地层中的地下工程包括用明挖法施工的浅埋式和在深层土体中用暗挖法施工的洞埋式通道和洞室。按建造方式不同,地下工程又可分为单建式与附建式:单建式指独立建造的地下工程,地面上没有其他建筑物;附建式一般指各种建筑物的地下室部分。按工程规模大小,地下工程又可分为小型地下工程和大型地下工程:小型地下工程指一般性建筑物地下室;大型地下工程指空间开阔的大型地下车库、地铁车站、地下工业厂房等,以及影响范围广、涉及面广的各种地下隧道。

6.3 地下建筑工程

我国城市地下建筑工程的开发始于20世纪60年代的人防工程建设,其最初的目的是防止空袭。当时,在城市地下挖掘了大量的地道,即防空洞。但当时的防空洞用途单一,大多数没考虑和平时期与大城市功能的结合利用问题。随着城市近几十年的快速发展,地下空间的利用引起了人们的高度重视。各大中城市先后结合城市改造对既有的"人防工程"进行了再开发和综合利用。现代城市中,地下商业街、地下停车场、地下过街通道、地下大型超市、下沉式广场等地下建筑工程随处可见。

由于地下建筑的大规模发展,地下建筑的研究领域逐渐形成,该领域专门研究地下建筑的发展历史和发展方向、地下空间的开发和利用、城市地下空间的综合规划、各类地下建筑的规划设计,同时还涉及地下建筑环境,人的生理、心理状态和相关建筑技术。在土木工程领域,专门研究地下结构的学科也逐步形成,并在地下建筑工程的结构设计、受力分析、施工方法等方面取得了一系列成果。

纵观国际社会,在很多发达国家,如日本、美国、瑞典、英国、德国、法国、挪威、加拿大等国家,地下建筑结构都得到了高速、大规模的发展。

法国巴黎的卢浮宫扩建工程(图6.3),受周边地面条件的制约,充分利用地下空间,既成功保留了原有古典建筑整体格局,又满足了现代博物馆的使用要求。国际著名的建筑大师贝聿铭开发了卢浮宫原有广场的地下空间,满足了博物馆的休息、服务、餐饮、贮藏、研究、停车等多项功能。地下建筑总面积6.2万 m^2,地下2层,局部地下3层,深度达-14 m,地上地下以主入口的玻璃金字塔连通。金字塔高21 m,底宽30 m,耸立在庭院中央,4个侧面由673块菱形玻璃拼组而成。建筑形式为古老的金字塔形,而建筑材料和结构体系则采用了现代材料和结构体系。地面到地下的通道是一部不锈钢的螺旋楼梯。整个楼梯结构设有支撑柱,全部荷重由空间螺旋形板承担。地下空间采用混凝土结构建造,巨大的金字塔入口由混凝土十字形墩柱支撑。

(a) (b)

图6.3 巴黎卢浮宫

(a)地面视角;(b)地下视角

美国明尼苏达大学的威廉逊楼是一个用于办公与商业的综合地下建筑物,建于1977年。这个地下建筑在节能和利用自然光线上优势突出。地下两层,为现浇钢筋混凝土结构,采用明挖法施工,即地面全部大开挖,建好地下结构后再覆土。为充分利用自然光线并与原有旧建筑协调,只有7%的屋顶覆土0.7 m,其余屋顶直接作为路面。建筑平面为方形,与场地形状和大小一致,但内部沿对角线划分成两个三角形,方向与地面上保留的步行道一致,见图6.4(a)。在一个三角形中,主要布置办公室,办公室共两层,沿一个三角形的下沉式庭院两侧布置;另一半三角形平面为贯通上下层的大空间,作为书店的营业大厅,两边做有夹层,上面仍为办公室。除少数负责人的办公室为封闭房间外,其余大部分用半隔断围成,使多数办公部分能接触到自然光线和室外景色。在书店一侧,沿步行道开了一条采光窗井,可使自然光线直照到书店大厅内,见图6.4(b)。由于地下建筑冬暖夏凉,该建筑在地表以下8 m的土层中,常年温度保持在10℃左右。

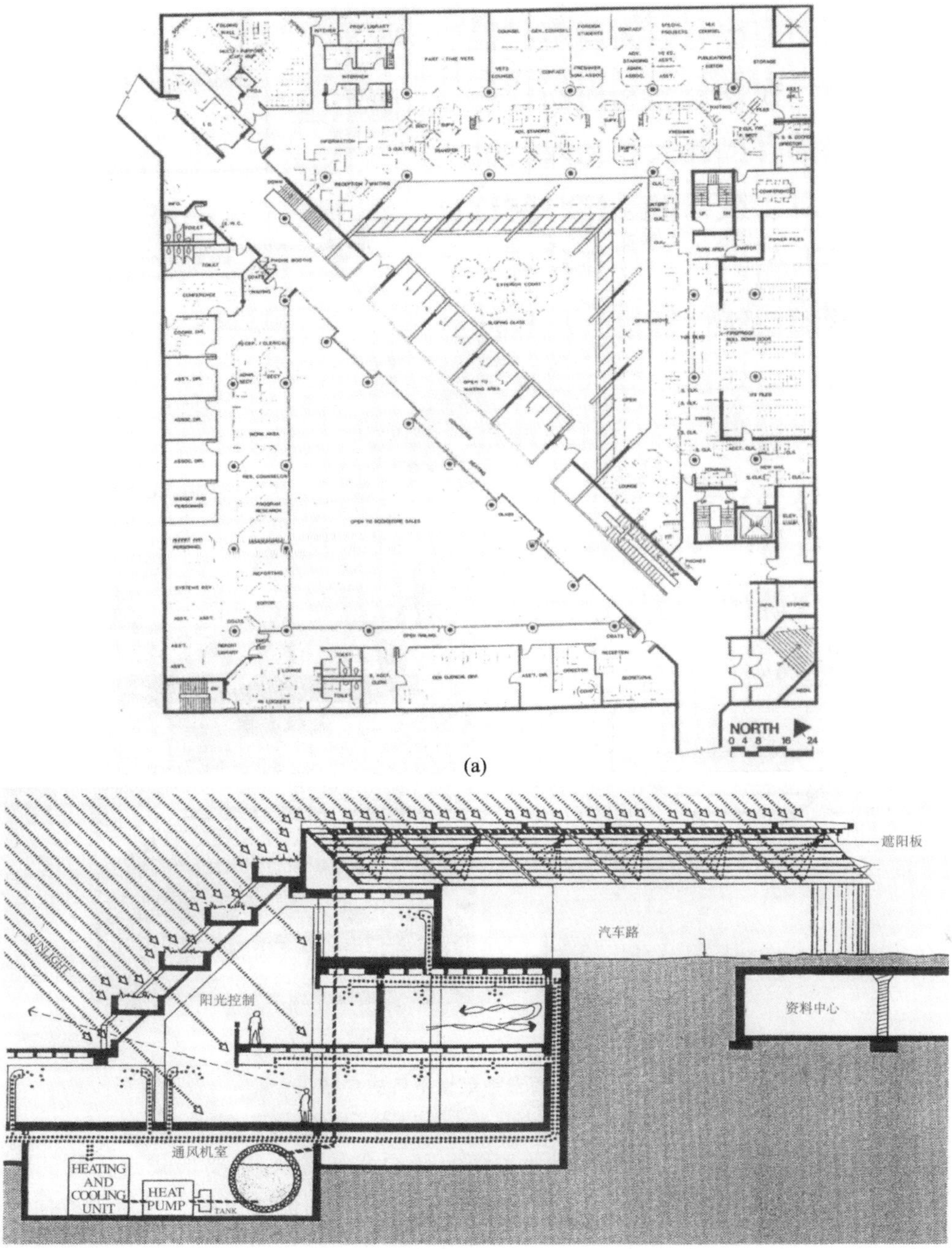

(a)

(b)

图 6.4 威廉逊楼

(a)地下一层平面图;(b)局部剖面图(将阳光引入地下空间)

西安钟鼓楼下沉式广场、下沉式商业街及地下商场是我国著名的地下建筑综合体。此工程东西长约 260 m,南北宽约 90 m。地下两层为平战结合的 31 386 m^2 的商业建筑,顶面为 9 425 m^2 的大型城市景观露天绿化广场,另有 6 274 m^2 的下沉式广场及东西长约 140 m 的下沉式商业街。工程紧邻国家重点文物(钟楼和鼓楼),工程平面简图见 6.5(a)。地下建筑采用了板-柱结构体系,板柱节点处设了柱帽[图 6.5(b)],建筑结构由于不设梁,节约了建筑层高,大大减少了工程的土方开挖量和运输量。由于地下结构的防水要求高,工程采用了超长无缝设计,施工中采用后浇带处理方法,减小混凝土收缩应力。地下商场中部设两层通高中庭,通过地面广场上的四棱锥玻璃塔,取得自然顶光[图 6.5(c)]。

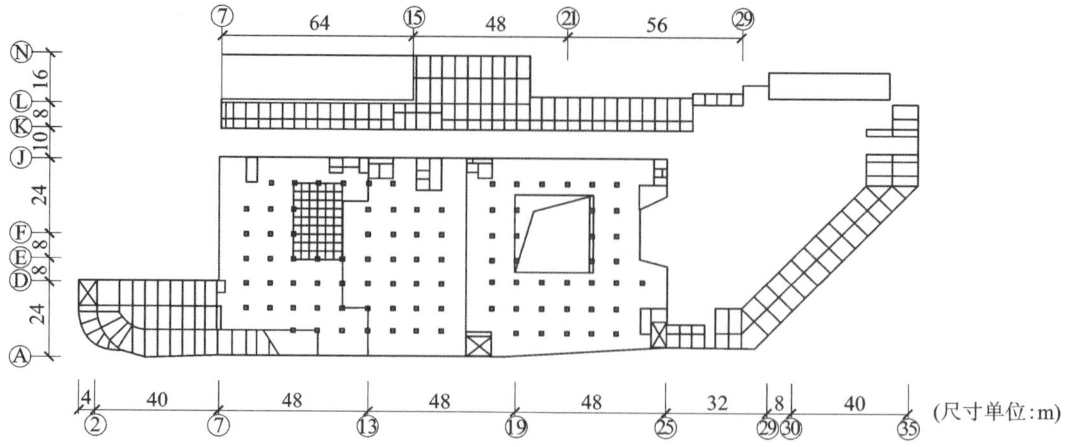

(a)

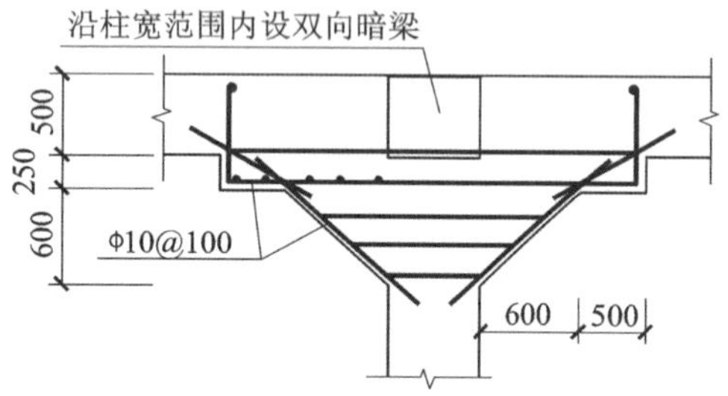

(b)

(c)

图 6.5　西安钟鼓楼下沉式广场

(a)工程平面简图;(b)板柱帽;(c)地下商场内玻璃顶中庭

地下居住建筑规模最大、分布最广的地区是我国西北部的黄土高原,主要形式是传统的窑洞,主要有两大类:一类是崖窑,也称靠山式窑洞,是在黄土台地的陡崖上或冲沟两侧的土壁上沿水平方向挖掘出的洞穴;另一类是下沉式窑洞。在黄土高原的地势较为平坦地带,直接利用自然地形挖窑洞比较困难,故先从地面挖一个坑,形成下沉的院落,四周成为人工的黄土陡崖,向里横向挖洞,形成一个低于自然地面的窑院和窑洞,故称为下沉式窑洞(Sunken Courtyard Type Dwellings),俗称天井窑院,或地坑窑院。图 6.6 是河南下沉式窑洞群鸟瞰图。

国外的地下居住建筑也有不少实例,自 20 世纪 70 年代以来,在美国迅速发展起来的以节能为主要目的的半地下覆土住宅,属于现代的地下居住建筑。这种地下覆土住宅在美国曾发展到相当的规模,取得了一定的节能效果,已引起各国的广泛注意,一些国家开始结合本国情况研究在现代条件下,人在地下环境中居住的可能性。例如,日本提倡在私人住宅建地下室,作为在家中工作、娱乐活动、贮藏及发生灾害时避难之用。

覆土住宅是指在平地上或开挖的地基上,用常规方法建造住宅,在结构工程完成以后,屋顶和外墙面积的 50%以上用一定厚度的土覆盖,其余部分(主要为朝阳面)仍然外露的一种半地下式住宅。这种住宅不同

图 6.6　河南下沉式窑洞群鸟瞰图

于地下室中的住宅，因为地下室的顶部以上还有上部建筑，不能覆土，而且不可能只有一个面露在地上。该种住宅在有核战争危险时，可作为私人的防核微粒沉降掩蔽所。在大城市污染日益严重的今天，居住在建筑与自然更加和谐的地下住所中，可使人远离污染。有科学家提出使覆土住宅“能源独立”(energy independence)的设想，一方面增加太阳能利用系统，解决夜间或阴天时的热能贮存问题；另一方面增设一个利用冬季天然冷源的空调系统，解决夏季供冷问题。图 6.7 是美国威斯康星州的一个覆土住宅，它使用预制双曲钢筋混凝土壳体组成两个落地拱形结构，使墙与顶成为一体。这幢覆土住宅被认为是与地形和自然环境很好结合的一个典型，同时可取得在寒冷地区节能 25%的效果。图 6.8 是国外覆土建筑。

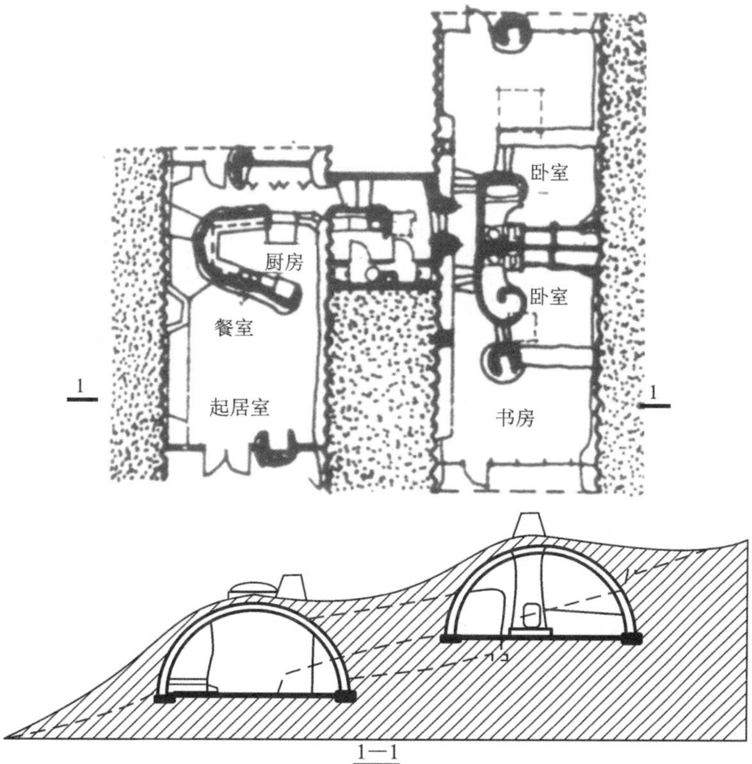

1—1

图 6.7　落地拱结构的覆土住宅平面、剖面

图 6.8 国外覆土建筑

6.4 隧道工程

隧道(Tunnel),是修筑在岩体、土体或水体内的,两端有出入口的,供车辆、行人、水流及管线等通过的通道,包括交通运输方面的铁路、道路、水(海)底隧道和各种水工隧道等。它有以下特点:

(1)它是交通运输线路穿越天然屏障[包括山岭、丘陵、土层、水(海)域等]的有效方法;

(2)穿越的地质条件复杂多变,遇到意外情况较多,工程定位、设计、施工方法都必须随时作相应调整;

(3)施工作业面窄,可容纳的劳动力和机械设备数量都受到限制,对工业化、机械化施工要求高;

(4)造价昂贵。

下面分别介绍铁路隧道、道路隧道和水底隧道。

6.4.1 铁路隧道

铁路隧道(Railway Tunnel)由洞口路堑(或引道)、洞门、洞身衬砌结构及隧道内外附属构筑物(道床、避车洞、水沟、照明、设置电气化设备的洞室等)组成。隧道内的线路可用单向坡或双向坡,由于在隧道内列车车轮和钢轨间的黏着力降低,列车受到的空气阻力增大,隧道内的纵向坡度要适当折减。

图 6.9 所示为我国某一条长 3 572 m 的铁路隧道。该隧道穿过软质和硬质砂岩,易遭遇强大的侵入水流。当通过软质砂岩时,隧道内的衬砌横断面如图 6.9(b)所示,其中钢筋混凝土顶拱厚 550 mm,底拱厚

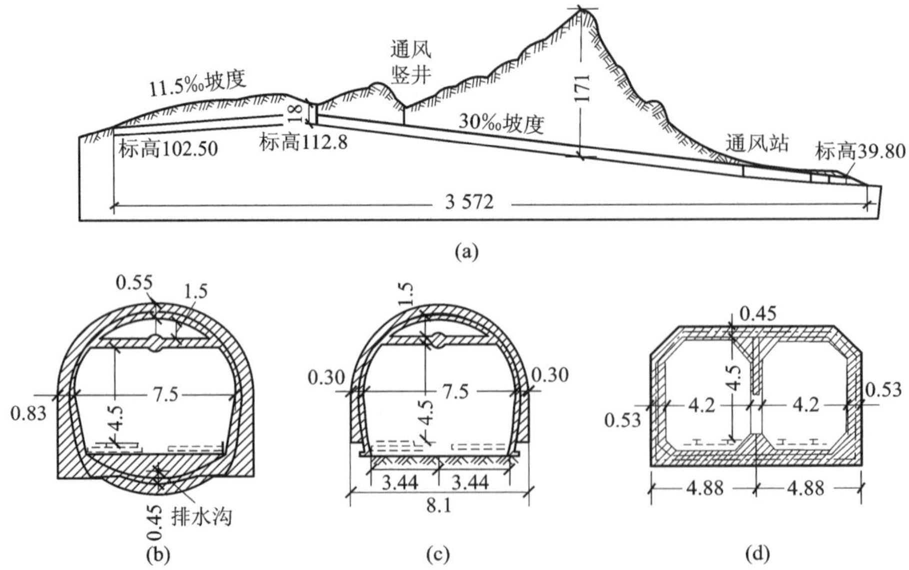

图 6.9 某铁路隧道(所注尺寸单位均为 m)

(a)纵断面;(b)横断面Ⅰ;(c)横断面Ⅱ;(d)横断面Ⅲ

450 mm。当通过硬质砂岩时，衬砌横断面如图 6.9(c)所示，其壁厚减至 300 mm。在隧道洞口附近相当长的一段距离内，由于覆盖层较薄，衬砌做成中间有隔墙的钢筋混凝土框架结构，如图 6.9(d)所示。

全世界的铁路隧道有一半左右分布在中国和日本。世界上长度居前十位的铁路隧道如表 6.1 所示。世界上最长的隧道为瑞士的圣哥达基线隧道，单线长度约 57 km。我国是世界上铁路隧道最多的国家，其中一半以上分布在云南、贵州、四川、陕西等省，最长隧道为青藏铁路新关角隧道，单线长度约 32.6 km。

表 6.1 世界上长度居前十位的铁路隧道

排名	隧道名称	长度(km)	线数	地区	建成时间
1	圣哥达基线隧道	57.0	单线	瑞士	2016 年
2	青函海峡隧道	53.8	单线	日本	1987 年
3	英法海底隧道	50.5	单线	英国/法国	1994 年
4	栗岘隧道	50.3	单线	韩国	2015 年
5	新勒奇山隧道	34.5	单线	瑞士	2007 年
6	新关角隧道	32.6	单线	中国	2014 年
7	瓜达马拉隧道	28.4	单线	西班牙	2007 年
8	成兰铁路平安隧道	28.4	单线	中国	2020 年
9	兰渝铁路西秦岭隧道	28.2	单线	中国	2016 年
10	石太高铁太行山隧道	27.8	单线	中国	2009 年

注：①表中数据截至 2023 年；
②表中隧道均为已贯通并投入运营的工程。

6.4.2 道路隧道

案例：秦岭终南山隧道

按道路所处的位置，道路隧道(Road Tunnel)分为山岭道路隧道、水底道路隧道和城市道路隧道。在地形复杂的山区公路选线中，采用隧道可为选线提供最佳方案，因为隧道能克服高程障碍，缩短路线长度，减小坡度和曲率，从而提高线路技术标准。

道路隧道要尽量设计成直线。隧道内的纵坡不宜大于 3.5%，也不应小于 0.3%。前者是为了避免汽车因上陡坡而产生过量的有害气体和烟雾，并使重车下坡时能安全制动；后者是为满足排水需要所设的最小坡度。较长的山岭隧道采用双向坡，短隧道可采用单向坡。水底隧道则采用凹形的纵断面，在最低处设集水井用泵排水。公路隧道需要有较完善的通风、照明、防灾等附属设施，以防止隧道内发生事故，特别是汽车火灾事故，而且最好采用上下行分开的带有管理人员用通道的双孔断面。

目前，世界上最长的公路隧道是位于挪威西部地区的洛达尔隧道，全长 24.51 km，为单洞隧道。为避免驾驶员因在隧道中长时间驾驶而产生不良心理反应，设计者精心设计了照明系统，使用明亮的蓝色灯光和奇妙的曲线吸引司机的注意力，并将隧道分成几个不同的部分，使司乘人员感觉仿佛在几个短的隧道中行驶。

世界上第二长的公路隧道是陕西秦岭终南山隧道。该隧道于 2007 年建成，北起长安区青岔，南至商洛市所辖的柞水营盘镇，全长 18.02 km，设计时速 80 km。该隧道为双洞，是世界上最长的双洞单向公路隧道。隧道中设置了人性化的特殊光带，通过不同的灯光和幻灯图案变化，呈现出“蓝天”“白云”“彩虹”等景象，使驾驶员仿佛到了洞外，有效地缓解了驾驶员的疲劳。世界上长度居前十位的公路隧道见表 6.2。

表 6.2 世界上长度排名居前十位的公路隧道

排名	隧道名称	长度(km)	类型	地区	建成时间
1	洛达尔隧道	24.51		挪威	2000 年
2	秦岭终南山隧道	18.02		中国陕西	2004 年
3	锦屏山隧道	17.50		中国四川	2008 年

续表 6.2

排名	隧道名称	长度(km)	类型	地区	建成时间
4	圣哥达隧道	16.92		瑞士	1980 年
5	阿尔贝格隧道	13.97		奥地利	1978 年
6	米仓山隧道	13.81		中国四川	2018 年
7	西山隧道	13.65		中国山西	2012 年
8	新二郎山隧道	13.46		中国四川	2017 年
9	虹梯关隧道	13.12		中国山西	2013 年
10	雪山隧道	12.94		中国台湾	2006 年

注:①表中数据截至 2023 年;

②表中隧道均为已贯通并投入运营的工程。

6.4.3 水底隧道

铁路或公路遇到水面障碍物时,除可修建桥梁通过外,修建水底隧道(Subaqueous Tunnel)有时是最佳方案,尤其是在水面宽、航运繁忙、通过巨型船只较多、两岸建筑物密集,不宜建设高桥和长引桥的情况下。

水底隧道一般分水底段和河岸段,后者又有暗埋、敞开及出口部分。水底隧道的纵向坡度、纵向曲线和平面曲线半径、通道布置、车辆限界以及照明、通风、交通监控等设备,按通过隧道的车辆类型和运量进行设计。

上海黄浦江打浦路隧道为我国第一条水下公路隧道,于 20 世纪 60 年代末建成,全长 2 761 m。随着上海城市建设的发展,上海黄浦江底陆续开通了延安路隧道、外滩观光隧道、外环路隧道、大连路隧道等 16 条隧道。其中,外滩观光隧道是我国第一条越江行人隧道,西接南京路外滩,东接浦东陆家嘴东方明珠塔,全长 647 m,隧道内直径 6.67 m,两岸有自动扶梯。隧道内有全自动无人驾驶的牵引式封闭车厢输送旅客,每小时输送能力约为 5 000 人。该隧道 1998 年开工,2000 年 10 月建成通车。隧道两边有地下 3 层,局部 4 层建筑。

我国香港地区有三条海底公路隧道,它们越过维多利亚海湾,把香港岛和九龙岛连接起来。其中,东线隧道全长 1.8 km,日通过汽车 9 万车次;中线隧道全长 1.9 km,包括 4 车道的汽车隧道和一条地铁隧道;西线隧道全长 2.0 km,6 车道,日车流量可达 18 万车次。目前,世界上最长的海底隧道是日本的青函隧道,全长 53.85 km,其中水底段长 23 km;第二长的是英吉利海峡隧道,全长 50.5 km,其中水底段长 37.2 km。我国内地第一条海底隧道为厦门翔安海底隧道,线路全长 8.695 km,海域段长 6.05 km,2010 年 4 月 26 日建成通车;第二条海底隧道为青岛胶州湾海底隧道,线路全长 7.797 km,海域段长 4.095 km,2011 年 6 月 30 日通车运营;最长海底隧道为目前在建的青岛胶州湾第二海底隧道,隧道长约 15.9 km,海域段长 11.2 km,预计于 2027 年建成通车。

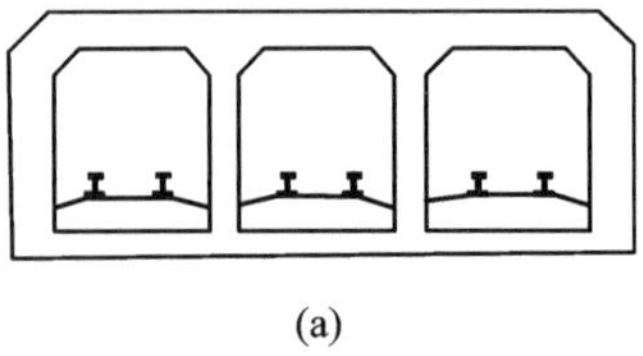

(a)

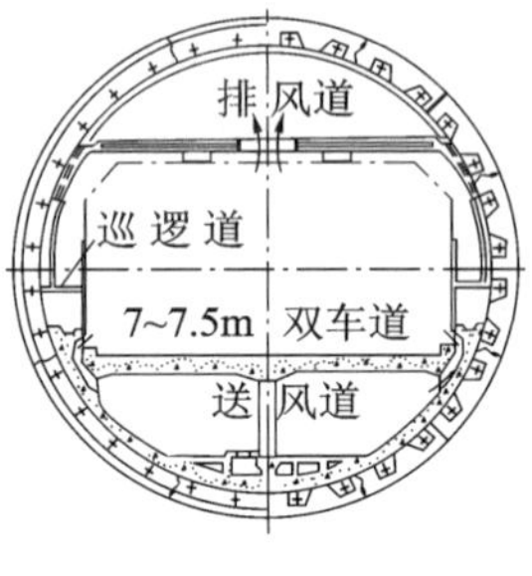

(b)

图 6.10 水底隧道横断面

(a)铁路隧道;(b)道路隧道

水底隧道较典型的矩形、圆形横断面见图 6.10,英吉利海峡隧道断面如图 6.11 所示。

用盾构法建造的水底隧道,自两端至洞口,一般为槽型敞开式引道段。穿越水底的暗埋段断面大多为圆形。修建的隧道除个别为单车道外,均为双车道[图 6.10(b)]。在圆形隧道中,一般在路面以下是送风道,在吊顶以上是排风道,送排风道与隧道两岸的通风机房连通,多采用

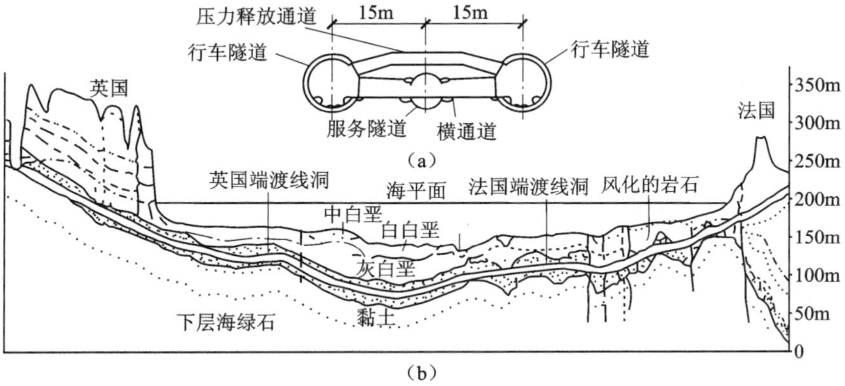

图 6.11 英吉利海峡隧道断面示意

(a)横断面;(b)纵断面

横向通风。用沉管法建造的水底隧道,除两端引道段与前述相同外,穿越水底的沉管有时是由几个通道组成的矩形管段,包括车行道、人行或巡逻通道及管线通道等。每个行车通道中有两个以上同向行驶的车道。水底隧道较典型的矩形管段横断面如图 6.10(a)所示。

采用沉管法修建的水下铁路和道路隧道的结构有钢结构和钢筋混凝土结构。钢结构以美国采用得最多,欧洲各国则以钢筋混凝土结构为主,日本则二者兼有,以钢结构为主。表 6.3 为几个海底隧道的相关数据。

表 6.3 几个海底隧道的相关数据

	日本青函隧道	英吉利海峡隧道	丹麦大海峡隧道	中国香港西线隧道
长度(km)	53.85	50.5	8.0	2.0
形式构造	主隧道(一条双线) 全长辅助隧道	主隧道(两条单线) 全长辅助隧道	主隧道(两条单线) 横通道	两条三车道隧道
断面尺寸	马蹄形 11.1 m(宽)×9.1 m(高),1ϕ5.0 m(辅)	2ϕ7.3 m(主),1ϕ4.5 m(辅)	2ϕ8.5 m	矩形 35.0 m(宽)×9.8 m(高)
建造原因	交通和安全需要	客货运需求(3 130 万人次/年)	交通流量需求	交通流量需求 (75 000 车次/日)
施工年代	1964—1988 年	1986—1993 年	1990—1994 年	1993—1997 年
工程造价	6 890 亿日元(约合 46 亿美元)	150 亿美元	7.5 亿丹麦克朗	65 亿港元 (约合 8 亿美元)
开挖方式	钻爆法	盾构法	盾构法	预制沉管沉放
海水深度(m)	140	60	70	11～23
埋深(m)	100	45(最浅处)	15	2～3
地质条件	第三季火山岩	中世纪白垩岩	第四纪冰渍物	软土层
防水方式	注浆为主	管片防水加固回填注浆	长期大规模排水系统	接头止水带 结构自防水

复习思考题

6.1 什么叫地下工程设施,它与地上建筑物有何区别?

6.2 为什么说建造地下建筑(如地下商店、地下剧场)和地下工程设施(如地下铁道、地下防空设施)是大城市建设发展的必然趋势?

6.3　试述隧道和地下建筑物的异同。

6.4　隧道衬砌的受力状态和房屋梁板柱的受力状态有何不同?衬砌的一般形状有哪些?它的施工特点是什么?

6.5　试述隧道工程与铁路工程、道路工程的关系。

6.6　试区别铁路隧道、道路隧道和水底隧道。

6.7　地下住宅建筑有何优缺点?

6.8　地下住宅结构主要有哪几种类型?各类型的结构特点是什么?

7 桥梁工程概述

7.1 引　　言

桥梁(Bridge)是人类生活和生产活动中,通过架设通道克服天然屏障的建筑物。它的发展不断体现时代与文明的进步。一个国家或一个地区要实现经济腾飞和文化进步,道路和铁路交通的发展是关键。在道路和铁路建设中,桥梁是必不可少的。此外,桥梁又是立体的造型艺术,也是具有时代特征的景观工程,许多桥梁就是一个城市或国家的标志和象征(图 7.1)。

(a)　　(b)

图 7.1　标志性桥梁

(a)英国伦敦塔桥;(b)澳大利亚悉尼港桥

随着科学技术的进步和经济、社会、文化发展水平的提高,人们对桥梁建设提出了很高的要求。当前,我国的桥梁工程无论是在建设规模上,还是在科技水平上,均已跻身世界先进行列。各种功能齐全、造型美观的立交桥、高架桥,尤其是横跨长江、黄河等大江大河的特大跨度桥梁,如雨后春笋般频频建成。随着国家公路"五纵七横"等国道主干线的规划和实施,几十公里长的跨海湾、海峡特大桥梁的宏伟工程已经呈现在我们眼前。

桥梁工程(Bridge Engineering)是指桥梁勘测、设计、施工、养护和检定等工作过程,以及研究这一过程的科学和工程技术。桥梁工程是道路、铁路工程的咽喉,在工程投资规模上占这些工程总造价的10%～20%。桥梁工程的分类、组成和工程内容如图 7.2 所示。

视频:"记路"

7.2 桥梁的组成与基本体系

7.2.1 桥梁的组成

概括地说,桥梁由四个基本部分组成(图 7.3),即上部结构、下部结构、支座和附属设施。

(1)上部结构(Superstructure)是在线路中断时跨越障碍的主要承重结构,是桥梁支座以上(无铰拱起拱线或刚架主梁底线以上)跨越桥孔部分的总称。跨越的幅度越大,上部结构的构造也就越复杂,施工难度也相应增加。

(2)下部结构(Substructure)包括桥墩、桥台和基础。

桥墩(Pier)和桥台(Abutment)是支承上部结构并将其传来的恒载和车辆等活载再传至基础的结构物。通常设置在桥两端的称为桥台,设置在桥梁中间的称为桥墩。桥台除了起上述作用外,还与路堤相衔接,并抵御路堤土压力,防止路堤填土的坍落。单孔桥只有两端的桥台,而没有中间的桥墩。

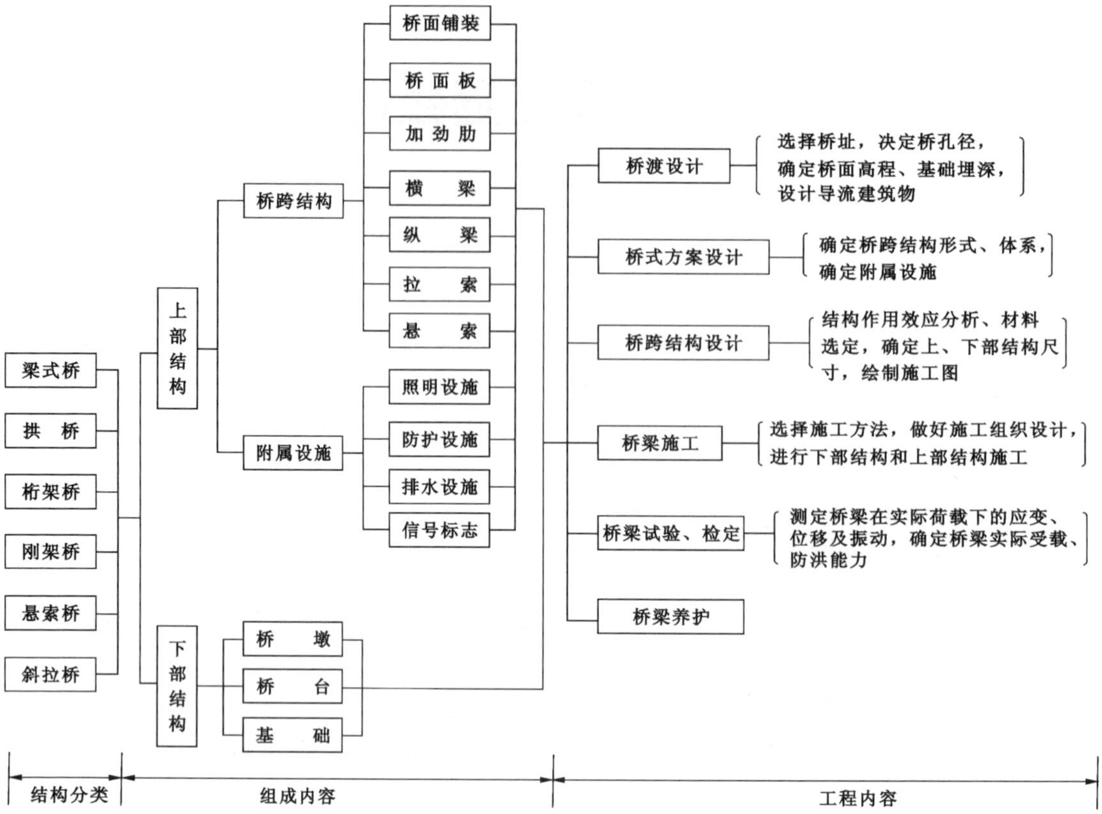

图 7.2　桥梁工程的分类、组成和工程内容

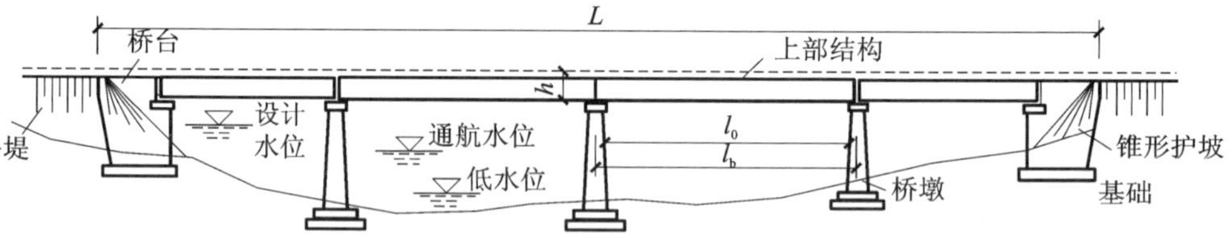

图 7.3　桥梁的基本组成

基础(Foundation)是桥墩和桥台底部的奠基部分。基础承担着从桥墩和桥台传来的全部荷载，这些荷载包括竖向荷载以及地震作用、船舶撞击墩身等引起的水平荷载，基础由于往往深埋于水下地基中，在桥梁施工中是难度较大的一个部分，也是确保桥梁安全的关键之一。

(3)支座(Bearing)是设在墩(台)顶，用于支承上部结构的传力装置，它不仅要传递很大的荷载，并且要保证上部结构能按设计要求产生一定的变位。

(4)附属设施(Accessory)包括桥面系、伸缩缝、桥台搭板、锥形护坡等，以及交通与机电工程设施，如标志标牌、景观系统、通信和监控系统、收费系统等。附属设施对于保证桥梁正常使用是必不可少的。

河流中的水位是变动的，枯水季节的最低水位称为低水位，洪峰季节河流中的最高水位称为高水位。桥梁设计中按规定的设计洪水频率计算所得的高水位(很多情况下是推算水位)，称为设计水位。在各级航道中，能保证船舶正常航行的水位，称为通航水位。

7.2.2　桥梁的基本体系

7.2.2.1　桥梁按受力体系的分类

按照受力体系划分，桥梁有梁、拱、索三大基本体系，其中梁式桥以受弯为主，拱式桥以受压为主，悬索桥以受拉为主。上述三大基本体系通过相互组合可以派生出在受力上也具备组合特征的多种桥型，如刚架桥和斜拉桥等。

(1)梁式桥 (Beam Bridge)

梁式桥是一种在竖向荷载作用下无水平反力的结构[图 7.4(a)、(b)]，由于外力(恒载和活载)的作用方向与承重结构的轴线接近垂直，因而与同样跨径的其他结构体系相比，梁桥内产生的弯矩最大，通常须用抗弯、抗拉能力强的材料(如钢、钢筋混凝土、钢-混凝土组合结构等)来建造。对于中、小跨径桥梁，目前在公路上应用最广的是标准跨径的钢筋混凝土简支梁桥，施工方法有预制装配和现浇两种，这种梁桥结构简单，施工方便，简支梁对地基承载力的要求也不高，其常用跨径在 25 m 以下。当跨径较大时，需采用预应力混凝土简支梁桥，但跨度一般不超过 50 m。为了改善受力条件和使用性能，当地质条件较好时，中、小跨径梁桥均可修建连续梁桥，如图 7.4(c)所示；对于跨径很大的大桥和特大桥，可采用预应力混凝土梁桥、钢桥和钢-混凝土组合梁桥，如图 7.4(d)、(e)所示。图 7.5 为两座梁式桥的实景。

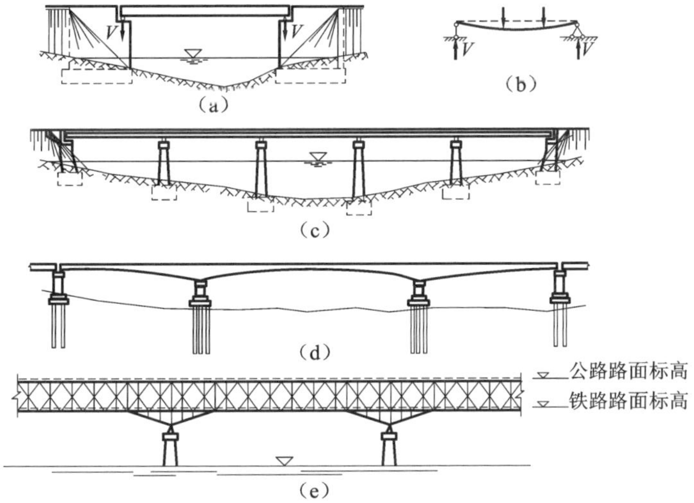

图 7.4 梁式桥

(a)桥跨给两侧桥台的竖向作用力；(b)移动荷载作用下的计算简图；(c)连续梁桥；
(d)预应力混凝土变截面连续梁桥；(e)连续桁架式钢桥

图 7.5 梁式桥实景

(a)福建安平桥(古代世界最长的梁式石桥，长 2 251 m，宽 3～3.8 m，桥墩 361 个)；
(b)云南六库怒江桥(三跨变截面梁式桥，跨度 85 m+154 m+85 m)

(2)拱式桥 (Arch Bridge)

拱式桥的主要承重结构是拱圈或拱肋(拱圈横截面设计成分离形式时称为拱肋)。拱结构在竖向荷载作用下由桥墩和桥台承受水平推力，如图 7.6(b)所示。同时，根据作用力和反作用力原理，墩台向拱圈(或拱肋)提供一对水平反力，这种水平反力将大大抵消拱圈(或拱肋)内由荷载所引起的弯矩。因此，与同跨径的梁相比,拱的弯矩、剪力和变形都要小得多。鉴于拱桥的承重结构以受压为主,拱桥通常可用抗压能力强的圬工材料(如砖、石、混凝土)和钢筋混凝土等来建造。

拱桥不仅跨越能力很强,而且外形酷似彩虹卧波,十分美观,在条件许可的情况下,修建拱桥往往是经济合理的。

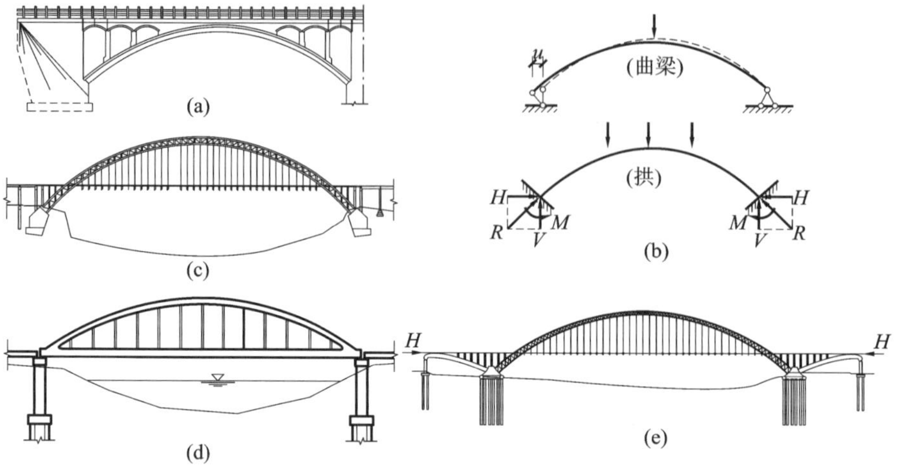

图 7.6　拱式桥

(a)上承式拱;(b)拱与曲梁的受力状态的区别;
(c)中承式拱;(d)下承式拱;(e)三跨无推力拱

为了确保拱桥的安全,下部结构和地基(特别是桥台)必须能经受住很大的水平推力作用。此外,与梁式桥不同,由于拱圈(或拱肋)在合龙前自身不能维持平衡,因而拱桥在施工过程中的难度和危险性要远大于梁式桥。

在地基条件不适合修建具有很大推力的拱桥的情况下,也可建造水平推力由受拉系杆来承受的系杆拱桥[图 7.6(d)],系杆可由钢、预应力混凝土或高强钢筋做成。近年来发展了一种所谓的“飞雁式”三跨无推力拱桥[图 7.6(e)],即在边跨的两端施加强大的水平预加力 H,该预加力通过边跨梁传至拱脚,以抵消主跨拱脚处的巨大水平推力。

按照行车道在主拱圈上的不同位置,拱桥分为上承式拱[图 7.6(a)]、中承式拱[图 7.6(c)]和下承式拱[图 7.6(d)]三种。“承”代表承受车辆荷载的位置,即行车道位置,“上”“中”“下”分别代表这个车道位于主拱圈的上部、中部和下部。

图 7.7 为两座拱式桥的实景。

(a)　　(b)

图 7.7　拱式桥实景

(a)美国新乔治河峡谷大桥(钢桁架拱桥,跨度 518.2 m,宽 22 m,桥面高于河面 268 m,1977 年建成);
(b)重庆万州长江大桥(钢筋混凝土拱桥,跨度 420 m,单孔跨长江,1997 年建成)

(3)刚构桥 (Rigid Frame Bridge)

刚构桥的主要承重结构是梁(或板)与立柱(或竖墙)整体结合在一起的刚架结构,梁和柱的连接处具有很大的刚性,以承担负弯矩的作用。

门式刚构桥[图 7.8(a)]在竖向荷载作用下,柱脚处具有水平反力,梁部主要受弯,但弯矩水平值较同跨径的简支梁小,梁内还有轴压力 H,因而其受力状态介于梁式桥与拱式桥之间[图 7.8(b)]。刚构桥跨中的建筑高度可做得较小。但普通钢筋混凝土修建的刚构桥在梁柱刚接处较易产生裂缝,须在该处多配钢筋。另外,在温度变化时,门式刚构桥内部易产生较大的附加内力,应引起重视。

T 型刚构桥[图 7.8(c),又分带挂孔的和不带挂孔的]目前已较少采用。

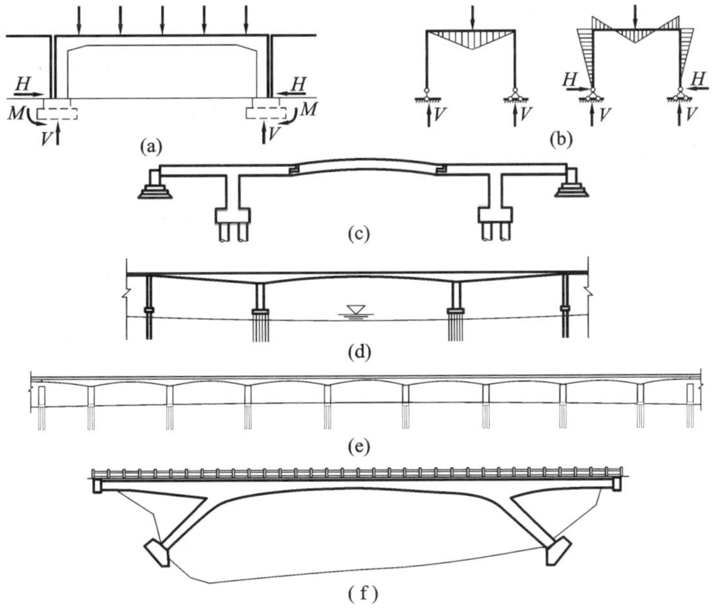

图 7.8 刚构桥

(a)门式刚构桥;(b)刚架的受力状态;(c)T 型刚构桥;(d)连续刚构桥;(e)连续组合刚构桥;(f)斜腿式刚构桥

连续刚构桥[图 7.8(d)]属于多次超静定结构,在设计中一般应减小墩柱顶端的水平抗推刚度,使得在温度变化时结构内不致产生较大的附加内力。对于很长的桥,为了降低这种附加内力,往往在两侧的一个或数个边跨上设置滑动支座,从而形成刚构的连续组合体系桥型[图 7.8(e)]。

当跨越陡峭河岸和深谷时,修建斜腿式刚构桥[图 7.8(f)]往往既经济合理,又兼顾造型的轻巧美观。由于斜腿墩柱置于岸坡上,有较大斜角,中跨梁内的轴压力也很大,因而斜腿刚构桥的跨越能力比门式刚构桥要大得多。但斜腿的施工难度较直腿大一些。

刚构桥一般均需承受正负弯矩的交替作用,横截面宜采用箱形截面。连续刚构桥主梁受力与连续梁相近,横截面形式和尺寸也与连续梁基本相同。图 7.9 为 3 座刚构桥的实景。

(4)悬索桥(Suspension Bridge,图 7.10、图 7.11)

悬索桥(也称吊桥)是用悬挂在两边塔架上的强大缆索作为主要承重结构的桥梁。在桥面系竖向荷载作用下,悬索桥通过吊杆使缆索承受很大的拉力,缆索锚于悬索桥两端的锚碇结构中。为了承受巨大的缆索拉力,锚碇结构需做得很大(重力式锚碇),或者依靠天然完整的岩体来承受水平拉力(隧道式锚碇)。缆索传至锚碇的拉力可分解为垂直和水平两个分力,因而悬索桥也是具有水平反力(拉力)的结构。现代悬索桥广泛采用由高强度钢丝成股编制成的钢缆,以充分发挥其优良的抗拉性能。悬索桥的承载系统包括缆索、塔柱和锚碇三部分,因此结构自重较轻,能够实现其他桥型无法实现的特大跨度。悬索桥的另一特点是受力简单明了,成卷的钢缆易于运输,在将缆索架设完成后,便形成了一个强大稳定的结构支承系统,施工过程中的风险相对较小。图 7.10(a)为单跨式悬索桥,图 7.10(b)为三跨式悬索桥。

(a)

(b)

(c)

图 7.9 刚构桥实景

(a)重庆长江大桥(钢筋混凝土连续刚构桥,主跨径 174 m,宽 21 m,全长 1 073 m,1980 年建成);
(b)广东虎门大桥辅航道桥(混凝土箱形截面连续刚构桥,主跨径 150 m+270 m+150 m,宽 33 m,全长 3 618 m,1997 年建成);
(c)江西昌樟高速公路跨线桥

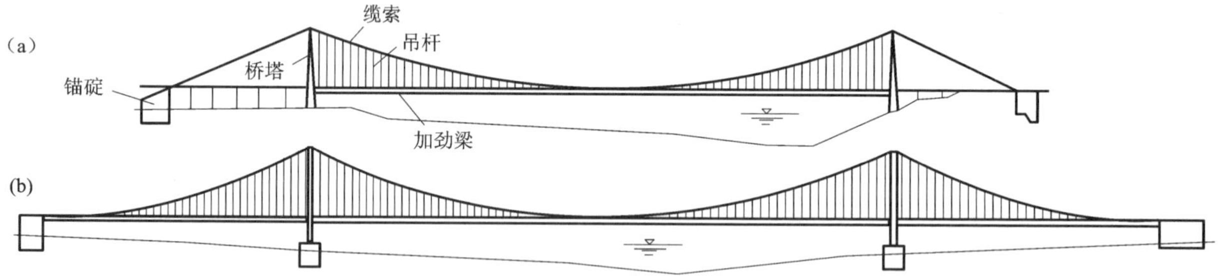

图 7.10 悬索桥

近年来,鉴于对桥梁美观的要求,在不宜修建锚碇的情况下,也可建造将主缆锚固在主梁两端的所谓"自锚式"悬索桥。这种桥型虽然很有特色,但是其结构设计和施工工艺比较复杂,经济性较差,而且跨径也不宜过大。

相对于前面所说的其他体系桥梁而言,悬索桥的刚度最小,属柔性结构,在车辆荷载和风荷载作用下,悬索桥会产生较大的变形和振动。

表 7.1 为世界十大悬索桥。

表 7.1 世界十大悬索桥

序号	桥名	主跨径(m)	车道数(条)	建成年代	国家
1	恰纳卡莱大桥	2 023	4	2022	土耳其
2	明石海峡大桥	1 991	6	1998	日本
3	武汉杨泗港长江大桥	1 700	6	2019	中国
4	南沙大桥	1 688	8	2019	中国
5	西堠门大桥	1 624	4	2009	中国

续表 7.1

序号	桥名	主跨径(m)	车道数(条)	建成年代	国家
6	大贝尔特桥	1 624	4	1997	丹麦
7	奥斯曼加齐大桥	1 550	6	2016	土耳其
8	李舜臣大桥	1 545	6	2012	韩国
9	润扬长江公路大桥	1 490	6	2005	中国
10	洞庭湖大桥	1 480	6	2018	中国

图 7.11 悬索桥实景

(a)美国旧金山的金门大桥;(b)日本明石海峡大桥;

(c)丹麦大伯尔特桥;(d)武汉杨泗港长江大桥

(5)斜拉桥 (Cable Stayed Bridge,图 7.12)

斜拉桥由塔柱、主梁和斜拉索组成。它的基本受力特点:受拉的斜拉索将主梁多点吊起,并将主梁的恒载和车辆等其他荷载传至塔柱,再通过塔柱基础传至地基。塔柱基本上以受压为主。跨度较大的主梁就像一条多点弹性支承(吊起)的连续梁一样工作,从而使主梁内的弯矩大大减小。

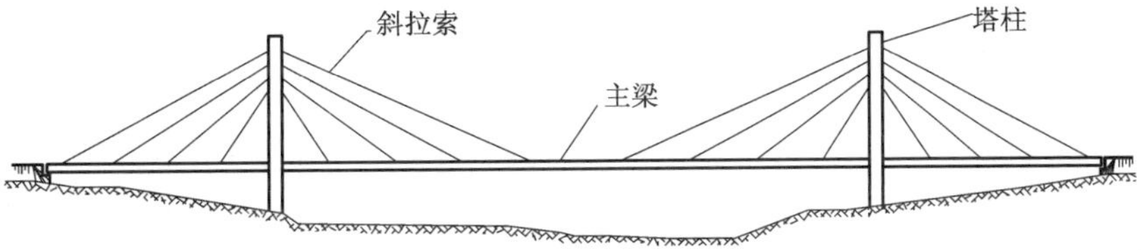

图 7.12 斜拉桥

常见的斜拉桥是三跨双塔式结构,但独塔双跨形式(图 7.13)也常见。斜拉桥的具体形式及布置应根据河流、地形等情况和通航、美观等要求加以论证确定。

在桥横向,斜拉索一般按双索面布置,也有采用中央布置的单索面结构。表 7.2 为世界十大斜拉桥。图 7.14 为几座斜拉桥的实景。

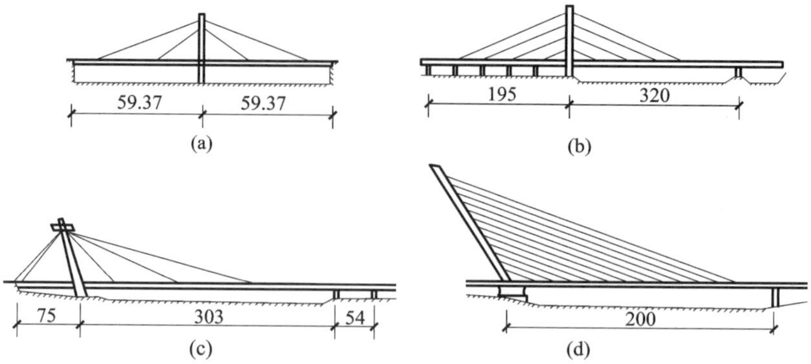

图 7.13　独塔式斜拉桥(尺寸单位:m)

表 7.2　世界十大斜拉桥

序号	桥名	主跨径(m)	主塔高(m)	建成年代	国家
1	俄罗斯岛大桥	1 104	320.9	2012	俄罗斯
2	沪苏通长江公铁大桥	1 092	330.0	2020	中国
3	苏通长江大桥	1 088	300.4	2008	中国
4	香港昂船洲大桥	1 018	290.0	2009	中国
5	武汉青山长江大桥	938	283.5	2021	中国
6	鄂东长江大桥	926	242.5	2010	中国
7	嘉鱼长江大桥	920	255.0	2019	中国
8	多多罗桥	890	176.0	1999	日本
9	诺曼底桥	865	202.7	1995	法国
10	池州长江大桥	828	243.0	2019	中国

图 7.14　斜拉桥实景

(a)上海南浦大桥;(b)西班牙 Alamillo 桥;(c)香港昂船洲大桥;(d)俄罗斯岛大桥;(e)苏通长江大桥

以我国苏通大桥为例，它处于长江入海口的末梢，全长 32.4 km，为双向 6 车道，跨江 8 146 m。由于它处于长江下游，航运频繁，日均通过船只近 3 000 艘(高峰时可达 6 000 艘)，大桥主跨径为 1 088 m，主塔高 300.4 m，最长拉索达 577 m，建成时号称“最大主跨、最高桥塔、最深基础、最长拉索的‘四最斜拉桥’”。

(6)组合体系桥(图 7.15)

除以上几种基本形式外，在工程实践中，不同桥型的组合结构也被广泛采用，如梁和拱的组合体系、斜拉索与悬索组合协作体系等。所有这些组合的目的在于充分利用各种桥型的受力特点，发挥其优越性，建造出符合要求、外观美丽的桥梁来。

图 7.15 组合体系桥

(a)索辅梁桥；(b)索辅曲梁桥；(c)斜拉与刚构组合体系；(d)斜拉与悬索组合体系；
(e)空间拱网结构桥；(f)悬带桥；(g)钢桁架拱桥；(h)悬臂组合结构桥

7.2.2.2 桥梁的其他分类简述

除了上述按受力特点分成不同的结构体系外，人们还习惯性地从桥梁的用途、大小规模和建桥材料等方面对桥梁进行分类：

(1)按用途来划分，有公路桥、铁路桥、公路铁路两用桥、农用桥(或机耕道桥)、人行桥、水运桥或渡槽、管线桥等。

(2)按主要承重结构所用的材料划分，有圬工桥(包括砖、石、混凝土桥)、钢筋混凝土桥、预应力混凝土桥、钢桥、钢-混凝土组合桥和木桥等。木材易腐，且资源有限，一般不用于建造永久性桥梁。

(3)按跨越障碍的性质，可分为跨河桥、立交桥、高架桥和栈桥。高架桥一般指跨越深沟峡谷以替代高路堤的桥梁，以及在城市中跨越道路的桥梁。

(4)按桥跨结构的平面布置，可分为正交桥、斜交桥和弯桥。

(5)按上部结构的行车道位置，分为上承式桥、中承式桥和下承式桥。

(6)按桥梁全长和跨径的不同，分为特大桥、大桥、中桥、小桥和涵洞。《公路桥涵设计通用规范》(JTG D60—2015)和《公路工程技术标准》(JTG B01—2014)中桥梁涵洞按跨径的分类标准如表 7.3 所示。

表 7.3 桥梁涵洞按跨径的分类

桥涵分类	涵洞	小桥	中桥	大桥	特大桥
多孔跨径总长 L(m)	—	$8 \leqslant L \leqslant 30$	$30 < L < 100$	$100 \leqslant L \leqslant 1\ 000$	$L > 1\ 000$
单孔跨径 L_0(m)	$L_0 < 5$	$5 \leqslant L_0 < 20$	$20 \leqslant L_0 < 40$	$40 \leqslant L_0 \leqslant 150$	$L_0 > 150$

(7)按桥梁位置是否可动，分为体系不变桥和开启桥。开启桥指因特殊功能要求，桥梁上部结构能以竖旋、平旋、提升等方式开合的桥梁。古代城墙中跨越护城河的吊桥就属于典型的开启桥。由于启动机械设备要求高，开启桥在提供便利的同时，不可避免地增加了运营、维护成本，故多应用于跨径较小的桥梁中。现代著名的开启桥如图 7.16 所示。

(a) (b) (c)

图 7.16 开启桥

(a)竖旋桥；(b)平旋桥；(c)提升桥

7.2.2.3 桥墩、桥台和桥梁基础的类型

桥墩和桥台都是由墩(台)帽、墩(台)身和基础三部分组成的。

(1)桥墩的类型

桥墩(Pier)的作用是支承从它左右两跨的上部结构通过支座传来的竖向力和水平力。由于桥墩建筑在江河之中，因此它还要承受流水压力、水面以上的风力、可能出现的冰压力和船只的撞击力等。所以桥墩在结构上必须有足够的强度和稳定性，在布设上要考虑桥墩与河流的相互影响，即水流冲刷桥墩和桥墩壅水的问题，在空间上应满足通航和通车的要求。

一般公路桥梁常采用的桥墩类型根据其结构形式可分为实体(重力)式桥墩、空心式桥墩、构架式桥墩及桩(柱)式桥墩,如图7.17所示。具体桥梁建设时采用什么类型的桥墩,应依据地质、地形和水文条件,墩高、桥跨结构和桥面荷载性质、荷载大小,通航需求和水面漂浮物情况,以及现场施工条件等因素综合考虑确定。但是在同一座桥梁内,应尽量减少桥墩的类型。

①实体式桥墩　它是依靠自身重量平衡外力并保持稳定。其最大缺点是圬工体积较大,自重大,阻水面积也较大。有时为了减轻墩身体积,可将墩顶部分做成悬臂式的。实体式桥墩适用于大、中型桥梁,或处于流冰、漂浮物较多的江河中的桥梁。

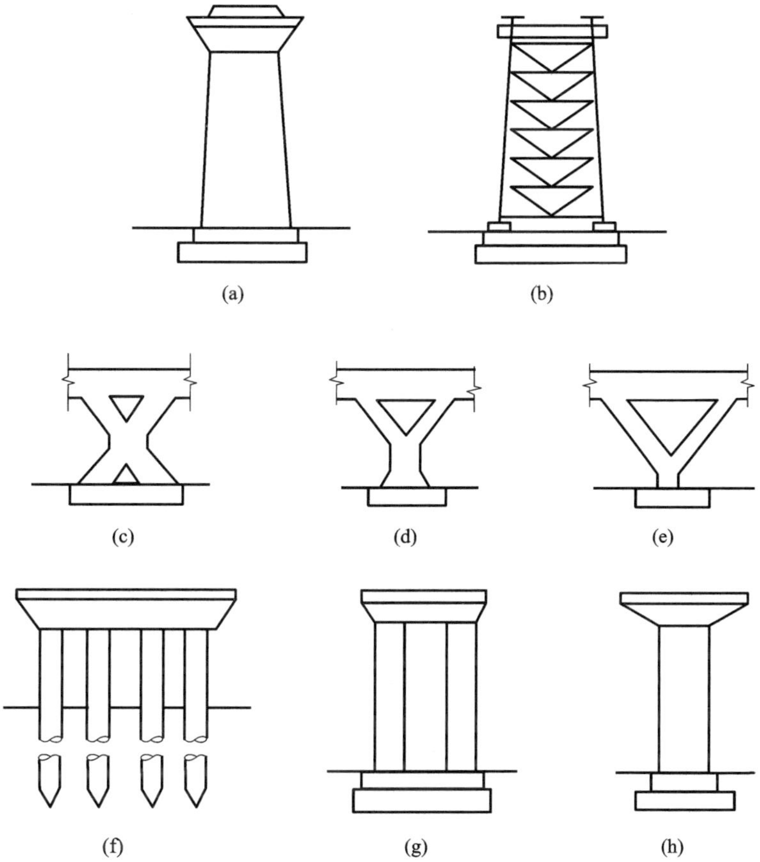

图7.17　桥墩示例

(a)实体式;(b)多层构架式;(c)X形;(d)Y形;(e)V形;(f)桩式;(g)双柱式;(h)单柱式

②空心式桥墩　为了克服实体式桥墩的材料强度得不到充分利用的缺点,有时将钢筋混凝土桥墩做成空心结构的形式,可以节省圬工材料,并减轻重量。但其缺点是经不起漂浮物的撞击。

③构架式桥墩　它同样可以节省材料,缺点同样是经不起漂浮物的撞击。其形式有多层构架式、X形、Y形、V形等。

④桩(柱)式桥墩　它是将桩基一直向上延伸到桥跨结构下面的一类桥墩,桩顶浇筑墩帽,桩作为墩身的一部分,桩和墩帽均由钢筋混凝土制成。这种结构一般用于桥跨不大于30 m、墩身不高于10 m的情况。如在桩顶上修筑承台,在承台上修筑立柱作墩身,则成为柱式桥墩。柱式桥墩可以是单柱,也可以是双柱或多柱形式,视结构需要而定。

(2)桥台的类型

桥台(Abutment)是桥头两端的支承结构,也是连接两岸道路的路桥衔接构筑物。它既要承受桥梁支座传递来的竖向力和水平力,还要挡土护岸,承受桥台后面的填土及填土上荷载所产生的侧向土压力。因此桥台必须有足够的强度,并能避免在荷载作用下产生过大的水平位移、转动和沉降。当前,我国公路桥梁的桥台有实体式桥台、埋置式桥台等形式,如图 7.18 所示。

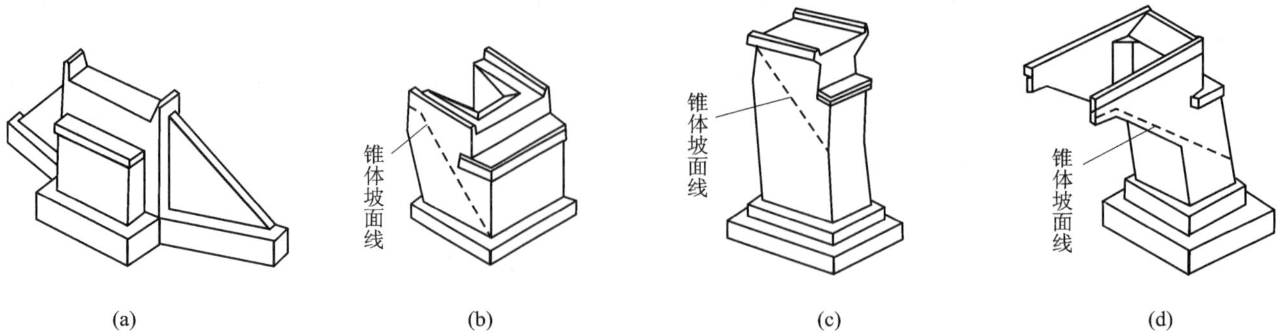

图 7.18　桥台示例

(a)八字形翼墙式;(b)U 形;(c)埋置式;(d)耳墙式

①实体式桥台　U 形或八字形翼墙式桥台是最常用的桥台形式,它因支承桥跨结构的台身和两侧翼墙在平面上构成 U 形或八字形而得名。实体式桥台一般用圬工材料砌筑,构造简单,适合于填土高度在 8～10 m 以下、跨度稍大的桥梁。其缺点是桥台体积和自重较大,也增加了对地基的要求。

②埋置式桥台　它将台身大部分埋入锥形护坡中,只露出台帽,以安置桥梁的支座及上部结构。这样,桥台体积可以大为减少。埋置式桥台一般用于桥头为浅滩、护坡等受冲刷较小的场合。埋置式桥台不一定是实体结构。配合钻孔灌注桩基础,埋置式桥台还可以采用桩柱上的框架式和锚拉式等形式。

(3)桥梁基础的类型

桥梁的基础(Foundation)承担着桥墩、桥跨结构(桥身)的全部重量以及桥上的可变荷载。桥梁基础往往修建于江河的流水之中,遭受水流的冲刷。所以桥梁基础一般比房屋基础的规模更大,需要考虑的问题更多,施工也更困难。桥梁基础的类型有:刚性扩展基础、桩基础、沉井基础、沉箱基础等。

①刚性扩展基础　它是桥梁实体式墩台浅基础的基本形式。其主要特点是基础外伸长度与基础高度的比值不大于 1∶(1.25～1.5)。若满足此条件,则认为基础的刚性很大,基础材料只承受压力,不会发生弯曲和剪切破坏。此类基础施工简单,可就地取材,稳定性好,能承受较大的荷载[图 7.19(a)]。

②桩基础　它是桥梁基础中常用的形式。当地基的密实土层较厚时,采用桩基础是较好的方案;处于水流稍深的江河道上的桥梁也多用桩基础。它由若干根桩与承台两部分组成,所有桩的顶部由承台连成一个整体,在承台上再修筑墩台。桩基础一般承载力高、稳定性好、沉降小且均匀,在深水河道中,采用桩基础可以减少水下工程,简化施工工艺,加快施工进度等。桩基础一般有钢筋混凝土预制桩和钢筋混凝土现浇灌注桩两种。根据受力状态,桩可分为端承桩和摩擦桩;根据施工技术还可分为钻孔灌注桩和打入桩[图 7.19(b)]。若以钢管作为桩基础的支承构件,则称钢管基础[图 7.19(c)]。

③沉井基础　它是一种以沉井作为结构,将上部荷载传至地基的深基础。沉井是一种四周有壁、下部无底、上部无盖、侧壁下部有刃脚的筒形结构物,通常用钢筋混凝土制成。建造沉井基础需从井孔内挖土,使沉井借助自身重量克服井壁摩擦力下沉至设计标高,再用混凝土封底并填塞井孔,使之成为桥梁墩台的整体式深基础。沉井基础的特点是埋深大、整体性强、稳定性好,能承受较大的竖向和水平荷载。沉井井壁既是基础的一部分,又是施工时的挡土和挡水结构,施工工艺也不复杂。因此这种结构形式在桥梁基础建设中得到广泛使用,随着施工技术的提高,还将得到更大的发展[图 7.19(d)]。

④沉箱基础　承受更沉重桥墩的基础还可采用沉箱基础,它是以气压沉箱修筑的构筑物的基础。沉箱先在水下就位,将压缩空气压入沉箱室内部,排出其中的水后可在箱内挖土施工,通过升降筒和气闸将土运出,使沉箱在自重和顶面压重下下沉,最后用混凝土填实[图 7.19(e)]。

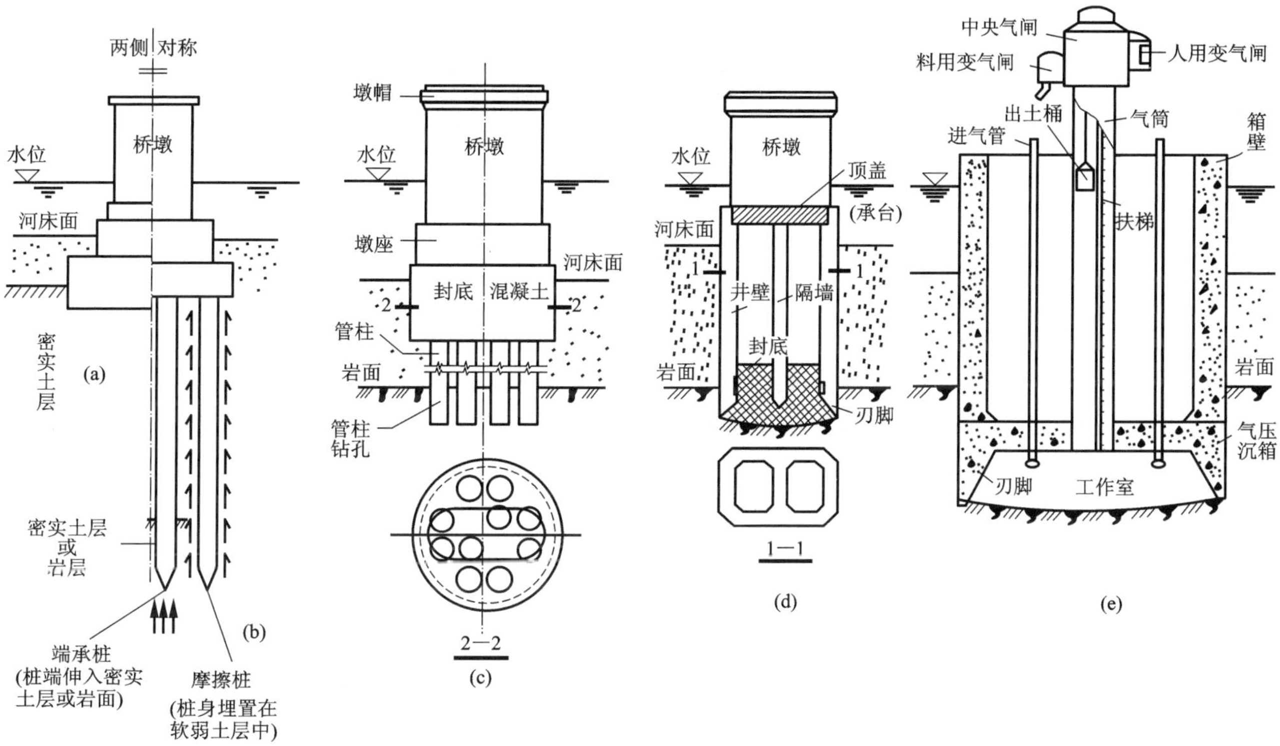

图 7.19 桥梁基础示例

(a)刚性扩展基础;(b)桩基础;(c)钢管基础;(d)沉井基础;(e)沉箱基础

复习思考题

7.1 试述桥梁工程的基本组成和工程的基本内涵。

7.2 试述古代桥梁和现代桥梁的主要区别。

7.3 桥梁所承受的荷载与房屋所承受的荷载有何异同?

7.4 试述桥梁建设和道路、铁路建设的关系。

7.5 为什么说桥梁实施中基础工程的实施往往难度较大?

7.6 斜拉桥和悬索桥都是索结构,它们的基本受力原理有什么异同?哪一种的跨越能力更大?为什么?

7.7 试述梁式桥、拱式桥、刚构桥的基本受力原理。

7.8 在斜拉桥和悬索桥中,桥面结构(桥面梁和桥面板)的受力状态有何特征?

7.9 试述桥墩、桥台的受力结构和特点。

7.10 桥梁结构,尤其是悬索桥、斜拉桥为什么容易受风灾的威胁?

8　道路工程概述

8.1　引　　言

道路(Road)是供各种车辆(无轨)和行人通行的工程设施的总称,是为国民经济、社会发展和人民生活服务的公共基础设施。现代交通运输系统由铁路、道路、水运、航空及管道五种运输方式组成,道路运输以其便捷直达、通达深度广、覆盖面积大等特点在交通运输系统中起着主导作用,是国民经济发展的主动脉。道路工程(Road Engineering)是指道路规划、设计、施工、养护与管理工作的全过程,以及研究该过程的科学和技术。

8.1.1　道路的分类

根据所处位置、交通性质和使用特点,道路可分为公路、城市道路和其他道路等。其他道路是指由工矿、农林、风景区等部门自行规划、建设、管理和养护,并主要供该部门车辆以及特许进入的车辆使用的厂矿道路、林区道路和风景区道路等。

图 8.1　公路

8.1.1.1　公路

公路(Highway,图 8.1)是指连接城市、乡村和工矿基地等,主要供汽车行驶的具备一定技术条件和设施的道路。我国公路按其功能可分为干线公路、集散公路和地方公路;按其行政管理属性可分为国道、省道、县道和乡村公路四个行政等级;按其功能和适应的交通量可分为高速公路、一级公路、二级公路、三级公路和四级公路五个技术等级。公路功能分类、行政等级和技术等级的对应关系见表 8.1。

表 8.1　公路功能分类、行政等级和技术等级的对应关系

<table>
<tr><th>公路功能</th><th colspan="2">公路层次</th><th>层次细分</th><th>行政区划</th><th>行政等级</th><th>技术等级</th></tr>
<tr><td rowspan="4">畅通直达</td><td rowspan="4">干线公路</td><td rowspan="2">主干线公路</td><td>国家高速公路</td><td>国家</td><td rowspan="2">国道</td><td rowspan="2">应选用高速公路</td></tr>
<tr><td>普通国道</td><td>国家</td></tr>
<tr><td rowspan="2">次干线公路</td><td>省际公路</td><td>国家与省、直辖市、自治区</td><td rowspan="2">省道</td><td rowspan="2">应选用二级及二级以上</td></tr>
<tr><td>省内干线公路</td><td>省、直辖市、自治区</td></tr>
<tr><td rowspan="2">汇集疏散</td><td rowspan="2">集散公路</td><td>主集散公路</td><td>—</td><td>省、直辖市、自治区</td><td>省道</td><td>宜选用一、二级</td></tr>
<tr><td>次集散公路</td><td>—</td><td>省、直辖市、自治区</td><td>县道</td><td>宜选用二、三级</td></tr>
<tr><td>出入通达</td><td colspan="2">支线公路</td><td>—</td><td>县、乡、村</td><td>乡村公路</td><td>宜选用三、四级</td></tr>
</table>

各级公路的主要技术指标见表 8.2。

表 8.2 各级公路的主要技术指标

公路等级		高速公路			一级公路			二级公路		三级公路		四级公路	
设计速度(km/h)		120	100	80	100	80	60	80	60	40	30	30	20
车道数(条)		≥4			≥4			2		2		2(1)	
车道宽度(m)		3.75	3.75	3.75	3.75	3.75	3.50	3.75	3.5	3.5	3.25	3.25	3.00
停车视距(m)		210	160	110	160	110	75	110	75	40	30	30	20
圆曲线最小半径(m)	$i_c=10\%$	570	360	220	360	220	115	220	115	—	—	—	—
	$i_c=8\%$	650	400	250	400	250	125	250	125	60	30	30	15
	$i_c=6\%$	710	440	270	440	270	135	270	135	60	35	35	15
	$i_c=4\%$	810	500	300	500	300	150	300	150	65	40	40	20
最大纵坡(%)		3	4	5	4	5	6	5	6	7	8	8	9
服务水平		三级			三级			四级		四级		—	
设计洪水频率		1/100			1/100			1/50		1/25		按情况定	

8.1.1.2 城市道路

图 8.2 城市道路

城市道路(Urban Road,图 8.2)是指在城市规划区内的道路、广场和停车场(不包括街坊内部道路),是城市必需的交通设施,由各城市规划部门负责规划,市政建设部门负责建造、管理和养护。城市道路按其在城市道路网中的地位、交通功能以及对沿线的服务功能等因素分为快速路、主干路、次干路和支路。各级城市道路的主要技术指标汇总见表 8.3。

表 8.3 各级城市道路的主要技术指标

城市道路等级	快速路	主干路	次干路	支路
设计速度(km/h)	100,80,60	60,50,40	50,40,30	40,30,20
双向机动车道数(条)	≥4	≥4	2~4	2 或 4
分车带设置	必须设	应设	可设	不设
横断面形式	双幅、四幅	三幅、四幅	单幅、双幅	单幅
一条机动车道最小宽度(m)	设计速度(km/h)		>60	≤60
	大型车或混行车道		3.75	3.50
	小客车专用道		3.50	3.25

城市道路与公路的分界线为城市规划区的边界线。城市道路除供城市交通运输使用外,还有为城市提供公用空间的功能(为城市提供采光、日照、通风条件和景观,为城市的电力、通信、供水排水、供热和燃气管线提供布置空间),提供防灾减灾服务的功能(如起防火带、救援通道、避难场地的作用),形成城市平面结构的功能(城市道路网直接决定城市平面结构和市区发展趋势)。

与公路及其他道路相比,城市道路具有如下特点:①功能多样,组成复杂;②行人、非机动车交通量大;③道路交叉口多(大的交叉口间距为 800~1200 m,中、小交叉口间距为 300~500 m);④ 沿路两侧建筑物密集,建筑物与道路相互协调的问题突出;⑤景观艺术要求高;⑥城市道路规划、设计的影响因素多;⑦政策性强等。

8.1.2 道路工程的发展

道路工程的历史源远流长。早在原始社会时期,因生活和生产的需要,已经出现天然原始的人行小径。之后又有了取土填坑,架木过溪等手段,以利通行。当原始农业发展到驯养牲畜的阶段后,人类逐渐利用牛、马、骆驼等供人乘骑或驮运物资。这种生产力的飞跃进一步要求有更适用的道路,因而出现了驮运道。

车轮是古代的伟大发明之一。它使陆地运输进入了马车交通时代。巴比伦、埃及、中国、印度、希腊、罗马等文明古国,出于军事和商旅需要,在道路工程方面都有过辉煌成就。古波斯大道、欧洲琥珀大道、罗马阿庇乌大道、中国秦代栈道和驰道等,至今已有数千年历史。特别是横贯亚欧大陆的丝绸之路延续两千余年,对东西方文化交流产生了巨大影响。

罗马帝国衰亡后,直到18世纪中叶,现代道路工程才开始在欧洲兴起。1747年,第一所路桥学校在巴黎建立。法国特雷萨盖、英国特尔福德和马克当等工程师提出新的理论并付诸实践,认为良好的路基也承受荷载,故将罗马式厚路面减到25 cm以下,并采用块石作基层和碎石作面层,最终取得成功,从而奠定了现代道路工程的基础。1883—1885年,德国卡尔·弗里德里希·本茨(Karl Friedrich Benz)发明了汽车,开创了以汽车交通为主的现代道路工程的新时代。1931—1942年,德国建成高速公路网,为汽车提供了安全、迅速、经济、舒适的行车条件。

我国道路建设历史悠久。上古时代的黄帝统一中华,发明舟车,开启了我国的道路交通。周朝"周道如砥,其直如矢",表明那时道路的平坦和壮观。秦始皇将"车同轨"与"书同文"列为一统天下之大政,秦朝以咸阳为中心,有着向各方辐射的道路网。我国近代道路建设起步较晚,1912年才修筑第一条汽车公路(湖南长沙至湘潭的公路,全长50 km);抗日战争时期(1941年)完成的滇缅公路(长155 km)是我国最早建造的采用沥青表面处治路面的公路,也标志着我国公路机械化施工的开始;到1949年底,全国公路通车里程仅8万km。

到1978年底,全国公路通车里程达到89万km,平均每年增加约3万km,较中华人民共和国成立之初增长了10倍。但当时我国的城市化水平甚低,城市道路的建设发展缓慢。

思政:沪嘉高速公路的诞生

改革开放后,我国公路建设的步伐进一步加快。我国高速公路的建设起步较晚,比西方发达国家晚近半个世纪,1988年上海至嘉定的高速公路建成通车(图8.3),结束了我国大陆没有高速公路的历史。沪嘉高速公路是连接上海市区与原嘉定县城区的一条快速通道,全长20.5 km,其中主线长15.9 km,连接段长4.6 km,路基宽度为26.5 m,该公路采用全封闭、全立交的高速公路标准,设计车速120 km/h,互通立交4座,总共投资2.3亿元,平均每千米造价为1 122万元。京津塘高速公路(图8.4)是我国按照国际标准兴建的现代化交通工程,它于1987年12月开始动工,1993年9月25日全线贯通,全线控制出入,采用立体交叉,与铁路立交3处,与公路互通立交10处、分离式立交23处,建有大桥4座、中桥28座、小桥337座,出入口共13个,与2条国道和4条高速公路互相连接。2004年底,《国家高速公路网规划》经审议通过,其所规划的"7918"国家高速公路网系统采用放射线和纵横网格相结合的形式,由7条首都放射线、9条南北纵线和18条东西横线组成,总规模约8.5万km,其中主干线6.8万km,地区环线、联络线等其他路线约1.7万km。

高速公路的水平大体标志着一个国家的工业化和现代化水平。我国高速公路建设虽然起步晚,但发展速度快,我们用30年的时间完成了发达国家近100年的建设过程。我国高速公路建设基本适应国民经济社会的发展需要,方便了人们的出行。但我国高速公路的建设与管理面临以下突出问题:

①投资大、造价高、建设周期长:高速公路对线形设计和建筑材料的要求高,建筑材料、征地拆迁和通信监控设施等费用较高,使得高速公路在建设初期的投资大;我国高速公路每千米平均造价超过1 500万元,部分地区的造价甚至超过每千米5 000万元。

②生态环境破坏严重,对环境影响大:高速公路的路基宽度较大,占用大量土地,对沿线的水系、植被和生物多样性的破坏较大。另外,高速公路采用全部控制出入的方式,给沿线居民的出行和生产生活造成不便。

图 8.3　沪嘉高速公路

图 8.4　京津塘高速公路徐庄立交

③收费管理体制不完善。

④路面病害严重。专业技术性强、机械化程度高、维修施工反应迅速、安全保障措施严格将是未来高速公路养护管理的重要要求。

⑤早期修建的高速公路交通量大，拥堵现象严重。高速公路改扩建将成为我国未来高速公路建设的必然趋势。

截至 2022 年底，我国公路里程 535.48 万 km，公路密度 55.78 km/100 km^2，公路养护里程 535.03 万 km，四级及以上等级公路里程 516.25 万 km，二级及以上等级公路里程 74.36 万 km，高速公路里程 17.73 万 km，国家高速公路里程 11.99 万 km；国道里程 37.95 万 km，省道里程 39.36 万 km，农村公路里程 453.14 万 km(其中，县道里程 69.96 万 km、乡道里程 124.32 万 km、村道里程 258.86 万 km)。此外，我国城市化进程不断加快，城市道路面积达 108.93 亿 m^2，道路长度达 55.22 万 km，人均道路面积约 19.28 m^2。

为加快建设交通强国，构建现代化高质量的国家综合立体交通网，支撑现代化经济体系和社会主义现代化强国建设，2021 年国家印发了《国家综合立体交通网规划纲要》，规划期为 2021—2035 年，远景展望到本世纪中叶。规划发展目标为：到 2035 年，基本建成便捷顺畅、经济高效、绿色集约、智能先进、安全可靠的现代化高质量国家综合立体交通网，实现国际国内互联互通、全国主要城市立体畅达、县级节点有效覆盖，有力支撑“全国 123 出行交通圈”(都市区 1 h 通勤、城市群 2 h 通达、全国主要城市 3 h 覆盖)和“全球 123 快货物流圈”(国内 1 d 送达、周边国家 2 d 送达、全球主要城市 3 d 送达)；交通基础设施质量、智能化与绿色化水平居世界前列；交通运输全面适应人民日益增长的美好生活需要，有力保障国家安全，支撑我国基本实现社会主义现代化。

视频：中国高速公路从零到十六万千米

随着城市化进程的不断加快，城市道路建设不断发展，城市道路网不断完善，城市环线(图 8.5)、城市出入口道路、城市景观大道、城市立交桥、高架路(图 8.6)、跨江河湖海道路、慢行交通的建设和城市道路交通畅通的保证任务日益繁重。

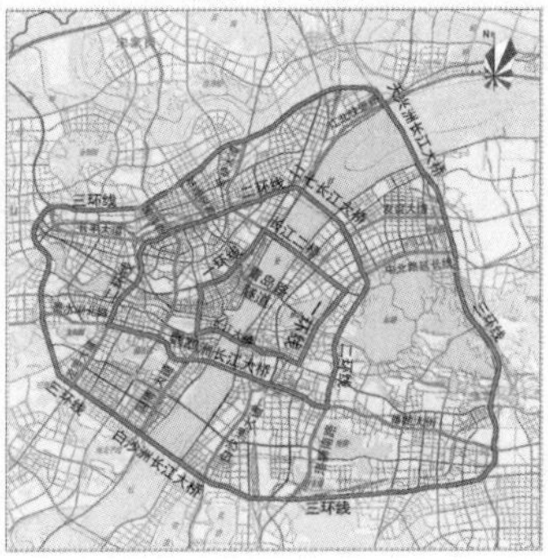

图 8.5　武汉市一环线、二环线、三环线

图 8.6　武汉市金桥大道标准横断面效果图

8.1.3 道路工程的分类、组成和工程内容

道路工程的分类、组成和工程内容如图 8.7 所示。

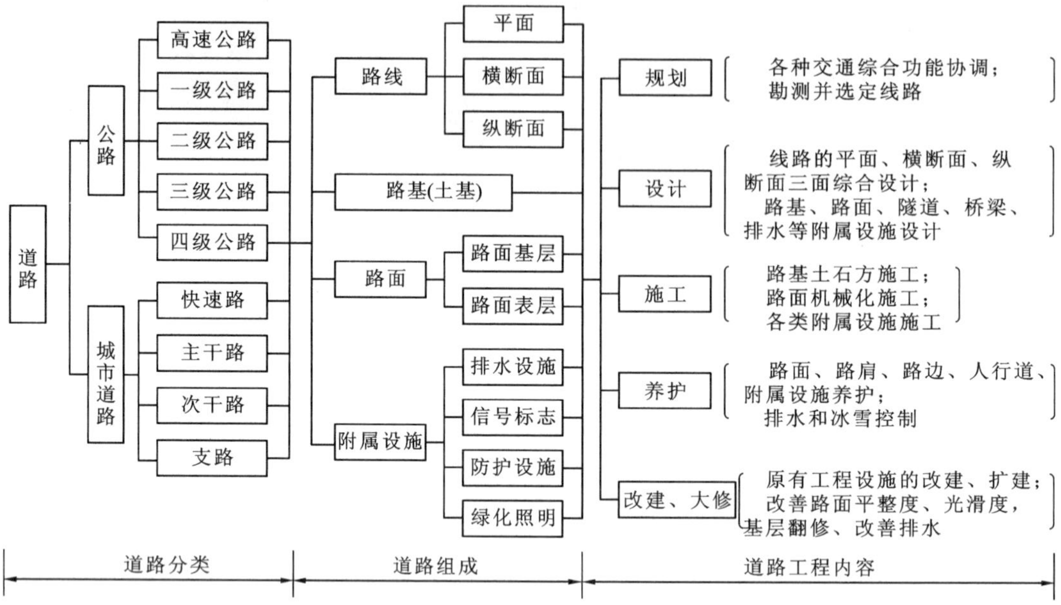

图 8.7 道路工程的分类、组成和工程内容

道路工程的研究内容主要有道路网规划、路线勘测设计、路基工程、路面工程、道路排水工程、桥涵工程、隧道工程、附属设施工程和养护工程等。随着国民经济的持续发展和人们生产生活的出行需求不断提升，在今后一段时期，我国道路建设仍将不断发展。高等级公路向特殊地区(多年冻土、黄土、沙漠、软土、膨胀土、盐渍土等地区)不断延伸，城市道路向空中、地下、江河湖海发展，公路和城市道路的改扩建任务不断增加，农村公路的建设任务艰巨，道路建设、养护维修、灾害防治和运营管理技术问题日益突出，这些都对道路的规划、设计、施工、养护、维修、管理等提出了更高要求。

8.2 道路的组成

道路的组成可分为道路线形和道路结构两大部分。

8.2.1 道路线形

道路线形是指道路在空间的几何形状和尺寸，简称路线(Road Alignment)。道路由于受自然环境、地形、地貌和技术条件的制约，在平面上有转折，在纵面上有起伏，是一条带状的复杂空间几何体。为了简化视图，路线常用路线平面线形(道路中线在水平面的投影)、纵断面线形(沿道路中线竖直剖切展成的道路线形)和道路横断面(道路中线上任一点法向的切面)来表示，如图 8.8 所示。

(1)平面线形(Horizontal Alignment)

道路平面线形由直线、圆曲线和缓和曲线三种线形要素构成。缓和曲线的线形有回旋线、三次抛物线和双纽线等，常用的是回旋线形式。道路平面线形的组合形式有：简单形、基本形、卵形、S 形、凸形、复合形等。如图 8.9 所示。

当在曲线路段上行驶时，车辆受到离心力的作用，为保证行车安全并增强车辆的横向稳定性，应将曲线段部分做成外侧高、内侧低的单斜面，即设置超高；当路线平曲线半径较小时，车辆后轮轨迹偏向曲线内侧，

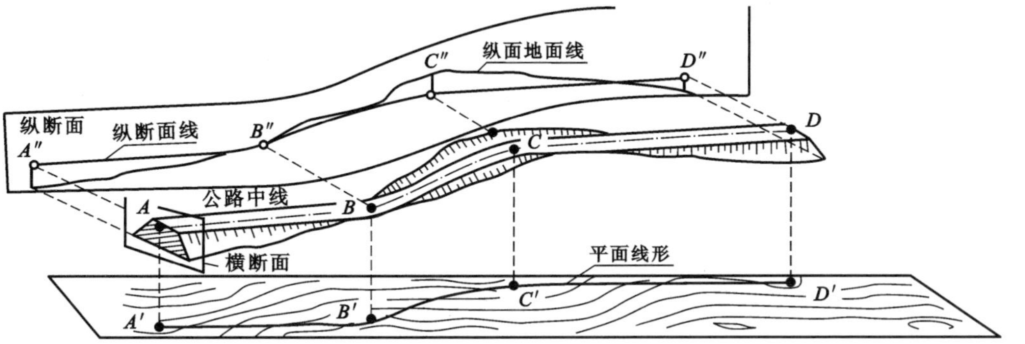

图 8.8 道路的平面、纵断面及横断面

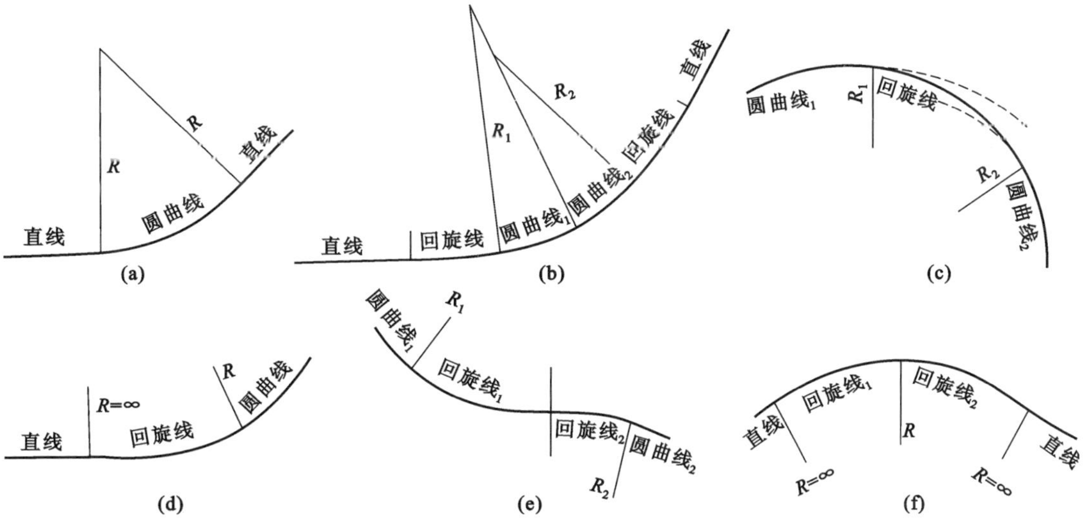

图 8.9 道路平面线形的组合形式

(a)简单形;(b)复合形;(c)卵形;(d)基本形;(e)S形;(f)凸形

加之车辆的摆动等因素影响,应增加曲线段部分的路面、路基宽度,即进行平曲线加宽;驾驶员在各级道路上行驶时,都应能看到行车路线上前方一定距离内的道路,以便在发现障碍物或迎面来车时,及时采取停车、避让、错车或超车等措施,即道路应为司机提供足够的行车视距保证。我国公路规定了停车、会车和超车三种视距标准。道路平面线形设计的主要任务是根据汽车行驶的横向稳定性、行车轨迹、驾驶员的视觉和心理、线形美观、工程经济性、环境保护与协调等方面的要求,合理确定道路平面线形三要素的几何参数,力求线形的连续和均衡,使线形与地形、地物、环境和景观等相协调。

(2)纵断面线形(Vertical Alignment)

道路纵断面线形由直坡段和竖曲线组成。竖曲线分为凸形竖曲线和凹形竖曲线,如图 8.10 所示。

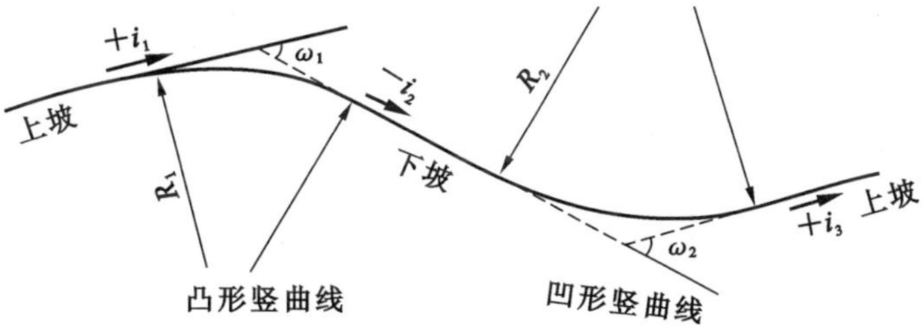

图 8.10 道路纵断面线形示意图

纵断面线形设计主要是解决道路线形在纵断面上的位置、形状和尺寸问题,具体内容包括纵坡设计和竖曲线设计两项。纵断面设计应根据道路性质、任务、等级和自然因素,考虑平纵组合、路基稳定、排水顺畅、工程量合理和环境保护等要求,对纵坡的大小、长短、竖曲线半径以及与平面线形的组合关系等进行综合设计,从而得出坡度合理、线形平顺圆滑的最优线形,以达到行车安全、快速、舒适,工程造价较低,营运费用较省的目的。纵断面线形的设计质量在很大程度上取决于道路安全性的高低与使用功能的好坏。

(3)空间线形

一条道路仅具有好的平面线形或纵断面线形并不等于就有好的道路空间线形。道路空间线形设计,对汽车行驶的安全、快速、舒适,道路工程的经济、美观以及道路的通行能力都起着决定性的作用。道路平、纵线形组合将直接影响驾驶人员对道路的适应性。这就要求道路设计者掌握汽车运动学和力学的要求,掌握驾驶员在各种空间线形上行驶时的视觉和心理需求,努力使道路空间线形安全、连续协调、舒适美观,符合驾驶员的驾驶期望,与周围环境相协调,并具有良好的排水措施。

(4)道路交叉口(Road Intersection)

道路交叉口,是指道路与道路(或其他线形工程)的相交处。在道路网中,各种道路纵横交错,必然会形成许多交叉口,它们是道路系统的重要组成部分,是道路交通的咽喉。在道路交叉口处各种车辆和行人间的干扰,会使车速降低、交通阻滞,还容易发生事故。因此,合理组织交通、正确设计交叉口,对提高交叉口的车速和通行能力,减少时间延误和交通事故,避免交通阻塞,具有重要意义。

道路交叉口的交通管理方式可分为无优先交叉、主路优先交叉和信号控制交叉等方式。道路交叉口可分为平面交叉口和立体交叉口两大类。道路平面交叉的类型有加铺转角式[图 8.11(a)]、分道转弯式[图 8.11(b)]、拓宽路口式[图 8.11(c)]和环形交叉[图 8.11(d)]等。根据相交道路的性质,道路立交可分为:公路与公路立交、公路与铁路立交、公路与城市道路立交、公路与乡村道路立交、城市道路与城市道路立交、城市道路与铁路立交等。根据其交通功能,立交可分为分离式[图 8.11(e)]和互通式[图 8.11(f)]两大类。

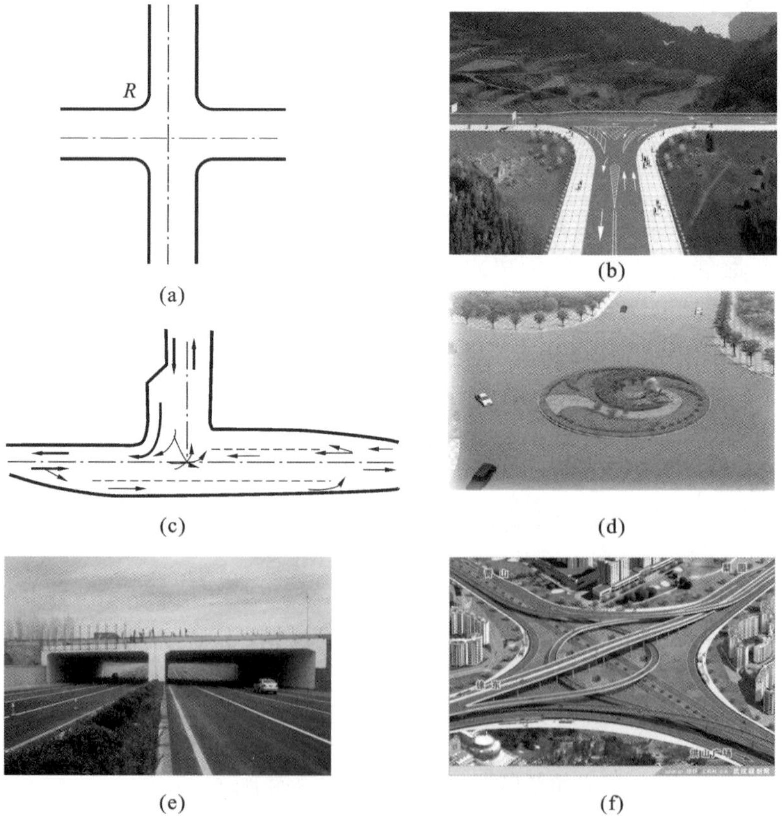

图 8.11　道路交叉口的类型

(a)加铺转角式交叉口;(b)分道转弯式交叉口;(c)拓宽路口式交叉口;(d)环形交叉口;(e)分离式立体交叉;(f)互通式立体交叉

公路交叉口应根据相交道路的功能、技术等级，区域路网的现状和规划，以及交叉区域的地形、地貌条件等合理设置。城市道路交叉口设计应符合城市总体规划及城市交通规划所确定的相交道路等级、红线宽度、横断面组合、控制高程以及交叉口在城市道路网中的地位、交通功能和规划用地范围等方面的要求。

8.2.2 道路结构

8.2.2.1 路基(Subgrade)

路基是道路行车部分路面的基础。路基工程包括路基本体工程、路基排水工程、路基防护和加固建筑工程以及修筑路基而必需的改河、改沟工程等。路基工程量大，如微丘区的三级公路，每千米土石数量为 8 000～16 000 m^3；山岭、重丘区三级公路每千米土石数量可达 20 000～60 000 m^3；对于高速公路，该数量更为可观。一般公路路基修建投资占公路总投资的 25%～45%，个别山区公路可达 65%。

路基横断面的典型形式有路堤、路堑和半挖半填三种类型。

(1)路堤[Embankment，图 8.12(a)]：路基面高于天然地面，以填筑方式构成的路基。

(2)路堑[Cutting，图 8.12(b)]：路基面低于天然地面，以开挖方式构成的路基。

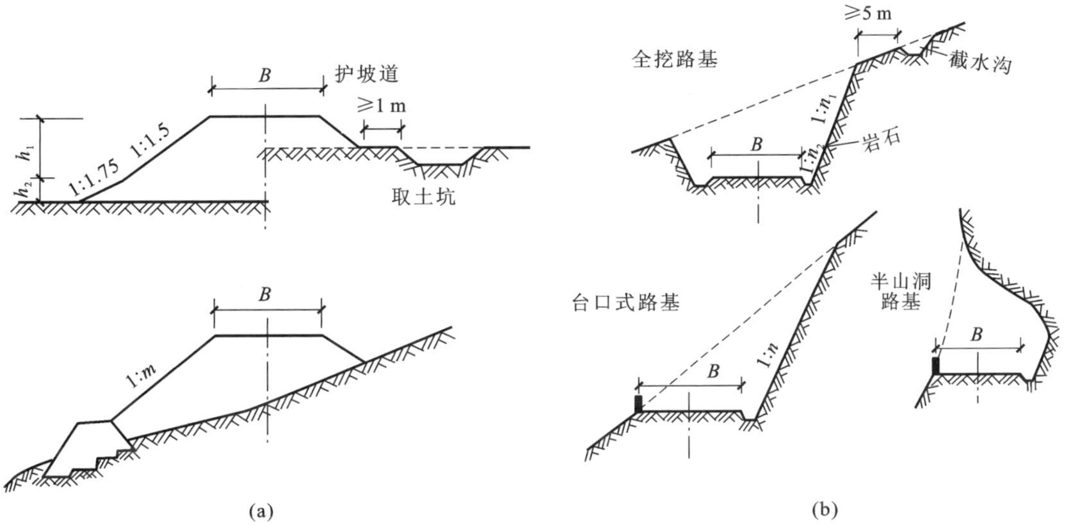

图 8.12 路基的形式

(a)路堤；(b)路堑

(3)半挖半填路基(Part-cut and Part-fill Subgrade)：天然地面横向倾斜，一部分以填筑方式构成而另一部分以开挖方式构成的路基。

路基建筑在岩土地基上，并以岩土为建筑材料。路基的几何尺寸主要由路基宽度、路基高度和边坡坡度三者构成。路基宽度取决于公路技术等级；路基高度取决于地形和纵断面线形设计；路基边坡坡度取决于土质、地质、水文与水文地质条件，路基高度和横断面经济性等因素。

路基同时受静荷载(由路面结构和附属建筑物产生)和动荷载(由汽车运动产生)的作用。动荷载是造成路床病害的主要原因之一。

路基裸露在大气中，经受着上述荷载和各种自然因素(地形、地质、气候、水文等)的作用，为保证路基正常工作，路基结构应满足三个基本要求：①路基必须平顺，具有足够的宽度和上方界限，即在路基面上方应该有足以保证行车安全和便于线路维修养护的安全空间；②路基必须坚固、稳定，即在自重作用下没有过大沉陷，在车辆荷载下没有过大变形，在地面、地下水冰冻时不致降低承载力，更不应发生因车载或各种自然因素造成的路基整体滑坡；③路基的修筑，要求技术上合理、经济上合算、建筑周期尽可能短，并与有关工程相协调。

8.2.2.2 路面(Pavement)

路面是用筑路材料铺在路基顶面,供车辆直接在其表面行驶的一层或多层的道路结构层。路面结构在道路造价中所占比重约为30%。

路面是一种层状结构,各类路面结构可分为面层、基层和垫层三个层次,如图8.13所示。

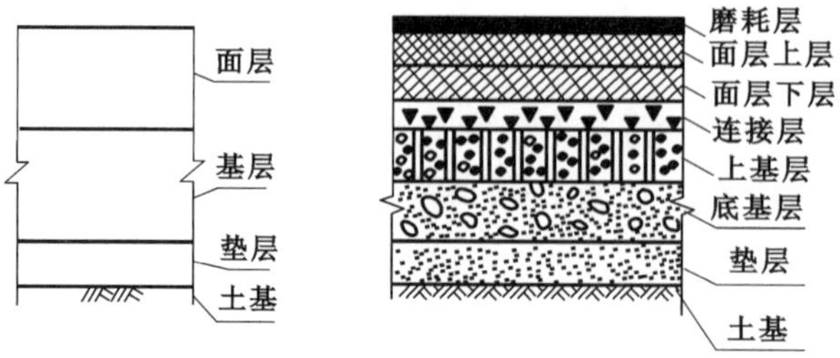

图8.13 路面结构层次示意图

面层是直接承受行车荷载作用和大气降水以及温度变化影响的路面结构层次,应具有足够的结构强度和良好的温度稳定性,要求耐磨、抗滑、平整和不透水。面层由一层或数层组成,其顶面可加铺磨耗层,其底面有时增设连接层。基层主要起承重作用,应具有足够的强度。基层有时设两层,分别称为上基层和底基层。在路基土质较差、水文状况不良时,最好在基层之下设置垫层,起排水、隔水、防冻、防污或扩散荷载应力等作用。

路面按面层材料不同,可分为沥青路面、水泥混凝土路面、沥青贯入碎(砾)石或沥青碎(砾)石或沥青表面处治路面以及砂砾石路面四类。按技术条件及面层类型不同,可分为高级路面、次高级路面、中级路面和低级路面,见表8.4。

表8.4 路面等级及面层类型表

路面等级	面层类型	路面等级	面层类型
高级路面	1. 沥青混凝土; 2. 水泥混凝土; 3. 厂拌沥青碎石; 4. 整齐石块或条石	中级路面	1. 碎(砾)石(泥结或级配); 2. 不整齐石块; 3. 其他粒料
次高级路面	1. 沥青贯入式碎(砾)石; 2. 路拌沥青碎(砾)石; 3. 沥青表面处治; 4. 半整齐石块	低级路面	1. 粒料加固土; 2. 其他当地材料加固或改善土

在道路设计中,从路面结构的力学特性和设计方法的相似性出发,可将路面划分为柔性路面、刚性路面和半刚性路面三类。沥青混凝土路面、沥青贯入式碎(砾)石路面、泥(水泥)结碎石路面等属于柔性路面;水泥混凝土路面属于刚性路面;半刚性路面指早期为柔性路面,后期逐渐向刚性路面转化的路面,如用石灰、水泥稳定土或石灰炉渣等材料建成的路面。

路面应满足四个基本要求:

①功能性好,指能提供快速、安全、舒适和经济的车辆行驶表面。它和路面的平整度、车辆悬挂系统的振动特性和人对振动的反应或接受能力三方面因素有关,其中最主要的影响因素是路面的平整度。

②结构性能好,指路面在使用过程中受到行车荷载和环境等因素的作用时不出现断裂或裂缝类损坏、永久变形类损坏和耗损类损坏等。

③耐久性好,指路面在达到预定的损坏状况之前能承受行车荷载作用的规定次数或使用年限。

④安全性好,指路面表面的抗滑能力好。如车辙深度超过10 mm,车辆在高速行驶时会因车辙内积水

而出现飘滑现象。

路面设计的主要内容为：路面结构层的选择和组合方案的提出；各结构层混合料的组成设计；各结构层的厚度设计；方案的工程经济分析和比选，确定实施方案。

路面的破坏大体可分为两类：一类是结构性破坏，它是路面结构的整体或某一个、某几个组成部分的破坏，严重时路面已不能承受车辆荷载；另一类是功能性破坏。沥青路面的主要病害有泛油、波浪、壅包、滑溜、裂缝、坑槽、松散和啃边等。混凝土路面的主要病害有接缝的破坏（如挤碎、拱起、错台、唧泥等）和混凝土板本身的破坏（断裂和裂缝）。如何防治路面病害一直都是道路建设者所关心的热点问题，如何应对极端气候条件的出现，更是对路基路面提出了更高要求。

8.2.2.3 桥涵(Bridge and Culvert)

桥涵是指道路在跨越河流、沟谷和其他障碍物时所使用的构筑物。根据跨径的大小桥涵构筑物可分为桥梁和涵洞（单孔跨径小于 5 m 或多孔跨径总长小于 8 m）。桥梁介绍见第 7 章。涵洞是指横贯并埋设在路基中供排泄水流、灌溉或交通使用的渠道或管道。涵洞按结构形式可分为圆管涵、箱涵、盖板涵和拱涵（图 8.14）；按涵顶填土情况可分为明涵（涵顶无填土）和暗涵（涵顶填土大于 50 cm）。根据当地材料情况，涵洞常采用砖、石、（钢筋）混凝土等材料建成。涵洞结构如图 8.15 所示。一般情况下，山区道路的每条自然沟渠或者平原道路的每条灌溉渠均应设置桥涵，在全封闭、全立交、固定进出口和分道分向行驶的高速公路中需增加的通道和桥涵则更多，使得涵洞和小桥的工程量在整个公路路线工程中占有很大的比例。因此，科学合理地设计、修建公路小桥涵是降低工程造价，保证道路交通安全、稳定和正常运营的关键环节之一。

(a) (b)

图 8.14 涵洞

(a)砖砌拱涵；(b)钢筋混凝土盖板涵

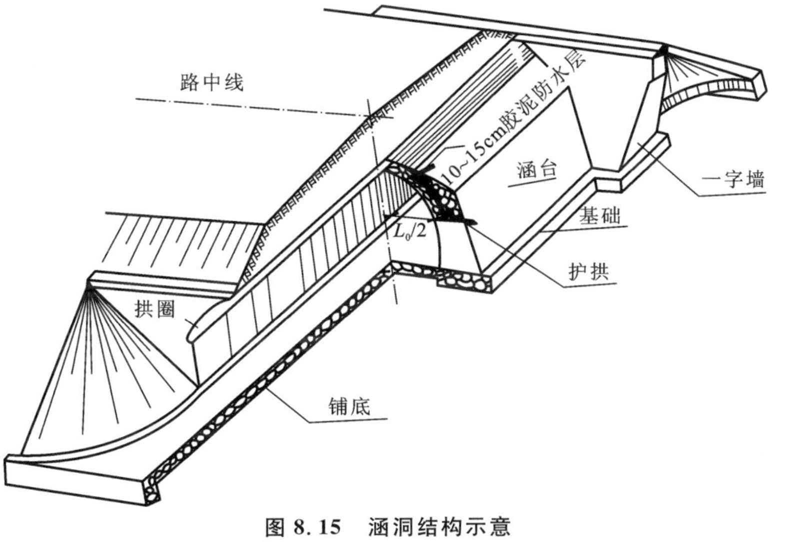

图 8.15 涵洞结构示意

8.2.2.4 隧道(Tunnel)

隧道是为道路从地层内部或水下通过而修筑的建筑物(图 8.16)。隧道的结构包括主体建筑物和附属设备两部分。主体建筑物由洞身和洞门组成,附属设备包括避车洞、消防设施、应急通信设施和防排水设施,长的隧道还有专门的通风和照明设施。明挖岩体后修筑棚式或拱式洞身,再覆土而建成的隧道称为明洞。我国地域广阔,有三分之二左右的国土是丘陵、山地与高原。随着公路网的进一步完善、道路等级的提高和公路环保意识的日益增强,公路隧道的修建量越来越大,尤其是在山区高速公路中,有的路段的隧道里程已占到路线长度的 30%以上。随着城市道路干线和快速道路的修建,城市跨江、跨湖、跨海和跨路的隧道也不断增加。截至 2022 年年底,我国公路隧道里程已达 26 784 km。我国已成为世界上隧道最多、最复杂、发展最快的国家。隧道的修建从以缩短行车里程、提高交通便捷性为目的转变为保护环境、防治地质灾害、改善行车安全、节约用地的重要手段。隧道已成为道路建设的关键工程,围绕特殊地形、地质、水文和水文地质等条件的隧道勘测、设计、施工、养护维修、运营管理和安全的关键技术问题也成为研究的热点问题。

图 8.16 隧道实例(路、桥、隧道相连)

8.2.2.5 其他交通工程及沿线设施

公路的其他交通工程有防护路基稳定的挡土墙工程、排水工程等;公路的沿线设施有交通安全设施(如跨线桥、地下横道、色灯信号、护栏等)、管理设施(如路面标志、安全岛、交通监视设施等)和服务设施(如养护室、加油站、收费所等)三种。各项设施的建设规模和标准应根据公路网规划,公路的功能、等级和交通量等确定,各项设施应按照“保障安全、提供服务、利于管理”的原则进行设计和修建。虽然交通工程及沿线设施在公路工程建设项目中所占的投资比重相对较小,仅占总投资的 5%~10%,但是其规划、设计、施工和养护状况的好坏,直接关系到公路整体效益的实现。

与公路相比,城市道路的组成更为复杂,一般由下列内容组成:

(1)车行道,包括机动车道、非机动车道。机动车道根据行车快慢还有主路和辅路之分。

(2)路侧带,包括人行道、设施带(含行人护栏、照明杆柱、信号灯、标志牌等)和路侧绿化带。

(3)分隔带,包括分隔对向行驶车辆、分隔机动和非机动车流的地带,分隔带同时也是道路绿化带。

(4)交叉口和交通广场。

(5)停车场和公交停靠站。

(6)道路雨水排水系统,如街沟、雨水口(集水井)、检查井(窨井)、排水干管等。

(7)其他设施,如渠化交通岛、安全护栏、照明设备、交通信号(标志、标线)等。

城市道路的交通工程及沿线设施除了与公路相同的部分之外，还涉及公共交通的站点及换乘点、机动车和非机动车的停车场、道路的照明设施、行人过街设施等的设置问题等。

复习思考题

8.1 试述道路在国民经济建设中的重要地位和道路在交通运输中的重要作用。

8.2 公路和城市道路有何区别？

8.3 试述道路工程的分类、组成和工程内容。

8.4 试述道路的基本组成。

8.5 什么是道路线形？它是由哪些因素决定的？道路平面线形的直线和圆曲线之间为什么必须设置缓和曲线？

8.6 什么是道路的交叉口？道路交叉口有哪几种类型？

8.7 道路结构包含哪几部分？路基的作用是什么？路基设计应满足哪些要求？路基与房屋、桥梁的基础有何不同？

8.8 道路路面有哪些层次？它们各起什么作用？路面设计应满足哪些要求？路面和房屋的地面做法有什么根本不同？

8.9 道路沿线的交通设施有哪些？它们各起什么作用？

9　铁路工程概述

9.1　引　　言

9.1.1　铁路建设发展历史

自 1825 年英国建成了世界上第一条行驶蒸汽机车的铁路——斯托克顿至达灵顿铁路起，在其后约 100 年间，许多国家经历了铁路建设的高潮时期。英、法、德、美等国相继建成了本国四通八达的铁路网，仅美国在 1850—1910 年间就修建铁路 37 万 km。至 20 世纪 80 年代，世界铁路总长约 130 万 km，铁路成为垄断陆上运输的主要手段。20 世纪 60 年代开始出现了高速铁路，其运行速度从 120 km/h 提高到 450 km/h 左右，此后又出现了轮轨相互脱离的磁悬浮铁路，它的试验运行速度可达到 500 km/h。

思政：詹天佑与人字形铁路

我国最早的一条铁路于 1865 年由英国商人在北京宣武门外修建，仅 0.5 km 长，试行小火车，不久即被清政府拆除。19 世纪末，帝国主义列强为了掠夺我国富饶的资源，掀起了筑路高潮。国内现在的几条干线如京汉铁路、津浦铁路、沪宁铁路等都是在 1897—1912 年间由帝国主义列强强行修建的。直到 1905—1908 年间，我国杰出的爱国工程师詹天佑才领导建设了我国第一条自行设计、自行施工的铁路——京张铁路。京张铁路南起北京丰台，北至张家口，全长 201 km，长达 1 091 m 的八达岭隧道是其中的一项著名工程。后来，军阀势力、国民党政府、日本侵略者也因各自的需要在各地尤其是东北修建一些铁路，但由于处在战争岁月，不少铁路遭到破坏。至中华人民共和国成立前夕，全国铁路通车里程仅 21 989 km。

中华人民共和国成立后，我国铁路建设飞速发展。截至 2023 年底，我国铁路营运里程达到 15.9 万 km，居世界第二位。目前铁路运输已成为我国综合运输体系中的重要力量。众所周知，大西南的成昆铁路全长 1 100 km，沿线地形峻峭、地质复杂，线路起伏高差达 1 780 m。沿线桥梁、隧道相连，占全线长度的 40%。该线路越经由历次地质构造运动的大断裂带发育而成的构造河谷，通过 300 km 长的烈度为 8～9 的地震区，全线还面临多滑坡、崩塌、泥石流等险恶的条件。但我国的设计施工人员克服重重困难，战胜了复杂的地质、地形、地貌，并采取一系列先进的技术措施，终于以每千米 216.4 万元的造价建成成昆铁路。

1995 年 11 月，跨越我国九省市、全长 2 536 km 的第三条大动脉——京九铁路全线铺通，京九铁路的开通对于开发沿线物产和矿藏资源、促进贫困地区和老区发展、加强沿海地区和内地的经济协作，具有战略意义。

2003 年 10 月，我国首条磁悬浮列车示范线——上海磁悬浮开始运营，正线全长 29.863 km，缩小了我国铁路建设水平与世界铁路建设先进水平的差距。

2006 年 7 月，被誉为“离天最近的铁路”和“世界上最高的铁路”的青藏铁路（图 9.1）开通试运营。青藏铁路北起青海省西宁市，南至西藏自治区拉萨市，全长 1 956 km，有 960 km 的海拔高程在 4 000 m 以上，沿线经过多年连续冻土地段 550 km，经过九度地震烈度区 216 km，沿线高寒缺氧、生态环境脆弱、地壳运动活跃，修建铁路具有很强的探索性和科研性，青藏铁路的建成对促进西藏资源开发和经济快速发展、加强内地与西藏的联系、增进民族团结等具有重要的作用。

我国的高速铁路建设始于 1999 年所建的秦沈客运专线。经过二十多年的高速铁路建设和对既有铁路的高速化改造，我国目前已经拥有全世界最大规模以及最高运营速度的高速铁路网。2008 年 8 月 1 日，京津城际铁路开通运营，成为中国内地第一条设计速度达 350 km/h 级别的高速铁路。目前，我国最长的高速路铁为徐州至新疆的徐新高铁，由徐兰高铁和兰新高铁组成，全长 3 176 km，于 2017 年正式贯通。

图 9.1 青藏铁路

视频:“天路”

9.1.2 铁路(Railway)概述

铁路是一种永久性道路,为货车、客车及其他机车车辆提供轨道,上面有按间距铺设并固定在枕木上的钢轨,枕木置于水平或有坡的铺有道碴的路基上。铁道由线路、路基和线路上部建筑三部分组成。铁路典型横剖面如图 9.2 所示。此外,铁路工程设施还有桥梁、涵洞、隧道、排水系统、车站设施、机务设备、电力供应设施等。

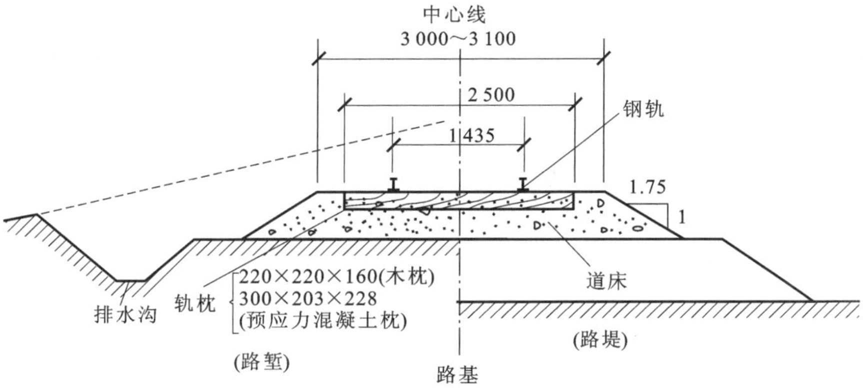

图 9.2 铁路横剖面示意

根据铁路在铁路网中的作用、性质,旅客列车设计行车速度和客货运量,可将新建和改建铁路划分为四个等级,如表 9.1 所示。Ⅰ级铁路是指在铁路网中起骨干作用的铁路,或近期年客货运量大于或等于 20 Mt 的铁路;Ⅱ级铁路是指在铁路网中起联络、辅助作用的铁路,或近期年客货运量小于 20 Mt,且大于或等于 10 Mt 的铁路;Ⅲ级铁路是指为某一地区或企业服务的铁路,近期年客货运量小于 10 Mt,且大于或等于 5 Mt 的铁路;Ⅳ级铁路是指为某一地区或企业服务的铁路,或近期年客货运量小于 5 Mt 的铁路。

表 9.1 铁路等级和主要技术标准

等级	路网中的作用	近期年客货运量(Mt)	最高行车速度(km/h)	限制坡度(‰)		最小圆曲线半径(m)	
				一般地段	困难地段	一般地段	困难地段
Ⅰ	骨干	≥20	160	6	12	2 000	1 600
Ⅱ	联络、辅助	[10,20)	120	12	15	1 200	800
Ⅲ	地区性	[5,10)	100	15	20	800	600
Ⅳ	地区性	<5	80	15	20	600	500

注:1 Mt 对应 100 万吨。上述客货运量为重车方向的货运量与客车对数折算的货运量之和,每日 1 对旅客列车按 1 Mt 货运量折算。

铁路的设计年度应分为近期和远期,近期为交付运营后第 10 年,远期为交付运营后第 20 年。近、远期年客货运量均通过交通调查和预测确定。

铁道工程是铁路上各种土木工程设施和修建铁路各个阶段(勘测、设计、施工、养护、改建等)所运用的技术和管理的总称。

9.2 铁路的组成

9.2.1 铁路线路

铁路线路(Railway Line)是铁路横断面中心线在铁路平面中的位置,以及沿铁路横断面中心线所作的纵断面状况,铁路线路在平面上由直线和曲线组成,而曲线则采用圆曲线,并在圆曲线和直线之间插入缓和曲线,使作用在列车上的离心力平稳过渡。

列车以一定的速度在曲线上行驶时,车辆会受到离心力的作用。离心力的大小同速度的二次方成正比,同曲线半径成反比。离心力的作用,一方面影响到列车行驶的平稳性;另一方面使外侧车轮轮缘紧压外轨,而加剧其磨损。同时,由于动轮踏面在曲线段会发生横向滑动,而曲线范围内的外轨较内轨长,车轮又会产生纵向滑动,这些滑动会引起车轮同钢轨间的黏着系数下降,使牵引力减小。因而,列车在曲线上须限速行驶。根据各级铁路旅客列车最高行车速度的要求,铁路技术标准规定了圆曲线的最小半径(表 9.1)。

为适应地形起伏以减少工程量,铁路线路可在纵断面上设置上坡、下坡和平道。当列车在坡道上行驶时,其重量平行于坡道方向的分力便成为车辆行驶的阻力,称为坡道阻力。纵坡越大,其坡道阻力也越大,而列车克服坡道阻力后所剩余的牵引力就越小。这就影响到机车所能牵引的列车重量,也直接影响到线路的运输能力。

铁路线路在某区段上限制货物列车重量的坡度,称作限制坡度。限制坡度定得越小,机车所能牵引的列车重量越大,线路的运输能力越大。但如果地形起伏较大,则相应的工程费用也越高。因而,应结合地形情况和所要求的运输能力,通过分析比较来选定合适的限制坡度,如表 9.1 所示。当地形起伏较大,按所规定的限制坡度设置线路会带来很大的工程量时,可考虑采用多台机车牵引方案。

9.2.2 路基

铁路的路基(Subgrade)是铁路线路承受轨道和列车荷载的地面结构物。路基可分成路堤、路堑和半路堤半路堑三种基本形式,其主要组成部分如图 9.3 所示。

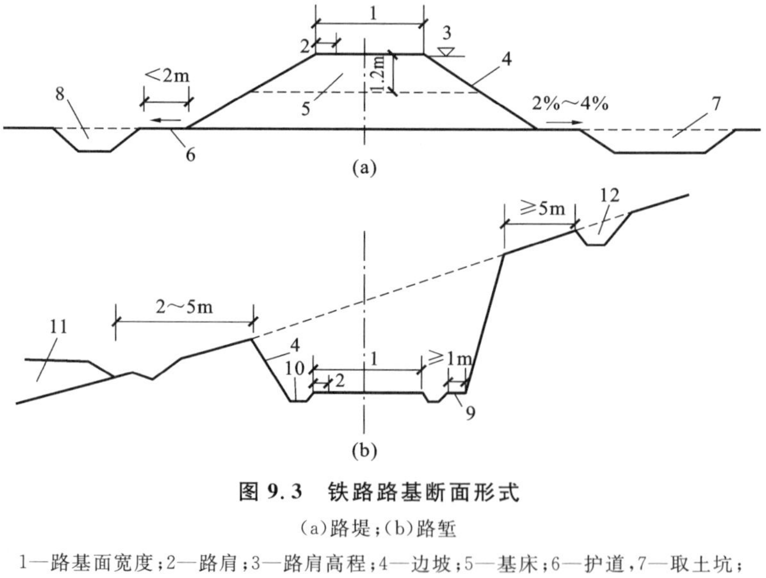

图 9.3 铁路路基断面形式

(a)路堤;(b)路堑

1—路基面宽度;2—路肩;3—路肩高程;4—边坡;5—基床;6—护道,7—取土坑;

8—排水沟;9—平台;10—侧沟;11—弃土堆;12—截水沟

铁路路基面宽度，根据铁路等级、列车设计行车速度、远期采用的轨道类型、正线数目、线间距、曲线加宽、路肩宽度等因素确定，表 9.2 中所列为Ⅰ、Ⅱ级铁路直线路段标准路基面宽度。路堤的路肩宽度不应小于 0.8 m，路堑的路肩宽度不应小于 0.6 m。区间单、双线曲线地段的路基面宽度，应根据超高的不同而适当进行加宽。路基两侧必须设置排水沟以保证线路排水畅通。

表 9.2　铁路路基面宽度

项目			单位	Ⅰ级铁路						Ⅱ级铁路		
				特重型		重型			次重型	次重型	中型	轻型
设计行车速度			km/h	160	$120 \leqslant v < 160$	160	$120 < v < 160$	120	120	$80 \leqslant v \leqslant 120$	$80 \leqslant v \leqslant 100$	80
道床顶面宽度			m	3.5	3.5	3.4	3.4	3.4	3.3	3.3	3.0	2.9
基床表层类型	土质	道床厚度	m	0.5	0.5	0.5	0.5	0.5	0.45	0.45	0.40	0.35
		单线 路堤	m	7.9	7.9	7.8	7.8	7.8	7.5	7.5	7.0	6.3
		单线 路堑	m	7.5	7.5	7.4	7.4	7.4	7.1	7.1	6.6	5.9
		双线 路堤	m	12.3	12.1	12.2	12	12	11.7	11.7	11.2	10.5
		双线 路堑	m	11.9	11.7	11.8	11.6	11.6	11.3	11.3	10.8	10.1
	硬质岩石	道床厚度	m	0.35	0.35	0.35	0.35	0.3	0.3	0.3	0.3	0.25
		单线路堑	m	6.9	6.9	6.8	6.8	6.8	6.5	6.5	6.2	5.7
		双线路堑	m	11.3	11.1	11.2	11	11	10.7	10.7	10.4	9.9
	级配碎石或级配砂砾石	道床厚度	m	0.3	0.3	0.3	0.3	—	—	—	—	—
		单线 路堤	m	7.1	7.1	7	7	—	—	—	—	—
		单线 路堑	m	6.7	6.7	6.6	6.6	—	—	—	—	—
		双线 路堤	m	11.5	11.3	11.4	11.2	—	—	—	—	—
		双线 路堑	m	11.1	10.9	11.0	10.8	—	—	—	—	—

9.2.3　铁路线路上部建筑

铁路线路上部建筑包括与列车直接接触的钢轨、轨枕、道床(图 9.4)和道岔。线路上部建筑的强度和稳定性，取决于钢轨类型、轨枕类型和密度、道床类型和厚度等因素。根据主要运营条件，如近期的运量和最高行车速度，可将轨道分为特重、重、次重、中和轻型 5 个等级。表 9.3 中所列为正线轨道的规定标准。

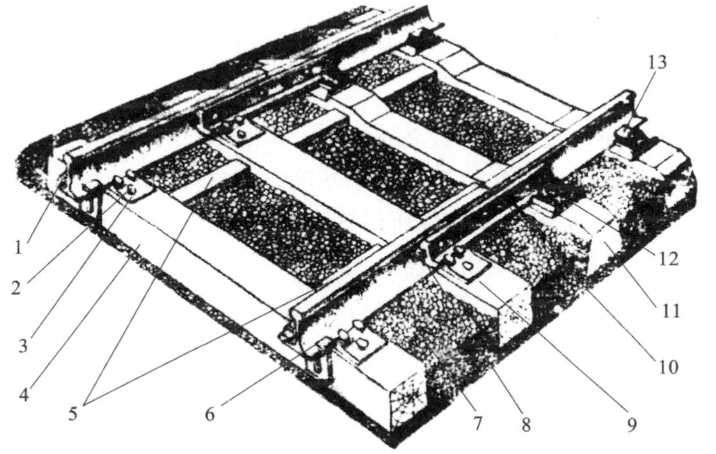

图 9.4　线路上部建筑的基本组成

1—钢轨；2—普通道钉；3—垫板；4、9—木枕；5—防爬撑；6—防爬器；7—道床；8—鱼尾板；10—螺栓；11—钢筋混凝土轨枕；12—扣板式中间连接零件；13—弹片式中间连接零件钢轨(Rail)起承受车身重力及引导列车运行方向的作用。我国生产的标准钢轨的规格有:≥70 kg/m、60 kg/m、50 kg/m、43 kg/m、38 kg/m 等 5 种,标准长度为 25 m 和 12.5 m 两种。两条钢筋间的标准轨距为 1 435 mm,误差不超过+6 mm 和−2 mm。每根钢轨端部留有 3 个圆孔,两节钢轨的末端用有 6 个孔的鱼尾板夹住,并用螺栓拧紧。轨间留有缝隙,以便温度变化时钢轨可以自由伸缩。接头是线路上的薄弱环节,机车车辆通过时接头会产生跳动。为减少接头对行车舒适性的不利影响,可采用长钢轨(一般为 1 000~2 000 m;用标准钢轨在焊轨厂焊接成 250 m,运往铺轨工地后再用铝热焊焊成)铺设铁道。在长钢轨两端的伸缩区内,用高强度扣件把钢轨强制扣紧在钢筋混凝土轨枕上,使之几乎不产生相对位移,称为锁定线路或无缝线路。我国于 2000 年在沪宁线上铺设长度达 260 km 的无缝钢轨。作为火车提速的关键设备,无缝钢轨的国产化率已接近 100%。

表 9.3　正线轨道标准

轨道类型	年通过总重密度(GN·km/km)	最高行车速度(km/h)	钢轨(kg/m)	轨枕根数(根/km)		道床厚度(cm)		
				预应力混凝土轨枕	木　枕	非渗水土路基		岩石、渗水土路基
						面　层	垫　层	
特重型	>600	≥120	≥70	1 760~1 840	1 840	30	20	35
重　型	300~600	≥120	60	1 760	1 840	30	20	35
次重型	150~300	120	50	1 680~1 760	1 760~1 840	25	20	30
中　型	80~150	100	43	1 600~1 680	1 600~1 760	20	20	30
轻　型	<80	80	38~43	1 520~1 600	1 600	20	15	25

轨枕(Sleeper)是钢轨的支座,它除承受钢轨传来的力(包括竖向力及侧向和纵向水平力)并将其传给道床以外,还起着保持钢轨的方向和轨距的作用。因而,轨枕应具有足够的强度、弹性和耐久性。轨枕主要有木枕和预应力混凝土轨枕两种。木枕具有弹性好、易于加工、便于运输和铺设、更换方便及成本低的优点,但使用寿命短,并需消耗大量木材;预应力混凝土轨枕耐久性好、稳定性高、养护工作量小,主要缺点是质量大(每根 220~250 kg)。目前我国大量采用预应力混凝土轨枕。每千米线路上铺设轨枕的数量,应根据运量及行车速度等运营条件确定,一般在 1 520~1 840 根之间(表 9.3)。轨枕数量越多,表明轨道的强度越高。

道床(Bed)是铺设在路基顶面上的道碴层。其作用是把由轨枕传下的车辆荷载均匀传布到路基面上,防止轨道在列车作用下产生位移,并缓和列车的冲击作用。同时,道床还具有便于排水以保持路基面和轨枕干燥,以及便于调整线路平面和纵断面的作用。主要线路应采用碎石道碴道床。路基为非渗水性土时,宜采用双层道床。

道岔(Turnout)是铁路线路间连接和交叉设备的总称,其作用是使机车车辆由一条线路转向另一条线路,或者越过与其相交的另一条线路。道岔大都设在车站区。最常用、最简单的线路连接设备是普通单式道岔,它由转辙器、转辙机械、辙叉、连接部分和岔枕所组成,如图 9.5 所示。转辙器包括两根尖轨和两根基本轨,起引导机车车辆转向的作用。转辙机械用来操纵尖轨的位置,有手动和电动两种。辙叉设在两条钢轨的交叉处,由一副辙叉和两根翼轨组成,其作用是使运行在一条钢轨上的车轮能越过另一条钢轨。辙叉有固定式和可动式两种。若采用固定式辙叉,需在辙叉两侧设置护轨,以防车轮脱轨。除了单式道岔外,还有双开、三开、交分道岔等,可实现列车向多个方向转向。

铁路工程设计的主要内容有:

(1)在经济上论证所设计线路在交通运输系统中的地位、作用和经济效益,说明其可行性;

(2)根据铁路的技术等级(国家铁道局规定全国路网划分为Ⅰ、Ⅱ、Ⅲ、Ⅳ四级)、勘测的地形地物在技术上选择线路;

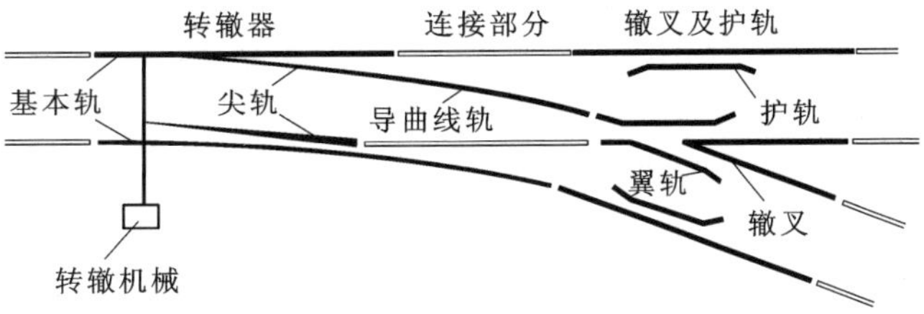

图 9.5 普通单式道岔

(3)设计路基、线路上部建筑、桥梁、涵洞、隧道等工程；

(4)进行车站、机务、给水、供电、铁路信号等项目的设计。

其中最为关键的是第(2)部分即铁路的线形设计，其主要内容有：

①铁路选线、定线

a. 根据国家政治、经济和国防需要，结合线路经过地区的自然条件、资源分布、工农业发展等情况，规划线路的基本走向(即方向)，选定线路的主要技术标准。

b. 根据沿线的地形、地质、水文等自然条件和村镇、交通设施、农田、水利设施的分布情况，设计线路的空间位置。

c. 布置沿线的各种建筑物，如车站、桥梁、隧道、涵洞、挡土墙等，确定其类型和大小，使其在总体上互相配合，在全局上合理。

②全线线路的平面和纵剖面设计

铁路工程是一项使用大量人工、消耗大量材料、需要大量资金的工程。一般而言，平均建设 1 km 铁路就需要消耗 150 t 钢材、250 m^3 木材(可用预应力混凝土代替)、80 t 水泥、700 m^3 块石和 2000 m^3 碎石，并需要大量土石方工程(表 9.4)。勘测和设计工作中的任何错误和疏忽，都会造成巨大损失。

表 9.4 不同地形地区新建铁路线路每千米主要工程数量比较

地形	工程量					
	土方(m^3)	石方(m^3)	挡土墙(m^3)	隧道(m)	桥梁(m)	涵洞(m)
平原	31 110	2 699	4.7	5.8	10.8	12.1
丘陵	53 860	8 277	185.3	12.0	16.7	25.0
山地	60 720	29 370	597.2	77.5	26.4	35.7

注：平原地形数据由集二等 9 条线路统计而得；丘陵地形数据由兰烟等 6 条线路统计而得；山地地形数据由成昆等 13 条线路统计而得。

9.3 高速铁路

9.3.1 高速铁路的概念

高速铁路(High Speed Railway)是指客运列车以超过 200 km/h 的速度高速运行的铁路，按其功能分客运专线及客运、货运共用两类。当今世界上，客运铁路速度的分挡一般定为：时速 100～120 km 称为常速；时速 120～160 km 称为中速或准高速；时速 160～200 km 称为快速；时速 200～400 km 称为高速；时速 400 km 以上称为特高速。高速的水平随着技术的进步而逐步提高。西欧把新建时时速达到 250～300 km、旧线改造后时速达到 200 km 的铁路称为高速铁路；1985 年联合国欧洲经济委员会在日内瓦签署的国际铁路干线协议规定：新建客运列车专用型高速铁路的时速为 300 km，新建客货运列车混用型高速铁路的时速为 250 km。高速铁路常被简称为“高铁”。

世界上第一条高速铁路为1964年10月建成的日本东海道新干线，其最高速度达210 km/h，后来日本还建成山阳新干线(时速230 km/h，1975年)、东北新干线和上越新干线(时速260 km/h，1982年)。法国于1983年开通了运营速度270 km/h的TGV东南干线，后来又建成TGV大西洋线，速度达300 km/h。

我国的高速铁路建设起步于20世纪90年代。从1997年到2007年，我国进行了六次全国普速铁路的提速改造。第六次提速后，京广、京沪、京哈等干线上开始运行的动车组在部分区段的速度达到250 km/h。而我国新建高速铁路始于2005年，2008年8月开通的京津城际高速铁路是我国第一条开通运营的高速铁路，速度达350 km/h。截至2023年底，我国客运列车最高运营时速在200 km以上的铁路里程达到4.5万km，占全球高铁总里程的70.45%。

多年来的实践证明，高速铁路具有许多优点：①节约能源。据法国对TGV东南干线高速铁路能耗的测算，按承载率65%计，由巴黎至里昂全程426.38 km，平均每位乘客耗能折合汽油9.5 L，而乘坐空中客机则需耗汽油30.4 L，且尚不包括自市区至机场的能源消耗。②保护环境。③安全。④舒适。⑤省时。在旅行时间上，汽车无法和高速列车相比，在500～800 km的中长距离上，高速列车甚至可与飞机竞争。

当今世界上的高速铁路有以下几种模式：

①日本新干线模式：全部修建新线，旅客列车专用(图9.6)。

②法国TGV模式：部分修建新线，部分改造旧线，旅客列车专用(图9.7、图9.8)。

③德国ICE模式：全部修建新线，旅客列车及货物列车混用(图9.9)。

④英国APT模式：既不修建新线也不大量改造旧线，主要采用由摆式车体的车辆组成的动车组，旅客列车及货物列车混用。

图9.6　日本新干线高速列车

图9.7　法国TGV高速列车

图9.8　韩国KTX高速列车

图9.9　德国ICE高速列车

9.3.2　高速铁路的几个关键技术问题

高速铁路的修建为城市之间的快速交通往来和旅客出行提供了极大方便，同时也对铁路选线与设计等提出了更高的要求，其中以下几个关键技术问题更为重要：

(1)高速铁路线路应能保证列车按规定的最高车速，安全、平稳和不间断地运行。铁路曲线是决定行车速度的关键之一。在现有铁路上提速首先遇到的限制是曲线限速问题，如我国速度为 160 km/h 的铁路的曲线半径一般为 2 000 m，法国速度达 300 km/h 的铁路的曲线半径为 4 000 m。一般来说，各国对铁路曲线都有各自的标准和规范。在高速铁路上，随着列车运行速度的提高，线路的建筑标准也相应提高，如最小曲线半径、缓和曲线、外轨超高等线路平面标准，坡度值、竖直线等线路纵断面标准，以及高速行车对线路构造、道岔等的要求都要提高。

(2)轨道的平顺性是实现列车提速需考虑的至关重要的问题。轨道不平是导致车辆振动、产生轮轨附加动力的根源。因此高速铁路必须严格控制轨道的几何形状，以提高轨道的平顺性。高速铁路的轨道目前已实现了长轨，这减少了列车在行驶中由轨道接口引起的冲击和振动，提高了列车行驶的平顺性和舒适性。

(3)高速列车的牵引动力技术是实现高速行车的关键技术之一。它涉及许多新技术，如新型的动力装置与传动装置，新型的牵引方式，新的列车制动技术，高速电力牵引时的受电技术，适应高速行车要求的车体结构、车辆减隔声设计以及减少空气阻力的新外形设计等。这些均是发展高速牵引动力必须解决的具体技术问题。

(4)高速铁路的信号与控制系统是高速列车安全、高密度运行的基本保证。它是集微机控制与数据传输于一体的综合控制与管理系统，也是铁路为适应高速运行、控制与管理而采用的最新综合性高技术，一般统称为先进列车控制系统。如列车自动防护系统、卫星定位系统、车载智能控制系统、列车调度决策支持系统、列车微机自动监测与诊断系统等。2011 年 7 月 23 日，我国浙江温州境内发生动车追尾事故，其主因就是因气候等原因引起的高铁信号与控制系统失灵。

9.3.3 我国高速铁路的发展

我国虽然高速铁路建设起步较晚，但目前已成为世界上高速铁路发展最快、系统技术最全、集成能力最强、运营里程最长、运营速度最高、在建规模最大的国家。

1994 年 12 月通车的广深准高速铁路是我国自行设计、自行施工建设的第一条速度为 160 km/h 的新型铁路。该铁路从广州经增城、东莞至深圳，全长 147 km，由原广深铁路改建而成，被誉为中国高速铁路成长、成熟的“试验田”。我国第一条真正意义上的高速铁路，是 2002 年建成运营的秦沈客运专线，全线设计速度为 200～250 km/h，同年“中华之星”电力动车组在秦沈客运专线创造了当时的“中国铁路第一速”——321.5 km/h，轰动一时。2008 年 8 月，我国第一条具有完全自主知识产权、世界一流水平的高速铁路——京津城际铁路通车运营。2009 年 12 月，当时世界上一次建成里程最长、工程类型最复杂、时速 350 km 的京港高铁武广段开通运营。2010 年 2 月，世界首条修建在湿陷性黄土地区，连接中国中部和西部的时速 350 km 的郑西高速铁路开通运营。相关研究表明：在近距离(200 km 以内)时，铁路的平均速度达到 120 km/h，竞争力将大于汽车；在中距离(500～600 km)和长距离(1000～1500 km)时，铁路的平均速度达到 250 km/h 和 350 km/h 及以上，竞争力将会大于飞机。目前，建成运营的京沪高速铁路全长 1 318 km，旅行时间约 4 h，它必将成为飞机旅行的强有力竞争对手。因此，高速铁路也将成为我国重要的交通运输工具。图 9.10(a)为行驶在广深线上的我国首列准高速列车，图 9.10(b)为时速 200 km 的“中华之星”电动车组，图 9.10(c)为时速可达 380 km 的和谐号动车组，图 9.10(d)为复兴号动车组。

目前，我国拥有的高速铁路有京津城际、昌九城际、哈大线、武广客运专线、郑西高速铁路、温福线、京石线、汉宜线、港深广线和京沪线等。京津城际高铁以 350 km/h 的运营速度成为全世界投入实际运营高铁中速度最高的高速铁路线之一。图 9.11 为我国的高铁车站。

(a)

(b)

(c)

(d)

图 9.10　我国高速列车

(a)中原之星；(b)中华之星；(c)和谐号；(d)复兴号

(a)

(b)

图 9.11　我国高铁车站

(a)武汉站；(b)广州南站

9.3.4　磁悬浮铁路

磁悬浮铁路(Maglev Railway)是利用电磁铁同名磁极相斥、异名磁极相吸的原理，让列车抵抗地心引力完全脱离轨道悬浮起来，并推动其前进的现代交通工具。磁悬浮铁路的出现与发展创造了人类近乎“零高度”低空飞行的奇迹。

1922 年德国工程师赫尔曼·肯佩尔就提出了电磁悬浮原理，并于 1934 年申请了磁悬浮列车的发明专利。但此后该技术一直处于“纸上谈兵”状态。1969 年，德国开始正式研究磁悬浮列车技术，至今已经历了 8 次迭代，设计时速高达 500 km，实际运行时速超过 400 km。1983 年，德国在曼姆斯兰德建设了一条长 32 km 的试验线，完成了载人试验，列车行驶速度达 412 km/h。德国(图 9.12)和日本(图 9.13)最早开始研究磁悬浮技术。随后，其他发达国家也都在进行各自的磁悬浮铁路研究。磁悬浮铁路已从探索性的基础研究进入到实用性开发研究阶段。图 9.14 为磁悬浮列车的导轨装置，图 9.15 为另一种类型的磁悬浮列车。

图 9.12 德国磁悬浮

图 9.13 日本磁悬浮

图 9.14 磁悬浮列车导轨装置

图 9.15 另一种磁悬浮列车

我国的磁悬浮铁路研究起步较晚。1989 年,我国第一条磁悬浮实验铁路与第一列磁悬浮列车在湖南长沙的国防科技大学建成,试验运行速度为 10 m/s。

我国首条磁悬浮列车示范运营线——上海磁悬浮(图 9.16)的正线全长 29.863 km,该线西起上海地铁二号线龙阳路站南侧,东到浦东国际机场一期航站楼东侧,是一条集交通、观光为一体的磁悬浮列车示范运

(a) (b) (c) (d)

图 9.16 上海磁悬浮

营线,它的设计时速和运行时速分别为 505 km 和 430 km。磁悬浮列车设计为 9 节车厢,一次可乘坐 959 人,每小时可发车 12 列,按每天运行 18 小时计算,最大年运量可达 1.5 亿人次。运营线开通后,乘客仅需 7 分多钟就可从地铁龙阳路站到达浦东国际机场。上海磁悬浮铁路线的建成与运营,大大缩小了我国铁路建设水平与世界铁路建设先进水平的差距。

9.4 城市轨道交通

9.4.1 概述

随着世界范围内人口向城市集中,城市化步伐加快,大中型城市普遍出现人口密集、住房紧缺、交通阻塞、环境污染严重、能源匮乏等所谓"城市病"。发达国家的经验表明,城市轨道交通是解决大中城市公共交通运输的供需矛盾的根本途径。自 1863 年以来,世界城市轨道交通已走过近 160 年的历程,其数量和质量有了极大的增加和提高,尤其是以人为本的宗旨和因地制宜、可持续发展等理念得到了充分的体现和实施,从而给乘客带来极大的方便。地铁和轻轨都属于城市快速轨道交通的一部分,因其运量大、快速、低能耗、少污染、乘坐舒适方便等优点,常被称为"绿色交通",对 21 世纪实现城市持续发展具有非常重要的意义。轨道交通与城郊铁路、航空、城市道路等交通方式的能源消耗和环境污染比较如表 9.5 所示。

表 9.5 各种交通方式能源消耗和环境污染比较

比较项目	城郊铁路	航空	城市道路	城市轨道交通
能源消耗	1.0	5.3	4.6	0.8
人均 CO_2 排放	1.0	6.3	4.6	1.0
人均噪声	1.0	1.5	1.7	0.4

注:以城郊铁路指标为基准。

城市轨道交通的发展经历了一个曲折的过程,大致可分为以下几个阶段:①初步发展阶段(1863—1924年)——欧美的城市轨道交通发展较快,期间 13 个城市建成了地铁,还有许多城市建设了有轨电车。20 世纪 20 年代,美国、日本、印度和中国的有轨电车有了很大发展。②停滞萎缩阶段(1924—1949 年)——两次世界大战的爆发和汽车工业的发展,导致了城市轨道交通建设的停滞和萎缩。美国 1912 年已有 370 个城市建有有轨电车,到了 1970 年受拆除风的影响,只剩下 8 个城市保留有轨电车。③再发展阶段(1949—1969年)——汽车过度增加,使城市道路异常堵塞,行车速度下降,严重时还会导致交通瘫痪,加之空气污染、噪声严重、能耗大、市区停车难等问题,轨道交通重新得到重视,而且从欧美扩展到日本、中国、韩国、巴西、伊朗、埃及等国家,这期间有 17 个城市新建了地铁。④高速发展阶段(1970 年至今)——世界很多国家都确立了优先发展轨道交通的方针,立法解决城市轨道交通的资金问题,城市轨道交通发展迅速。

(1)城市地铁

世界各国地铁各具特色。英国伦敦于 1863 年修建了世界第一条地下铁路(Underground Railway)。巴黎和纽约于 20 世纪初开始建造地铁。纽约地铁第一期工程于 1904 年投入使用,目前共有车站 468 个,纽约是全世界拥有地铁车站数量最多的城市。莫斯科的地铁始建于 1933 年,是世界最繁忙的地铁之一,年客运量达 24 亿人次。日本东京在第二次世界大战之后开始形成地下铁路网络。莫斯科地铁最豪华,有欧洲"地下宫殿"之称(图 9.17)。纽约地铁运行线路最长。巴黎地铁每天发出 4 960 列列车。世界各国地铁均靠政府补贴,而中国香港地铁既解决市区出行问题,同时又可创利。

(2)城市轻轨

城市轻轨是城市客运有轨交通系统的又一种形式,它与原有的有轨电车交通系统不同,一般有较大比例的专用道,大多采用浅埋隧道或高架桥的方式,车辆和通信信号设备也是专门化的,它克服了有轨电车运行

(a) (b)

图 9.17 莫斯科地下铁道

速度慢、正点率低、噪声大的缺点。它比公共汽车速度快、效率高、省能源，且无空气污染。轻轨比地铁造价低，见效快。自 20 世纪 70 年代以来，世界上出现了建设轻轨铁路的高潮。目前已有 200 多个城市建有这种交通系统。图 9.18 为日本城市轻轨。

(a) (b)

图 9.18 日本城市轻轨

9.4.2 轨道交通的特点及运营亟待解决的问题

(1)城市轻轨和地下铁道的特点

①线路多经过居民区，对噪声和振动的控制较严，除了应对车辆结构采取减振措施及修筑声障屏以外，对轨道结构也要求采取相应的措施。

②行车密度大，运营时间长，留给轨道作业的时间短，因而需采用高质量的轨道部件，一般采用混凝土道床等维修量小的轨道结构。

③一般采用直流电机牵引，将轨道作为供电回路。为了减少泄漏电流引起的电解腐蚀，要求钢轨与基础具有较高的绝缘性能。

④曲线段所占比例大，曲线半径比常规铁路小很多，一般为 100 m 左右，因此要解决好曲线轨道的构造问题。

(2)轨道交通存在的问题

①从各城市轨道交通的建设经营现状看，大多数轨道交通处于政府补贴状态，盈利水平低，目前只有香港、伦敦、东京等少数几个城市的轨道交通运营盈利。

②从各城市包括武汉市的建设实践来看，由于各种原因，轨道交通空间与其他交通空间、城市建筑空间、地下空间的衔接利用不够，造成相关工程建设间的冲突和矛盾，直接导致城市资源的巨大浪费，即轨道交通

整体规划利用滞后。作为城市建设空间系统的重要组成部分,轨道交通空间应与其他交通空间、城市建筑空间、地下空间有机衔接,综合发展,协调利用,以取得城市空间资源利用效益的最大化。

因此,研究城市轨道交通空间资源的综合利用与轨道交通空间整体规划利用,已成为现代城市建设与经营研究的重要课题。

9.4.3 地铁与轻轨的区别

随着中国城市的发展,一些大中型城市已开通或正在建设地铁和轻轨,普通民众由于对城市轨道交通系统接触较少,认识时间较晚,在概念上有些误区。有人认为城市轨道交通中,在地面以下行驶的叫地铁,在地面或高架上行驶的就是轻轨;还有人认为轻轨的钢轨质量比地铁轻。这两种认识都是错误的。城市轨道交通分为地铁和轻轨两种,地铁和轻轨都可以建在地下、地面或高架上。为了增强轨道的稳定性,减少养护和维修的工作量,增大回流断面和减少杂散电流,地铁和轻轨都选用轨距为 1 435 mm 的国际标准双轨作为列车轨道,并没有所谓的钢轨质量轻重之分。划分两者的依据是所选用列车的规格。

按照国际标准,城市轨道交通列车可分为 A、B、C 三种型号,分别对应 3 m、2.8 m、2.6 m 的列车宽度。凡是选用 A 型或 B 型列车的轨道交通线路称为地铁(Underground Railway),采用 5～8 节编组列车;选用 C 型列车的轨道交通线路称为轻轨(Light Rail Transit),采用 2～4 节编组列车。列车的车型和编组决定了车轴重量和站台长度。上海轨道交通 3 号线采用 6 节编组 A 型列车,有 90%的线路都是在高架上,但是按照车型分类标准仍然属于地铁线路。上海轨道交通 6 号线采用 4 节编组 C 型列车,有 70%的线路都是在隧道内,但是按照车型分类标准仍然属于轻轨线路。在我国的规范中,轴重相对较轻,单方向输送能力在每小时 1 万～3 万人次的轨道交通系统,称为轻轨;每小时客运量在 3 万～8 万人次的轨道交通系统,称为地铁。

9.4.4 我国城市轨道交通的发展

我国城市轨道交通建设始于 20 世纪 60 年代,我国第一条城市地下铁路线路始建于 1965 年,并于 1969 年 10 月建成通车,使北京成为我国第一个拥有地铁的城市。自北京建成了我国第一条地下铁道以后,上海、天津、广州、南京、武汉、南昌、长沙等地已将发展地铁作为解决城市公共交通问题的重要措施之一。最近几年国内城市轨道交通建设速度加快,北京、上海、天津、广州、深圳、南京、重庆等城市已经相继建成城市轨道交通。2000 年,北京拥有轨道交通 96 km,按土地面积计的线路密度仅为 5.71 km/km^2,按居民数计的线路密度仅为 7.3 米/千人。进入 21 世纪以来,北京市进一步加快城市轨道交通建设,逐步完善城市轨道交通网。截至 2023 年底,北京地铁已开通的线路包括 1 号线、2 号线、4 号线、5 号线、8 号线、10 号线、13 号线、八通线、15 号线一期、奥运支线、机场线等,城市轨道交通总里程已达到 836 km,目前在建线路达 10 条,计划至 2025 年北京地铁形成线网由 30 条运营线路组成,总长度 1 127 km 的轨道交通网络。上海的第一条地铁线路于 1995 年正式投入运营,上海是我国内地轨道交通投入运营的第三个城市,也是目前中国城市轨道交通线路最长的城市。至 2023 年底,上海城市轨道交通线路里程达到约 825 km。中国香港地铁始建于 20 世纪 70 年代,截至 2023 年底,中国香港拥有的地铁线路里程多达 264 km。目前,我国的长春、武汉、长沙、南昌等大中城市的地铁也在不断建设中。

上海于 2000 年 7 月顺利建成了我国第一条轻轨铁路——明珠线,明珠线轻轨交通一期工程全长 24.975 km,自上海市西南部的徐汇区开始,贯穿长宁区、普陀区、闸北区、虹口区,直到东北角的宝山区,沿线共设 19 座车站,全线采用无缝线路,除了与上海火车站连接的轻轨车站以外,其余部分均采用高架桥结构形式。明珠线的建成将我国的城市发展推向了一个新的阶段。我国许多大中城市也已修建了城市轻轨,并投入运营。图 9.19 至图 9.22 分别为我国上海、天津、武汉和重庆的轻轨交通。

图 9.19 上海轻轨

图 9.20 天津轻轨

图 9.21 武汉轻轨

图 9.22 重庆轻轨

复习思考题

9.1 试述铁路在国民经济建设中的重要地位和铁路在交通运输中的重要作用。

9.2 铁路划分为几个技术等级？它们各起什么作用？它们的设计应满足哪些要求？

9.3 试述普通铁路结构的基本组成。

9.4 什么是铁路的线形？它是由哪些因素决定的？

9.5 谈谈你对我国高速铁路发展的看法。

9.6 高速铁路在选线和设计上有哪几个关键的技术问题？

9.7 试述磁悬浮铁路的工程意义及其优缺点。

9.8 城市轨道交通有哪几种形式？城市地下铁道和轨道有什么区别？

9.9 谈谈你对我国铁路发展建设的看法。

9.10 谈谈你学习铁路工程概述的心得体会。

10 港口、海洋和飞机场工程概述

10.1 港口工程概述

港口作为交通运输枢纽、水陆联运的咽喉，通常是铁路、公路、水路和管道几种运输方式的汇集点。世界经济一体化使各国经济发展日益依赖于对外贸易和国际的商品交流，并通过生产要素的国际大规模流动来实现生产要素的最优配置和合理的国际分工。国际贸易量的 90% 是通过水路运输（主要是海运）和港口贸易来完成的，对外开放的港口已成为国际运输链和国际生产贸易体系活跃的参与者和组成部分。

20 世纪 50 年代，我国沿海只有 6 个主要港口，泊位 233 个，其中万吨级深水泊位 61 个，年吞吐量 1 000 多万吨。自改革开放以来，外贸额增长较快，开放型经济已成为我国经济发展的模式之一。目前我国大陆已有 140 个港口对外开放，与世界上 160 多个国家和地区的 600 多个港口有货运业务往来。到 2023 年底，我国拥有万吨级及以上泊位 2 659 个，其中深水泊位 490 多个，总吞吐能力超过了 156.8 亿 t。上海港和宁波舟山港集装箱吞吐量分别达到 4 915.8 万标准箱和 3 530.1 万标准箱，名列世界集装箱大港的第一位和第三位。

港口（Harbour）是具有水陆联运设备和条件的、有一定面积的水域和陆域，是供船舶出入和停泊、旅客及货物集散并变换运输方式的场地；港口为船舶提供安全停靠和进行作业的设施，并为船舶提供补给、修理等技术服务和生活服务。港口工程是兴建港口所需的各项工程设施和工程技术的总称，包括港址选择、工程规划设计和各项工程的修建。港口工程是土木工程的一个分支。在我国，港口工程已成为与土木工程关系十分密切的相对独立分支。

10.1.1 港口的类型

港口可按多种方法分类：

(1) 按所处位置分，有河口港（位于河流入海口或受潮汐影响的河口段内，兼为海船和河船服务）、海岸港（位于海岸或海湾内，也有在深水海面上的）、河港（位于天然河流或人工运河上的，包括在湖泊和水库上的），海岸港和河口港统称海港。

(2) 按用途分有商港、军港、渔港、工业港和避风港。

(3) 按成因可分为天然港和人工港。

(4) 按港口水域在寒冷季节是否冻结，可分为冻港和不冻港。

(5) 按潮汐关系、潮差大小、是否修建船闸控制进港，可分为闭口港和开口港。

(6) 按对进口的外国货物是否办理报关手续，可分为报关港和自由港。

(7)按规模分，港口可以分为特大型港口（年吞吐量大于 3 000 万 t）、大型港口（年吞吐量 1 000 万至 3 000 万 t）、中型港口（年吞吐量 100 万至 1 000 万 t）和小型港口（年吞吐量小于 100 万 t）。

10.1.2 港址的选择

港址选择是一项复杂而重要的工作，是港口规划工作的重要步骤，是港口设计工作的先决条件。一个优良的港址应满足下列基本要求：

(1) 有广阔的经济腹地，以保证有足够的货源，且港址位置适合于经济运输，靠近其腹地的货物贸易重心，使货物总运费最省。

(2) 与腹地有方便的交通运输联系。

(3) 与城市发展相协调。应形成港口与城市发展互不干扰的城市用地结构和布局。

(4) 有发展余地。我国是一个发展中国家，所以港口的发展必须留有较大的余地。一个优良的港址，至少要满足 30～50 年港口发展的需要。

(5) 满足船舶航行与停泊要求。进港航道和港池水深要满足设计船舶吃水要求。要有宽阔的水域，以满足船舶锚泊、回旋、港内航行、停泊作业等需求。水域受波浪影响应较少，水流、流冰等不致过分影响船舶作业。底质最好是适宜船舶锚泊的细沙及黏土等的混合底质。

(6) 有足够的岸线长度和陆域面积，用以布置前方作业地带、库场、铁路、道路及生产辅助设施。

(7) 应注意能满足船舰调动的迅速性，航道进出口与陆上设施的安全隐蔽性以及疏港设施和防波堤的易于修复性等。

(8) 对附近水域生态环境和水、陆域自然景观尽可能不产生不利影响。

(9) 尽量利用荒地劣地，少占或不占良田，避免大量拆迁。

例如，我国的天津新港，长江中下游的安庆港、九江港等，都是港水深、水域宽阔、航道及岸坡稳定的港，都是较好的港址实例。

10.1.3 港口的组成(图 10.1)

港口水域是供船舶航行、运转、锚泊和停泊装卸之用的，要求有适当的深度和面积，水流平缓，水面稳静。水域包括进港航道、港地、锚地、防波堤等。港口水域可分为港外水域和港内水域。港外水域包括进港航道和港外锚地。港内水域包括港内航道、转头水域、港内锚地和码头前水域或港池。为了保证船舶安全停泊及装卸，港内水域要求稳静。

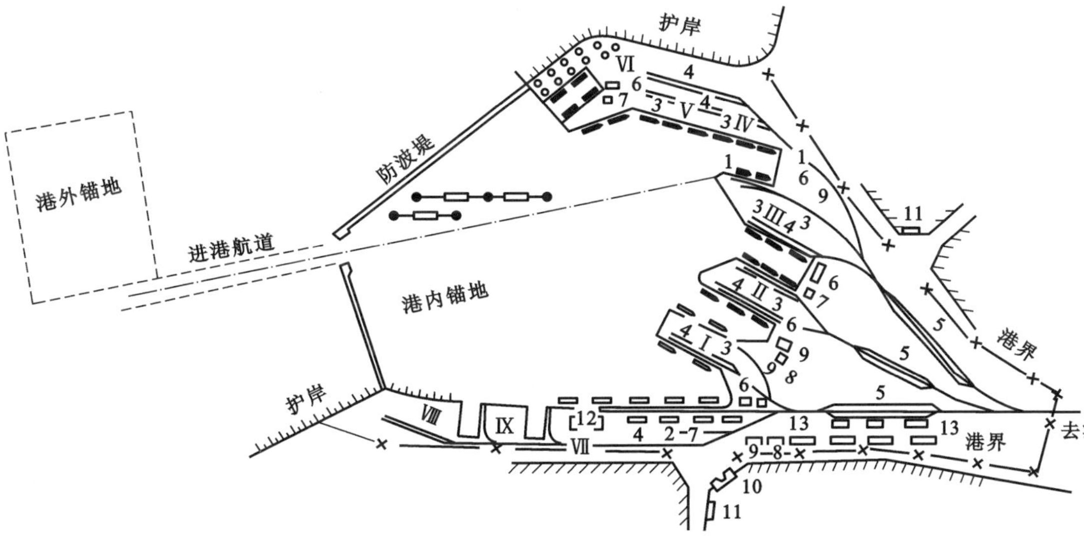

图 10.1 港口的组成

Ⅰ—杂货码头；Ⅱ—木材码头；Ⅲ—矿石码头；Ⅳ—煤炭码头；Ⅴ—矿物建筑材料码头；Ⅵ—石油码头；Ⅶ—客运码头；Ⅷ—工作船码头及航修站；Ⅸ—工程维修基地；1—导航标志；2—港口仓库；3—露天货场；4—铁路装卸线；5—铁路分区调车场；6—作业区办公室；7—作业区工人休息室；8—工具库房；9—车库；10—港口管理局；11—警卫室；12—客运站；13—储存仓库

港口陆域供旅客集散、货物装卸、货物堆存和转载之用，要求有适当的高程、岸线长度和纵深。港口陆域由码头、港口仓库及货场、铁路及道路、装卸及运输机械、港口辅助生产设备等组成。陆域岸边建有码头，岸上设港口仓库、堆场、港区铁路和道路，并配有装卸和运输机械，以及其他各种辅助设施和生活设施。

10.1.4 港口水工构筑物

港口水工构筑物是港口的重要组成部分,包括码头、防波堤、护岸、船台、滑道、船坞等。

(1) 码头

码头(Dock)的布置有顺岸式[码头前沿线与自然岸线大体平行,优点是陆域宽阔、疏运方便、工程量小,见图 10.2(a)、(b)]、突堤式[码头前沿线与自然岸线间有较大角度,优点是在一定水域范围内有较多泊位,缺点是宽度有限、库场面积较小、作业不方便,见图 10.2(c)]、挖入式(港池由人工开挖形成,在大型河港及河口港中较常见)。

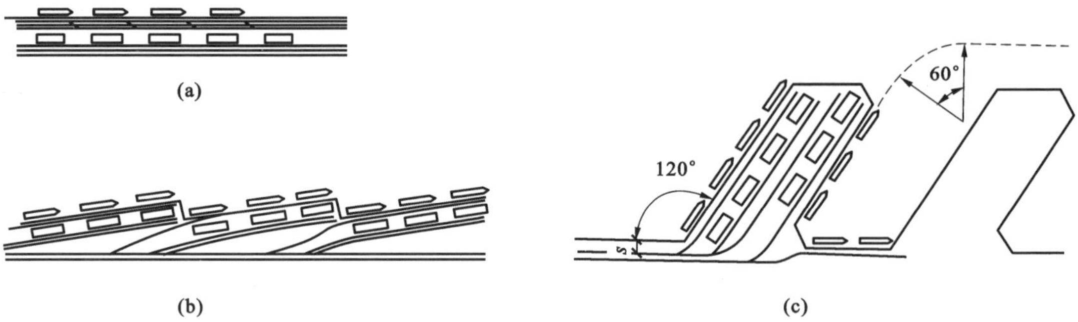

图 10.2 码头的布置

(a)、(b) 顺岸式;(c) 突堤式

码头的形式按其前沿的横断面外形分为直立式、斜坡式、半直立式和半斜坡式,见图 10.3。直立式码头岸边有较大的水深,便于大船系泊和作业,其不仅在海港中广泛采用,在水位差不太大的河港中也常采用;斜坡式适用于水位变化较大的情况,如天然河流的上游和中游港口;半直立式适用于高水时间较长而低水时间较短的情况,如水库港;半斜坡式适用于枯水时间较长而高水时间较短的情况,如天然河流上游的港口。

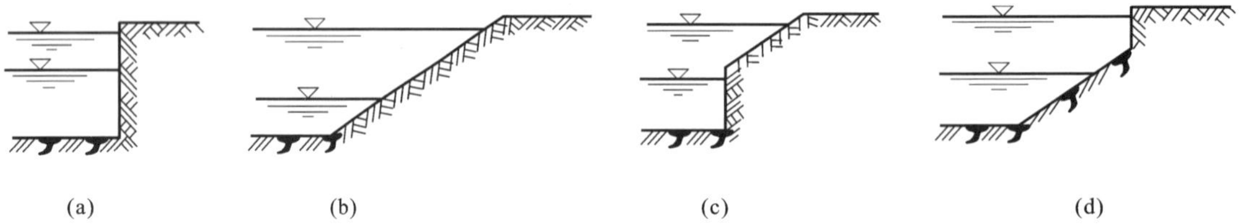

图 10.3 码头断面形式

(a) 直立式;(b) 斜坡式;(c) 半直立式;(d) 半斜坡式

码头的结构可分为重力式、板桩式、高桩式和混合式(图 10.4)。重力式码头是靠自重(包括结构重量和结构范围内的填料重量)来抵抗滑动和倾覆的。板桩式码头是靠打入土中的板桩来挡土的,板桩由于是一种较薄的构件,又承受较大的土压力,目前只用于墙高不大的情况,一般墙高应在 10 m 以下。高桩式码头主要由上部结构和桩基两部分组成。上部结构构成码头地面,并把桩基连成整体,直接承受作用在码头上的水平力和竖向力,并把它们传给桩基,桩基再把这些力传给地基。高桩式码头一般适用于软土地基。此外,根据当地的地质、水文、材料、施工条件和码头使用要求等,还可采用混合式结构。

(2) 防波堤

防波堤(Mole)的主要功能是为港口提供掩护条件,阻止波浪和漂沙进入港内对港口水域产生侵袭,保持港内水面的平稳和所需要的水深,使船舶在港口安全停泊和进行装卸作业,同时,防波堤也兼有防沙、防冰的作用。防波堤形式的选用,应根据当地情况,如海底土质、水深大小、波浪状况、建筑材料、施工条件等,以及使用上的不同要求,经方案比较后决定。

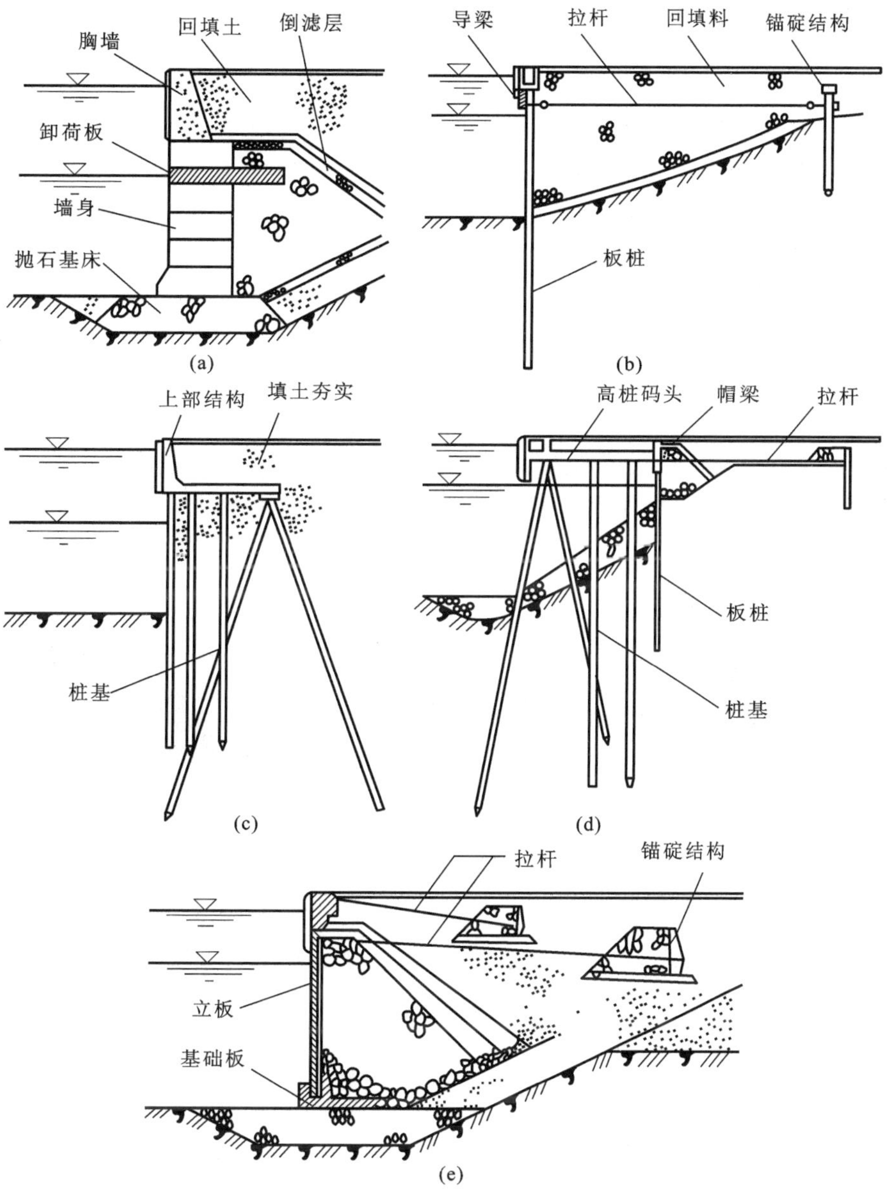

图 10.4　码头的结构形式

(a) 重力式码头；(b) 板桩式码头；(c) 高桩式码头；(d) 、(e) 混合式码头

防波堤的布置因地形、风浪等自然条件及建港规模而异。一般有单突堤式(在海岸的适当地点筑一条堤伸入海中，使堤端到达适当深水处)、双突堤式(自海岸两边适当地点各筑一突堤伸入海中到达深水线，两堤末端形成一突出深水的口门，在内围出较大水域，以保持港内航道水深)、岛堤式(在海中筑堤，形同海岛，专拦波浪与漂沙，堤身可为直线、折线或曲线形)、组合堤式(突堤与岛堤结合)。

防波堤的类型如图 10.5 所示，一般有：

①斜坡式防波堤。其对地基承载力的要求较低，施工比较简单，较易修复，消波性能良好。但需要的材料数量大，斜坡上的护面石块或人工块体受波浪作用易滚落走失，需要经常修补，堤的内侧不能用作靠船码头。斜坡式一般适用于地基土壤较差、水深较小及当地盛产石料的情况，在我国使用最广泛。

②直立式防波堤(也称为直墙式)。当水深较大时，它比斜坡式节省材料，其内侧可兼供靠船之用。但消波的效果较差，影响港内水面平静，对地基要求高，较难修复。其一般较适用于海底土质坚实、地基承载能力较好和水深大于波浪破碎水深的情况。

③混合式防波堤。它是直立式上部结构和斜坡式堤基的组合。增加直立式堤的基床厚度,即可形成混合式防波堤。它可减少直立墙高度和地基压力,斜坡式堤基断面也不必过大,比较经济合理。适用于水深较大的情况。

④透空式防波堤。透空式防波堤在材料使用上和经济上都较为合理,特别适用于水深较大、波浪较小的情况。但透空式堤不能阻止泥沙入港,也不能减小水流对港内水域的干扰。

⑤浮式防波堤。其不受地基基础的影响,可随水位的变化而上下浮动,能削减波浪,修建迅速,拆迁容易。但它不能防止其下的水流及泥沙运动。一般说来,浮式防波堤较适合于波浪较陡和水位变化幅度较大的场合,可以用作临时工程的防浪措施。

⑥喷气消波设备。它是利用水下管中喷出的空气与水掺和所形成的空气帘幕来削减波浪的。当喷气管安设在足够的水深处时,船舶可以越经其上驶入港内,畅通无阻。喷气消波设备的初期投资小,造价与水深无关,施工简单,拆迁方便。但在使用喷气消波设备时,空气压缩机等所需动力较大,运输费用较高。

⑦新式防波设备有塑料帘幕、浮毯等形式。帘幕破坏波浪水质点的轨道运动,浮毯利用浮体运动和波浪运动的相位差以迫使波浪衰减。但用作帘幕或浮毯的尼龙袋或其他材料的费用较高,在锚系问题上也还存在困难。

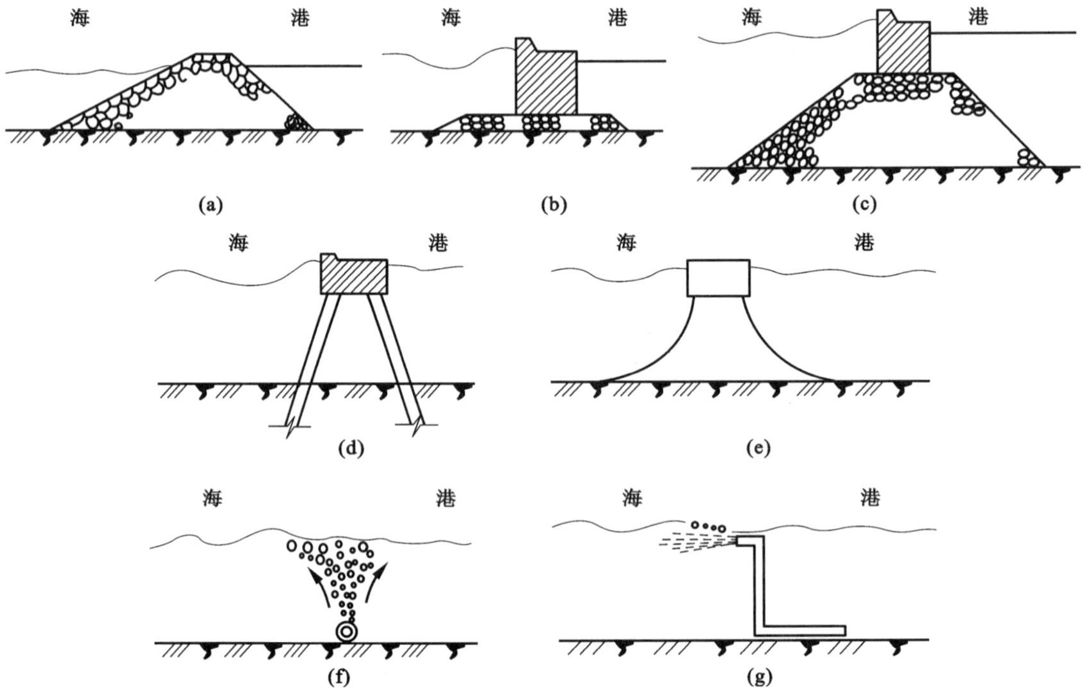

图 10.5　防波堤类型

(a) 斜坡式;(b) 直立式;(c) 混合式;(d) 透空式;(e) 浮式;(f) 喷气消波设备;(g) 喷水消波设备

(3) 护岸

护岸(Bank Revetment)的作用是使港口或水域的岸边在波浪、冰、流的作用下不被破坏,从而保护岸上的建筑物、设备和农田等。护岸方法可分为两大类:一类是直接护岸,即利用护坡和护岸墙等加固天然岸边,抵抗侵蚀;另一类是间接护岸,即利用在沿岸建筑的丁坝或潜堤,促使岸滩前发生淤积,以形成稳定的新岸坡。

①直接护岸

斜面式护坡和直立式护岸墙是直接护岸方法所采用的两类建筑物。若波浪的经常作用方向与岸线正交或接近于正交,对于较平坦的岸坡,应采用护坡,或下部采用护坡而上部加筑护岸墙;对于较陡的岸,则应采用护岸墙。

护坡(Revet)一般用于加固岸坡。护坡坡度常较天然岸坡陡,以节省工程量,但也可接近于天然岸坡的坡度。护坡材料可用于砌块石、浆砌块石、混凝土板、钢筋混凝土板、混凝土方块和混凝土异形块体等。

护岸墙(Revetment Wall)多用于保护陡岸。墙面可做成垂直或接近垂直的和凹曲的形状。垂直或接近垂直的墙面的下落水体对于墙后填土有很大的破坏力。而凹曲墙面使波浪回卷，这对墙后填土的保护和岸上使用条件的维护都较为有利。

此外，护坡和护岸墙的混合式护岸也常被采用。

②间接护岸

不直接修建护岸，而是通过修造其他构筑物消减波浪、改变水流方向、拦截水流，以达到护岸的目的，所修建的这些构筑物就是间接护岸。常见的有潜堤、丁坝等形式。

潜堤布置在波浪的破碎水深以内而临近于破碎水深之处，大致与岸线平行，堤顶高程应在平均水位以下，堤的顶面应做成斜坡状。修筑潜堤不仅能消减波浪，也是一种积极的护岸措施。

丁坝自岸边向外伸出，对斜向朝着岸坡行进的波浪和与岸平行的沿岸流都具有阻碍作用，同时也阻碍了泥沙的沿岸运动，使泥沙落淤在丁坝之间，使滩地增高，原有岸地就更为稳固。丁坝的结构形式很多，有透水的、不透水的；其横断面形式有直立式的、斜坡式的。

10.1.5 我国港口发展现状及趋势

随着改革开放政策的推行，我国不断加大力度完善港口基础设施，努力实现管理体制创新，整合港口资源，加快港口城市以及相关服务产业的发展，为国民经济的持续健康发展提供重要的基础设施保障。港口正日益在政治、经济发展战略部署中占据越来越重要的地位。

(1)现状

①港口数量：中国拥有世界最多的港口，港口数目前已超过 2 000 个，其中包括七大港口群和多个港口经济带的港口。

②吞吐量：中国的港口总吞吐量在全球排名第一。2023 年中国港口总吞吐量为 155.1 亿 t，其中主要港口有上海、宁波、天津、青岛、广州等。

③港口发展：目前中国港口建设以发展大型港口为主，其中上海、宁波、深圳、广州、青岛、天津和香港已成为世界级港口。此外，中国还在发展深水港口和内陆港口等新型港口。

④强大的物流体系：中国港口拥有完善的物流配套体系，包括铁路、公路、航空等交通工具和配套设施，大大提高了货物运输的便捷度和效率。

(2)未来趋势

①集装箱化和集成化发展

随着全球贸易的快速增长，集装箱化成为我国港口的重要发展方向。集装箱港口的优势在于其配套设施的协同发展，可以为吞吐量大、时效性高、集成化运输的全球贸易提供有力支撑。

②智能产业化

港口的集成化发展不仅需要更多的装备和技术支持，还需要更多的智能化手段。发展智能港口的关键在于应用物联网、云计算等先进技术，提高港口自动化水平，提高效率，降低能源消耗，如世界上最先进的自动化机械已在中国沿海某港码头上实现了普及和应用。

③环保和清洁能源

我国港口的环保问题主要表现在废物的处理和工业污染物的排放。为了改善港口环境，我国制定了相应的环保政策，开始实施防污和减污方案。在减少港口污染上，我国也在积极发展清洁能源，加快港口能源转型。

我国港口经过过去几十年的快速发展已成为全球最重要的贸易中心之一。未来我国港口将继续加强大数据、云计算等先进技术的应用，打造前沿的数字化港口，降低运营成本，提高吞吐效率和质量。我国也将进一步通过智能化改造升级，让港口更智能化，进一步推动我国港口向产业集群、供应链、物流的集成化方向转型，并将港口打造成全球供应链的枢纽。

10.2 海洋工程概述

海洋工程(Offshore Engineering)指在近海区域设置或建造工程构筑物,如海洋石油钻井,采油、储油及系泊平台,海底输油管线,海洋潮汐和温差电站,海底隧道,海洋观察站,海上导航灯塔,海洋观光站及海上飞机场等 。

海洋工程具有以下特点:

(1) 环境条件复杂且随机性大　海洋工程一般要综合考虑风、波浪、海流、海水盐分、冰冻、温度变化以及地震等多种因素,而且它们具有很大的随机性,对海洋工程构筑物的设计和构造影响极大。

(2) 结构尺度大且设计安全度要求高　海洋工程构筑物往往深入水下直达海底,因而比陆上建筑物的尺度大得多。由于海洋情况复杂且随机性大,设计时不易获得可靠的数据,所以设计中的安全度要求比设计陆上建筑物时定得高。

(3) 结构设计时需考虑作用力的多样性　除一般恒荷载和活荷载外,海洋工程在进行结构设计时还要考虑波浪荷载(指波浪水质点与结构间的相对运动所引起的作用力)、冰荷载(巨大冰原包围和挤压结构引起的作用力、自由漂流冰对结构的冲击力等)、施工安装荷载(吊装力、装船力、运输力、下水力、扶直力等)以及地震作用力和事故作用力。

(4) 施工方法的特殊性　如海洋工程构筑物要在港湾内或大型船坞内建造,然后拖运入海和下沉就位等;施工时经常需要潜水人员进行水下的检查观测作业。

海洋平台结构是海洋工程构筑物的典型代表。它一般由上部结构(即平台)、立柱和基础(或沉垫)三部分组成,按运动方式大体可以分为固定式、活动式和半固定式。

①固定式海洋平台。固定式海洋平台通常由直接锚定在海底的混凝土和钢结构来支撑,为钻探设备、生产设施和居住区提供空间的上甲板。其结构也有多种不同形式:导管架型、塔架型、钢筋混凝土重力式、钢重力式等。其优点在于整体稳定性好,刚度较大,受季节和气候的影响较小,抗风暴的能力强。其缺点是机动性差,一经下沉定位固定,则较难移位重复使用。固定式海洋平台被广泛应用于海洋石油开发中,特别是在水深 520 m 内的浅海石油开发中占据主导地位。

②活动式海洋平台。活动式海洋平台浮于水中或支承于海底,可以在不同井位之间移动,按支承情况可分为着底式和浮动式两类。它是为适应勘探、施工、维修等海上作业必须经常更换地点的需要而发展起来的。现有的活动式平台又可分为坐底式、自升式、半潜式等多种不同结构形式。由于机动性好,故其一般均用于钻井。

③半固定式海洋平台。半固定式海洋平台既能固定在深水中,又可以移动,新型的张力腿式平台和拉索塔式平台即属此类。其上部结构是浮体,通过收紧锚固在海底的缆索张紧固定。这种平台用料少,工作水深大,适用于大深度水域,是近年来发展起来的新结构形式,具有明显的优点,但目前仍处于研究试制的阶段。

10.3 飞机场工程概述

飞机场(Airport,简称机场)是航空运输的基础设施,通常机场是指在陆地上或水面上的一块划定的区域(包括各项建筑物、装置和设备),其全部或部分用来供航空器着陆、起飞和地面活动之用。机场是飞机起飞、着陆、运行、停放、维修和实施飞行保障等活动的场所。机场工程则是指规划、设计和建造机场各项设施的统称。机场工程的内容:主要包括机场规划设计、场道工程、导航工程、通信工程、空中交通控制系统、气象工程、旅客航站及指挥楼工程、地面道路工程以及其他辅助工程(如照明、排水、供水等)。本节主要陈述土木工程方面的工程——跑道、滑行道和停机坪。

机场分:①国际机场,指供国际航线用,并设有海关、边防检查、卫生检疫、动植物检疫、商品检验等联检机构的机场;②干线机场,指省会、自治区首府及重要旅游、开发城市的机场;③支线机场,又称地方航线机场,指在各省、自治区内地面交通不便的地方所建的机场,其规模通常较小。

民航运输飞机有两类：干线运输机和支线运输机。干线运输机指载客量超过 100 人，航程大于 3 000 km 的大型运输机，以美国波音公司的 Boeing 757(以下简称 B757)、B767、B747、B777、DC10(美国麦道公司制造，现麦道公司已并入波音公司)、MD11(DC10 的改进型)，欧洲空中客车公司的 A340/A330，俄罗斯的伊尔 81 以及我国自主研制的 C919 等为代表。支线运输机指载客量少于 100 人，航程为 200～400 km，在中心城市与小城市之间及小城市之间运营的运输机，以美国的 DC3，英国宇航公司的 SH330 和 Bae146，中国与美国联合制造的 MD82、MD90 等为代表。

为了使机场各种设施的技术要求与运行的飞机性能相适应，民航机场的飞行区等级也有相关规定。飞行区等级由第一要素的代号和第二要素的代号所组成的基准代号来划分，如表 10.1 所示。第一要素是根据飞机起飞着陆性能来划分飞行区等级的要素，第二要素是根据飞机主要尺寸划分飞行区等级的要素。如 B757-200 飞机需要的飞行区等级为 4D。

表 10.1　民航飞行区分级表

第一要素		第二要素		
代　号	飞机基准飞行场地长度(m)	代　号	翼展(m)	主要起落架外轮外侧间距(m)
1	<800	A	<15	<4.5
2	800～1 200(不含)	B	15～24(不含)	4.5～6(不含)
3	1 200～1 800(不含)	C	24～36(不含)	6～9(不含)
4	≥1 800	D	36～52(不含)	9～14(不含)
		E	52～65(不含)	9～14(不含)
		F	65～80(不含)	14～16(不含)

注：① 飞机基准飞行场地长度是指在标准条件下(即海拔为 0 m，气温为 15℃，无风，跑道无坡的情况)，该机型最大质量起飞时所需的平衡场地长度。

② 第二要素的代号选用翼展与主要起落架外轮外侧间距两者中要求较高的数字。

10.3.1　机场的组成

一个大型完整的机场由空侧和陆侧两个区域组成，航站楼则是这两个区的分界线。民航机场的空侧主要由飞行区(含机场跑道、滑行道、机坪、机场净空区)、旅客航站区、货运区、机务维修设施、供油设施、空中交通管制设施、安全保卫设施、救援和消防设施等组成；陆侧则由行政办公区、生活区、辅助设施、后勤保障设施、地面交通设施以及机场空域等组成。如图 10.6 所示。

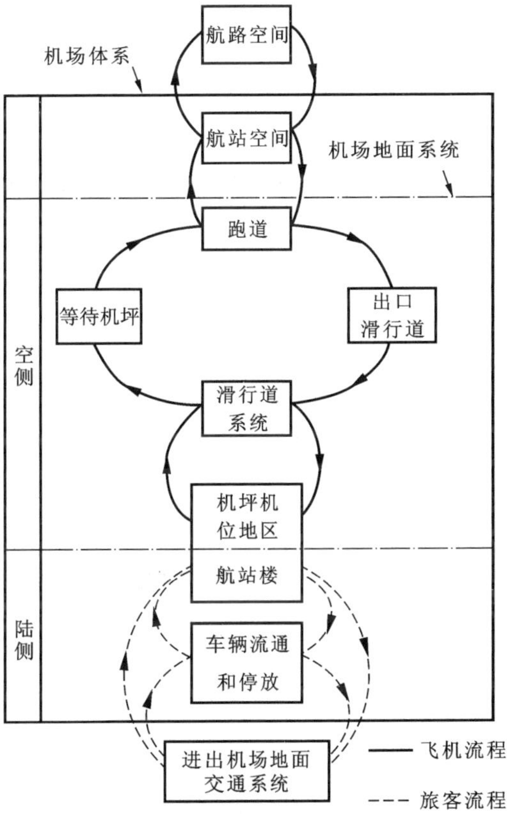

图 10.6　机场的组成

10.3.2　机场主要构筑物

(1) 跑道

机场跑道(Runway)是机场上最重要的工程设施，专供飞机起飞滑跑和着陆滑跑之用。飞机在起飞时，必须先在跑道上进行起飞滑跑，边跑边加速，一直加速到机翼的上升力大于飞机的重量，飞机才能逐渐离开地面。飞机降落时速度很大，必须在跑道上边滑跑边减速才能逐渐停下来。几种跑道方案如图 10.7 所示。

跑道构形是指跑道的数量、位置、方向和使用方式，它取决于交通量需求，还受气象条件、地形、周围环境等的影响。

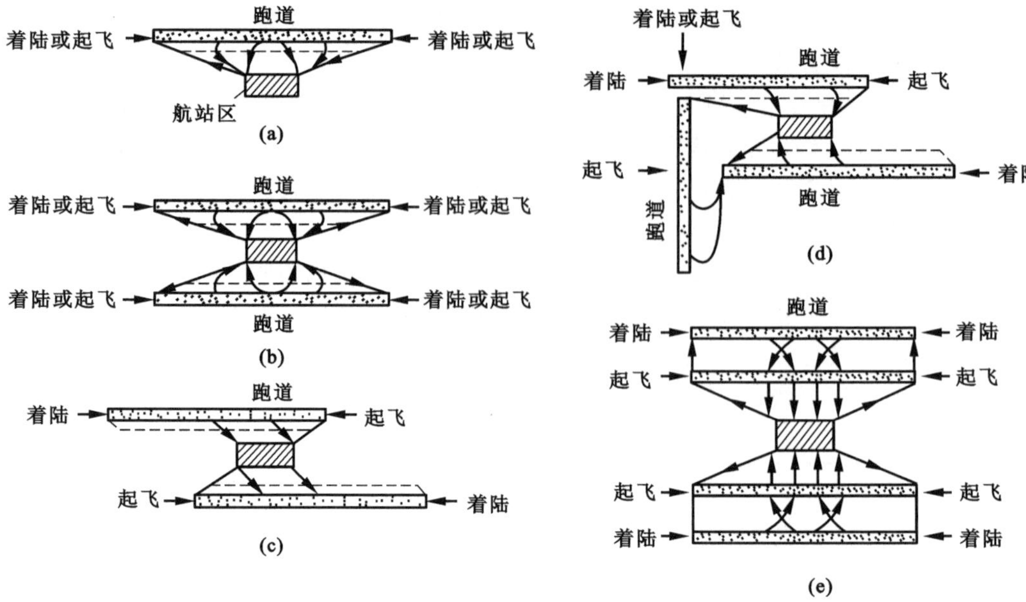

图 10.7　机场跑道方案

一般跑道构形有如下五种:①单条跑道;②两条平行跑道;③两条不平行或交叉的跑道;④多条平行跑道;⑤多条平行及不平行或交叉跑道。

决定机场跑道长度的因素有:机型、最大起飞全重、气温、飞机场的海拔高度、风速、跑道坡度等。跑道长度还与起飞距离、加速停止距离、着陆距离等条件有关,如图 10.8 所示。

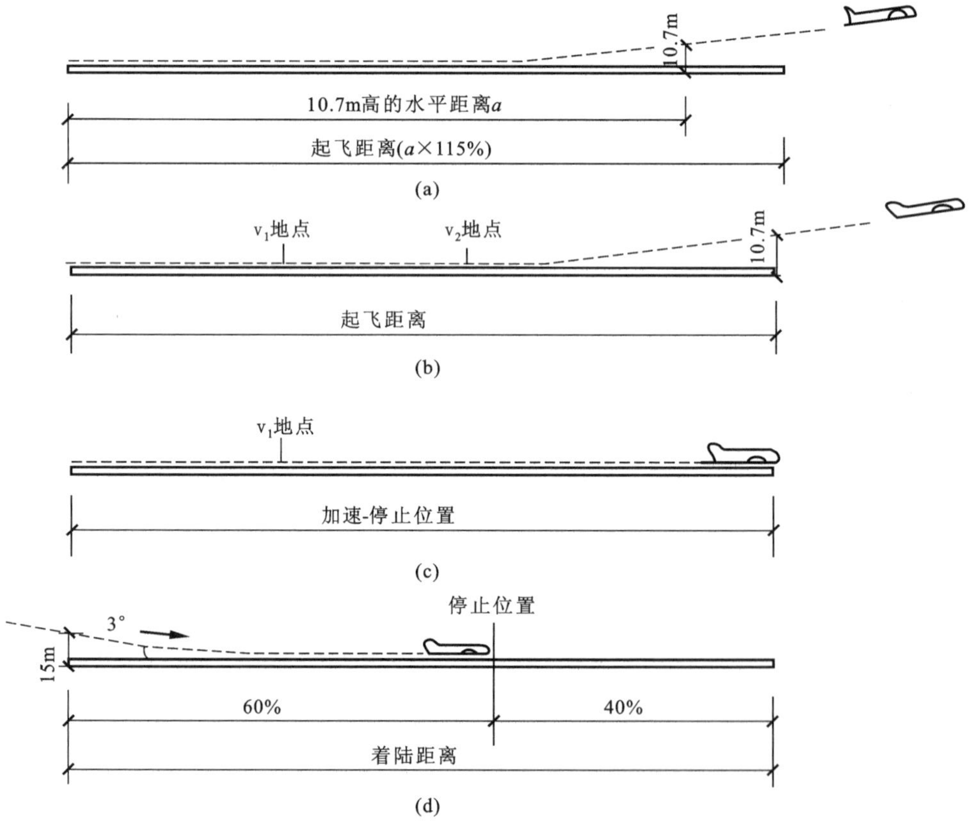

图 10.8　决定机场跑道长度的条件

(a)全发正常起飞距离;(b)一发失效起飞距离;(c)加速-停止距离;(d)着陆距离

我国民航机场的跑道通常用水泥混凝土筑成，也有的用沥青混凝土筑成。一般民航机场只设一条跑道，有的运输量大的机场设置两条或更多的跑道。

跑道按其作用可分为主要跑道、辅助跑道、起飞跑道三种。

①主要跑道是指在条件许可时比其他跑道优先使用的跑道，按该机场最大机型的要求修建，长度较长，承载力也较高。

②辅助跑道也称次要跑道，是指因受侧风影响，飞机不能在主跑道上起飞、着陆时，供辅助起降用的跑道。由于飞机在辅助跑道上起降都有逆风影响，所以其长度比主要跑道短一些。

③起飞跑道是指只供起飞用的跑道。

飞机场跑道又根据其配置的无线电导航设备情况分为非仪表跑道和仪表跑道。非仪表跑道是指只能供飞机用目视进近程序飞行的跑道。而仪表跑道是指可供飞机用仪表进近程序飞行的跑道，仪表跑道又可分为非精密进近跑道和精密进近跑道，后者有Ⅰ类、Ⅱ类和Ⅲ类之分，其装有仪表着陆系统，能把飞机引导至跑道上着陆和滑行。我国大多数机场具备了Ⅰ类精密进近条件，北京首都机场、上海浦东机场具备了开放Ⅱ类精密进近的条件。

飞机场除跑道外，还有其他一些起辅助作用的道路设施：

①跑道道肩。它是跑道和土质地面之间的过渡，以减少飞机一旦冲出或偏离跑道时的损坏风险，也有减少雨水从邻近土质地面渗入跑道下基础的作用，以确保土基强度。

②停止道。停止道设在跑道端部，飞机中断起飞时能在上面安全停止。设置停止道可以缩短跑道长度。

③机场升降带土质地区。跑道两侧的升降带土质地区，主要保障飞机在起飞、着陆滑跑过程中一旦偏出跑道时的安全，其上不允许有危及飞机安全的障碍物。

④跑道端的安全区。指设置在升降区两端，用来应对起飞、着陆时飞机偶尔冲出跑道以及提前着地等情况的安全区域。

⑤净空道。机场设置净空道，以确保飞机完成初始爬升(10.7 m 高)。

(2)滑行道和停机坪

滑行道(Taxiway)是主要供飞机从一处安全便捷地滑行至另一处的通道。飞机在飞机场中地面活动的路线主要为“跑道⟺滑行道⟺停机坪⟺维修机坪”。滑行道有 5 种：

①进口滑行道(设在跑道端部，供飞机进入跑道起飞用)；

②旁通滑行道(设在跑道端附近，供起飞飞机临时不起飞时滑回用)；

③出口滑行道(供飞机脱离跑道用)；

④平行滑行道(供飞机通往跑道两端用)；

⑤联络滑行道(供站坪至跑道间或双平行滑行道间联络用)。

停机坪(Parking Apron)供飞机停放、上下旅客、完成起飞前准备和到达后各项作业用。

(3)机场道面(Pavement)使用要求

为保证飞机起降安全，对机场道路应有下列要求：

①强度——道面的整体结构应有对变形的抵抗能力和抗弯、抗压及抗磨耗的能力。

②平坦度——道面应坚实平整，否则会引起机翼机身结构的疲劳破损，导致起落架受振，增加道路受载，影响驾驶员正常操作，使乘客感到不适。

③粗糙度——这是出于保证飞机着陆后能在跑道范围内刹车停止的需要；如达不到要求，可采用在道面上刻槽的办法加以改善。

④横坡——保证道面排水的主要措施。

⑤稳定性——指在使用年限内的各种气候和水文条件下具有足够的强度和刚度，并不受燃油等溶剂侵蚀，具有耐高速喷气流的稳定性。

⑥洁净——无砂、石等松散物。

(4)旅客航站楼、机场停车场、机场维护区等工程设施,本节不另赘述。

10.3.3 我国民用机场建设特点

(1) 全国机场总体布局合理

中华人民共和国成立初期我国仅有机场36个,规模小、设备简陋。至2020年,依据前期规划,我国已建成北方机场群(54个)、华东机场群(49个)、中南机场群(39个)、西南机场群(52个)、西北机场群(50个)等5大区域机场群,共计244个民用机场。

(2) 机场设施逐步完善,安全运行保障水平不断提高

目前,我国大部分省级行政中心城市的机场以及厦门高崎、大连周水子、宁波栎社、青岛流亭、珠海三灶、三亚凤凰、桂林两江等机场均为4E及以上飞行区级别。这些机场的飞行区设施将满足日益增长的飞行运行需求以及使用机型的要求。各机场的航管、导航、通信、气象及目视助航设施的现代化程度也不断提高,包括安检、监控等系统在内的安全防空设施日趋完善。我国现有旅客航站楼的总建筑面积约18 006 000 m^2。

(3) 机场建设技术水平不断提高

如飞行跑道已广泛采用柔性道面(即沥青混凝土道面),特别是改性沥青的使用,满足了飞机重轮载作用以及道面的防滑要求。以往采用的水泥混凝土道面也改变了一贯在道面中设置胀缝的做法(防止夏季道面热胀用,每隔20～40 m设一条,间隙宽18～25 mm,为防止渗水,上部50～60 mm深度内灌以填缝料,下部设置用沥青浸制的软木嵌条,板厚中央处设置钢筋传力杆),可按不设缝处理。而且目前民用机场旧道面改造大都已采用柔性加盖、不停航施工的方法,其施工技术和管道设置日趋成熟。又如,旅客航站的设计概念逐步多样化,航站楼及站坪的平面采用前列式、指廊式、卫星式、远机位式或其相互结合等多种类型,以增加近机位,方便旅客。航站楼的人均建筑面积已达到14～26 m^2(国内航班)和28～40 m^2(国际航班)的标准,现代化设备如值机、安检、航班动态显示、监控、广播、时钟、计算机信息管理、旅客离港、系统集成、楼宇自控、行李自动传输与分捡、自动步道和扶梯、旅客登机桥等较先进设施日趋完善。

(4) 机场建设的发展前景美好

20世纪90年代以来我国机场建设一直保持较高发展速度。2023年飞机运行次数为1 170.8万架次、旅客吞吐量为12.59亿人次、货物吞吐量为1 683.3万t。

10.3.4 北京大兴机场简介

北京大兴国际机场(Beijing Daxing International Airport,IATA:PKX,ICAO:ZBAD)(图10.9)位于中国北京市大兴区榆垡镇、礼贤镇和河北省廊坊市广阳区之间,北距天安门46 km、北距北京首都国际机场67 km、南距雄安新区55 km、西距北京南郊机场约640 m(围场距离),为4F级国际机场、世界级航空枢纽、国家发展新动力源。2014年12月26日,北京新机场项目开工建设;2018年9月14日,北京新机场定名为"北京大兴国际机场";2019年9月25日,北京大兴国际机场正式通航。

北京大兴国际机场航站楼按照节能环保理念,建设成为中国国内新的标志性建筑,主楼屋顶是一个整体结构单元,由中部8根"C形柱"、12个位于商业服务舱体顶部的支点共同支撑。航站楼设计高度50 m,采用屋顶自然采光和自然通风设计,同时实施照明、空调分时控制,采用地热能源、绿色建材等绿色节能技术和现代信息技术。北京大兴国际机场主航站楼和配套服务楼、停车楼的总建筑规模约140万m^2。航站楼面积78万m^2,设104座登机廊桥;地上地下一共5层,轨道交通在航站楼地下二层设站,地下一层是广场式的换乘中心,可以换乘高速铁路、地铁、城际铁路等,其中包括京雄城际铁路和廊涿城际铁路;地上一层是国际到达,二层是国内到达,三层是国内自助、快速通关,四层是国际出发和国内行李托运。北京大兴国际机场航站楼形如展翅的凤凰,是五指廊的造型,造型设计以旅客为中心,整个航站楼有79个登机口,旅客从航站楼中心步行到达任何一个登机口,所需的时间不超过8 min;航站楼顶部的圆形玻璃穹顶直径有80 m,周围分布着8个巨大的C形柱,撑起整个航站楼的楼顶,C形柱周围有很多气泡窗,主要用来采光,航站楼可抵抗12

图 10.9 北京大兴国际机场

级台风。

北京大兴国际机场空管设施包括大兴机场空管和北京终端管制中心，总建筑面积 13.3 万 m^2。其中大兴机场空管面积 6.7 万 m^2，包括东塔台（高 74 m）及附属楼、西塔台（高 70 m）、空管核心工作区（4.8 万 m^2）。截至 2021 年 2 月，北京大兴国际机场有四条跑道，东一、北一和西一跑道宽 60 m，长分别为 3 400 m、3 800 m 和 3 800 m，西二跑道长 3 800 m，宽 45 m；其中西一和东一跑道间距达 2 350 m，为日后机场扩建留下了充足的发展空间。另有北京南郊机场为北京南苑机场军用部分的转场机场[也为北京大兴国际机场远期的西飞行区（西三跑道）的组成部分]。目前北京大兴国际机场民航站坪共设机位 223 个，其中近机位 76 个，远机位 147 个；从分机位等级来看，有 C 类机位 122 个、D 类机位 4 个、E 类机位 77 个、F 类机位 20 个。

复习思考题

10.1 试述港口、飞机场建设在国民经济建设中的重要地位和港口、飞机场在交通运输中的重要作用。

10.2 港口有哪些类型？海岸港、河口港、河港有什么区别？一个优良港口的选择应满足哪些基本要求？

10.3 试述港口的基本组成。

10.4 港口建设中有哪些水工构筑物？它们各起什么作用？

10.5 码头结构一般由哪些基本构件组成？它们的一般承受哪些荷载？它们一般受力状况怎样？和房屋结构中同类构件的受力状况有何不同？

10.6 防波堤有哪几种？它们消波的原理是什么？它们的消波性能有什么不同？

10.7 试简述民航飞行区的分级情况。

10.8 试述跑道在飞机场建设中的作用，它一般有哪些方案？它由哪几种跑道组成？决定主要跑道长度的条件有哪些？

10.9 试述滑行道的作用和类别。

10.10 试述机场道面的技术要求。

11　给排水工程概述

给水和排水工程指用于水供给、废水排放和水质改善的工程，简称给排水工程，分给水和排水工程两部分。此外，在建筑物内部，也有室内供应水和排除废水的设施，习惯上称室内给排水，它隶属于整个给排水工程，又具有其相对独立性。

改革开放以来，随着建筑业的蓬勃发展，建筑给排水已由原来简单的房屋卫生设备设计演变为一个相对完整的专业体系。现阶段的建筑给排水由建筑内部给排水、建筑灭火、居住小区给排水、建筑水处理和特殊建筑给排水五部分组成。其主体部分是建筑内部给排水，包括给水、排水和热水供应，基础是卫生设备。

11.1　给水工程

11.1.1　给水工程系统

建筑给水系统的任务就是经济合理地将水从室外给水管网输送到设于室内的各种配水龙头、生产和生活用水设备或消防设施处，满足用户对水质、水量和水压等方面的要求，保证用水安全可靠，根据建筑物内用水用途可分为生活用给水系统、生产用给水系统和消防用给水系统。图 11.1 为给水工程系统的组成。

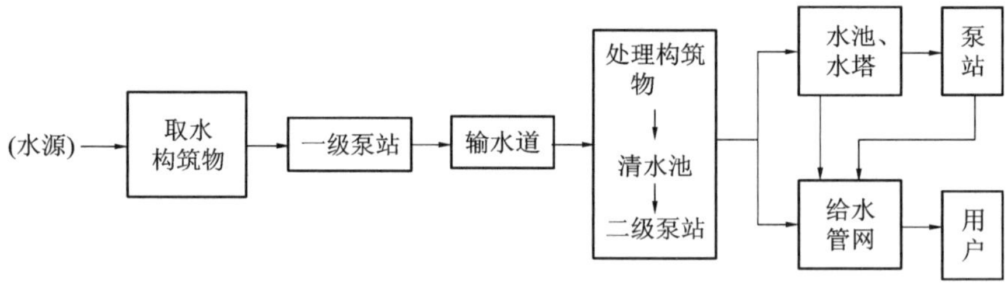

图 11.1　给水工程系统的组成

(1)生活用给水系统

生活用给水系统主要供给家庭、机关、学校、部队、旅馆等居住建筑、公共建筑以及工业建筑内部的饮用、烹调、盥洗、洗涤、淋浴等用水。生活用给水的水质必须严格符合国家规定的饮用水水质标准。

在淡水资源缺乏的地方，如中国香港，冲洗厕所便器采用海水；在日本，有些建筑冲洗厕所便器和冲洗汽车采用经过处理后的盥洗沐浴废水，即“再用水”，这一系统俗称“中水道”。前者在室内须设置独立的海水管道系统，后者在室内需设置独立的“中水道”管道系统。为了节约用水，也有把那些经使用后水质未受污染的水收集起来重复利用的复用水系统。

(2)生产用给水系统

因各种生产的工艺不同，生产用给水系统种类繁多，主要用于以下几个方面：生产设备的冷却、原料和产品的洗涤、锅炉用水和某些工业的原料用水等。生产用给水对水质、水量、水压以及安全方面的要求由于工艺不同，差异较大，应根据生产性质和要求确定。

(3)消防用给水系统

消防用给水系统主要供给扑救火灾的消防用水。根据《建筑设计防火规范(2018 年版)》(GB 50016—2014)的规定，某些层数较多的民用建筑、大型公共建筑以及容易引起火灾的仓库、生产车间等，必须设置室内消防给水系统。消防给水对水质没有特殊要求，但必须保证足够的水量和水压。

上述三种给水系统在一幢建筑物内并不一定单独设置，可以根据水质、水压和水量以及室外给水系统情况，考虑技术、经济和安全条件等方面因素，相互组成不同的共用给水系统。如生产、消防共用给水系统，生活、生产共用给水系统，生活、消防共用给水系统，生活、生产、消防共用给水系统。当两种或两种以上用水的水质、水压要求相近时应尽量采用共用给水系统。根据具体情况，也可以将生活用给水系统划分为生活饮用给水系统和生活杂用给水系统。

在工业企业内部，由于生产工艺的不同，生产过程中各道工序对水质、水量的要求各有不同，所以将生产给水按水质、水压要求，分别设置为多个独立的给水系统也是合理的。为了节约用水、降低成本，可将生产给水系统再划分为循环使用和重复使用给水系统。

11.1.2 室内给水系统的组成

一般情况下，建筑给水系统由下列各部分组成，如图 11.2 所示。

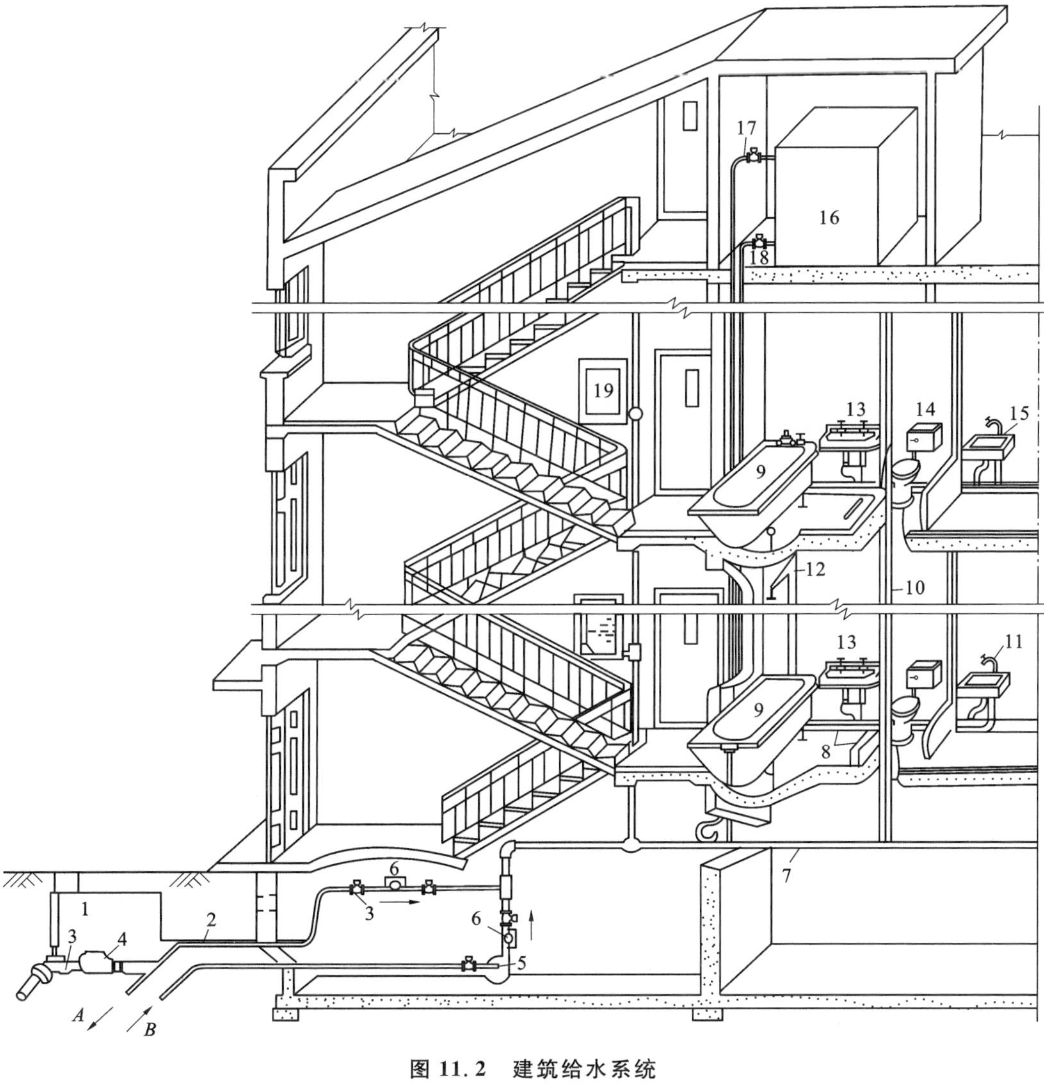

图 11.2 建筑给水系统

1—阀门井；2—引入管；3—闸阀；4—水表；5—水泵；6—止回阀；7—干管；8—支管；9—浴盆；10—立管；11—水嘴；12—淋浴器；13—洗脸盆；14—大便器；15—洗涤盆；16—水箱；17—进水管；18—出水管；19—消火栓；A—入贮水池；B—来自贮水池

(1)水源

水源是指城镇给水管网、室外给水管网或自备水源。

(2)引入管

对于一幢单体建筑而言,引入管是由室外给水管网引入建筑内管网的管段。

(3)水表节点

水表节点是安装在引入管上的水表(Water Meter)及其前后设置的阀门(Valve)(新建建筑应在水表前设置管道过滤器)和泄水装置的总称。此处水表用以计量该幢建筑的总用水量。水表前后的阀门用于水表检修、拆换时关闭管路。泄水口主要用于室内管道系统检修时放空管道,也可用来检测水表精度和测定管道进户时的水压值。设置管道过滤器的目的是保证水表正常工作及其量测精度。

(4)给水管网

给水管网指的是建筑内的水平干管、立管和横支管。

(5)配水装置与附件

即配水水嘴、消火栓、喷头与各类阀门(控制阀、减压阀、止回阀等)。

(6)增(减)压和贮水设备

当室外给水管网的水量、水压不能满足建筑用水要求,或建筑内对供水可靠性、水压稳定性有较高要求时,以及在高层建筑中需要设置各种设备,如水泵、气压给水装置、变频调速给水装置、水池、水箱等增压和贮水设备。当某些部位水压太高时,需设置减压设备。

(7)给水局部处理设施

当有些建筑对给水水质要求很高,超出我国现行生活饮用水卫生标准时或其他原因造成水质不能满足要求时,就需要设置一些设备、构筑物进行给水深度处理。

11.2 排水工程

排水系统是指收集、输送、处理、利用废水并将废水排入水体的全部工程设施。建筑排水系统的任务是收集居住建筑、公共建筑及生产建筑所产生的污水、废水以及雨水和雪水,经局部处理后排入城市市政管网或水体。

11.2.1 城市污水排水系统

城市污水排水系统由室内污水管道系统和设备、室外污水管道系统、污水泵站及压力管道、污水处理厂、出水口及事故排出口五部分组成。

建筑内排水系统按其所排污(废)水性质的不同,可分为四类:

(1)生活污水排水系统

生活污水主要是生活粪便污水,为减小化粪池容积,可将粪便污水单独收集后排入化粪池处理。为节约用水,尤其是在水源匮乏地区,建筑常设有中水处理系统,此时需要单独回收洗涤、盥洗、沐浴用水,故需将粪便污水与洗涤、盥洗、沐浴废水分开,分别设独立排水系统。

(2)生活废水排水系统

仅收集洗涤、盥洗、沐浴废水的排水系统称为生活废水排水系统。这些废水一般排放到庭院经简单处理后,再送回建筑中用其冲洗大便器,一般在设置中水系统时采用此排水系统。在普通建筑中,生活废水一般与生活污水共用一个管道系统汇集并排出,该系统也称为生活污水排水系统。

(3)工业废水排水系统

工业废水排水系统主要用于排除工业企业生产过程中所产生的污水、废水。

因工业生产的工艺不同、性质不同,其所产生的废水所含杂质、污染物的性质也不同,对环境的污染程度也不同。根据工业废水的处理和利用情况,一般将工业废水排水系统分为生产污水排水系统和生产废水排水系统,前者为污染程度严重的工业废水排水系统,后者为较洁净的工业废水排水系统。

(4)雨水排水系统

雨水排水系统主要用于排除屋面的雨水及融化的雪水，它们一般比较洁净，可直接排入水体。雨水排水系统主要由房屋的雨水管道系统和设备、街坊或厂区雨水管渠系统、街道雨水管渠系统、排洪沟和出水口五部分组成。

在进行排水系统设计、施工时，必须分清所排污水、废水的性质和排放体制，方能进行管道的布置。

11.2.2 建筑内排水系统组成

建筑内部排水系统如图 11.3 所示。

(1)卫生器具或生产设备收集器

卫生器具或生产设备收集器是用来承受水或收集污水、废水的容器。常用的卫生器具如洗脸盆、洗涤盆、浴盆等。雨水系统的收集器是雨水斗，生产设备的收集器一般是排水设备。

(2)排水管道

①设备或器具排水管：与排水设备相连，连接到排水横支管或直接连接到排水立管的管道。

②排水横支管：连接多个器具排水管，水平方向输送污水、废水的管道。

③排水立管：一般连接多层排水横支管，竖直方向排泄污水、废水的管道。

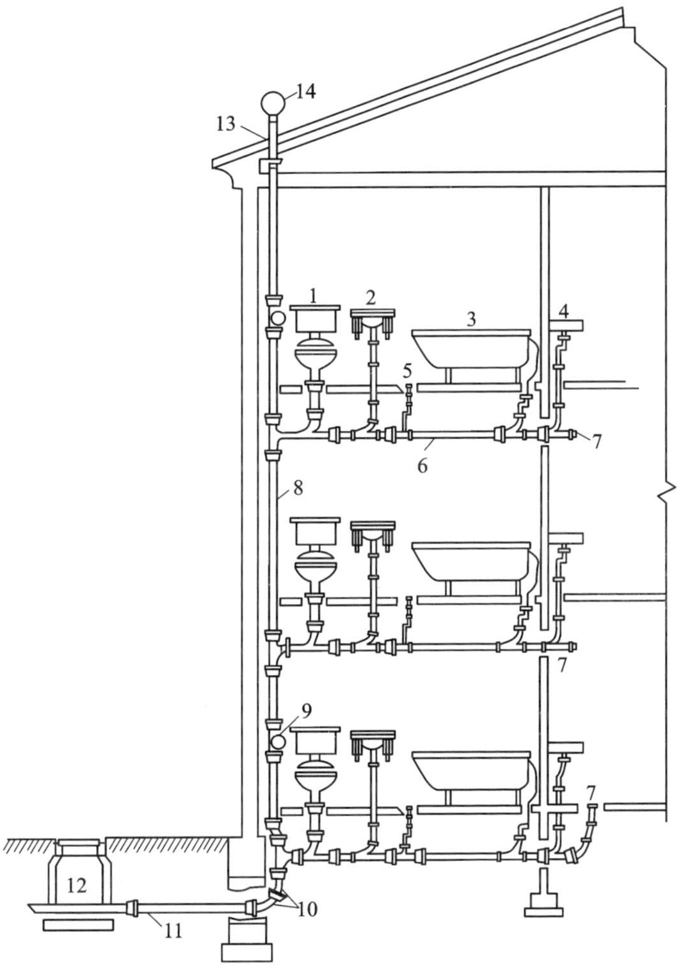

图 11.3 建筑内部排水系统

1—大便器；2—洗脸盆；3—浴盆；4—洗涤盆；5—地漏；6—横支管；7—清扫口；8—立管；9—检查口；10—45°弯头；11—排出管；12—排水检查井；13—升顶通气管；14—网罩

④排水干管：一般连接一个或多个排水立管，水平输送污水、废水的管道，亦称排水总管。

⑤排出管：连接排水干管，水平方向穿过建筑外墙或外墙基础，引向室外污水检查井的管道，亦称出户管。

⑥水封装置：卫生器具或污水收集器与排水管道之间相连的一种存水装置，一般与器具排水管管径相同，俗称存水弯。其存水高度为 50～100 mm，用以阻挡排水系统中的臭气散逸到室内而污染室内环境。

(3)通气管

其作用是保证排水系统在任何时候均与室外大气相通，使系统工作时内部压力变化极小，以防止排水器具水封被破坏，使水流畅通，并将排水系统中的臭气及有害气体排放到大气中去。低层建筑排水系统的透气管一般是由排水立管延伸出屋面所形成的升顶通气管。对于排水量大的多层建筑或高层建筑，其排水系统除应设有升顶通气管外，还应视具体情况设专门通气管系统。

(4)清通设备

一般的清通设备有检查口、清扫口、检查井及带有清通门(盖板)的 90°弯头或三通接头等。

(5)抽升设备

当建筑内污水、废水不能自流排出室外时，应设置污水抽升设备。主要污水抽升设备有污水池和污水泵。

(6)污水局部处理构筑物

当室内污水未经处理不允许直接排入城市管网或水体时，应设置局部的污水处理构筑物。如餐饮业排水含有大量油脂；医院排水含有大量细菌、病毒或放射性元素超标；汽车修理间排水含有大量机油、汽油、柴油；工业企业排水含有有毒和有害物质或大量酸碱污水；某些加热设备如锅炉，排放温度超过 40℃；等等。这些情况均需设置污水局部处理构筑物。

11.3 建筑给排水技术的现状及发展趋势

11.3.1 建筑给水技术的现状及发展趋势

(1) 现状分析

当前，建筑给水技术已经实现了从过去的传统供水方式向智能化、节能化方向的发展。主要体现在以下几个方面：

①智能化供水系统

智能化供水系统通过利用先进的传感器、监测设备和自动控制技术，实现对建筑内供水系统的实时监测和调节。这种技术可以大大提高供水系统的可靠性和稳定性，减少人为操作的错误和漏检等问题。

②节水技术的应用

随着水资源的日益紧张，节水已经成为建筑给水技术发展的重要方向。现代建筑给水系统普遍采用水量控制装置，通过合理调节供水压力和流量，实现节水效果。此外，还有一些新型的节水设备和技术被应用于建筑给水系统中，如智能感应水龙头、节水冲厕技术等。

③水质安全技术的改进

水质安全是建筑给水技术发展的重中之重。现代建筑采用了一系列的水处理设备和技术，如过滤器、紫外线杀菌装置等，用于提供安全、健康的饮用水。此外，还有一些新兴技术，如逆渗透膜技术、电解水技术等，能为用户提供更高品质的水源。

(2)发展趋势展望

建筑给水技术在未来将继续朝着以下几个方向发展：

①智能化与物联网的结合

随着物联网技术的不断发展，建筑给水技术将更加智能化、网络化。未来的建筑给水系统可以通过物联网技术实现对供水设备的远程监控和操作，实时获取数据和状态信息，提高运行效率和管理水平。

②绿色环保与可持续发展

绿色环保和可持续发展已经成为现代社会的发展方向，这也将直接影响到建筑给水技术的发展。未来，建筑给水系统将更加注重节能减排、循环利用等环保理念的应用，例如利用雨水、污水回用等技术，降低对自然资源的消耗和污染。

③智慧用水和精准供水

通过引入大数据、人工智能等技术，建筑给水系统将实现智慧用水和精准供水。系统可以根据建筑的实际需求和使用情况，精确控制供水压力、流量等参数，实现用水效率的最大化。同时，用户可以通过手机等终端设备对用水情况进行监控和控制，实现合理管理和节约用水。

11.3.2 建筑排水技术的现状及发展趋势

(1)现状分析

建筑排水系统主要包括室内排水系统和室外排水系统两个方面。目前，建筑排水技术已经取得了较大的进展。

①室内排水系统

室内排水系统通过设计合理的排水管道网络，将建筑物内部的污水、雨水等排出建筑物，并经过处理后排入污水处理设施或自然水体中。现代建筑普遍采用一体化排水系统，这种系统不仅简化了管道网络，还减少了漏水和阻塞等问题的发生。

②室外排水系统

室外排水系统主要包括建筑物周边的雨水排放和泄洪排放系统。现代建筑通常采用分流排水系统，将雨水和污水分别排放，这样可以减少污水处理设施的负荷，提高排水效率。

(2)发展趋势展望

建筑排水技术在未来将朝着以下几个方向发展：

①绿色环保和综合利用

未来建筑排水系统将更加注重绿色环保和综合利用。例如，在室内排水系统中采用更加高效的污水处理技术，将污水处理后用于浇灌园林等；在室外排水系统中，采用雨水收集与利用技术，将雨水收集起来进行蓄存和利用，减少排水量。

②自清洁排水系统

自清洁排水系统是一种新的技术趋势。该系统通过特殊的设计和材料选择，实现排水管道内的自洁功能，减少管道堵塞和污物沉积的问题。未来，自清洁排水系统将更加成熟和普及。

③完善排水设施的建设

随着城市化进程的不断推进，城市排水设施建设将得到进一步加强。未来建筑排水系统将与城市排水系统紧密衔接，形成完整的排水网络，解决城市排水难题。

④防洪与灾害风险管理

受气候变化的影响，灾害性天气事件频发，防洪与灾害风险管理成为重要问题。未来建筑排水系统将重点考虑防洪和灾害风险管理的要求，增加相应的设施和功能，提高抗洪能力。

建筑给排水技术在智能化、节能化、绿色环保等方面取得了较大的进展。未来，随着科技的发展和社会需求的提升，建筑给排水技术将继续向智慧化、绿色化、综合化的方向发展。这将为建筑物的使用和管理带来更多的便利和效益，同时也为节约水资源、提高水环境质量作出积极贡献。

复习思考题

11.1 试述给水工程系统的组成。
11.2 室内给水系统由哪些部分组成?
11.3 简述建筑排水系统的主要任务。
11.4 建筑内排水系统由哪些部分组成?
11.5 试述建筑给排水技术的发展趋势。

12　土木工程的建设

12.1　建设程序

土木工程由于以下一些原因，涉及面广，内外协作配合环节多，关系错综复杂，必须按照一定程序才能有条不紊地进行。这些原因有：

①对社会发展影响巨大　它是工业、农业、商业和科学、文教事业发展的基础，被称为基本建设。

②对城市建设影响深远　它是城市规划、城市改造和城市景观的重要元素，称为城市基础。

③耗资巨大　2023 年，全国建筑业完成产值 315 912 亿元，占当年全国社会固定资产投资总额的 22.1%。

④从业人员众多　2023 年，全国建设业从业人数为 5 253.75 万人。

⑤材料品种繁多　一项巨型建设项目往往需采用几十万吨甚至数百万吨建筑材料和制品。

下面对土木工程的建设进行讨论。土木工程的建设程序一般包括立项、报建，可行性研究，建设项目选址，编制勘察设计任务书，测量地形，勘察地质水文情况，编制设计文件，工程招标和投标，工程施工，竣工验收，交付使用等环节。

(1) 立项、报建

立项、报建是工程项目建设程序的第一步。其应说明的主要内容包括工程项目的目的、必要性和依据，拟建规模和建设的设想，建设条件及可能性的初步分析，投资估算和资金筹措方案，项目的进度安排，经济效益和社会效益估计等。将此内容写成书面报告(称项目建议书)报请上级主管部门批准，通过后方可组织兴建。

(2) 可行性研究(图 12.1)

批准立项后，应对项目建议书所列内容进行可行性研究，也即对下述问题进行具体分析和论证：

①项目提出的背景，建设的必要性；

②建设规模、产品方案、生产工艺、人员配备和组织机构、主要设备、相应的技术经济指标；

③技术上的可能性和先进性，与国内外类似项目的比较，材料、能源来源，交通运输情况，环保治理要求等；

④经济上的合理性和有效性，资金来源，成本利润，投资回报，经济效益和社会效益等；

⑤提出对建设地点、建设期限、建设环境(气候、地质、水文等)等的要求。

(3) 建设项目选址

要按照建设布局的需要以及经济合理和节约用地的原则，考虑战备和环境保护的要求，认真调查原料、能源、交通、地质、水文等建设条件，在综合研究和进行多方案比较的基础上，提出选址报告。建设项目选址应在取得城市规划部门和上级主管部门同意批准后最终确定，确定时要有批准文件作为依据。

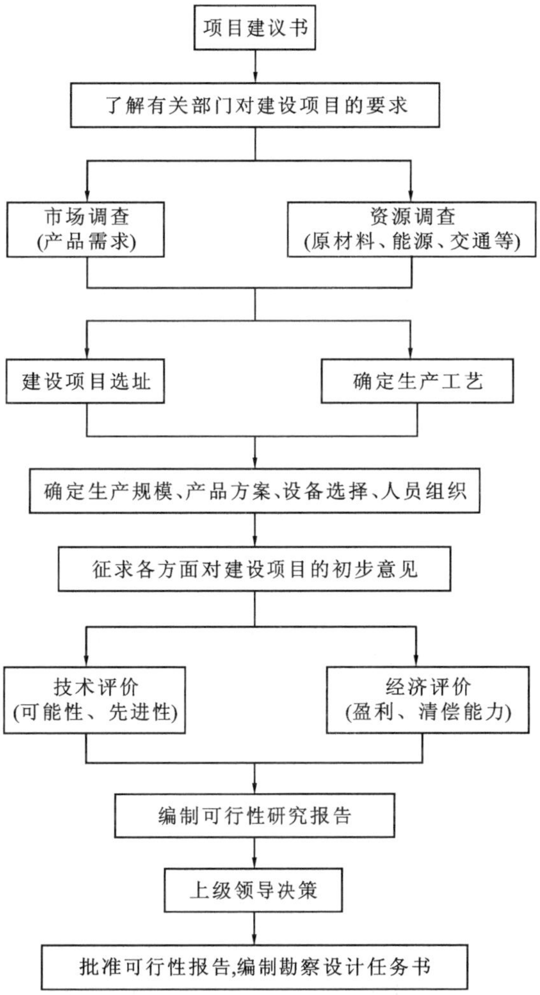

图 12.1　可行性研究工作框图

(4) 编制勘察设计任务书

在建设项目和可行性报告获得批准后，由建设单位组织编制工程地质勘察任务书和设计任务书。

设计任务书的内容是可行性研究报告要点、结论的具体化，它包括拟建项目的组成、使用面积和各种使用要求、质量标准、分期建设的期限等。如：

①建筑工程中的使用类型和规模，建筑面积和层数要求，采光、照明、上下水、强弱电、供热通风等使用要求；

②桥梁工程中的交通和行车类型，行人来往密度，车辆荷载等级，行车道、人行道宽度等。

勘察任务书应说明设计阶段(初步设计和施工图设计阶段对勘察的要求不同)，工程概况(建筑总平面、主要建筑物用途、建筑结构特点等)，勘察目的和勘察报告书应提交的内容。

(5) 测量地形

土木工程设施是建造在某个具体位置上的，建造任何设施都首先要弄清这个拟建场地的地表现状，也就是要弄清拟建地面上各种物体——平原、丘陵、道路、河流、房屋、树木等的几何形状和空间位置。这就是测量地形(Topographic Surveying)的工作。测量的成果是地形图。地形图的基本要素有比例尺、地物符号(表示房屋、道路、树木等)、等高线(表示高程①)、本图与相邻图幅的联系等，如图 12.2 所示。地形图在工程建设中的应用大体有：确定拟建房屋和道路、桥梁的高程；计算平整场地需填挖的土方量；计算占用土地的面积；绘制地形断面以确定道路、管线的坡度；确定汇水区域等。

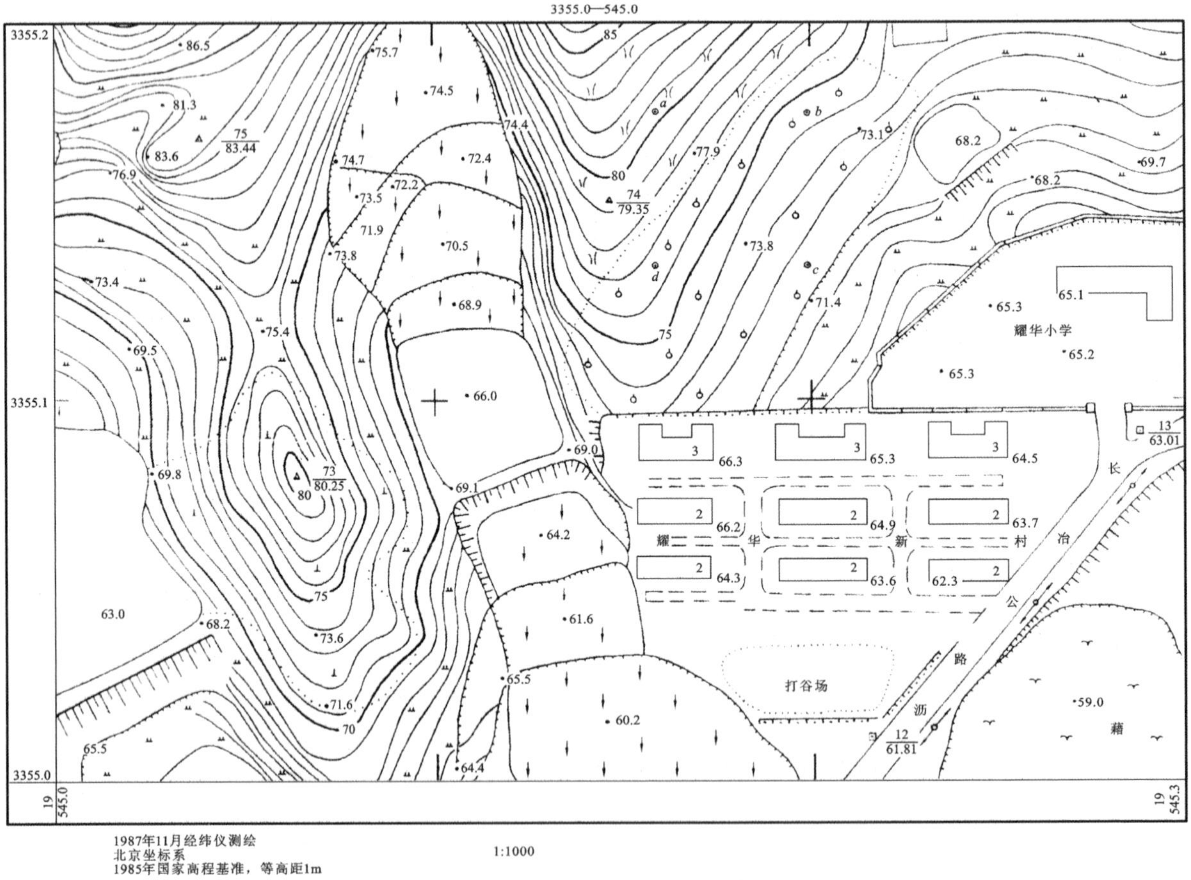

图 12.2　北京某地的地形图

(四周数字表示该地在北京的坐标，图中数字均为特征点或等高线的高程，图中各种符号表示房屋、道路、各种经济作物区等，图中密集的封闭或半封闭的曲线为等高线，此图的比例尺为 1∶1 000)

① 我国地形图的高程以青岛验潮站历年记录的黄海平均海水面为基准(0.00 m)，地面点的高程即地面点至此基准面的铅垂线长度。北京市中心点的高程为 43.71 m。

(6) 勘察地质水文情况

对土木工程设施所属地基和场地进行地质、水文勘察(Geological and Hydrological Research)的内容是:

①布置钻孔、提取土样或岩样,进行土样或岩样的物理力学试验;

②对地下水的水质进行测验,对地下水的高程及其历史变迁进行调查分析;

③对场地范围内的不良地质现象如滑坡、断层、溶洞、裂隙等情况进行调查分析;

④写出"工程地质勘察报告",其中要给出勘探点的平面布置图、工程地质剖面图(图 12.3)、土样岩样的物理力学试验数据,说明拟建工程设施基础的埋置深度、持力土层或岩层的承载力、地下水位和水质情况及对软土地基、不良地质的处理建议;

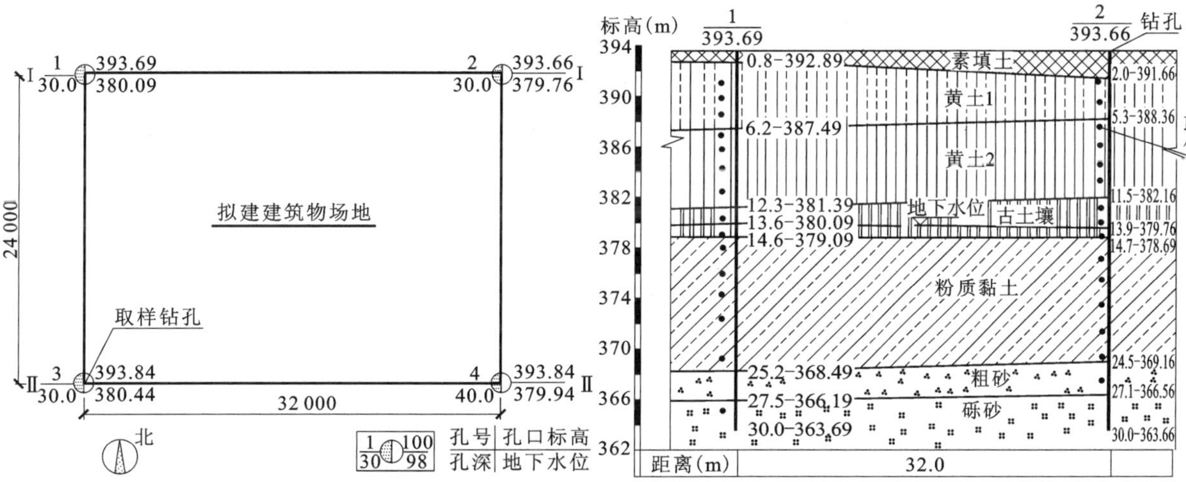

(a)　　(b)

图 12.3　勘探点平面图与工程地质剖面图

(a) 钻孔勘探平面图;(b) 工程地质剖面图 Ⅰ—Ⅰ

⑤对于桥梁工程设施,除上述内容外还要调查和测量河流的水文情况,包括河道性质、冲刷情况等,要收集与分析历年洪水资料,测量河床横断面,调查河槽各部分的形态标志,了解通航水位和通航需要的净空要求以及河流上的水利设施对新建桥梁的影响。

(7) 编制设计文件

建设单位应根据设计任务书通过招投标选择设计单位(招投标的一般性介绍见 12.5 节)。设计单位应按照设计任务书的要求编制设计文件(Design Document),它是安排落实建设项目和组织该项目施工的主要依据。

各类土木工程设施的设计内容和程序如图 12.4 所示。

施工图阶段的设计文件有:

①全套建筑、结构、给排水、供热制冷通风、电气的施工图纸(如平、立、剖面图和构造详图)和相应的设计说明、计算书,供施工用;

②主要结构用材料与装饰用材料、半成品和构配件的品种和数量,以及需用设备,供订货用;

③编制总预算,提出与建设项目总进度相符的分年度资金需要;

④协助建设单位编制建筑施工的招投标标底,以满足工程招投标文件的需要。

在上述施工图设计阶段之前,还有初步设计和技术设计两个阶段。初步设计是对经批准的可行性研究报告所提出的内容进行概略设计(一般中小型建设项目都具有此阶段);技术设计则是在初步设计基础上进一步确定建筑、结构、设备方面的技术要求(重要、复杂的大型建设项目才有此阶段)。初步设计或技术设计的结果都要落实到施工图阶段的设计中。

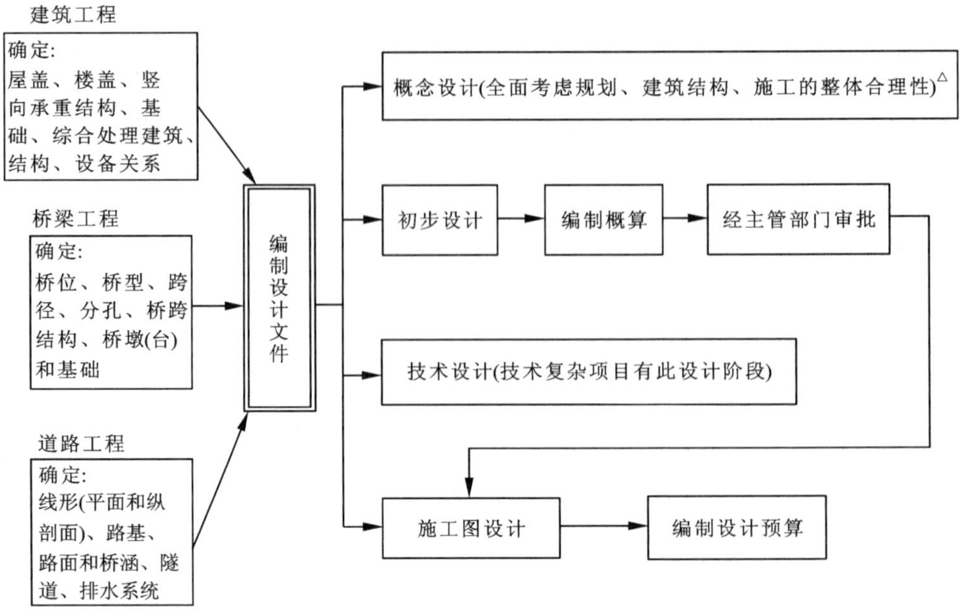

图 12.4　我国现行土木工程设施设计内容、程序示意

(△:目前尚无此明确的设计阶段)

(8) 工程招标和投标[见 12.5 节(2)]

(9) 工程施工(见 12.2 节、12.3 节、12.4 节)

(10) 竣工验收(见 12.2.4 节)

12.2　建筑工程施工

将设计的施工图转变为实际的建筑物,必须经过施工(Construction)。施工是建筑结构施工、建筑装饰施工和建筑设备安装的总称。

施工由施工准备、各工种施工实施和竣工验收三部分组成。

12.2.1　施工准备

施工准备(Construction Preparation)工作是指为了保证整个工程能够按计划顺利施工,在施工前必须做好的各项准备工作。它是施工程序中的重要环节。

施工准备工作的基本任务:调查研究各种有关工程施工的原始资料、施工条件以及业主要求,全面合理地部署施工力量,从计划、技术、物资、资金、劳力、设备、组织、现场以及外部施工环境等方面为拟建工程的顺利施工创造一切必要的条件,并为施工中可能发生的各种变化做好应变准备。

施工准备工作的内容有:

(1) 技术准备

技术准备是施工准备的核心。任何技术的差错都可能引起人身安全和质量事故。技术准备的主要工作有:

①熟悉、审查施工图纸和有关的设计资料。

②做好工程所在地的自然条件、技术经济条件的调查分析。如地质、水文、自然环境的情况,地方材料、地方能源、交通运输、劳动力技术水平等状况。

③编制施工图预算和施工预算,这是施工准备工作的主要组成部分。它是以施工图和工程预算定额及取费标准为依据编制的建筑安装工程造价的经济文件,是工程经济核算的依据。

④编制施工组织设计。

(2) 现场准备

施工现场准备是为了给拟建工程的施工创造有利的施工条件和物资保证。其具体内容有：

①做好场地测量，做到施工现场路通、水通、电通，拆除障碍物，平整场地。

②建造临时设施。即施工期间的生产、办公、生活、储存等临时建筑。

③做好冬季、雨季施工准备，落实防汛、排水、消防、环保等应对措施。

(3) 物资准备

准备保证开工和连续施工要求的建筑材料、施工机具、设备等。

(4) 人员准备

组建工程项目经理部，组织施工劳务。

(5) 施工场外准备

除施工现场内部的准备工作以外，还要做好施工现场外部的准备工作。如签订建筑材料的加工、订货合同，落实分包单位并签订分包合同，撰写开工申请报告，办理开工手续等。

12.2.2 施工组织设计

在上述工作中，特别要提及的是施工组织设计。施工组织设计(Planning and Programming of Project Construction)是用以指导施工组织与管理、施工准备与实施、施工控制与协调、资源的配置与使用等全面性的技术、经济文件；是对施工活动的全过程进行科学管理的重要手段。通过编制施工组织设计，可合理地确定施工方案、施工方法、施工进度、劳动组织、技术组织、材料设备的组织、施工现场的布置，确保安全生产。施工组织设计又分施工组织总设计、单位工程施工组织设计和分部或分项工程作业设计三类，其层次见图12.5(a)；其中单项工程、单位工程和分部分项工程的划分见图12.5(b)。无论哪类施工组织设计都应具备下列基本内容：

(1) 工程概况

工程概况由以下两部分组成，它们是施工组织设计的出发点。

①建设项目特征　包括建筑面积、占地面积，结构类型，新技术、新材料应用情况，需用资金，建筑总平面图等。

②施工条件　包括建设场地的地点，地形、地貌、地质、水文状况，工期要求，材料供应情况，施工用水、用电和交通运输条件，施工机械设备条件，承包方式等。

(2) 施工部署

即工程开展的程序，其涉及整个建设项目能否迅速投产或使用的战略意图。如一个住宅小区中住宅楼房和商店、学校、幼儿园、锅炉房、水泵站、变电所等设施的分期分批建设程序，是此小区交付使用时能否及早发挥社会效益和经济效益的关键。

(3) 施工方案

它是施工组织设计的核心，其合理与否将直接关系到施工效率、质量、工期和技术经济效果。它包括：

①施工程序和流程　如地下和地上、土建和设备、主体和围护、结构和装饰的关系；施工段、施工层的划分；在平面或空间上施工的先后顺序及其展开方向；不同工种在时间上的搭接和空间上的利用等。

②选择施工技术方案和施工机械　如在建造房屋基础前的土方工程中要确定地表水的排水方法和选用挖土机械；浇筑混凝土基础时要确定泵送混凝土的方法和选用混凝土运送工具等。

③制定技术组织措施　也即制定确保工程质量、安全消防、节约原材料、降低成本以及文明施工所采用的方法。

(4) 施工进度计划

指根据现场实际条件安排施工的进度，以及劳动力和资源的需求。通常采用下述流水作业或网络计划技术两种办法来安排施工进度和跟踪、控制施工进度。

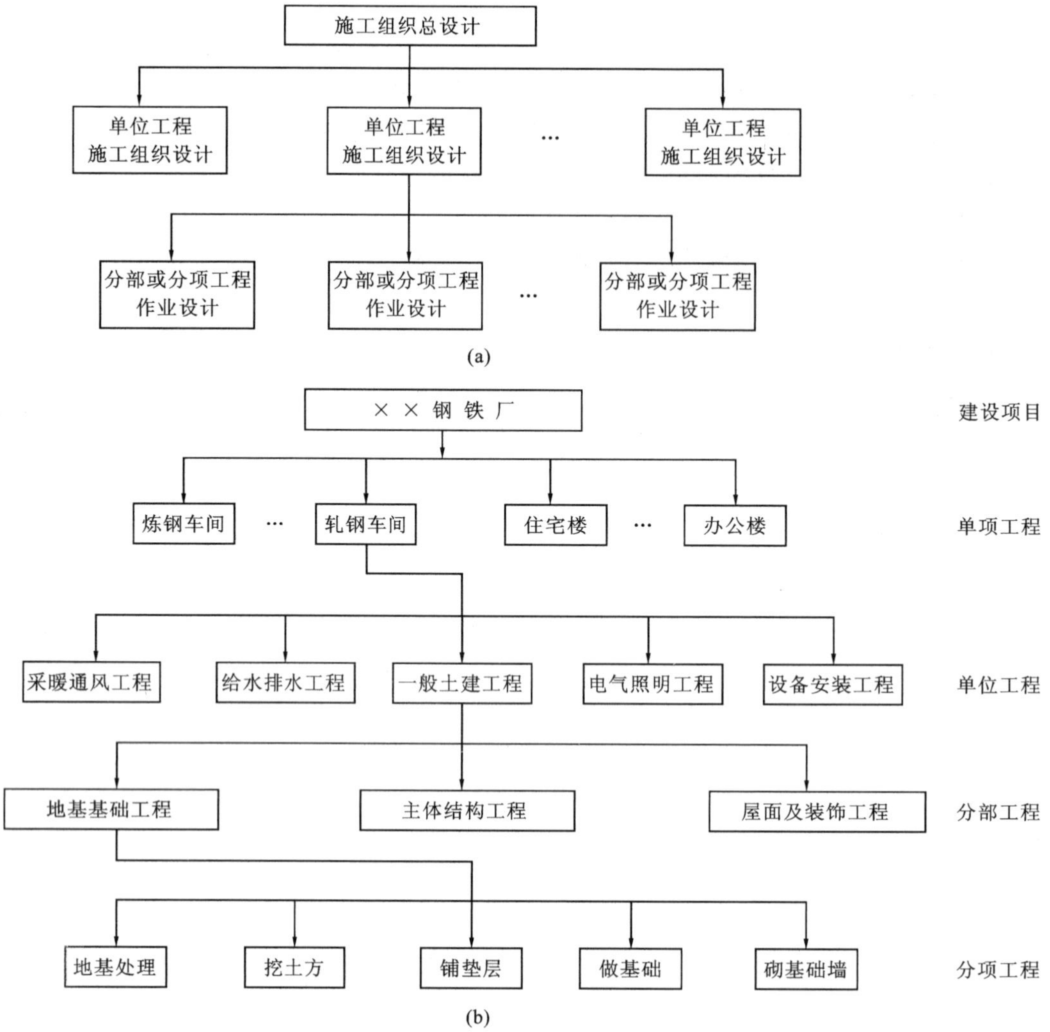

图 12.5　施工组织设计

(a) 三种施工组织设计;(b) 建设项目中几种工程的划分

流水作业施工应采用分段作业、搭接施工的施工组织方式。如一栋房屋有两个单元,按单元分成两段,基础施工分成挖土方、做基础(含铺垫层、砌基础)、回填土等 3 个工序,挖土工队在第一段施工完毕,进入第二段挖土方,同时基础工队转入第一段施工,完成后,基础工队进入第二段进行基础施工,回填土工队进入第一段施工,依次进行。上述流水过程可用图 12.6(a)表示。

网络技术是应用网络图形来表达一项计划或工程中各项工作的开展顺序及其相互之间的关系,通过对网络图进行时间参数的计算,找出计划中的关键工作和关键线路;继而通过不断改进网络计划,寻求最优方案,以求在计划执行过程中对计划执行情况进行有效的控制和监督,保证合理地使用人力、物力和财力,以最小的消耗取得最大的经济效果。上述流水作业的例子用网络图表示如图 12.6(b)所示。

(5) 施工总平面图

它是拟建项目施工现场的场地总布置图,按照施工部署、施工方案和施工进度的要求对施工场地的道路系统、材料仓库、附属设施、临时房屋、临时水电管线等作出合理的规划布置,从而正确处理施工期间各项措施和拟建工程、周围永久性建筑之间的关系。图 12.7 为某 5 层砌体结构住宅楼的单位工程施工总平面图。

(6) 主要技术经济指标

它反映设计方案的技术水平和经济性。常用指标有:施工工期,劳动生产率(含非生产人员比例、劳动力均衡性情况),机械化施工程度,节约材料百分比,降低成本指标,工程质量优良和合格指标,安全指标等。

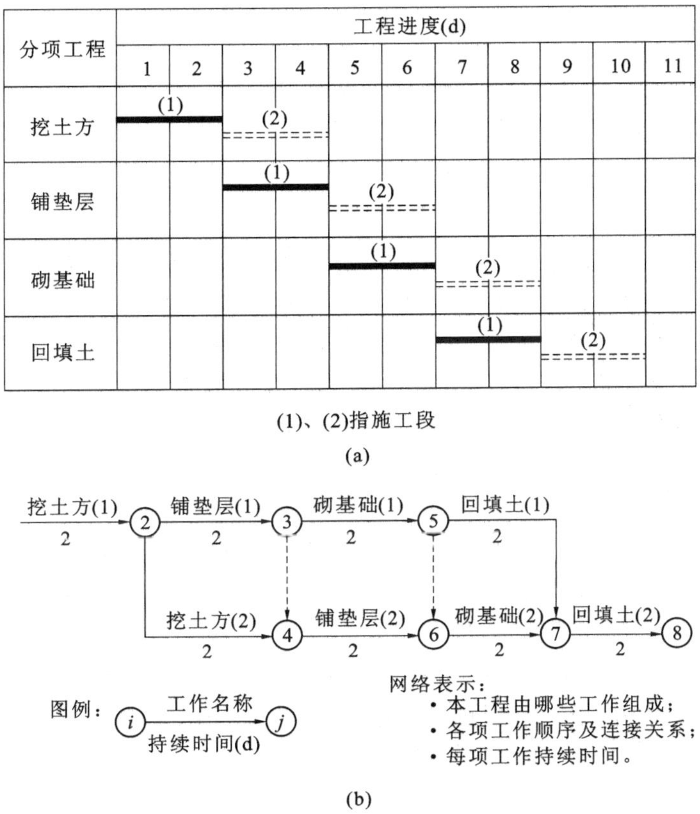

图 12.6　两类施工进度计划方式

(a) 横道图；(b) 网络图

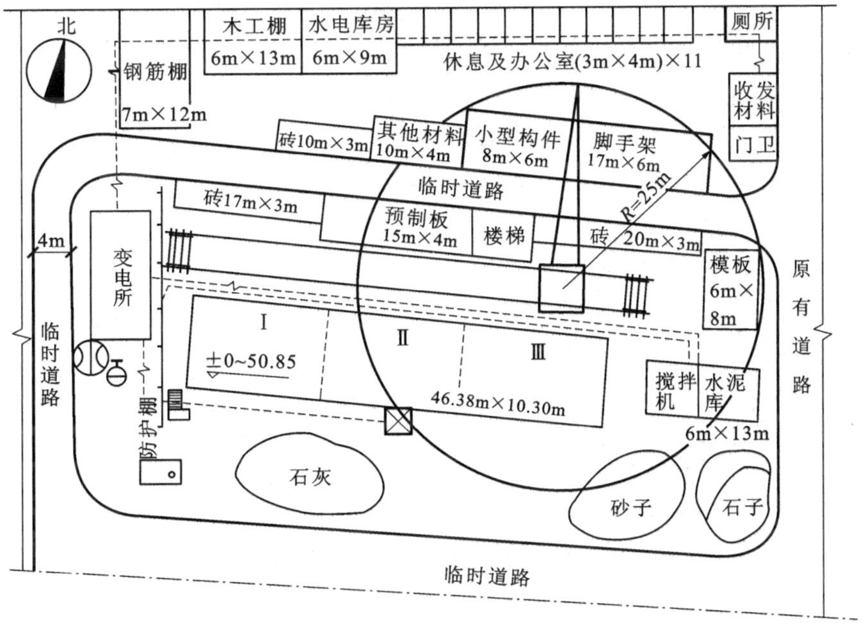

图 12.7　某单位工程施工总平面图

12.2.3　建筑工程施工实施

在建筑物的建造过程中，除科学严密的组织管理外，主要进行的是各项具体的施工实施，它包括各种分项工程及其施工技术措施。分别简述如下：

(1) 土石方工程

建筑工程中常见的土石方工程有：场地平整，基坑(槽)与管沟开挖，人防工程开挖，地坪填土，基坑回填等。土石方工程面广量大，劳动繁重，一项建筑工程的土方量有时可达几百万立方米。土石方工程为露天作业，施工条件复杂。随着建筑技术的发展，大中型土石方工程一般均采用机械化施工。图 12.8 是几种常用的挖土机械。

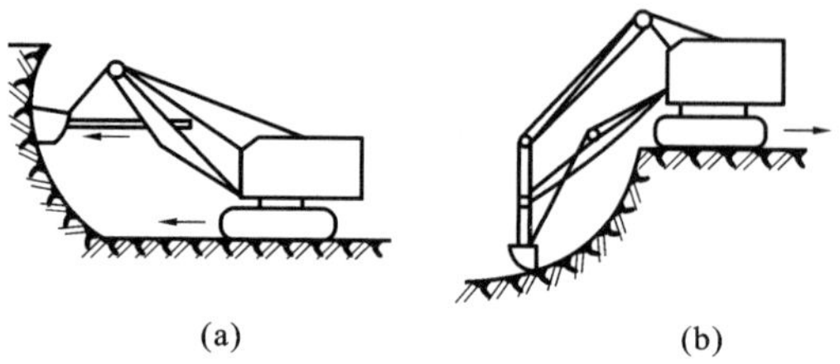

图 12.8　挖土机工作简图

(a) 正铲挖土机；(b) 反铲挖土机

场地平整会涉及填方、挖方的土方调配；基坑开挖要考虑基坑排水。如开挖面低于地下水面，地下水会不断渗入基坑内，为保持基坑干燥便于施工操作，防止边坡塌方和坑底承载力下降，要采用明沟排水(如在坑底设集水井，用水泵抽水)或人工降低地下水位(如在基坑开挖前在坑周埋设滤水管，利用抽水设备从中抽水)等方法。

(2) 深基坑支护工程

当建筑物基础埋置较深时，基坑开挖要设法保持土壁的稳定，保证周围已建建筑物、构筑物、道路、地下设施的安全。由于高层建筑、市政建设的发展，基坑的深度越来越大，基坑支护是目前土木工程施工中的热点和难点问题。基坑支护工程的常用施工方法有：各种类型的桩、地下连续墙、锚杆、钢筋混凝土和钢支撑、土钉和喷射混凝土护面、搅拌桩、逆作拱墙、钢板桩、土体冻结等。这些方法有的可以单独使用，也可以根据需要结合在一起使用。到目前为止，在实际工程中已被采用的单独或组合支护形式已不下十几种。虽然具体的支护形式很多，但是按照支护结构受力特点可将其归并为以下五种基本类型(图 12.9)：

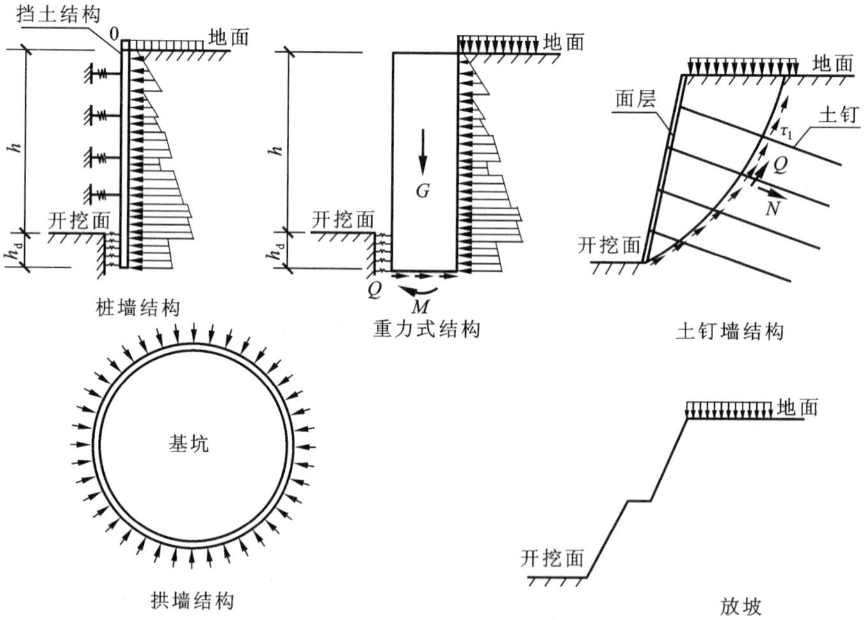

图 12.9　支护结构的 5 种基本类型

① 桩墙结构

桩墙结构是在基坑开挖前沿基坑边缘成排的桩或地下连续墙，并使其底端嵌入到基坑底面以下的一种支护结构。随着基坑向下开挖，须在桩墙表面设置支点，支点形式可以采用内支撑，也可以采用锚杆，如图 12.10 所示。

②土钉墙结构

最常用的土钉墙结构是在分层分段挖土的条件下，分层分段做土钉和配有钢筋网的喷射混凝土面层，挖土与土钉施工交叉作业，并保证每一施工阶段基坑的稳定性。

③重力式结构

重力式结构指在基坑侧壁筑成一个具有相当厚度和重量的刚性实体结构，以其重量抵抗基坑侧壁土压力，以满足该结构的抗滑移和抗倾覆要求。

④拱墙结构

拱墙结构指将基坑开挖成圆形、椭圆形等弧形平面，并沿基坑侧壁分层逆作钢筋混凝土拱墙，利用拱的作用将垂直于墙体的土压力转化为拱墙内的切向力，以充分利用墙体混凝土的受压强度。

⑤放坡

放坡指将基坑开挖成一定坡度的人工边坡，当基坑较深时可分级放坡，并保证边坡自身能够稳定。

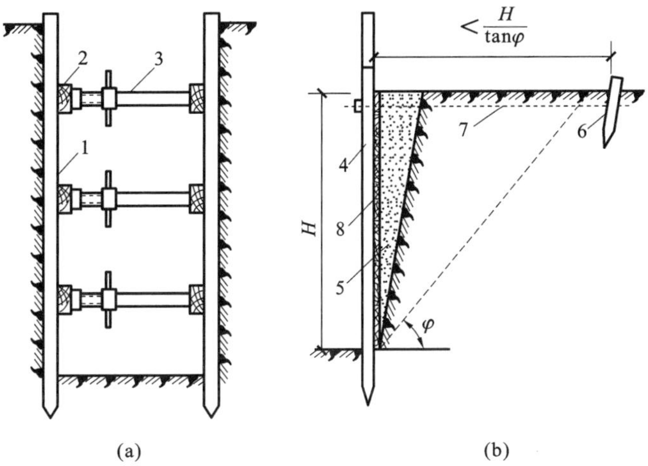

图 12.10　桩墙结构

(a) 横撑式支撑；(b) 锚碇式支撑

1—钢板桩或混凝土连续墙；2—横围檩；3—工具式横撑；4—钢桩或钢筋混凝土桩；5—回填土；6—锚碇桩；7—拉锚杆；8—挡土板；φ—土的内摩擦角

(3)基础工程

基础的形式有砖石或混凝土独立和条形基础、钢筋混凝土十字交叉梁基础、筏形基础、箱形基础(图 4.11)、桩基础等。一般的基础可按钢筋混凝土工程或砌体工程施工，只有桩基础的施工较特殊。桩的作用是将上部建筑物的荷载传递到深处承载力较大的土层上，如图 12.11 所示。桩可以是预制的，也可以是现场灌注的；可以做成端承桩(桩埋入硬土层或硬岩层，由桩端承受上部结构的荷载)，也可以做成摩擦桩(桩埋入软土层，由桩和土之间的摩擦力承受上部结构的荷载)。

预制桩沉桩的施工方法有：锤击打入法、静压法、振动法、水冲法等。

灌注桩是先在桩位成孔，然后放钢筋笼，最后浇筑混凝土所形成的桩。成孔的施工方法有：人工挖孔、机械钻孔、沉管(振动、冲击)开孔等。

(4)砌筑工程

指砖石块体和各种类型砌块的砌筑，它是一个综合的施工过程，包括材料运输、脚手架搭设、砌筑工艺等。

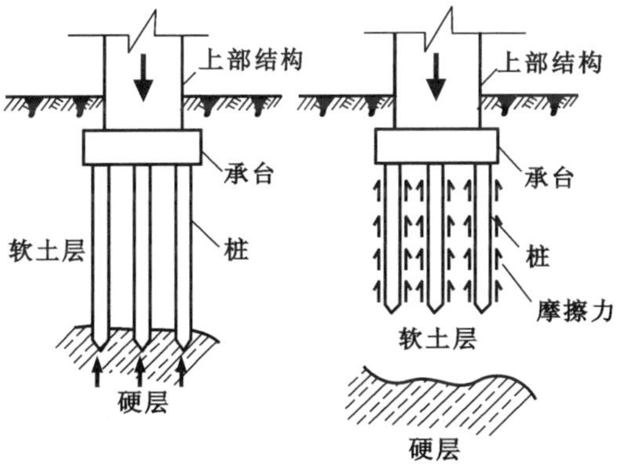

图 12.11　桩基础

(a) 端承桩；(b) 摩擦桩

瓦工在脚手架上进行砌筑，当砌体达到一定高度后(一般为 1.2～1.4 m)，工人将无法操作。此时需将脚手架升高一个适当的高度，方能继续工作，称之为一个可砌高度。由此可知，砌筑工程不仅需在平面上划分工作区段，而且还要沿高度分成若干施工层，施工层的高度则依可砌高度而定。各施工过程在平面上和立面上按一定的工艺顺序和流水组织，有条不紊地进行，这是组织砌筑工程施工的基本前提。图 12.12 为砌体结构砌筑施工过程示意。

(5)钢筋混凝土工程

钢筋混凝土工程由钢筋工程、模板工程和混凝土工程三部分组成。

钢筋工程涉及钢筋的冷加工(指钢筋的调直、弯折、成型、绑扎)和钢筋的连接。钢筋的连接可以采用搭接方法，但浪费较大；现在各种焊接和机械(套管)连接的新技术得到推广，如对焊、点焊、电弧焊、挤压套管连接等(图 12.13)，可以节约钢材，提高工程质量，加快工程进度。

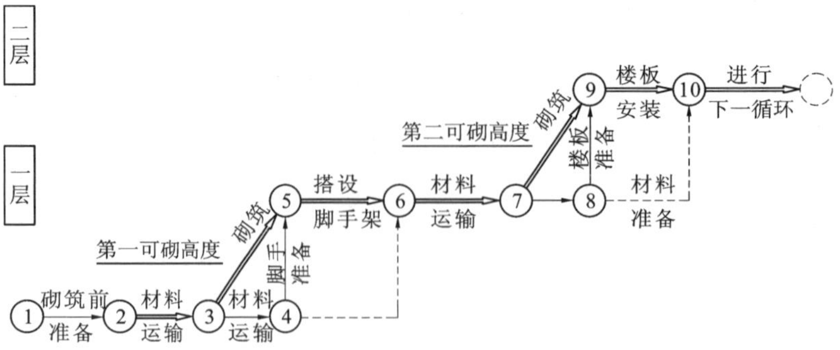

图 12.12　砌体结构砌筑工程施工过程示意

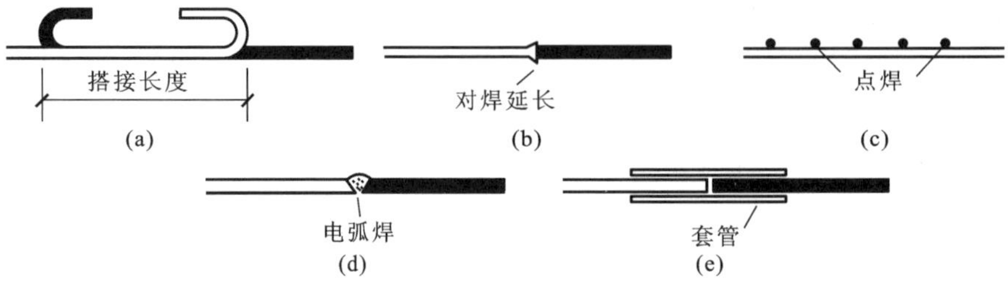

图 12.13　钢筋的连接

(a) 搭接;(b) 对焊连接;(c) 点焊连接;(d) 电弧焊连接;(e) 套管连接

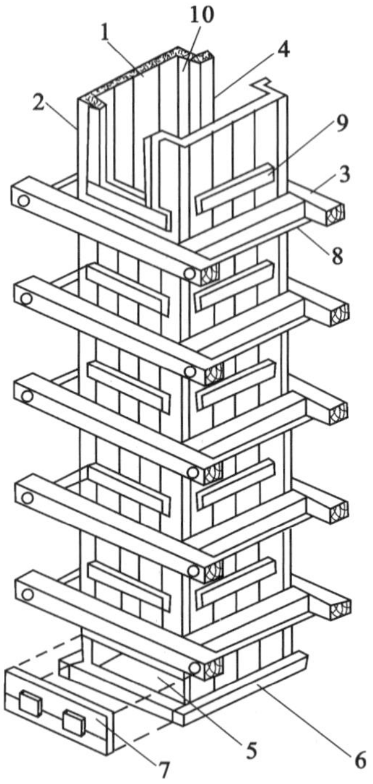

图 12.14　矩形柱模板

1—内拼板;2—外拼板;3—桩箍;4—梁缺口;5—清理孔;6—木框;7—盖板;8—拉紧螺栓;9—拼条;10—三角木条

模板是混凝土成型的模具,应能保证准确的结构构件形状和尺寸,在浇筑流态混凝土时应有足够的强度、刚度以抵御流态混凝土的侧压力,而且要拆装方便,能多次周转使用,接缝严密不漏浆;模板系统包括模板、支撑和紧固件。模板可用木材、钢材、塑料模壳、玻璃钢模壳制成。图 12.14 所示为矩形柱子的模板。模板工程占钢筋混凝土结构工程费用的 20%～30%、劳动量的 30%～40%、工期的 50%左右,因此模板工程技术的进步和改革是值得重视的课题。我国在 20 世纪 80 年代开始使用爬升模板,这种模板以钢筋混凝土墙体为支撑点,利用爬升设备自下而上逐层爬升施工,不需要落地脚手架,是高层建筑施工中的有效方法。我国在爬模技术上不断创新,国外爬模一般只施工外墙,而同济大学和上海第六住宅建筑公司合作,成功研制内外墙整体爬模施工方法,使爬模技术又有了新的发展。

混凝土工程包括混凝土配料、运输、浇筑振捣成型、养护等过程。随着施工技术的发展,混凝土的制备、运输和浇筑已有许多新机械和新工艺可供采用。城市中建筑工地常常很狭小,要求混凝土在工厂集中制备,运到现场,我国可生产性能良好的混凝土搅拌运输车和汽车式混凝土泵,后者带有可伸缩或曲折的布料杆,可将混凝土直接送到浇筑地点,十分方便。图 12.15 为带布料杆混凝土泵车可输送半径示意。在深圳赛格广场钢管混凝土的施工中,由于钢管长度在 10 m 左右,为了避免人工下管内振捣,中国建筑科学研究院与地方企业联合研制出既能高位抛落、又能低位浇筑的免振捣自密实高性能混凝土,该成果达到国际先进水平。

(6) 吊装工程

当建筑结构采用预制构件时,吊装施工技术就显得尤为重要。单层工业厂房通常采用预制标准构件,柱、吊车梁、屋架、屋面板等均要吊装就位,经拼装后才能形成建筑结构的整体。吊装工程要制定机械选择、吊装工艺、机械开行路线、构件堆放位置的统筹计划方案。

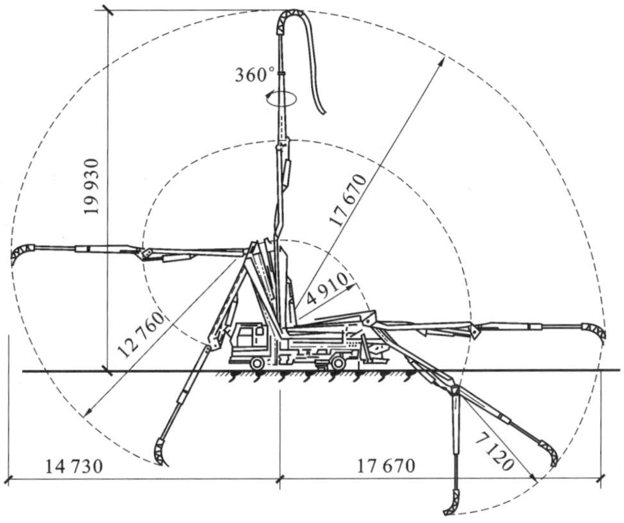

图 12.15 带布料杆混凝土泵车可输送半径示意

大兴机场维修机库钢屋盖是在地面拼装成整体后，采用液压同步提升法整体起吊就位的。该工程在施工中用先进的仪器测量、控制各点的高程，确保整体同步提升。图 12.16 是大兴机场维修机库钢屋盖整体同步提升施工情况。

（7）防水工程

一般指地下防水工程和屋面防水工程。地下防水工程指采取措施防止建筑物受来自地下的水或潮气的影响，保证室内干燥。一般有 3 种方案：一是依靠结构本身的密实性使建筑物不透水；二是设法将建筑物周围的水排走，使建筑物不受影响；三是用防水材料，如沥青、卷材等做防水层以隔离水。屋面防水工程的目的是防止雨、雪等从屋面渗入室内。一般采用防水层（如卷材防水层）或特别密实的防水混凝土、防水砂浆来防止水的渗入。图 12.17 为卷材屋面构造示意。

图 12.16 钢屋盖整体同步提升全貌

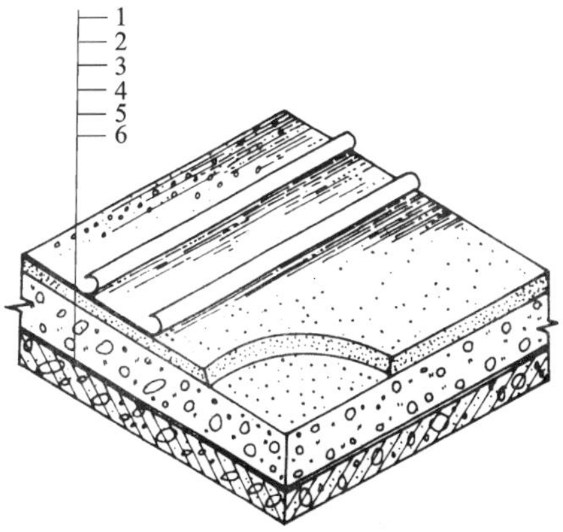

图 12.17 卷材屋面构造

1—小豆石保护层；2—两毡三油防水层；
3—15 mm 厚 1：3 水泥砂浆找平层；4—保温层；
5—冷底子油热沥青隔气层；
6—钢筋混凝土结构层

针对混凝土结构，已有新的防水材料问世。在北京中国银行大厦、中华世纪坛、上海浦江人行隧道等工程中应用的 XYPEX 水泥基渗透结晶型防水材料，是加拿大 XYPEX 化学公司生产的一种专有技术产品，它通过特有的活性化学物质利用水泥混凝土本身固有的化学特性及多孔性，以水作载体，借助渗透作用，在混凝土微孔及毛细管中传输、充盈，并再次发生水化作用，形成不溶性枝蔓状结晶，与混凝土结合成整体，从而达到永久防水的目的。

（8）装饰工程

它指在结构的表面抹灰、喷涂、镶贴饰面块材、刷油漆、刷浆等，它不仅能提升建筑物的美观度和艺术形象，而且能改善清洁卫生条件，有隔热、隔音、防潮的作用，还可保护墙面免受外界条件的侵蚀，提高结构的耐久性。现代建筑对装饰的要求越来越高，装饰费用的比例较过去有较大幅度的增加，装饰工程的重要性也随之加大。装饰材料的更新和装饰新工艺的发展十分迅速。以抹灰工程为例，它的类型就繁多，如图 12.18 所示。

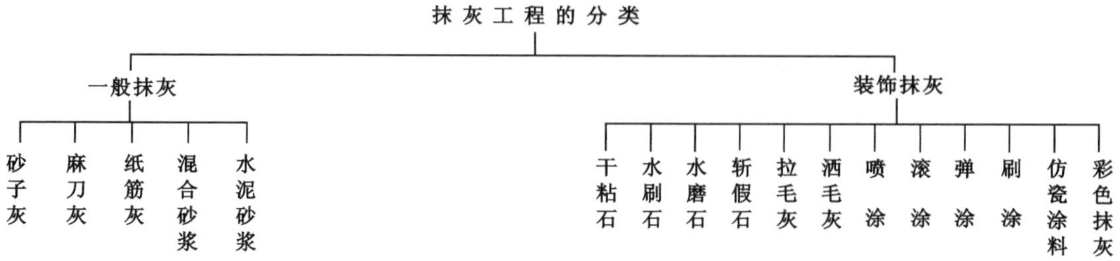

图 12.18　抹灰工程的分类

12.2.4　竣工验收

竣工验收是工程项目建设程序的最后环节，也是全面考核工程项目建设成果、检验设计和施工质量的重要环节。所有建设项目，在按批准的设计文件所规定的内容建成后，都必须组织竣工验收。交付验收的工程，必须符合规定的建筑工程质量标准。验收时，施工单位应向建设单位提交竣工图[1]、隐蔽工程[2]记录以及其他有关技术文件，要作出竣工后在一定时期内保修的保证，此外还要提交竣工决算[3]。

竣工验收应主要由建设单位负责，并由其组织使用单位、施工单位、设计和勘察单位、监理和质检单位共同进行。在验收时要评定工程质量等级，验收后要办理移交手续。

交付使用是工程项目实现建设目的的过程。在法定保修期限内，若项目在使用过程中发生质量问题，应及时通知承包商，并由施工单位和安装单位进行修理，由质量问题造成的经济损失由承包商负责承担。

12.3　地下工程施工

因地下工程都设置在岩土中，建造的方法与地上的建筑工程有较大的差别，其主要的施工方法有：

（1）明挖法

指敞口放坡明挖或板桩护壁明挖，在挖好的坑内浇注混凝土结构或装配预制构件或修建隧道后，再回填上部土的一种施工方法，这种方法的土方量大。

（2）钻孔（眼）爆破法

主要用于在岩石中开挖隧道，要设计好炮眼位置，计算好炸药量，钻眼、埋炸药后引爆，开成洞体，再在洞内做后续工程，这种方法的施工危险性较大。

（3）盾构（Shield）法

也称掩护洞法，是在地表以下土层或松软岩层中暗挖隧道的一种施工方法。它采用一个与隧道环同样形状的钢制圆筒，即盾壳，以周边设置的千斤顶将盾壳推向前方，工人在盾壳前的工作室挖土（可使用机械），

① 竣工图是按实际施工做法修改的施工图。

② 隐蔽工程是施工完毕后在外观上看不见的工程，如钢筋工程。

③ 竣工决算是施工企业向建设单位提交的财务决算，它是根据验收确认的工程量和实际发生的价差、量差，按增减预算办理的财务统计。

如图 12.19 所示。盾构法由英国工程师在 1918 年开始研究,1925 年首次在英国泰晤士河下使用。盾构法是一项综合性施工技术,在世界各国广泛应用,这种方法的开挖工作在结构的掩护下进行,施工安全性好,振动噪声也较小。

(4) TBM(Tunnel Boring Machine)法

即隧道钻孔机械法,该法是应用联合掘进机开挖洞室的新施工技术。它利用破岩刀具,对岩体施加机械力,直接切割破碎岩石,同时铲出碎碴,另附有吸尘、通风设备,可配有全套后续工序机械,钻过的洞道可连续用水泥浆、钢筋网护壁、抹光。机械穿过之处,隧洞一次成型,工效非常高。陕西秦岭 18.4 km 长的铁路隧道就采用了德国进口的 TBM 设备施工。

(5) 顶管法

指利用机械力将预制钢筋混凝土箱形框架或钢质管道顶入已挖去土层的空间,构成隧道的一节的一种施工方法。图 12.20 为上海某工程应用顶管法施工的情况。

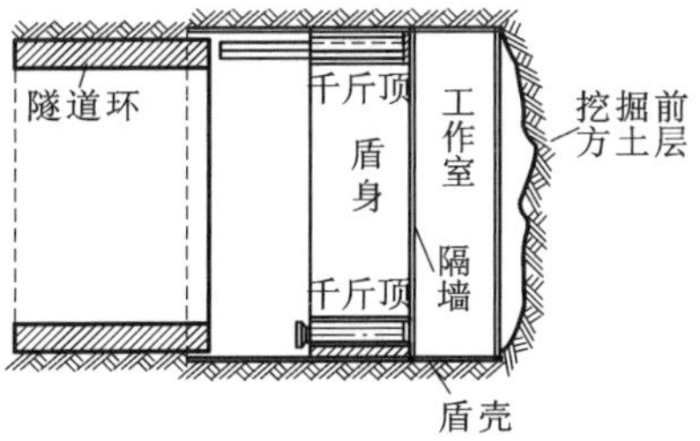

图 12.19 盾构法施工示意

图 12.20 顶管法施工

(6) 沉管法

指预先制作隧道管段,拖运至设计位置,在管内加载使之下沉至预先挖就的水底沟槽内的一种施工方法,多用于水底隧道施工。

12.4 桥梁工程施工

桥梁工程施工包括桥梁下部结构、上部结构和附属工程施工三部分。

桥梁下部结构施工指桥梁基础、桥台和桥墩的施工。由于桥梁一般筑于水上,下部结构施工时往往要先做围堰(Cofferdam)(即为防止水进入施工区域做成的临时围护结构,一般用土、石、混凝土等材料做成,做完后在围堰内排水,开挖基坑,修筑基础、桥台、桥墩,完成后即拆除)。若桥梁的基础为桩基,预制桩可用锤击打入或振动下沉的方法施工,钻孔灌注桩的施工方法与建筑工程的桩基施工方法相同;若为沉井,可用抓土(或吸泥)机在沉井内除土,排水后使沉井下沉;若为沉箱,多在气压较高的沉箱室内用人力或机械开挖除土,使沉箱下沉。砌体桥台桥墩多就地建造,也可用预制构件拼装施工;混凝土高桥墩近来多用滑升模板就地灌筑。

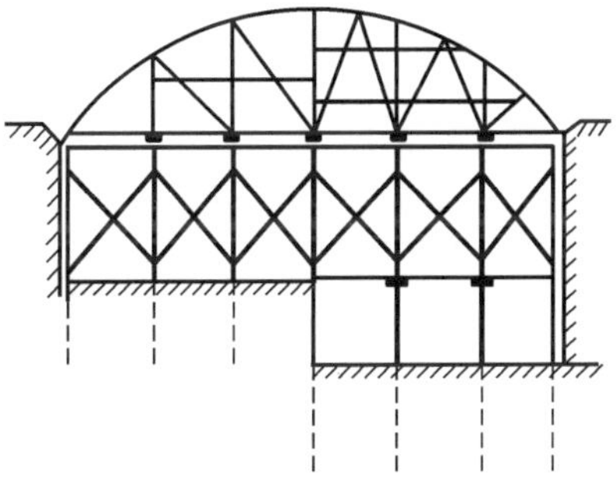

图 12.21 支架法施工

桥梁上部结构的施工方法大体有以下几种:

(1) 支架法施工(图 12.21)

这种方法是先搭支架,然后在支架上施工。此法由于简单,所需设备较少,施工技术力量要求相对较低,因此应用较多。该法不适用于大跨度桥和跨峡谷桥。当前应用此法较多的是城市立交桥和大桥引桥的施工。

(2) 架梁法施工(图 12.22)

架梁法施工有两种形式:一是用架桥机架设;另一种是利用大型浮运和浮吊(起吊重量已由几百吨发展到几千吨)架设梁排或整孔桥跨。20 世纪 70 年代以来随着施工机械化水平的不断提高,大型吊装设备的能力越来越强,地面汽车起吊的最大能力已达 250 t,水上起重能力已达 3 000 t。预制块件可直接利用这些大型起重机械,从预制场运至桥下,吊装就位完成架桥工作。美国在大件吊装方面处于世界领先地位,如美国的弗里兰特钢拱桥在安装长 275 m,质量为 600 t 的中间拱段时,就是用 10 000 t 的趸船将其运至桥位处,然后吊升安装的。

(a) (b)

图 12.22 架梁法施工

(3) 顶推法施工(图 12.23)

其原理是,混凝土梁段在桥头预制、拼装,然后逐渐接长,利用机械力量将其向桥孔逐渐顶推,逐孔架设桥梁。目前最大顶推跨度已达 67 m,双向顶推总长度已达 1 400 m。该法较适于跨径为 40～80 m 的桥梁施工。用顶推法施工多跨连续梁,要先在岸边逐段浇筑箱梁,待浇筑两三段后,即安装对中的临时预应力索,用水平千斤顶将箱梁在滑板上顶出,再借助于竖向千斤顶间接顶推。

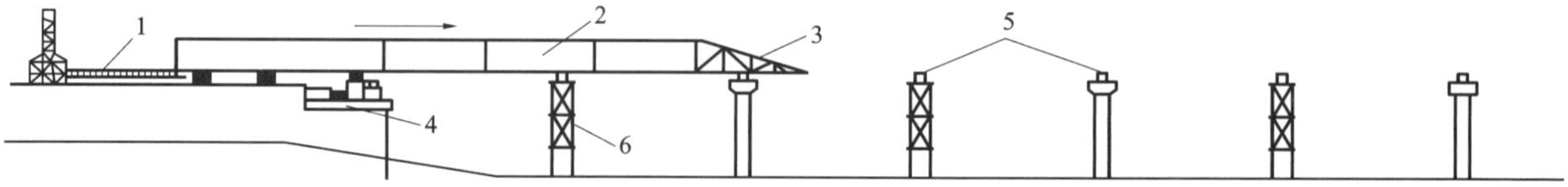

图 12.23 顶推法施工

1—制梁场;2—梁段;3—导梁;4—千斤顶装置;5—滑道支撑;6—临时墩

(4) 悬臂法施工(图 12.24、图 12.25)

其原理是利用斜拉索等方法,使现浇(或预制)梁段自桥墩两侧平衡悬出,一直向跨中延伸,最后两半跨在跨中合拢完成上部结构。该法特别适于大跨径桥梁施工。如果将悬伸的梁体与墩柱做成刚性固接结构,这样就构成了能最大限度地发挥悬臂施工优越性的预应力混凝土 T 型刚架桥。

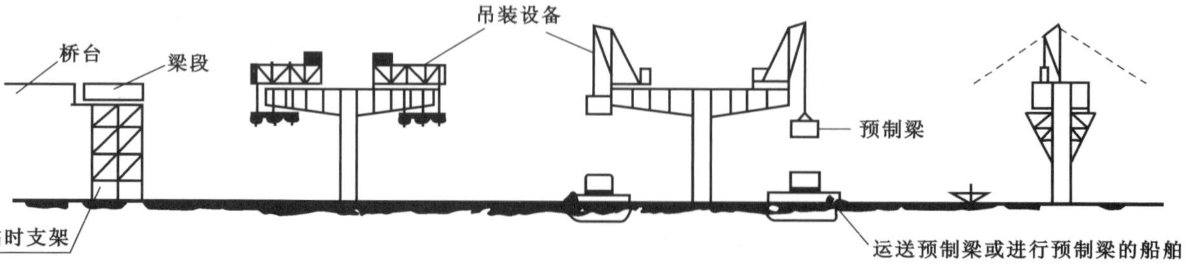

图 12.24 悬臂法施工

图 12.25 悬臂法施工现场

(5) 移动支架法施工

此法利用大型可移动支架来支承现浇梁段的重量,从而实现架梁施工。该法一般多用于 20～30 m 跨径的中小桥,还可用于弯桥施工。

(6) 转体法施工

其原理是,先顺河组装(或在岸上现浇)梁段,然后以其独墩支座为支点旋转一定角度,将两岸梁段转至桥位上,并在中间合拢成型。转体施工桥梁技术,是 20 世纪 50 年代以后发展起来的一种架桥新工艺。早在 20 世纪 50 年代末,意大利就第一次用竖转法修建了一座混凝土拱桥。1976 年,民主德国和奥地利又分别用平转法修建了钢筋混凝土 T 型刚构桥和双塔预应力混凝土斜张桥。目前转体法施工的桥梁最大跨径已超过 200 m。

(7) 刚性骨架法施工(图 12.26)

这种方法指用劲性钢材(如角钢、槽钢等型钢)作为拱圈的受力钢材,在施工过程中,先把这些钢骨架拼装成拱,用作施工钢拱架,然后再现浇混凝土,把这些钢骨架埋入拱圈(拱肋)混凝土中,形成钢筋混凝土拱。该方法的优点是可以减少施工设备的用钢量,整体性好,拱轴线易于控制,施工进度快等。但结构本身的用钢量大,且需用型钢较多。

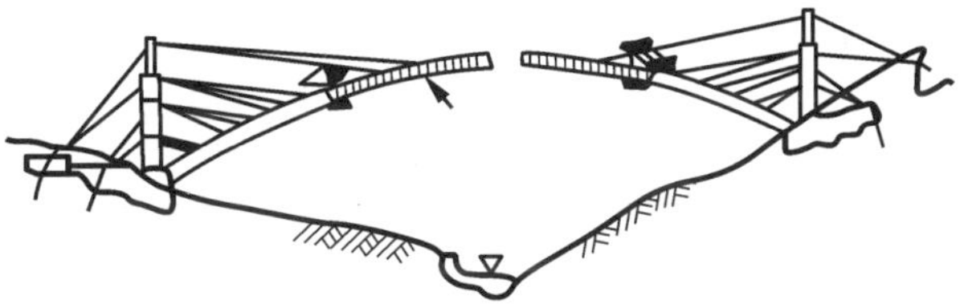

图 12.26 刚性骨架法施工

桥梁附属工程施工多指桥头引道的施工,不另赘述。

12.5 土木工程建设中的经营和管理制度

本节简述土木工程中建筑业的经营和管理制度,其他土木工程建设中的经营管理制度有类似之处。

(1) 建筑工程承包制

建筑工程承包制是建筑企业与建设(发包)单位签订合同,确定双方的责任和权利,由建筑企业承包建筑工程的制度。它是世界各国建筑业普遍实行的商品经营制度。建筑工程的承包范围不仅是建筑施工,还可扩展到可行性研究、工程规划、勘察、设计等方面。

为了促进建筑业实现广泛的专业化与协作,业界出现了多层次承包。它指由发包单位委托一家资质较高的建筑企业作为总包单位,双方签订总包合同,建立总包负责制;再由总包单位将某个适合分包的工程转包给专业性建筑企业,双方签订分包合同,建立分包负责制。总包对发包单位负责,分包对总包单位负责。

我国《中华人民共和国建筑法》规定:大型建筑工程或者结构复杂的建筑工程,可以由两个以上的承包单位联合共同承包。共同承包的各方对承包合同的履行承担连带责任;但是,禁止承包单位将其承包的全部建筑工程转包给他人，也禁止承包单位将其承包的全部建筑工程肢解以后以分包名义分别转包给他人。

(2) 招标投标承包制

招标投标承包制是发包单位与承包单位之间通过招标投标签订承包工程的设计(勘察)合同或施工合同的经营制度。它是商品经济发展的产物，具有竞争性，对促进承发包双方加强工程管理、缩短建设周期、确保工程质量、控制工程造价、提高投资效益有重要作用。

①招标　由发包单位提供拟建工程的建设规模、使用要求和建设期限，聘请咨询人对此工程项目的材料、人工、造价进行估算，制定标底，编制招标文件，招请承包企业报价的过程称为招标。

②投标　由经资格审查合格取得招标文件的承包商，按规定填写标书，提出报价，将密封的标书在规定的期限内送达招标单位的过程称为投标。

③决标　指发包单位(也称招标单位)确定中标企业的法律行为，通常包括开标、评标和定标三个过程。招标单位在约定日期，由招标主持人当众打开密封标书，公布各投标企业提出的标价、工期及其他主要内容的过程称开标。招标单位聘请咨询人(一般由上级主管部门代表、监理单位代表和各方面专家组成)对各投标企业提出的标书进行分析评价的过程称评标。评标后选定报价较低、工期较短、资质信誉较高的承包商中标的行为称定标。定标后，招标单位应于规定期限内发出中标通知书，同时抄送各未中标单位，抄报招投标办事机构。中标通知书发出30天内，中标企业应与发包建设单位就技术、经济问题达成协议，签订正式承包合同(图12.27)。

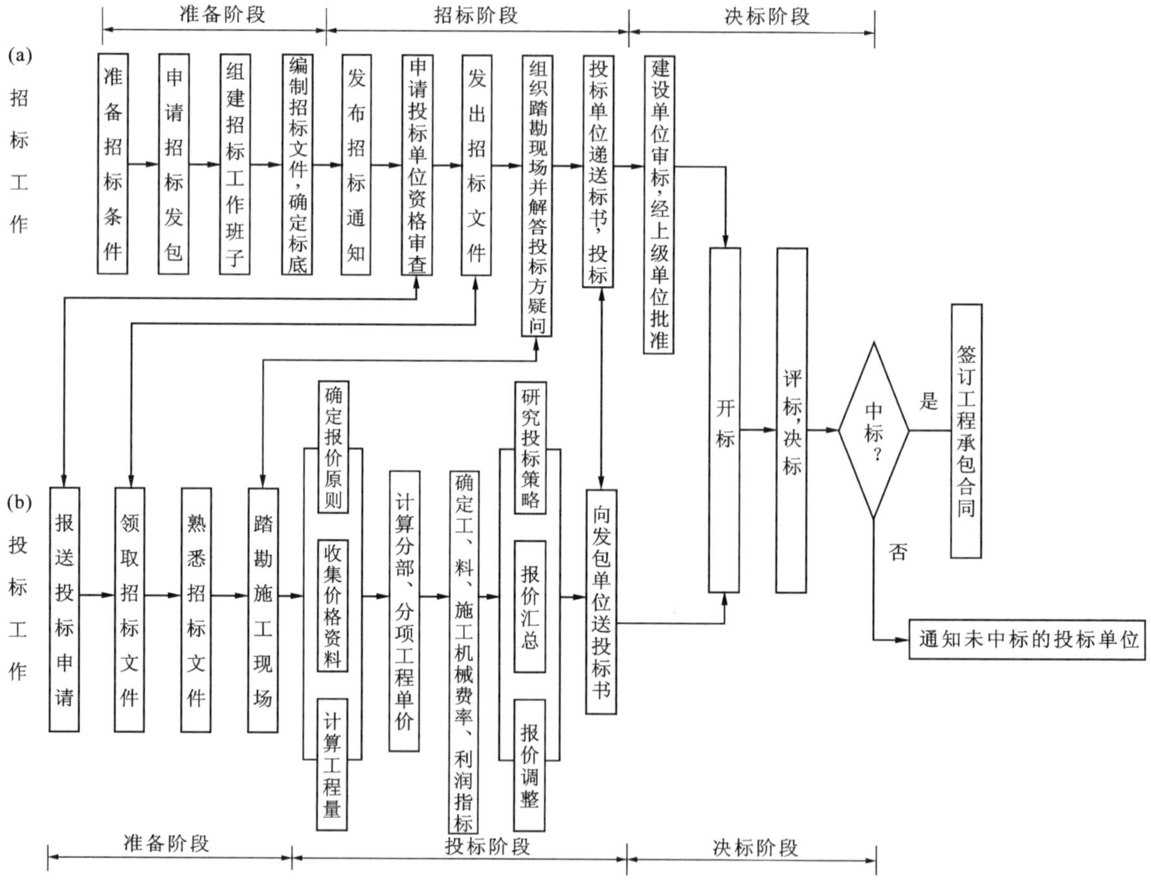

图12.27　招投标程序

(a) 招标程序框图；(b) 投标程序框图

招投标活动应遵循公开、公正、平等竞争、择优决标的原则。凡持有企业法人营业执照、资质证书的勘察设计单位、建筑工程企业、建筑安装企业，不论其经营形式(国有、集体或私营企业)都可以参加投标。投标的实质是取得承包权。

(3) 房地产开发

房地产开发又称房屋建筑综合开发，指按照城市总体规划的要求，对一定区域内的房屋建筑(如住宅)、配套工程(如学校、商店)及基础设施(如上下水管道、道路)进行全面规划，统一建设，分期施工的经营方式。它的内容包括开发地区的工业、住宅、科教文建筑，以及商业、服务、交通、市政、绿化、消防、人防、环境保护设施等。它要对该区域建设的全过程，即从规划设计、征地拆迁、平整场地、组织施工、验收交付使用到使用中的管理和修缮全面负责。它的资金来源有买方付款(预售或社会集资)、银行信贷、政府资助等。建筑建成后作为商品房出售或出租。主持房地产开发的企业一般称房地产开发公司。

(4) 工程项目管理制

项目，指各类事物的款项，如工业生产项目、科研项目等。

工程项目，指在一定约束条件下(限定资源、质量和时间)，具有完整的组织机构和特定目标的一次性事业，如房屋建筑、桥梁工程、道路工程等。

工程项目的最终目标，一般指提供或提高一定的生产能力，形成具有一定使用价值的固定资产，如一幢大楼、一个住宅区、一座桥梁、一条道路等。

工程项目管理，指以工程项目为对象，以实现最终目标为目的，以项目经理负责制为基础，以承包合同为纽带，对工程项目进行高效率计划、组织、协调、控制的系统的循环过程。

工程项目管理制包括以下 6 种管理：

①项目的组织管理　项目经理在项目管理活动中是唯一最高的决策者、组织协调者和责任者，还要以适当的组织形式组建项目管理机构，明确其责任、权利和义务。

②项目的合同管理　项目管理以建设单位和承包企业双方共同签署的合同为根据，在合同管理中要高度重视政策法规和合同文本、合同条件；要严格履行合同条款规定的一切事宜；遇到特殊情况要用变更或解除合同的办法解决；遇到纠纷要通过当事人协商调解解决，调解不成的要依据合同中的仲裁条款或申请仲裁解决；要明确违反合同的责任。

③项目的计划管理　指对项目计划的制订、检查、控制和调整。要建立一个以综合经济效益为目标，以控制总体进度的网络计划为核心，以配套的施工组织设计、材料设备供应计划和劳动力配备计划为支柱，以科学管理和有效技术措施为保证的动态计划控制系统。

④项目的协调管理　指界面管理，即除工程项目内部组织上、管理上、技术上的协调以外，对外部各系统界面的相互协调，包括与母公司、政府、建设单位、设计单位、勘察单位以及监理单位、质检部门的协调。这是项目经理工作的重点和难点。

⑤项目的控制管理　指工程项目实施过程中对工程质量、工程费用、工程进度的控制。通过各种报表和检查、审计手段保证工程项目按规定的目标和计划进行，使偏差减低到最低程度。可以认为，项目的控制过程就是项目经理的决策过程。

⑥项目的信息管理　指工程项目的技术、经济、工程质量、生产过程、人事等信息的管理。要用先进的手段保证信息处理的及时、准确，使信息流和物质流接近同步，缩短管理周期。

(5) 建设监理制

建设监理是指监理执行者对工程建设行为的监督和调理。所谓监督是对预定行为从旁进行观察检查，督促其不得逾越行为准则，这是一种约束；所谓调理是对一些相互协作和相互交错的行为进行调理，避免其相互抵触，这是一种协调。故建设监理制也是一种协调约束制，目的是促使各方密切协作，对建设的质量、进度和费用目标进行有效的控制，使得工程项目能按规定要求顺利完成，实现合同的要求。

建设监理的实施，是指由专业的社会监理单位，受建设单位或投资者的委托，对工程建设项目的全过程或工程建设项目的某一阶段所进行的监理活动。其内容大体有 5 个方面：

①建设前期监理　含投资决策咨询、编制项目建议书和项目可行性研究报告等；

②设计阶段监理　含选择勘察、设计单位，审查勘察报告与设计图纸，核查设计概(预)算等；

③施工招标监理　含准备招标文件、协助组织招投标活动、协助签订承包合同等；

④施工阶段监理　含协助承包单位写开工报告、选择分包单位、审查施工组织设计和施工技术方案、检查工程使用材料和设备的质量、检查工程质量、检查工程进度、签署工程付款凭证、检查安全措施、调解建设单位与施工单位间的争议、组织工程竣工的初步验收、提出竣工验收报告、审查工程结算等；

⑤保修阶段监理　含检查工程情况、鉴定质量问题、督促责任单位保修等。

由此可见，建设监理主要是通过三方面的控制，即工程质量控制、工程进度控制和工程投资控制，以协助调理的方式实施的，即所谓"三控一协调"。在实施过程中，建设单位、社会监理单位和承包单位形成"三足鼎立"的格局。建设单位与社会监理单位的关系是平等主体之间的关系，是委托与被委托、授权与被授权的关系。社会监理单位与承包单位都属于企业性质，它们之间不存在经济和法律关系；社会监理单位一方面要严格监督承包单位全面履行合同的规定，另一方面还要积极维护承包单位的合法权益，协助其解决工作中出现的问题。

显然，建设监理制是在政府的管理监督下进行的。政府建设主管部门要制定有关监理的法规，如建设监理单位资质管理法规、工程质量检验与评定法规等。各级政府的工程质量监督站也必须对建设项目按设计与施工规范和质量评定标准进行质量的监督和检查。

（6）物业管理

物业管理指由受物业所有者委托的专门物业管理机构，运用先进的维修养护技术和科学的管理方法，以经济手段对已竣工验收投入使用的各类房屋建筑和附属配套设施、场地，以及物业区域周围的环境、清洁卫生、安全保卫、公共绿化、道路养护等实施统一的专业化管理和维修养护，为居民生活提供高效、优质、便捷、经济的综合性服务。

物业管理的基本内容有：

①各种建筑物和各种设施的管理。

②搞好物业配套设施的维护和保养，保证物业的正常运行，向用户提供基本的使用保证。这方面的工作有：该物业照明系统的维护；该物业配套的变配电设备的维修保养；配套供水泵管的检修和维护；中央空调系统的运行管理和维护；电梯运行管理及设备维护；供暖系统的运行管理和维护等。

③加强保安和消防系统的管理，向用户提供生活和办公的安全保障，包括保安系统、消防系统的设备管理、维修养护和定期检验，以及消防人员的配备和管理。

④搞好物业及周围环境的清洁工作，向用户提供一个整洁舒适的居住、办公环境。这项工作大致包括道路、走廊、公共场地的打扫，垃圾清运，防鼠灭虫，外墙清洗、粉刷，电梯的清洁，地板的打蜡、保洁等。

⑤做好绿化草地和花木的养护工作，为用户营造一个优美宜人的居住、办公环境，具体包括定期修剪、施肥、浇水、增换花木品种等。

⑥加强车辆管理，防止车辆丢失、损坏或酿成事故，要求小区、大厦行车路线有明显标志，要求车辆限速行驶、定点停放等。

⑦搞好维修基金以及储备金的核收与管理，为用户的长远利益作早期的筹划。

⑧及时办理物业及附属设备的财产保险，避免由于自然灾害给用户(业主)造成巨大的财产损失。

⑨做好管理费用的核收和使用管理，保证物业管理工作的顺利进行。

⑩搞好多种配套服务经营，为用户提供尽可能全面的服务。这是物业管理工作的又一重大任务，涉及的方面很多。

⑪搞好社区管理，创造健康文明的社区文化，为建设友好融洽的新型人际关系而尽心尽力。

⑫协助政府进行社会管理，推进全社会的文明和进步，如在所管理物业范围内协助人口统计、预防犯罪等方面的工作。

⑬建立物业档案，随时掌握产权变动情况，维护物业的完整和统一管理。

物业管理的内容十分广泛，只要是业主需要，对社会有益的工作，物业管理公司都应想办法尽力去做，这是物业管理从业人员义不容辞的责任。

物业管理是我国房地产业发展到一定阶段的必然产物，已成为新兴的、行之有效的房屋管理模式。广州市从 1981 年在东湖新村开始实行新型住宅区管理试点；1981 年 3 月深圳市房地产公司建成几个涉外商品房住宅小区，随即成立物业管理公司，参照中国香港的管理方法进行专业管理。从实践经验来看，物业管理有以下优点：①专业化管理体制，它有利于提高城市管理的社会化和专业化程度；②有偿服务的多种经营机制，它有助于解决管理经费不足的矛盾，减轻政府负担；③变小生产者分散管理为一家集中管理，有利于向专业化、制度化、现代化管理方式转换。

大型建设项目建成后的管理需要一个完整的组织机构来进行。以深圳地王大厦为例，它是一幢综合性大楼，高 325 m，至塔尖高 384 m，共 68 层，地下室 3 层，1995 年建成，是当时我国最高的钢结构建筑。它有 4 个组成部分：办公楼、公寓、商场和地下车库。地王大厦的物业委托香港梁振英测量师行和深圳熊谷组物业管理公司合作管理，其组织机构如图 12.28 所示。地王大厦的物业管理的主要内容。①行政人事管理；②验收入伙管理；③环境卫生管理；④绿化管理；⑤消防和安全管理；⑥工程及设备管理；⑦市场推广。

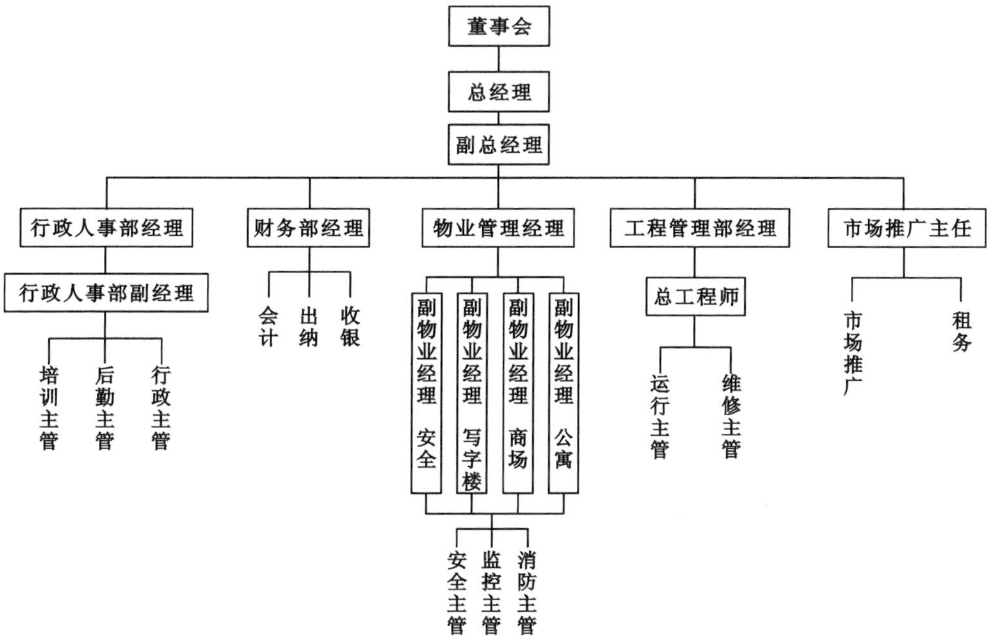

图 12.28 深圳地王大厦物业管理机构

12.6 人工智能时代的土木工程建设

人工智能的深度学习和机器学习算法、计算机视觉、无人机、3D 打印技术、BIM、虚拟现实和增强现实技术等应用于土木工程，将实现无人化、全自动、智慧化、实景体验的城市和区域规划，形成土木工程设计、建造、养维护和灾害管控的新技术。人工智能为土木工程学科的发展带来新的机遇，人工智能技术深度融合于土木工程基础设施规划、设计、建造和养维护的全生命周期，将深刻变革土木工程科学、技术与工程建设的发展。

12.6.1 人工智能概述

人工智能(AI，Artificial Intelligence)自 20 世纪 40 年代提出以来已在多个学科中得到应用并形成多种算法。2006 年以来随着深度学习(DL，Deep Learning)的快速发展，人工智能已成为各领域的研究和应用热点。

全世界都在努力实现新一代信息技术与现代制造业、生产性服务业的融合创新，积极推进产业变革。2012 年，德国推行以“智能工厂”为重心的“工业 4.0 计划”；2016 年 12 月，英国发布《人工智能：未来决策指定的机遇与影响》;2017 年 3 月,法国发布《人工智能战略》;日本将 2017 年确定为人工智能元年,推进“超智能社会 5.0”建设;2018 年,美国发布人工智能国家战略。我国是全世界发展人工智能技术行动最早、动作最快的国家之一,2015 年 7 月,国务院发布《关于积极推进“互联网”行动的指导意见》,明确将“互联网+人工智能”列为重点行动之一;2017 年 7 月 20 日,国务院发布《新一代人工智能发展规划》(国发〔2017〕35 号),规划明确指出:人工智能是新一轮科技革命和产业变革的核心技术。

案例:杭绍甬智慧高速公路建设项目方案

与其他行业相比,在土木工程中,虽然钢(钢结构)与混凝土(混凝土工程)均是工业化的产物,但是基础设施的机械化、自动化、智能化和信息化的程度还较低。人工智能技术必将渗透于人类社会活动和生产活动的各个方面,人类大规模体力劳动和恶劣环境下的工作必将被机器或机器人所取代。

12.6.2 智能规划、决策

视频:杭绍甬智慧高速公路

城市规划中人工智能的应用是城市规划学科标志性的时代变革,人工智能将改变传统的城市规划方法,通过深度学习现有城市的环境、灾害、人与交通行为等大数据,结合虚拟现实情境再现技术,实现城市的智能规划。

智能决策对决策阶段的升级包括决策思路的升级和决策工具的升级。

(1)决策思路由“经验决策”升级为“数据决策”。工程建造活动产生大量数据,这些数据中隐藏着消费规律、市场趋势等信息,可以利用新技术来挖掘数据规律、辅助决策。

(2)决策工具从“统计分析”改为“智能分析”。大数据等技术可以利用决策阶段的信息搭建数据模型,对实际情况进行模拟仿真和预测,从而优化决策。

12.6.3 智能设计

在建筑结构、桥梁结构等工程设计中应用人工智能技术已成为智能土木发展的主要趋势。人工智能辅助土木工程设计已经展现出很好的前景。早期人工智能在结构设计中的应用主要是专家系统(Expert System),其通过模拟人类专家的推理思维过程进行判断和决策。智能设计新技术对建筑设计阶段的升级包括设计工具的升级和设计逻辑的升级。

(1)设计工具的升级。建筑信息模型(BIM)、人工智能等新技术推动了设计工具从 CAD 绘图到三维建模设计、计算机建模辅助设计的飞跃。BIM 在设计中的应用场景包括虚拟施工、碰撞检查等;该技术也使建筑、结构、水电等多专业协同设计成为可能。人工智能技术通过模拟设计人员的思考过程,使设计过程更加智能。

(2)设计逻辑的升级。BIM 为建筑业和制造业搭起桥梁,促进建筑业的设计逻辑向制造逻辑转变。建筑设计将参考工业化的思维进行产品标准化设计。设计标准化的特征即通用化、模块化(组合化)、系列化。

12.6.4 智能建造

智能建造作为由新一代信息技术与工程建造融合形成的工程建造创新模式,在实现工程要素资源数字化的基础上,通过规范化建模、网络化交互、可视化认知、高性能计算以及智能化决策支持,实现数字链驱动下的立项策划、规划设计、施(加)工生产、运维服务一体化集成与高效协同,交付以人为本、智能化的绿色可持续工程产品与服务。智能建造的实施能对工程生产体系与组织方式进行全方位赋能,促进工程建造过程的互联互通、线上线下融合、资源与要素协同,并积极推动建筑业、制造业和信息产业形成合力。在当前经济全球化、国际市场竞争趋于激烈的背景下,抢占行业技术竞争和未来发展制高点,发展我国的智能建造,将有力提升我国建筑业的国际竞争力。

(1)智能建造的特点

智能建造融合 BIM、GIS、IoT、互联网、云计算、大数据、人工智能等信息技术,它们既互相独立又互相联系,共同构成了智能建造的技术体系,是智能建造的技术基础,如图 12.29 所示。

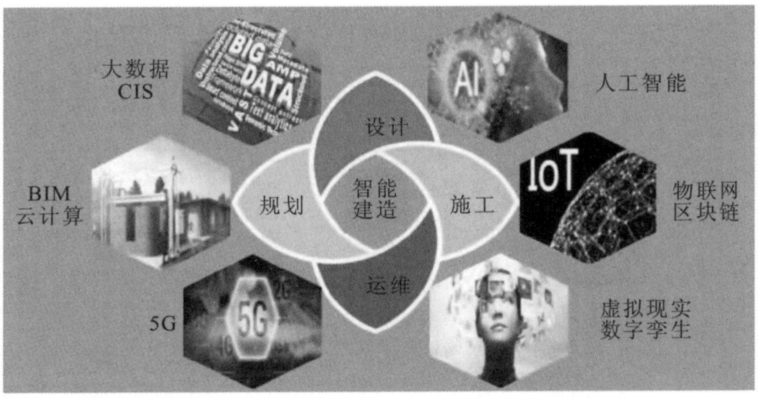

图 12.29 智能建造技术体系

新技术的引入改变了建筑业传统的业务逻辑和工作流程，智能建造的新业务逻辑将以数据驱动为主要动力，以 BIM 为数据的核心载体，进行过程智能化的持续迭代，形成 BIM1.0～BIM5.0 核心数据模型，促进信息的充分流动，如图 12.30 所示。

智能建造具有全面感知、真实分析、实时控制、持续优化的特点：

①全面感知。即对建造过程、建造物的状态等进行全面的感知。智能制造通过各种传感器、智能设备、智能终端等收集有关建造物和建造过程的各种信息和数据，通过物联网、互联网等将信息和数据进行传输，并对建造数据进行存储，将建造物、建造活动、建造过程需要的设备、工程管理人员、相关服务等进行在线连接，使工程管理人员和工程管理系统可以实时获取建造物和建造过程的相关数据。

②真实分析。即利用人工智能、大数据分析等信息技术手段对采集到的建造过程和建造物相关的数据进行分析和处理，利用有限元计算、虚拟仿真技术等对工程状态进行仿真分析等，从而给出自动控制所需的结果或能辅助管理人员进行决策的信息。

③实时控制。即通过智能设备、智能软件、智能终端等，依据分析得到的结果和相关规则如标准规范等，对建造过程、建造工艺、建造流程等进行控制，确保实现设计所预定的目标。其包括通过自动控制技术对施工设备、建筑机械等进行智能化控制，通过相关人员对施工工艺、施工方法等进行控制以及对人员进行控制。实时控制的最终目的是实现对整个施工过程的全面控制。

④持续优化。即通过前 3 个方面的工作，在建造过程中不断积累经验，对智能建造系统本身进行不断优化，使系统效率不断提高。

(2)智能建造领域的技术进展

智能建造体系基于以“三化”(数字化、网络化和智能化)、“三算”(算据、算力、算法)为特征的新一代信息技术，发展面向全产业链一体化的工程软件、面向智能工地的工程物联网、面向人机共融的智能化工程机械、面向智能决策的工程大数据等领域技术，支持工程建造全过程、全要素、全参与方协同和产业转型。因此，作为连接底层通用技术与上层业务的枢纽，这些技术的发展将对智能建造的发展起到关键作用。

①面向全产业链一体化的工程软件

随着计算机技术的不断发展以及计算机使用的不断普及，工程建造领域逐渐形成了以建筑信息模型(BIM)为核心、面向全产业链一体化的工程软件体系。工程软件包括设计建模、工程分析、项目管理等类型，其作为工程技术和专业知识的程序化封装，贯穿工程项目建设的各阶段。

当前，我国工程软件存在整体实力较弱、核心技术缺失等问题，呈现出“管理软件强，技术软件弱；低端软件多，高端软件少”的局面，市场份额较多被国外软件占据。在设计建模软件方面，国产工程软件依然面临着严重的“缺魂少擎”问题。

②面向智能工地的工程物联网

工程物联网作为物联网技术在工程建造领域的拓展，通过各类传感器感知工程要素的状态信息，依托统

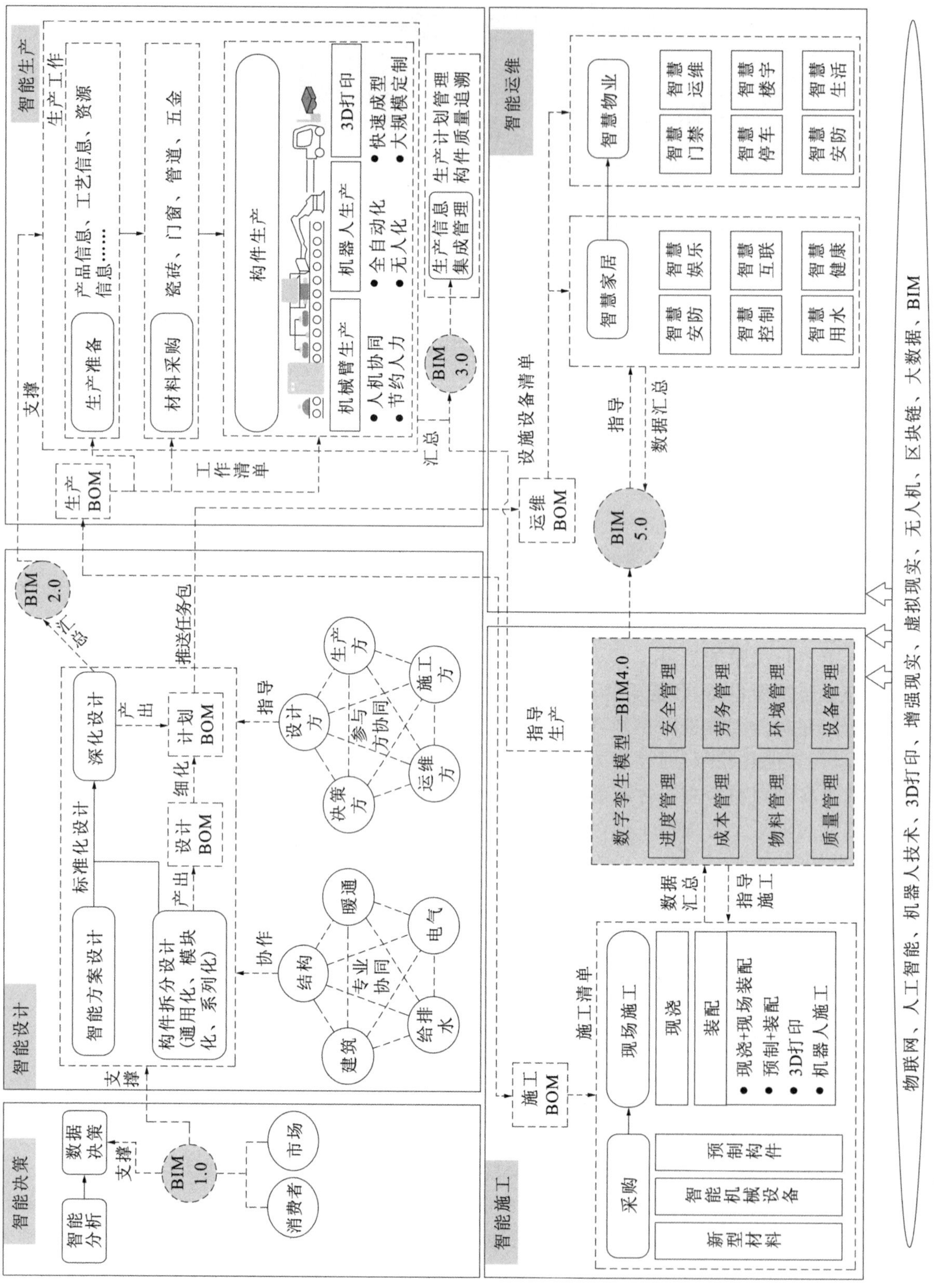

图 12.30　基于数据驱动的智能建造业务逻辑

一定义的数据接口和中间件构建数据通道。工程物联网将改进施工现场的管理模式，支持实现对“人的不安全行为、物的不安全状态、环境的不安全因素”的全面监管。

当前，我国工程物联网的技术水平和国外相比仍有较大差距。我国90％的中高端传感器依赖进口。除传感器外，现场柔性组网、工程数字孪生模型迭代等技术均亟待发展。我国工程物联网的应用主要体现在建筑工人身份管理、施工机械运行状态监测、“高危重大”分部分项工程过程管控、现场环境指标监测等方面。

③面向人机共融的智能化工程机械

智能化工程机械是在传统工程机械基础上，融合了多信息感知、故障诊断、高精度定位导航等技术的新型施工机械；其核心特征是自感应、自适应、自学习和自决策，能通过不断自主学习与修正、预测故障来达到性能最优化。它能解决传统工程机械作业效率低下、能源消耗严重、人工操作存在安全隐患等问题。

世界各国高度重视工程机械前沿技术，积极调整产业结构，加大了对发展工程机械技术的扶持力度，促使工程机械向数字化、网络化和智能化方向发展。我国在工程机械智能化技术的研发应用上虽有一定突破，但在制造智能化工程机械所必要的元器件方面仍落后于国际先进水平，我国工程机械领域整体呈现出“大而不强，多而不精”的局面，发展提升空间广阔。

④面向智能决策的工程大数据

工程大数据是工程全寿命周期各阶段、各层级所产生的各类数据以及相关技术与应用的总称。工程大数据具有体量大、种类多、速度快、价值密度低等特征，其应用重点在于将工程决策从经验驱动向数据驱动转变，从而提高生产力，提升企业竞争力和行业治理效率。

发达国家将大数据视为重要的发展资源，针对大数据技术与产业应用结合提出了一系列战略规划，如美国《联邦数据战略和2020年行动计划》、澳大利亚《数据战略 2018—2020》等。我国也发布了《促进大数据发展行动纲要》等一系列战略规划，但工程大数据的发展和应用仍处于初级阶段。在流程方面，我国工程大数据应用流程未能打通，数字采集未实现信息化、自动化，数据存储和分析也缺少标准化流程；在技术方面，当前主流数据存储与处理产品大多为国外产品，如 HBase、MongoDB、Oracle NoSQL 等典型数据库产品以及 Storm、Spark 等流计算架构；在应用方面，我国工程大数据仅初步应用于劳务管理、物料采购管理、造价成本管理、机械设备管理等方面，在应用深度和广度上均有不足。

(3)我国智能建造发展面临的困境

经过长时间的发展和积淀，我国在智能建造领域取得了长足进步，形成了一系列成果。但面对国内建筑业转型升级的需求，对照全球发达国家智能建造的发展态势，我国智能建造的发展仍然面临诸多困境。

在市场环境方面：建筑业企业已形成使用国外相关产品的习惯，产生了数据依存，相关产品替换难度较大；国产产品用户基数少，缺少市场意见反馈，进一步加大了与国外同类产品在功能和性能等方面的差距。

在企业部署方面：国内厂商战略部署不清晰，未形成与上下游的深度沟通，不利于产品布局的纵深发展；国内厂商起步晚，生态基础薄弱，资源分散严重，不少国产产品在细分市场仍处于整体价值链的中低端位置；国内厂商的自主创新能力与意识仍然较弱，国际领先的创新成果相对较少。

在核心资源方面：智能建造标准体系有待健全，相关研发缺少基础数据标准，市场适应性和服务能力有待提高；核心技术薄弱，较多依赖在国外企业技术基础上的二次开发；缺乏完善的智能建造应用生态，无法形成面向项目全生命周期的智能化集成应用；缺少高端的复合型人才，尚未建立相关人才的引进、培养与储备方案。

(4)我国智能建造发展的重点任务

为了推动我国迈入智能建造世界强国行列，应坚持推进自主化发展，遵循“典型引路、梯度推进”原则，通过补短板、显特色、促升级、强优势，研发智能建造关键领域技术。

工程软件加强“补短板”，解决软件“无魂”问题。具体措施有：在明确国内外工程软件差距的基础上，大力支持工程软件技术研发和产品化，集中攻关“卡脖子”痛点，提升三维图形引擎的自主可控水平；面向房屋建筑、基础设施等工程建造项目的实际需求，加强国产工程软件创新应用，逐步实现工程软件的国产替代；加快制定工程软件标准体系，完善测评机制，形成以自主可控的 BIM 软件为核心的全产业链一体化软件生态。

工程物联网积极“显特色”,力争跻身全球领先。具体措施有:将工程物联网纳入工业互联网建设范围,面向不同的应用场景,确立工程物联网技术应用标准和规范化技术指导;突破全要素感知柔性自适应组网、多模态异构数据智能融合等技术关卡;充分利用我国工程建造市场的规模优势,开展基于工程物联网的智能工地示范项目,强化工程物联网的应用价值。

工程机械大力“促升级”,提升“智能化、绿色化、人性化”水平。具体措施有:建立健全智能化工程机械标准体系,增强市场适应性;打破核心零部件技术和原材料的壁垒,提高产品的可靠性;摒弃单一的纯销售模式,重视后市场服务,创新多样化综合服务模式。

工程大数据及时“强优势”,为持续创新奠定数据基础。具体措施有:完善工程大数据基础理论,创新数据采集、储存和挖掘等关键共性技术,满足实际工程应用需求;建立工程大数据政策法规、管理评估、企业制度等管理体系,实现数据的有效管理与利用;建立完整的工程大数据产业体系,增强大数据应用和服务能力,带动关联产业发展,催生建造服务新业态。

(5)智能建造中的人工智能技术

在智能建造领域,与人工智能相关的技术主要包括3D打印、BIM和施工现场智能管理等。

①3D打印

3D打印即快速成型技术的一种,被认为将掀起新的工业革命。依据使用材料和打印工艺的不同,目前建筑3D打印技术主要分为三类:一是基于混凝土分层喷挤叠加的增材建造方法;二是基于砂石粉末分层黏合叠加的增材建造方法;三是大型机械臂驱动的材料三维构造建造方法。

②BIM

建筑信息模型(Building Information Modeling,BIM),由美国佐治亚理工大学Eastman教授于1975年提出。BIM技术在土木工程的规划、设计、施工、运营等阶段的应用(见图12.31、图12.32),可以有效提高建造效率。中国第一高楼上海中心大厦、北京第一高楼中国尊以及武汉中心大厦等均应用了BIM技术;其中上海中心大厦的工程实践证明:应用BIM技术,可以排除90%的图纸错误,减少60%的返工,缩短10%的施工工期,提高项目效益。

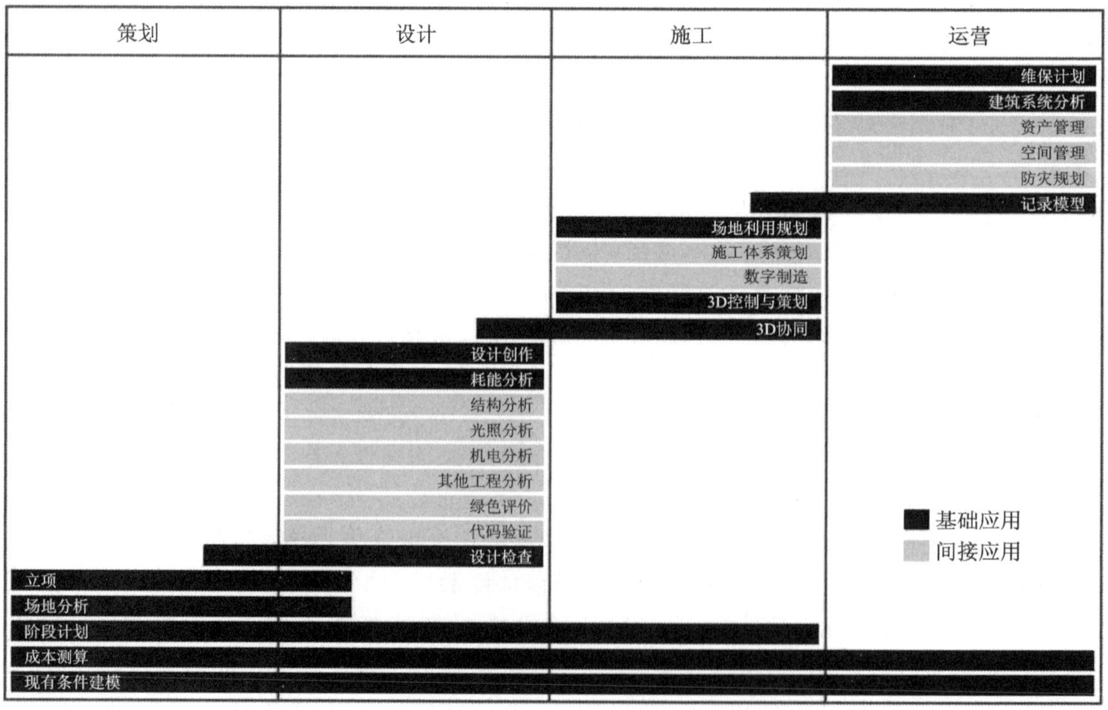

图12.31 BIM技术在建筑全生命周期管理中的应用

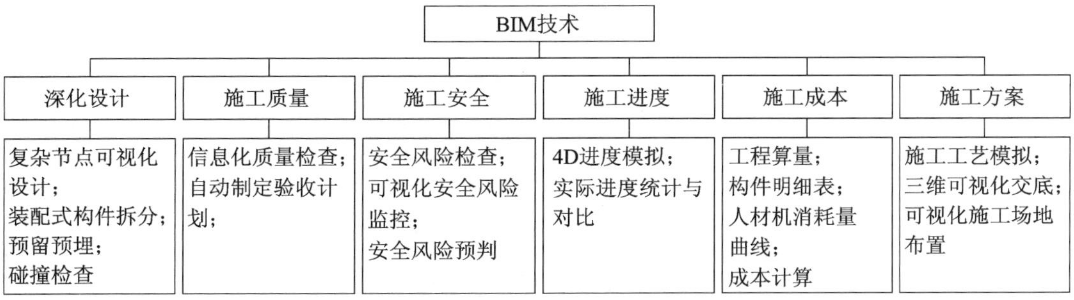

图 12.32　BIM 技术在土木工程建设中的应用

面向智能建造的 BIM 技术体系如图 12.33 所示。

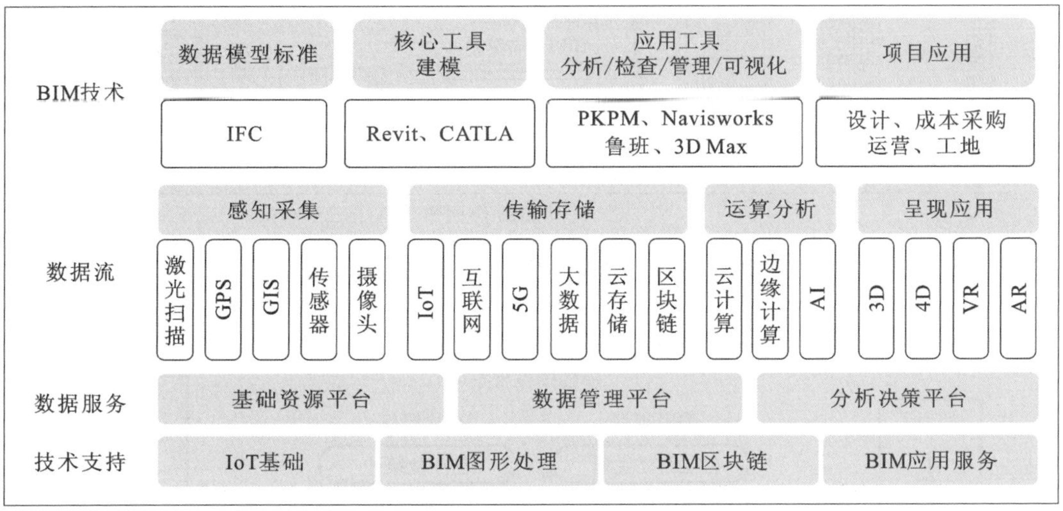

图 12.33　面向智能建造的 BIM 技术体系

③施工现场智能管理

在施工现场管理领域中，人工智能有着广泛的应用。BIM 技术在设计管理、成本管理、采购管理和施工管理等环节可实现系统性的智能化管理，如图 12.34 所示。

关于将 BIM 技术应用于建筑机器人的研究逐步出现，如机器人仿真系统、建筑 3D 打印、组件装配作业、协助焊接作业等。基于 Fleet Management System 开发的 FMS 机器人协同管理系统如图 12.35 所示。

BIS(Building Industry Simulation)机器人仿真平台通过对建筑机器人进行仿真建模，并对接 BIM 模型与 FMS 机器人协同管理系统，为建筑机器人研发与检测提供工艺、功能、性能测试仿真服务，为 FMS 机器人协同管理系统提供计划任务仿真验证服务，包括施工周期模拟、施工计划模拟验证、机器人施工仿真及 3D 场景展示等。BIM 模型根据计划排程，将 BIM 模型数据及排程工单发送给 FMS，FMS 将机器人计划施工作业任务发送给机器人列队，使多款多台机器人按 FMS 系统规划的路径及设备协同结果实施机器人作业。机器人可将施工现场状态数据实时传回 FMS，再由 FMS 形成改进参考建议并发送给 BIM 模型。BIM-FMS-BIS 联用工作流程如图 12.36 所示。

以某楼层内施工任务的取料、作业为例，机器人施工管理流程如图 12.37 所示。

BIM 模型根据计划排程，下发排程工单给 FMS，FMS 分析决策形成备料指令并发送给搅拌站，备料完成后搅拌站将信息反馈给 FMS，FMS 进行确认前置检查。FMS 发送运料指令给物流机器人并调度智能升降机，生成路径、校准地图，由物流机器人将物料经智能升降机送至施工作业位置。FMS 连接作业机器人，生成作业路径及运动路径，发送施工指令，作业机器人根据指令完成作业。物流机器人、作业机器人将工单

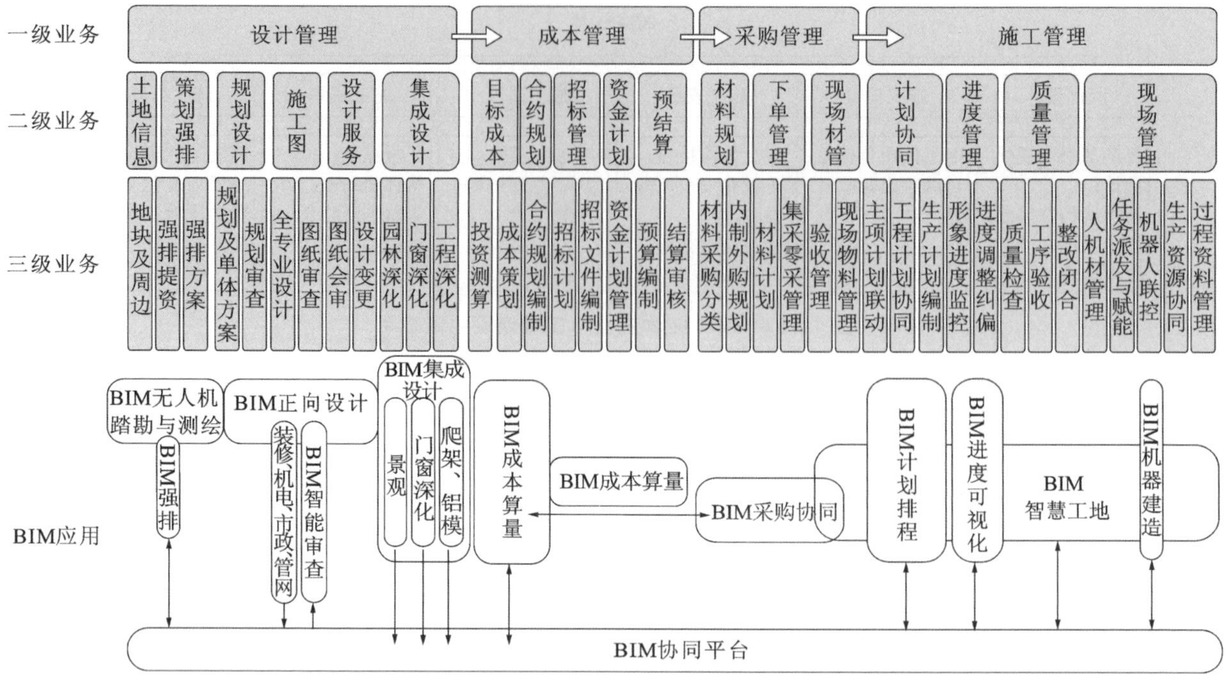

图 12.34 BIM 技术在智能化管理中的应用

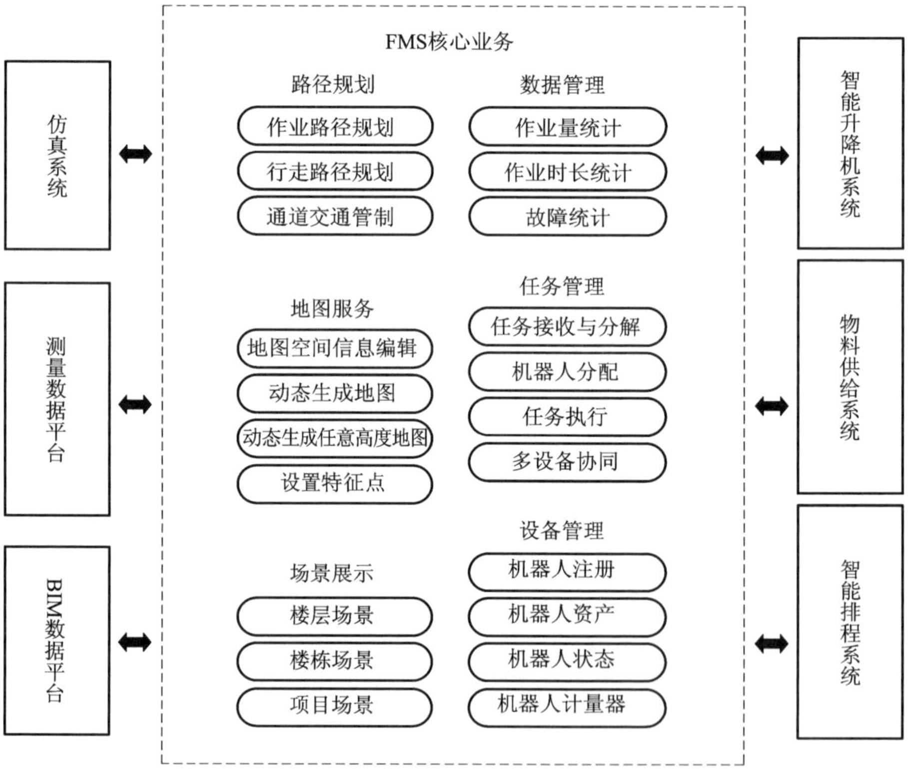

图 12.35 FMS 机器人协同管理系统

进度反馈给 FMS,FMS 同步形成施工日志、作业报告,并将结果发送给 BIM 模型,BIM 模型实时更新,形成现实世界中建设项目的“数字孪生体”,即虚拟建造。建筑机器人施工现场如图 12.38 所示。

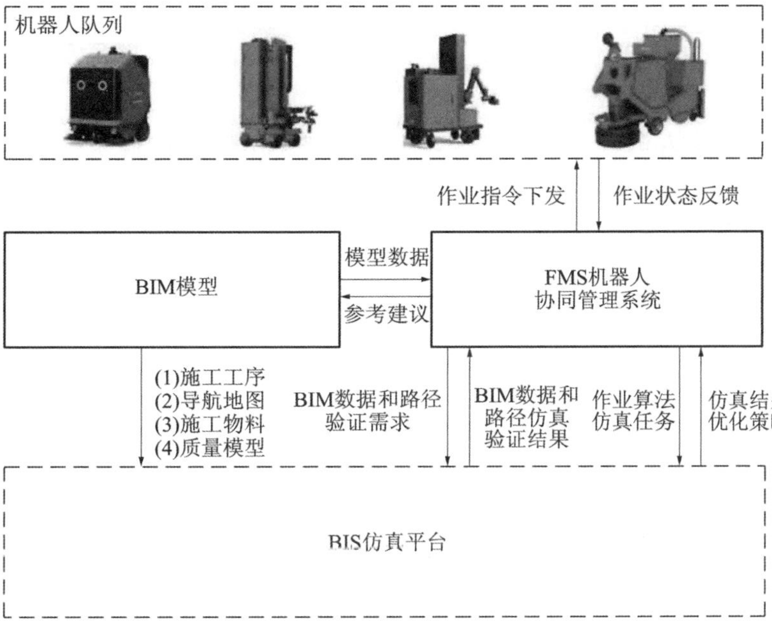

图 12.36 BIM-FMS-BIS 联用工作流程

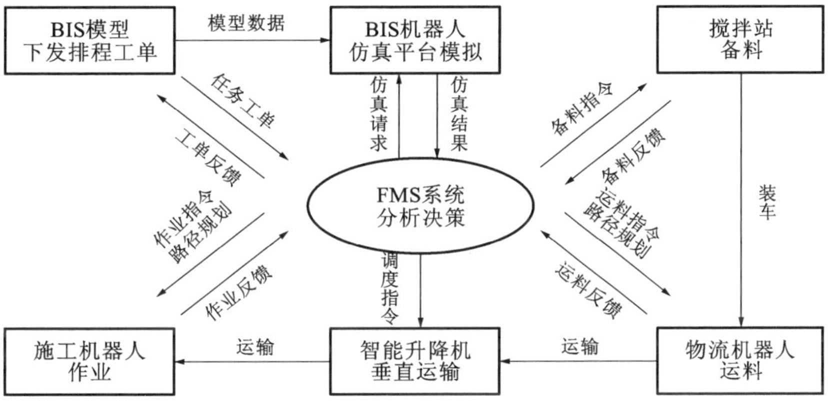

图 12.37 机器人施工管理流程

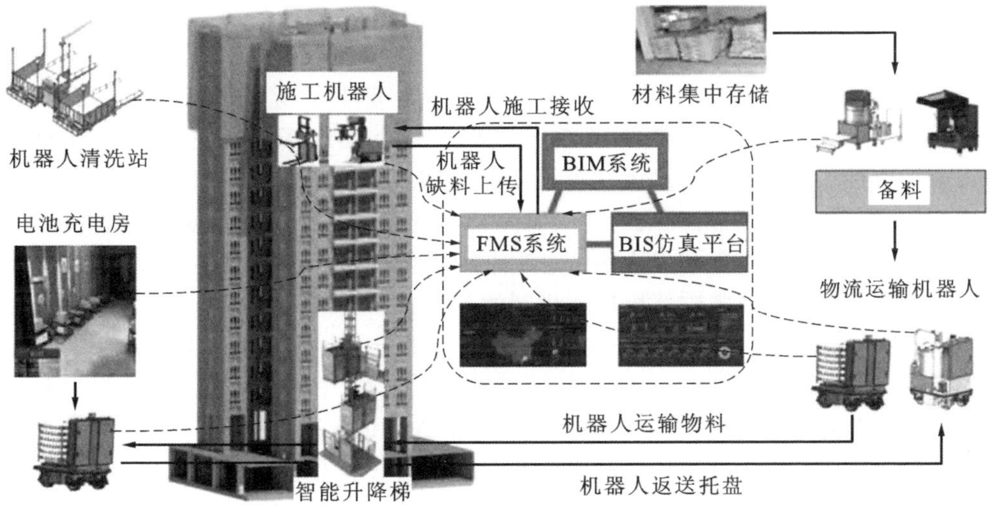

图 12.38 建筑机器人施工现场

12.6.5 智能养护

(1)无人机

近年来,装备摄像头的无人机(UAV)在建筑、桥梁和其他民用基础设施系统的视觉监控建设和运行方面的应用呈指数级增长。无人机可搭载多种类型的传感器,如相机、红外热成像相机、激光雷达等。通过搭载的高分辨率相机,无人机可快速获得大量拍摄区域的高精度、大比例图像,为实时更新道路信息、采取紧急救援提供准确、快速的实时信息,以协助相关部门快速制订出准确的应急和处置方案等。搭载红外热成像相机的无人机融合光学图像和红外热成像图像,能够实现更准确的结构缺陷评价。搭载激光雷达的无人机采用激光测绘技术,能够快速获取拍摄场景的三维点云,提供拍摄场景的粗尺度的三维全景信息。无人机在无损检测中的应用主要集中在任务状态检测、损伤分析和状态监测等方面。

(2) 计算机视觉

计算机视觉技术是人工智能领域的一个重要分支,它研究如何让计算机学会看懂并理解真实世界,具体指通过相机获得图像或视频,由计算机代替人眼对目标进行图像识别、运动跟踪、场景重建、图像恢复、图像测量等任务处理,让计算机进一步通过理解图像来获取其中包含的信息和知识。计算机视觉技术在土木工程里的应用,主要包括裂纹识别、位移测量、模态参数识别、车辆荷载识别等。

基于计算机视觉的裂缝识别是土木工程结构损伤识别领域的研究热点。基于视觉的位移和振动监测方法已经在土木工程中应用了十多年,典型的视觉振动测量方法有基于光学干涉的振动测量方法、目标跟踪法以及数字图像相关法等。

基于计算机视觉的模态参数可视化识别方法成为近年来的研究热点,其利用摄像机测量而不需要进行结构表面预处理即可直接提取结构模态参数,该技术主要结合了基于相位的光流计算和视频运动放大技术的处理方法。

(3)大数据深度学习

人工智能算法在土木工程领域的应用始于 20 世纪 90 年代。初期应用主要是基于机器学习(Machine Learning,ML)的结构损伤识别方法等。例如,在桥梁风工程方面基于快速聚类算法对大跨度桥梁振动特征空间以及涡激振动事件进行识别;在桥梁结构健康监测大数据挖掘方面基于快速聚类算法和混合高斯模型对斜拉索状态进行识别;基于应变监测数据对大跨度桥梁主梁进行识别;基于计算机视觉和深度网络对结构健康监测异常数据进行诊断等。

12.6.6 智能防灾减灾

大规模基础设施灾害风险管控实质为一个复杂的优化决策问题。随着计算机科学的发展,深度强化学习(Deep Reinforcement Learning,DRL)技术为解决这一问题带来了新的思路。强化学习(Reinforcement Learning)是受行为心理学启发的机器学习技术,其研究的是计算机代理(Agent)如何在一个环境(Environment)中采取行动(Action)以最大化奖励(Reward)函数,曾广泛应用于统筹学和控制论等领域。例如,借助遥感、无人机、机器人、手机和结构健康监测技术等群智感知技术记录地震、台风等灾害中和灾害后工程结构的响应和破坏信息,充分利用这些信息并采用机器学习算法可以快速评估城市灾害等级和损失情况,这些信息亦成为研究结构灾害破坏机理和机制的现场试验数据。

为使人工智能理论与技术更好地应用于土木工程,推动智能土木工程学科的发展,需要在以下方面进行系统的科学研究和技术研发:

(1)结合土木工程学科特点,建立土木工程的人工智能理论体系。

(2)利用深度学习等理论深入挖掘结构健康监测、检测、试验、数值模拟等大数据,发展土木工程大数据挖掘的人工智能方法。

(3)研发基于人工智能理论的城市智能规划、结构智能设计、智能建造、智能养维护、智能防灾等相关的软件和硬件装备。

人工智能与土木工程的全寿命周期深入融合，将推动我国的土木工程进一步向安全、长寿、绿色、高效、智能的可持续方向发展。

12.7 我国建设法规简介

(1) 在我国，法指的是由国家制定或认可，并强制遵守执行的行为规则的总称。凡法律、法令、条例、规定、规则等都属于法的范畴。法律、法令、条例、规定、规则等法律文件的总称是法规。法治，就是以法为依据，治理国家及其有关机构、企事业单位、社会团体、公民之间发生的各种社会关系。

我国土木工程建设尤其需要法治。这是因为：

①投资大　2023年，我国总投资规模达50万亿元，其主要和土木工程有关。

②人员多　单算建筑企业就有15万余家，从业人员5 250多万人。

③市场发育不健全　表现在业主方面，主要是不按基本建设程序办事，不报建、不搞招投标、肢解发包工程、拖欠工程款等问题；表现在承包方方面，主要是无证或越级下包、层层转包、资质挂靠等问题。

④工程质量和安全事故时有发生　经过整顿，近年工程质量稳中有升，但是结构工程中的隐患还很多，重大倒塌事故时有发生。

(2)我国的建设法规，是由我国国家权力机关或其授权的行政机关制定的，旨在治理国家及其有关机构、企事业单位、公民之间在建设活动中发生的各种社会关系的建设法律和行政法规的总称，也应该包括各种技术方面的国家标准及其相应的技术规范、规程。建设法规的作用：①规范指导建设行为；②保护合法建设行为；③处罚违法建设行为。

建设法规大体有以下几种类型：

①法律　指由全国人民代表大会及其常委会依照立法程序制定的，由国家强制力保证执行的行为规则。如《中华人民共和国建筑法》(其目的是加强对建筑活动的监督管理，维护建筑市场秩序，保证建筑工程质量)。

②条例　指由国务院依法制定或批准的，规定国家在某领域或某事项中行为的行为准则，也称行政法规。如《建设工程质量管理条例》(其目的是加强建设工程的质量管理，保证建设工程的质量和安全，维护公众和参与工程建设各方的合法权益)。

③规定　指由国务院或各部委对某一事项制定的规章制度。如建设部制定的《工程建设重大事故报告和调查程序规定》《工程建设标准化管理规定》。

④标准　指由国务院或各部委授权主管机构制定或批准的对重复性事物和概念所作的统一规定；其中技术标准主要对技术原则、指标或界限进行规定，是一种衡量准则，属国家标准范畴。如建设部制定的《土的工程分类标准》(GB/T 50145—2007)，《房屋建筑制图统一标准》(GB/T 50001—2017)。

⑤规范　指由各部委授权主管机构制定的对技术要求、方法所作的系列规定；它涉及的范围较广泛、较系统、通用性强，它是标准的一种形式，也属国家标准范畴。如《旅馆建筑设计规范》(JGJ 62—2014)。

⑥规程　指由各部委授权主管机构制定的对技术要求、实施程序、方法所作的规定；它涉及的范围较单一、较具体、专用性强，它也是标准的一种形式，但不作为国家标准。如《高层建筑混凝土结构技术规程》(JGJ 3—2010)。

以上是全国性的建设法规，此外，还有地方性建设法规(指不与宪法、法律、行政法规相抵触的由各省、自治区、直辖市人民代表大会及其常委会制定并发布的建设方面的法规)和地方性建设规章(同地方性建设法规，但指建设方面的规章制度)。

我国建设法律和行政法规的体系大致如图12.39所示。

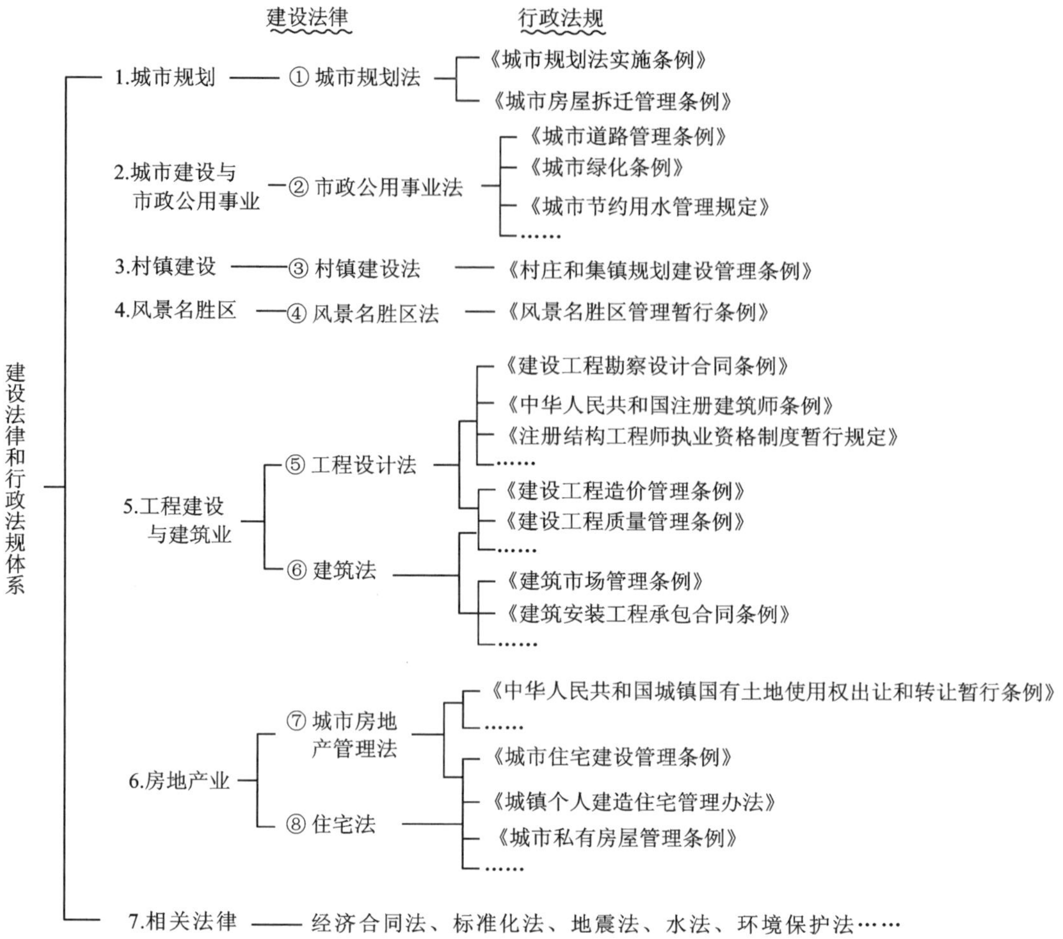

图 12.39 建设法规体系示意

(3) 我国建设法律举例——《中华人民共和国建筑法》

该法于 1997 年 11 月 1 日由全国人民代表大会常务委员会通过,自 1998 年 3 月 1 日起施行。全法有 85 个条款,分 8 章,章目如下:

第 1、8 章　总则、附则(有关本法目的、建筑活动定义、本法实施范围、监督管理等条款)

第 2 章　建筑许可(有关建筑工程施工许可、从业资格等条款)

第 3 章　建筑工程发包与承包(有关招标发包和承包应有做法和禁止事宜的条款)

第 4 章　建筑工程监理(有关监理制度和监理人员职责的条款)

第 5 章　建筑安全生产管理(有关安全生产方针、措施、制度、企业和作业人员职责的条款)

第 6 章　建筑工程质量管理(有关质量制度和建设、勘察、设计单位及施工企业对工程质量应负责任的条款)

第 7 章　法律责任(有关在建筑活动中各方违反本法时应追究法律责任的条款)

以《中华人民共和国建筑法》中有关保证建筑工程质量的条款为例,它有以下一些条文(条文中黑体字为该法条款中的文字,第×条为条款编号):

①制定建筑法的目的:“**为了加强对建筑活动的监督管理,维护建筑市场秩序,保证建筑工程的质量和安全,促进建筑业健康发展,制定本法。**”(第一条)

②建筑活动基本要求:“**建筑活动应当确保建筑工程质量和安全,符合国家的建筑工程安全标准。**”(第三条)

③领取施工许可证应具备的条件之一:“**(六) 有保证工程质量和安全的具体措施。**”(第八条)

④勘察、设计、施工、监理单位从业资格应具备的条件之一:“(二)有与其从事的建筑活动相适应的具有法定执业资格的专业技术人员。”(第十二条)

⑤国家为确保工程质量所推行的制度:

“国家推行建筑工程监理制度。”(第三十条)

“国家对从事建筑活动的单位推行质量体系认证制度。”(第五十三条)

“建筑工程实行质量保修制度。”(第六十二条)

⑥建设单位在确保工程质量方面的要求:“建设单位不得以任何理由,要求建筑设计单位或者建筑施工企业在工程设计或者施工作业中,违反法律、行政法规和建筑工程质量、安全标准,降低工程质量。”(第五十四条)

⑦勘察、设计单位在确保工程质量方面的要求:“建筑工程的勘察、设计单位必须对其勘察、设计的质量负责,勘察设计文件应当符合法律、行政法规的规定和建筑工程质量、安全标准及建筑工程勘察、设计技术规范以及合同的约定。设计文件选用的建筑材料、建筑构配件和设备……其质量要求必须符合国家规定的标准。”(第五十六条)

⑧施工企业在确保工程质量方面的要求:“建筑施工企业对工程的施工质量负责。……必须按照工程设计图纸和施工技术标准施工,不得偷工减料。……不得擅自修改工程设计。……必须按照设计要求、施工技术标准和合同的约定,对建筑材料、建筑构配件和设备进行检验,不合格的不得使用。”(第五十八条、第五十九条)

⑨承包单位在确保工程质量方面的要求:“建筑工程实行总承包的,工程质量由工程总承包单位负责,总承包单位将建筑工程分包给其他单位的,应当对分包工程的质量与分包单位承担连带责任。分包单位应当接受总承包单位的质量管理。”(第五十五条)

⑩竣工时为确保工程质量的要求:“交付竣工验收的建筑工程,必须符合规定的建筑工程质量标准,……”(第六十一条)

“建筑工程竣工时,屋顶、墙面不得留有渗漏、开裂等质量缺陷;对已发现的质量缺陷,建筑施工企业应当修复。”(第六十条)

⑪在使用寿命内为确保工程质量的要求:“建筑物在合理使用寿命内,必须确保地基基础工程和主体结构的质量。”(第六十条)

⑫在使用寿命内的保修:“……保修范围应当包括地基基础工程、主体结构工程、屋面防水和其他土建工程,……保修的期限应当按照保证建筑物合理寿命年限内正常使用,维护使用者合法权益的原则确定。……”(第六十二条)

⑬质量问题投诉:“任何单位和个人对建筑工程的质量事故、质量缺陷都有权向建设行政主管部门或其他有关部门进行检举、控告、投诉。”(第六十三条)

⑭应追究法律责任的行为:

a. 建筑单位……要求设计或施工企业违反建筑工程质量标准,……降低工程质量的……。

b. 设计单位不按照建筑工程质量标准进行设计的……,造成工程质量事故的,……;造成损失的,……。

c. 施工企业在施工中偷工减料的,使用不合格的建筑材料、建筑构配件和设备的,或者有其他不按照工程设计图纸或者施工技术标准施工的行为的,……;造成建筑工程质量不符合规定的质量标准的,……。

d. 施工企业不履行保修义务或者拖延履行保修义务的,……。

e. 工程监理单位与建设单位或者施工企业串通,弄虚作假,降低工程质量的,……。

对上述行为要分情况予以责令改正,处以罚款,责令停业整顿、降低资质等级或吊销资质证书,负责返工修理,赔偿损失,没收违法所得,直至追究刑事责任。

从以上条款可得到以下几点重要结论:

①建筑活动的基本要求之一,是确保建筑工程的质量;确保建筑工程质量,是执行该法的一个重要目的。

②只有具备能确保建筑工程质量的专业技术人员和有关的具体措施，依据国家规定的建筑工程质量标准和法规，在国家推行的确保工程质量的制度管理下，才能正确地进行建筑活动。

③建设单位，勘察、设计单位，建筑施工企业，工程监理单位在确保建筑工程质量方面有各自不可推卸的责任；它们各自在完成自身任务的过程中共同对建筑工程质量负完全责任(此完全责任指各自责任的总和)。

④确保质量的原则应该贯彻在建筑工程的始终和建筑工程的各个方面——从勘察、设计、领取施工许可证、现场施工到竣工验收，在使用寿命内合理使用、保修；从地基基础、主体结构到装修工程。

⑤任何单位和个人都有权利和义务过问建筑工程的质量问题，甚至进行检举、控告、投诉。

⑥对于违反建筑工程质量规定的行为，要追究法律责任。

复习思考题

12.1　什么叫建设程序？它由哪些部分组成？

12.2　土木工程为什么被称为基本建设？它在建设中有哪些特点？

12.3　一个工程项目在建设之前为什么必须立项、报建、进行可行性研究？

12.4　简述可行性研究的若干方面。

12.5　为什么在进行工程设计之前必须进行地形测量和工程地质水文勘察？

12.6　一项土木工程的设计必须经过哪几个设计阶段？每个设计阶段的前提是什么？每个设计阶段的内容和成果是什么？什么是一个工程项目的设计文件？它在建设过程中起什么作用？

12.7　试述勘察、设计、施工、监理的相互关系。

12.8　一个工程项目在实施施工之前要做哪些准备工作？

12.9　到一个正在施工的工地上去，为什么做到以下几点？

①简单勾画一个施工现场的平面布置图；

②了解一下施工道路的布置和使用情况；

③看一台起重设备的服务范围(如塔式起重机)；

④了解一个施工小组(如混凝土工)的人员组成和流动情况；

⑤了解一下管理干部的构成和工程技术人员的构成。

12.10　为什么说一项土木工程首先进行的是土方工程？

12.11　为什么说一个土木工程项目在施工中的主体工程往往是混凝土工程或者砌体工程？而混凝土工程又永远和钢筋工程、模板工程联系在一起？

12.12　混凝土工程为什么必然有振捣和养护的施工顺序？

12.13　到工地去看一下并描述瓦工砌筑的完整过程(放线、撂底、摆砌块、铺砂浆、砌块搭接、纵横墙体连接时的砌法)，或者抹灰的完整过程。

12.14　简述地下工程施工和地上工程施工方法的不同。

12.15　简述桥梁上部结构工程的几种施工方法，分述它们适应的场合和优缺点。

12.16　桥梁的下部结构施工有什么特点？

12.17　为什么在土木工程建设中要实行招标投标制？

12.18　土木工程的承包制有何基本要求？为何禁止将一项土木工程肢解发包以及禁止承包单位将全部工程转包给他人？

12.19　什么叫建设监理制？它分成几个层次？它们的职能有何根本区别？

12.20　建设单位、监理单位和承包单位的关系是什么？

12.21　试述土木工程中确保工程质量的重要性。如果工程质量和工程进度发生矛盾，首先应保证哪一方面？

12.22 在你个人的经历中(包括生活中接触到的和耳闻目睹的),你知道的建筑工程中的工程质量问题有哪些?

12.23 什么叫物业管理?为什么房屋建成后有一个保修期?在保修期间出现质量问题应归谁负责?保修期外出现重大结构方面的质量问题该怎么办?

12.24 何谓建设法规?简述我国建设法规体系的构成。

12.25 试述建设法规的作用。你认为在校期间学一些建设法规知识的意义在哪里?

12.26 在土木工程建设中,建筑师、结构工程师、施工工程师、技术工人、财会人员、建筑材料采购人员、房地产管理人员、监理人员和使用者之间存在一些什么关系?

12.27 你学完本章以后,对于一个土木工程师的职责和对社会承担的义务有什么认识?你准备怎样在学习过程中建立这种责任感和事业心?你在土木工程的宏伟事业中的远大抱负是什么?

13　土木工程建设的灾害

灾害(Disaster)就是指那些由自然的、社会(人为)的或社会与自然组合的原因引起的，对人类的生存和社会的发展造成损害的各种现象。

人们在土木工程建设和使用过程中，也应了解和预防土木工程可能遭受的自然灾害和社会(人为)灾难。自然灾害如地震灾害、风灾害、洪水灾害、地质灾害、虫灾(我国南方有些地区白蚁成灾，对木结构房屋、桥梁损害极大)等。社会灾难有火灾、燃气爆炸、地陷(人为地大量抽取地下水所造成)、工程质量低劣造成的工程事故以及人为的“恐怖”灾难等。下面就火灾、地震灾害、地质灾害、风灾、工程事故和“9·11”恐怖灾难等现象作一些简述。

13.1　火　　灾

世界多种灾害中发生最频繁、影响面最广的首属火灾(Fire,Conflagration)。在我国应急管理部发布的2023年十大典型事故中，每一例都与火灾或爆炸有关。大量的火灾事故造成了人员伤亡和经济财产损失。我国每年发生近三十万起火灾，造成上千人伤亡，直接财产损失达数十亿元。火灾发生时的高温作用会造成材料力学性能劣化，构件承载力降低，进而导致结构局部破坏甚至倒塌。因此，提高建筑物耐火性能是保障国家战略安全、社会生产安全、民生稳定的基本需求。火灾对土木工程设施的影响主要体现在可燃物被烧尽，所用工程材料强度、工程结构承载能力受到不利影响。

不同工程材料有着不同的耐火性能，如表13.1所示。

表13.1　不同工程材料的耐火性能

材料	耐火温度(℃)及表征
岩石	600～900，热裂
黏土砖	800～900，遇水剥落
混凝土	550～700，热裂
钢筋混凝土	300～400，钢筋与混凝土黏着力破坏
钢材	300～400，强度下降 600，丧失承载力
木材	240～270，可点着火 400，自燃

根据物质燃烧特性，国家标准《火灾分类》(GB/T 4968—2008)将火灾分为A、B、C、D、E、F、K七类，其内容和可采取的扑救措施分别是：

A类火灾：指固体物质火灾。这些固体物质通常具有有机物性质，一般在燃烧时能产生灼热的余烬，如木材、煤、棉、毛、麻、纸张等火灾。可选择水型灭火器、泡沫灭火器、磷酸铵盐干粉灭火器和卤代烷灭火器扑救。

B类火灾：指液体或可熔化的固体物质火灾，如煤油、柴油、原油、甲醇、乙醇、沥青、石蜡等火灾。可选择泡沫灭火器(化学泡沫灭火器只限于扑灭非极性溶剂)、干粉灭火器、卤代烷灭火器和二氧化碳灭火器扑救。

C类火灾：指气体火灾，如煤气、天然气、甲烷、乙烷、丙烷、氢气等火灾。可选择干粉灭火器、卤代烷灭火器、二氧化碳灭火器等扑救。

D类火灾：指金属火灾，如钾、钠、镁、铝镁合金等火灾。可选择粉状石墨灭火器、专用干粉灭火器扑救，也可用干砂或铸铁屑末代替扑救。

E类火灾:指带电火灾,即物体带电燃烧的火灾。可选择干粉灭火器、卤代烷灭火器、二氧化碳灭火器等扑救。

F类火灾:指烹饪器具内的烹饪物火灾。可选择干粉灭火器扑救。

K类火灾:指食用油类火灾。与其他类型的液体火灾相比,食用油火灾很难被扑灭,由于有很多不同于烃类油火灾的特点,它被单独划分为一类火灾。

对于土木工程结构,防火研究是一个重要的领域,其主要通过结构防火设计、防火材料选择和防火技术应用等手段提高土木工程结构的抗火性能。

防火设计:土木工程结构的防火设计是预防火灾和减少火灾损失的关键。这涉及对建筑物或结构的整体布局、材料选择、防火隔离设施的设置等进行综合考虑。例如,在设计建筑物时,应考虑火灾蔓延的途径,并设置相应的防火墙和防火门,以控制火灾蔓延的范围。此外,防火材料的选择也是防火设计的重要环节,包括防火涂料、防火玻璃、防火板等,这些材料具有阻燃和隔热的作用,可以延缓火势蔓延的速度。

结构抗火性能研究:土木工程结构,特别是钢与混凝土组合结构的抗火性能研究是近年来的热点。研究者通过试验和分析,探究结构在火灾条件下的反应特性,如内部温度分布、材料性能变化等,从而提出提高结构抗火性能的有效措施。例如,近期有研究表明,钢管混凝土组合结构通过优化材料配比和结构设计,可以显著提高抗火性能。

热传导及温度场分布研究:了解结构在火灾条件下的热传导机制和温度场分布,对于预测火势蔓延趋势和制定有效的防火措施具有重要意义。研究者通常通过数值模拟和试验研究相结合的方法,分析不同结构形式、材料种类和防火措施对热传导和温度场分布的影响。

结构材料的高温性能研究:例如,钢材在高温下的屈服强度、抗拉强度、弹性模量、应力-应变曲线;混凝土在高温下的抗压强度、抗拉强度、黏结强度、弹性模量、应力-应变曲线;钢材、混凝土的导热系数、比热容、密度。该研究通过研究不同材料在高温下的力学性能和热稳定性,寻找在高温下性能优良的材料,为土木工程结构防火设计提供数据支持。

13.2 地震灾害

13.2.1 地震的基本常识

虽然人生活在地球上感觉很平稳,但是地壳运动一直在进行。它的变化很缓慢,日积月累就会在地壳内产生很大的内应力,到一定时候就可能在地壳最薄弱处发生突然断裂或错动,并以地震波的形式传到地面,造成地面运动,这就是地震(Earthquake)。震级(Earthquake Magnitude)是地震强弱的级别,它以震源处释放能量的大小确定。一次里氏5级地震所释放的能量为2×10^{19}erg(尔格),相当于在花岗岩中引爆2万t TNT炸药。震级每增加一级,地震所释放的能量增加31.5倍。有记录以来,1960年发生的智利9.5级地震排第一,2011年在日本东北部太平洋海域发生的9.0级地震排第五。烈度是某地区各类建筑物遭受一次地震影响的强烈程度。一次地震只有一个震级,却有很多个烈度区。这就像炸弹爆炸后不同距离处有不同的破坏程度一样。烈度(Intensity)与震级、震源深度、震中距、地质条件、房屋类别有关,图13.1展示了震源、地震波、震中、震

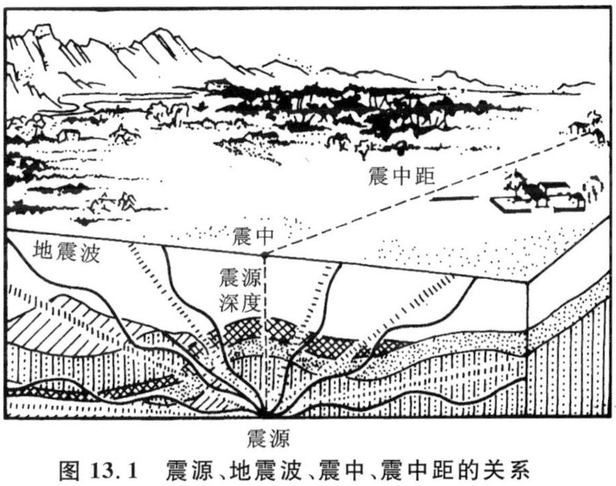

图13.1 震源、地震波、震中、震中距的关系

中距的关系。唐山大地震时，震中区域的烈度为 11 度（房屋普遍倾倒），唐山市内为 10 度（许多房屋倾倒）；天津市内为 8～9 度（大多数房屋损坏至破坏，少数倾倒）；北京市内有的地区为 6 度（有些房屋出现裂缝），有的地区为 7 度（大多数房屋有轻微破坏）。

13.2.2 地震发生概况

据统计，世界上每年要发生数百万次地震。人们对许多小地震并无感觉，只有仪器才能测量到它们。有感地震（3 级以上的地震称有感地震，5 级以上的地震称破坏性地震）每年发生约 5 万次，它对人的生命和工程建设并无危害；而能造成严重破坏的地震，每年平均仅发生约 18 次。即便如此，地震并不遍及全世界，它主要集中在两个地带上：①环太平洋地带，包括南北美洲太平洋沿岸和阿留申群岛、堪察加半岛，以及经日本列岛南下至我国台湾，再经菲律宾群岛直到新西兰；②喜马拉雅-地中海地带，它从印度尼西亚西部经缅甸至我国横断山脉、喜马拉雅山区，越帕米尔高原，经中亚细亚到地中海及其附近一带。世界上绝大多数地震发生于前一地带，该地带地震释放能量约占全球所有地震释放能量的 76%，后一地带地震释放能量约占 22%。我国正好介于两大地震带之间，所以是一个多地震的国家。我国台湾省大地震最多，新疆、西藏次之，西南、西北、华北和东南沿海地区也是破坏性地震较多的地区。有些地方历史上虽无大地震，但近年来也有地震活动。表 13.2 为近 25 年来世界各地发生的几次大地震。

表 13.2 近 25 年来世界各地几次大地震

序号	国家	地震名称或地震发生地区	地震发生时间	震级	经济损失	死亡人数	震况
1	中国	台湾集集地震	1999.9.21	7.6	118 亿美元	2 329 人（39 人失踪）	倒塌房屋 9 909 幢，受灾人口 250 万人
2	中国	汶川地震	2008.5.12	8.0	8 451 亿元	近 70 000 人（1.8 万人失踪）	见本表后面的正文
3	日本	东海岸地震	2011.3.11	9.0	16.9 亿日元	地震引发海啸，导致 15 900 人死亡、2 523 人失踪	福岛核电站 1～4 号机组核泄漏
4	伊拉克	伊朗西北部的克尔曼沙赫省以西、伊拉克哈拉贾巴赫市以南	2017.11.12	7.8	—	530 人死亡，超过 7 200 人受伤	发生在两个大型板块——阿拉伯板块与欧亚板块的碰撞带前缘
5	美国	阿拉斯加州以南海域	2020.7.22	7.8	—	—	该次地震震中 200 km 范围内没有大中城市分布
6	土耳其	卡赫拉曼马拉什省	2023.2.6	7.8	1 040 亿美元	50 500 人遇难	当地时间 2 月 6 日 4 时 17 分，土耳其发生 7.8 级地震，震源深度 20 km，震中位于北纬 37.15°，东经 36.95°。当地时间 2 月 6 日 13 时 24 分，再次发生 7.8 级地震，震源深度 20 km，震中位于北纬 38.00°，东经 37.15°
7	中国	积石山地震	2023.12.18	6.2	146.12 亿元	151 人死亡，983 人受伤	震级不是很大，严重破坏区域小，但引起的地面震动非常强烈，造成的山体崩塌和滑坡比较严重，这正是逆冲型地震的特点
8	中国	台湾花莲县海域	2024.4.3	7.3	—	18 人遇难，2 人失联，1 155 人受伤	台湾 1999 年“921”地震后发生的最大规模地震，属于极浅层地震，地震能量累积很快，不会通过一次地震就释放完能量，5.0～6.0 震级的余震发生 10 起

由震源振动直接产生，在地球内部传播的地震波称为体波。体波可分为纵波(P 波)和横波(S 波)。振动方向与传播方向一致的波为纵波，来自地下的纵波能引起地面的上下颠簸。振动方向与传播方向垂直的波为横波，来自地下的横波能引起地面的水平晃动。由于纵波在地球内部的传播速度大于横波，所以地震时，纵波总是先到达地表，而横波总落后一步。这样，发生较大的近震时，一般人们先感到上下颠簸，过数秒到十几秒才感到有很强的水平晃动。横波是造成破坏的主要原因。

地震对土木工程设施的破坏是复杂的。地震的地面运动使工程结构受到多次反复的水平和竖向的地震作用，其结果就好像在高低不平的路上的汽车，在行驶过程中和紧急刹车时都会使乘客不停地上下跳动和水平晃动一样。如果房屋、桥梁、铁路经受不住这种地震荷载，轻者会震裂，重者会倒塌(如房屋或桥梁)或扭曲(如铁路)。

地震还会造成地裂、地陷、山崩、滑坡，以及由土体受震后液化引起的地面冒水、喷砂现象。地裂会使工程结构随之断裂，甚至倒塌；地陷、滑坡会使地基丧失承载能力，甚至失效；它们都会使位于其上的工程设施倾斜、开裂或倾倒。

一次地震的波及面会很广。以汶川大地震为例，发生地震的龙门山脉主震断裂带长 185 km，受波及的断裂带总长达到 300 km 左右；重灾区约 12 万 km^2，实际受灾面积达到 44 万 km^2，波及的范围竟有几百万平方千米，千里之外的北京也有震感。

地震给土木工程设施造成震害(Earthquake Damage)的一般现象如下：

(1) 房屋的轮廓、体型、结构体系往往是它遭受震害的主要影响因素(图 13.2)，其中：①一幢房屋的长轴与地震荷载作用方向相垂直时，更易遭受震害；②一幢房屋的两个不同部分连在一起时，可能在连接处断裂；③一幢房屋高低悬殊部分的连接部位可能断裂；④一幢房屋的底部支承"软"时，易受震害；⑤一幢房屋的自振周期与地震时地面运动的周期相近时，房屋会发生很大晃动而破坏；⑥两幢房屋靠得太近时会在地震时互撞而破坏。

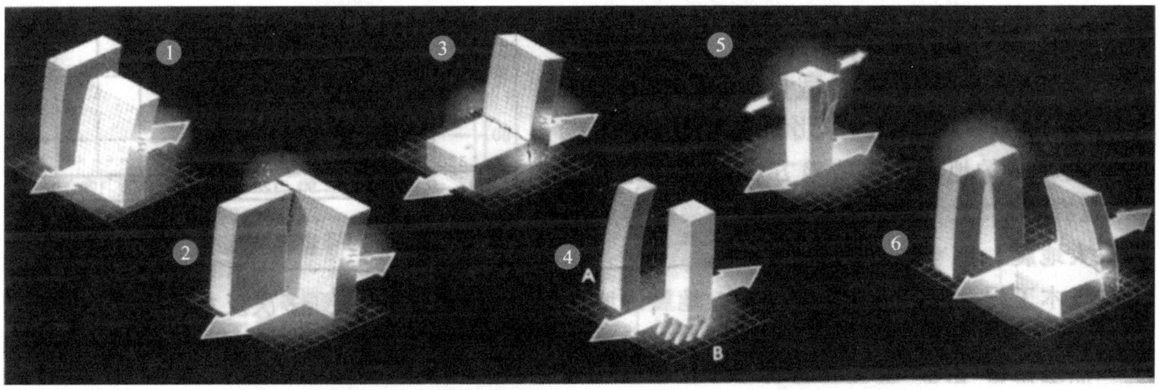

图 13.2 房屋轮廓、体型、结构体系对震害的影响

(2) 多层砖房结构的震害往往表现为窗间墙或窗下墙出现交叉裂缝(即 X 形裂缝，见图 13.3 之 1)，外纵墙倾落(图 13.3 之 2)，顶层墙角局部塌落(图 13.3 之 3)，砖柱断折(图 13.4)，甚至局部房屋倒塌或整个房屋倒塌(图 13.5)。

(3) 钢筋混凝土构架结构的震害往往表现为填充墙四周开裂或墙体出现交叉裂缝，梁柱节点破坏(图 13.6)，立柱断裂和倾斜(图 13.7)等。

(4) 地基液化失效的震害往往引起房屋倾斜和开裂(图 13.8)。

(5) 桥梁结构的震害往往表现为桥墩、桥台毁损(图 13.9)，主梁坠落，拱圈开裂及拱上结构塌落(图 13.10)等。

(6) 烟囱、水塔的震害虽因所用材料有异而不同，但一般都表现为筒身出现水平、交叉裂缝，顶部脱落或筒身扭转(图 13.11)。

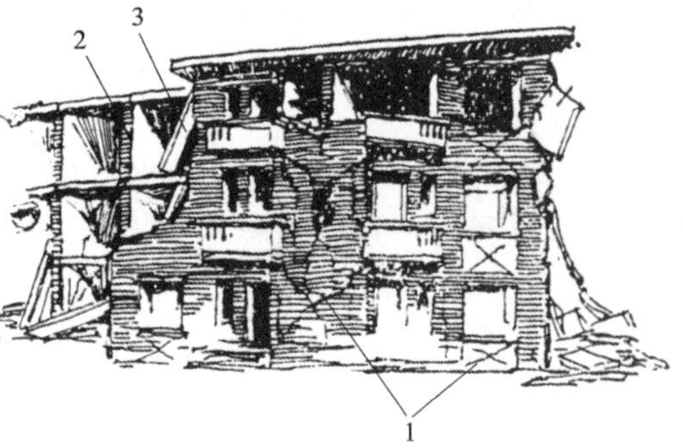

图 13.3　多层砖房震害

1—交叉裂缝;2—外纵墙倾落;3—顶层墙角塌落

图 13.4　砖柱的断折

图 13.5　砖房局部或整体倒塌

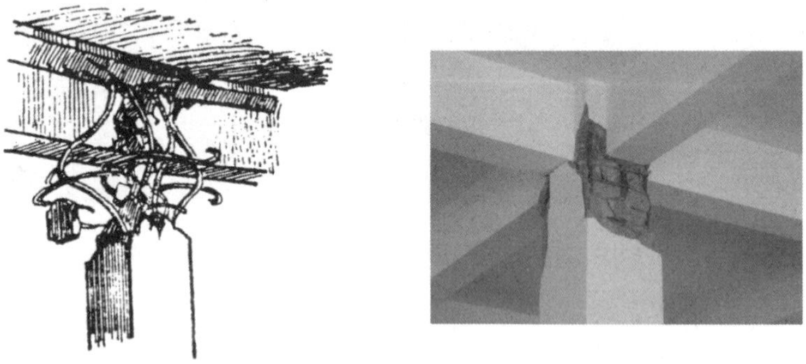

(a)　　(b)

图 13.6　钢筋混凝土梁柱节点破坏

(7) 地震时一旦水坝和供电、供燃气系统被破坏,还会引起水灾、火灾、空气污染等次生灾害。如 1923 年日本关东发生 8.3 级大地震,波及东京,东京被震倒的房屋有 13 万栋,而被地震引起的火灾烧毁的房屋却有 45 万栋。

(8)伴随地震形成的海水波动被称为海啸。当海啸传至近岸时,因水深减小,波浪骤然升高,从而侵袭陆地,造成人畜伤亡。1960 年智利 9.5 级地震引起的海啸以 600～700 km/h 的速度横渡太平洋,当其抵达远离智利 1.7 万 km 的日本海岸时,浪高仍达 3～4 m,将 1 000 多幢住宅冲走。

(a)　　　　(b)

图 13.7　钢筋混凝土构架破坏

(a) 框架角柱破坏;(b) 排架立柱倾倒

(a)　　　　(b)

图 13.8　地基液化引起震害

(a) 房屋开裂;(b) 房屋倾斜

图 13.9　桥墩断裂导致桥梁侧倒

图 13.10　桥梁防落梁系统破坏引起落梁

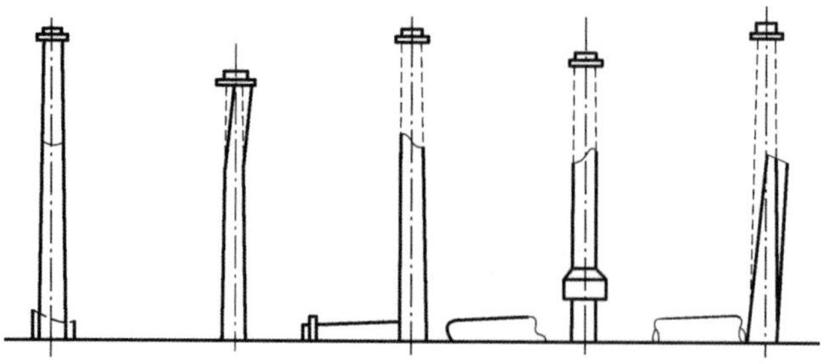

(a)

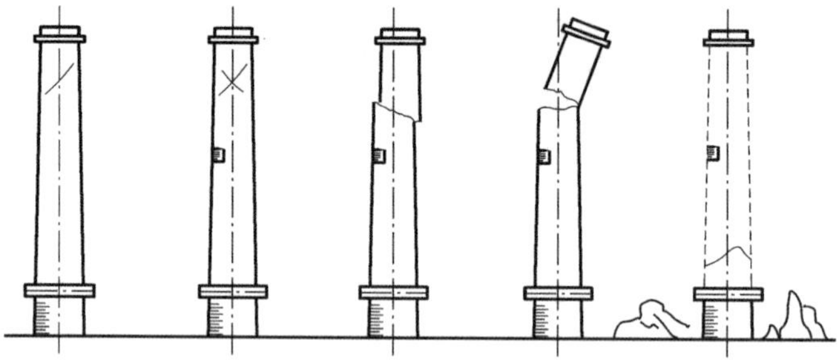

(b)

(c)

图 13.11　烟囱、水塔震害

(a) 钢筋混凝土烟囱几种破坏示意(日本一次 8.5 级地震资料);(b) 砖烟囱破坏示意;(c) 方形砖烟囱扭转破坏

土木工程防震减灾的方针是“预防为主”。预防震害的主要措施包括两大方面:加强贯彻强震预报工作;对土木工程设施进行抗震设防。后者的工作大体有以下内容:

①制定全国地震烈度规划图,规定各地区的基本烈度(即可能遭遇超越概率为 10%的设防烈度),作为工程设计和建设的依据。

②国家建设行政主管部门颁布工程抗震设防标准,各建设单位应在项目建设过程中遵照执行。

③国家建设行政主管部门颁布抗震设计规范。

④设计单位在进行土木工程设施设计时,应严格遵守抗震设计规范,并尽可能地采取隔震、消能减震等先进抗震技术。

⑤施工单位和质量监督部门应严格保证建设项目的抗震施工质量。

⑥对于未进行抗震设计或未达到抗震设防要求的土木工程项目,应予以抗震加固。

土木工程考虑抗震设防后必然会增加建设资金。由于任一地区的抗震设防烈度不可能与实际发生的地震烈度相同,实际发生的地震又有小震(可能遭遇的概率较大)、中震和大震(可能遭遇的概率极小)之分,故抗震设计的原则是“小震不坏,中震可修,大震不倒”。根据这个原则所设计的土木工程,不但能减轻地震灾害,而且能合理使用建设资金。

地震是可怕的,但满足抗震设防要求的土木工程又应该是可靠的,至少是可以“裂而不倒”,不会引起生命伤亡的。我国唐山大地震后,市内高 8 层的新华旅馆因在砖墙内加设构造柱和圈梁,虽经烈度为 10 度的强震,却能够裂而不倒,见图 13.12;周围同时建造的 3～4 层旅馆却因未设构造柱,且圈梁设置方法不妥而一塌到底。美国旧金山海湾地区最高的钢筋混凝土建筑——太平洋公园大厦,因被设计成可以抗震的延性框架,经受了 1987 年的一次强烈地震而未受损,邻近的其他建筑都发生某些震害,见图 13.13。这两个实例充分说明抗震设防的重要性。

图 13.12 唐山新华旅馆震后情况

图 13.13 美国旧金山海湾地区太平洋公园大厦震后情况

13.3 地质灾害

由地质原因形成的滑坡、泥石流、地面沉陷、堰塞湖等现象所造成的自然灾害，统称为地质灾害(Geological Disaster)，它们都会对人类社会造成巨大的经济损失和人员伤亡。

13.3.1 滑坡

滑坡(Landslide)，指大量山体(土体或岩体)在重力作用下沿它的滑动面缓慢而长期地下滑，当下滑到一定程度后，就会出现急剧的倾倒和崩塌现象。一般的山坡，在重力和其他作用下，都会有向下和向外移动的趋势，但如果该山坡土体或岩体的抗剪能力能够抵抗这种趋势，则山坡是稳定的，否则就会发生滑坡。图 13.14 所示为在 2008 年汶川大地震后，通往四川茂县的公路和河流被自上而下的漏斗状滑坡所堵塞。

滑坡由滑动体、滑动面、滑壁、滑台、滑舌、滑坡脚等 6 部分组成，在滑动体四周的山坡上还会产生多处裂缝，如图 13.15 所示。

图 13.14 汶川地震后通往茂县被毁的路面和河面

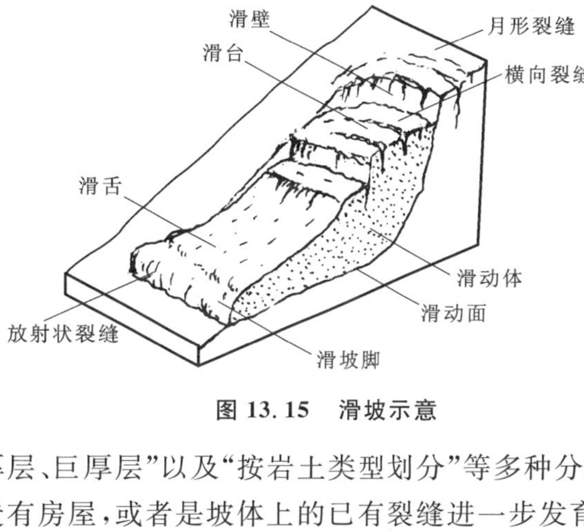

图 13.15 滑坡示意

滑坡有“推落式、牵引式、混合式”，或“浅层、中层、厚层、巨厚层”以及“按岩土类型划分”等多种分类法：

(1)推落式滑坡是指由于斜坡上部堆积重物，或建造有房屋，或者是坡体上的已有裂缝进一步发育扩展，上部山体失稳而开始下落，随即推动下部山体滑动的一种滑移。

(2)牵引式滑坡是指斜坡下部山体先因水流冲刷或人工开挖发生滑动，而后逐渐向上、向里扩展，引起下部山体由下而上滑动的一种滑移。

(3)混合式滑坡则是由上述两种因素共同造成的滑移。

(4)浅、中、厚和巨厚层滑坡，分别是滑动体厚度小于 6 m、厚度 6～20 m、厚度 20～50 m 和厚度在 50 m 以上的滑坡。

(5)按岩土类型划分，有黏性土滑坡、黄土滑坡、堆填土滑坡、堆积土滑坡、破碎岩石滑坡、岩石滑坡等。

防治滑坡的措施一般有：设置抗滑体(如挡土墙、抗滑桩、抗滑支撑、预加应力锚索等)，排除地表水和地下水(主要指拦截流入斜坡变形区的地表水或地下水，使它们远离斜坡变形区)，削坡减荷(目的在于降低下滑力，增加抗滑能力)，设置防冲护坡(指防止坡体被河水、湖水、海水或水库水的波浪冲蚀，修筑导流堤、防波堤、砌石护坡等)。

13.3.2 泥石流

泥石流(Mud-Rock Flow)是带有大量泥沙、石块等固体物质的特殊洪流。它的流动、冲刷、搬运和沉积的过程都十分迅速，其往往在很短时间内流出数十万乃至数百万立方米的固体物质，能将数十吨、数百吨乃至上千吨的巨石从山谷中冲到山外，对建筑物、桥梁、路基等有巨大的破坏性。例如，我国甘肃省舟曲县 2010 年 9 月 5 日遭受特大的山洪泥石流，在灾害中有 1 478 人遇难，287 人失踪，甘肃陇南地区的公路全线中断。

形成泥石流的基本条件有地形、地质和气候水文三个方面：

(1)地形条件，指泥石流都是发生在陡峻的山岳地形处和纵坡降较大的狭窄沟谷处；

(2)地质条件，指发生泥石流的山区的岩石一般都严重风化，形成了松散的地质构造，而且往往带有大量容易被水流冲刷的土石堆积物；

(3)气候水文条件，指泥石流都是由暴雨、高山冰雪融化或大面积水堤溃决等因素导致的。

上述甘肃舟曲县遭受特大泥石流，就是由于该县城附近地质构造松软，岩体风化程度严重，当地还曾遭受 2008 年汶川地震和全年干旱无雨的影响，造成城区周围山体松动、岩石解体，使雨水容易进入，再加上该地区后来又遭受持续 40 多分钟的降雨量达到 90 mm 的特大暴雨等多重因素集成的结果。

防治泥石流的措施一般有生物措施(如培育植被和森林，合理耕牧，维持优化的生态平衡等)和工程措施(如在泥石流可能形成的地区设置蓄水、引水工程，以拦截水流；设置挡土墙、护坡等构筑物，以稳定山体；在泥石流可能流通的区域，设置坝体以拦挡泥石流的冲击)。

13.3.3 地面沉陷

随着城市化进程的加快，我国各类地质灾害给经济社会造成重大损失，其中影响最大的是地面沉降。2012 年 3 月 2 日水利部印发的《全国地面沉降防治规划(2011—2020 年)》指出，近 40 年来全国遭受地面沉降灾害的城市超过 50 个，分布于北京、天津、上海、江苏、河北、山西、内蒙古等 20 个省(或自治区、直辖市)，因地面沉降造成的经济损失超过 3 000 亿元。地面沉陷(Ground Settlement/Land Subsidence)指由于地面以下土层的固结压缩，某一确定范围内的地面发生高程降低的现象。地面沉陷会引起地面上的建筑物下沉或倾斜；如果地面发生过大的不均匀沉陷，还会导致局部地区产生通长的地裂缝，导致建筑物开裂，甚至使供气、供水、排水管道断裂，使道路损坏变形，给城市建设带来严重后果；更为严重的地面沉陷，甚至会造成海水倒流，使当地的土壤和地下水盐碱化。

诱发地面沉陷的因素有：

(1)地壳运动引起地内力的作用，但由此产生的沉陷速率很低，不会造成灾害；

(2)地球内外环境的影响，如地下水对土中盐类的溶解，土中有机成分的氧化，地表松散沉积物中水分的蒸发，全球海平面的上升和沿海地面的相对下降等，这些也都不会造成灾害；

(3)超量抽取地下水，这是诱发地面沉陷的主要因素。如北京自 20 世纪 70 年代以来，地下水位每年都在下降，北京东北一些地区的地面沉陷量已达到 590 mm；

(4)开采石油是人工抽取地下液体的一种形式，它很可能引起采油地区的地面沉陷。

因而节约用水和适量取用地下水，是地面不发生过大沉陷的重要保障。更根本的治理措施则是人为地向发生沉陷的土层内回灌水，使该土层孔隙内的液压保持在平衡状态，使沉陷土层中因抽液所产生的应力增量减小到最低程度。

13.3.4 堰塞湖

堰塞湖又称“海子”，是由地震活动等原因引起的山崩滑坡体等堵截河谷或河床后贮水而形成的湖泊。

堰塞湖的堵塞物不是固定永远不变的，它们也会受冲刷、受侵蚀、溶解、崩塌等。一旦堵塞物被破坏，湖水便漫溢而出，倾泻而下，形成洪灾，极其危险。灾区形成的堰塞湖一旦决口，后果严重。伴随次生灾害的不断发生，堰塞湖的水位可能会迅速上升，随时可能发生重大洪灾。堰塞湖一旦决口会在下游形成洪峰，破坏性不亚于再次地震。因此，堰塞湖是非常严重的地震次生灾害。

历史上曾经发生过一次由堰塞湖垮塌造成的巨大次生灾害：1933 年 8 月四川叠溪发生大地震，山体滑坡后在蜗江中形成两道天然水坝和四个堰塞湖。据记载，地震时死亡 500 余人，而两个月后由于坝体垮塌 2 万余人在洪水中丧生。

2008 年 5 月 12 日四川汶川发生特大地震，造成北川部分地区被堰塞湖水淹没。地震形成了大面积堰塞湖泊，情况十分紧急，稍有不慎就会造成巨大的次生灾害，这在当时成了仅次于汶川地震本身的超级热点事件，图 13.16 为汶川地震后的唐家山堰塞湖。最终，抢险队选择了通过人工或机械挖掘、爆破、拦截等方式来引流或疏通湖道，使湖水汇入主流流域或分散到水库的方案，以免造成洪灾。

(a) (b) (c)

图 13.16 汶川地震后形成的唐家山堰塞湖

(a)航拍的唐家山堰塞湖；(b)泄洪场景；(c)现状

13.4 风　灾

风灾(Disaster by Windstorm)大多来自台风(也称飓风)和龙卷风的动力作用。这些风对工程结构施加的荷载比结构设计中通常假设的风荷载大许多倍,会对人类生命及财产安全造成巨大危险。

较大风力等级如表13.3所示。

表13.3　较大风力等级

风力等级	陆地地面征象	自由海面浪高(m)	距地10 m高处风速(m/s)
7	全树摇动,迎风步行感觉不便	4.0(5.5)	13.9～17.1　(50～61 km/h)
8	微枝折毁,人向前行感觉阻力甚大	5.5(7.5)	17.2～20.7　(62～74 km/h)
9	建筑物有小损(烟囱顶部及平屋顶摇动)	7.0(10.0)	20.8～24.4　(75～88 km/h)
10	陆上少见,见时可将树木拔起或使房屋损坏较重	9.0(12.5)	24.5～28.4　(89～102 km/h)
11	陆上很少见,有则必有广泛损失	11.5(16.0)	28.5～32.6　(103～117 km/h)
12	陆上绝少见,摧毁力极大	14.0(—)	32.7～36.9　(118～133 km/h)

注:自由海面浪高一栏中所列值为一般浪高,括弧内值为最高浪高。

台风(Typhoon)是大气的剧烈扰动。它的形成有两个基本条件——热和湿,因而它仅起源于热带(也称热带气旋),起源后几乎总是首先向西方移动,然后从赤道附近移开,或登陆进行毁坏性袭击,或越过较冷的海洋面而自然消亡。由于它是因海洋面上局部积聚的湿热空气大规模上升至高空,使周围低层空气向中心流动而形成的,因而呈大漩涡状。生成于西北太平洋和我国南海的强烈热带气旋被称为“台风”;生成于大西洋、加勒比海以及北太平洋东部的则称“飓风”。台风直径200～1 000 km,巨型台风直径可达1 000 km以上,中心“台风眼”半径多为5～30 km。虽台风形成时的风速为10～20 km/h,但我国规定中心附近地面最大风力为8～11级的才称台风或热带风暴,12级以上的为强台风或强热带风暴。袭击我国的台风常发生在5—10月,以7—9月最为频繁。2000年8月的第10号台风给我国东南沿海造成极大损失:福建1 100多栋房屋被毁、铁路中断、山体滑坡,浙江乐清市毁坏近700栋房屋,台湾全岛经济损失达新台币40多亿元。美国历史上最具毁坏性的飓风是“卡特里娜”五级飓风。2005年8月25日,飓风在美国佛罗里达州登陆,8月29日破晓时分,再次以233 km/h的风速在墨西哥湾沿岸的新奥尔良外海岸登陆,造成了840亿美元的经济损失及1 836人死亡。

龙卷风(Tornado)由猛烈的大雷雨发展而成,它有着转动的气柱,并通常伴有漏斗状向下伸展的重云。它的漩涡直径一般有60～250 m,其以高达50～150 m/s的速度旋转,移动速度达每小时数十公里,所经路程,短的只有几十米,长的可超过100 km,持续时间自几分钟至几小时不等;它是所有风中最具毁坏性的风。它到达地面时的破坏力极大,人、畜、器物常被卷至空中带往他处。美国每年因龙卷风导致的经济损失超过1亿美元。

要将土木工程设计成能直接抵御台风和龙卷风的结构是不可能的。但将可能发生风灾地区的房屋屋面板、屋盖、幕墙等加以特殊锚固,则是必要的;尤其对重要设施(如核能设施)更应加强重点防范。

大风对房屋和桥梁也能引起灾害。如大风可以将房屋吹倒,可以使高烟囱、高电视塔以及高层建筑发生大幅度摇晃而无法使用,甚至倾倒;柔性结构(如悬索桥)还可能因风振引起共振而毁坏。科学家正在采用调频质量阻尼系统控制柔性结构的风流响应。

美国旧金山金门大桥(主跨1 280 m)于1937年建成,它的桥面加劲钢桁架的宽跨比为1∶47,而高跨比在当时为最小,仅为1∶168。它有时在风力作用下左右摆动的幅度竟达4 m(13 ft),使得该桥有时不得不停止使用,以免发生行车事故。1940年,美国西海岸华盛顿州又建成塔科马峡谷桥,其主跨长853 m,宽跨比为1∶79,高跨比为1∶350,比金门大桥的柔性更大。该桥通车后即显露柔度太大的问题,最初在风中行车时的振荡还是竖向的，使用几个月后，风中行车时的振荡突然改变为扭转运动，甚至使四分点处的桥面倾斜成$-45°\sim+45°$[图 13.17(a)]。最后，大桥竟在风速不大(56～67 km/h)的情况下因振荡幅度过大而塌落[图 13.17(b)]，这是因风灾发生塌桥事故的典型实例。

(a)

(b)

图 13.17 美国塔科马峡谷桥

(a) 扭曲；(b) 倒塌

13.5 工程事故灾难

工程事故灾难(Disaster by Engineering Accident)是由勘察、设计、施工和使用过程中的重大失误造成的工程倒塌(或失效)所引起的人为灾害。它往往带来人员的伤亡和经济上的巨大损失。例如，我国规定的建筑工程中的工程事故等级见表 13.4。

表 13.4 建筑工程事故等级

事故等级	伤亡人数或重伤人数	或	直接经济损失(人民币)
特大重大事故	死亡 30 人以上或重伤 100 人以上	或	1 亿元以上
重大事故	死亡 10～29 人或重伤 50～99 人	或	5 000 万元以上，1 亿元以下
较大事故	死亡 3～9 人或重伤 10～49 人	或	1 000 万元以上，5 000 万元以下
一般事故	死亡 3 人以下或重伤 10 人以下	或	1 000 万元以下

一般说来，造成工程事故灾难的原因有两大方面：

从技术方面来看，大体有：

①地质资料的勘察严重失误，或根本没有进行勘察；

②地基过于软弱，同时基础设计又严重失误；

③结构方案、结构计算或结构施工图有重大错误，或凭“经验”“想象”设计，无图施工；

④材料和半成品的质量低劣，甚至采用假冒伪劣的产品和半成品；

⑤施工和安装过程中偷工减料，粗制滥造；

⑥施工的技术方案和措施有重大失误；

⑦使用中盲目增加使用荷载，随意变更使用环境和使用状态；

⑧任意对已建工程打洞、拆墙、移柱、改扩建、加层等。

从管理方面来看，大体有：

①由非相应资质的设计、施工单位(甚至无营业执照的设计、施工单位)进行设计、施工；

②建筑市场混乱无序，出现“六元”(无报建程序、无设计图纸、无勘察资料、无招投标、无执照施工、无质量监督)工程项目；

③“层层分包”现象普遍，使设计、施工的管理处于严重失控状态；

④企业经营思想不正，片面追求利润、产值，没有建立可靠的质量保证制度；

⑤无固定技工队伍，技术工人和管理人员素质过低。

下面列举四例，说明工程事故灾难的严重性。

(1) 2007 年 8 月 13 日，湖南省某公路大桥(全长 328 m、桥宽 13 m、4 孔、孔跨距 65 m 的石拱桥)发生整体垮塌事故，造成重大人员伤亡。现场共有 152 人作业，88 人脱险(其中 22 人受伤)，64 人遇难。

造成事故的主要原因有：施工工期过紧，变更了主拱圈砌筑程序，拱架拆卸过早；施工中发现地质情况较复杂，与原勘察资料对比变动较大，但是没有进行深入细致的补充勘探，只做了简单处理；主拱圈砌筑质量差，砌筑块石规格不符合要求，主拱圈内含有片石，砌筑的砂浆和混凝土不饱满，有空洞和空隙，砂石含土量高；工程管理混乱，忽视质量管理；施工单位的一些施工变动没有进行设计变更，也未告知监理单位；监理单位人员不足，对发现的问题也没有及时向上级工程质量监督部门反映；设计单位没有按规定派驻工地代表；工程分包单位多，由湖南省某公司和 7 个包工队施工。

经调查认定，这是一起严重的责任事故。根据国务院常务会议的决定，湖南省有关部门已将对事故发生负有直接责任、涉嫌犯罪的 24 人移送司法机关依法追究刑事责任，对事故发生负有责任的 32 名责任人给予了相应的政纪、党纪处分。

(2)2020 年 3 月 7 日 19 时 14 分，福建省泉州市鲤城区欣佳酒店所在建筑物发生坍塌事故，造成 29 人死亡、42 人受伤，直接经济损失达 5 794 万元。事故发生的原因是，事故单位将欣佳酒店建筑物通过增加夹层由原四层违法改建成七层，使建筑物达到承载能力极限并处于坍塌临界状态，加之事发前事故单位对底层支承钢柱违规加固焊接作业，引发钢柱失稳破坏，最终导致建筑物整体坍塌。

(3)近年来，“船撞桥”事故频发。有数据表明，2022 年我国至少发生了 6 起船撞桥恶性事故。2024 年 2 月 22 日 5 时 31 分左右，广州南沙沥心沙大桥被一艘空载集装箱船撞击桥墩，造成桥面断裂，4 辆车与 1 辆电动摩托车落水，致 5 人死亡，2 人受伤，肇事船舶一名船员轻微伤。据通报，事故原因为集装箱船“良辉 688”轮在航经南沙洪奇沥水道时，因船员操作失当，左舷船身触碰沥心沙大桥下行通航孔 18# 桥墩，随后船头再次触碰下行通航孔 19# 桥墩，致使该通航孔上的桥面断裂。

(4)当地时间 2024 年 3 月 26 日凌晨，一艘集装箱船在驶离美国巴尔的摩港后失去动力，撞上马里兰州巴尔的摩市“弗朗西斯·斯科特·基”桥，致其坍塌，航道被大桥残骸堵塞，见图 13.18。桥上 8 名施工人员落水，其中 2 人获救，6 名失踪人员被推定死亡。

图 13.18 美国马里兰州船撞桥事故

13.6 恐怖袭击

恐怖袭击对土木工程项目的安全构成严重威胁。恐怖分子可能使用各种手段，如爆炸、劫持或化学物质等，对工程项目进行攻击。这些攻击可能导致工程结构严重损坏，甚至造成人员伤亡和环境污染。

2001 年 9 月 11 日美国纽约世贸中心双塔大厦突遭恐怖分子毁灭性袭击。这是震惊全世界的“9·11”事件。

世界贸易中心(World Trade Center，WTC)是 20 世纪 70 年代建造的世界级超高层建筑，由两座姐妹塔楼组成；北楼高 417 m，南楼高 415 m，均 110 层，地下 6 层。全大厦总建筑面积约 100 万 m^2，约有 80 万 m^2 的办公面积被分配给全世界 800 多个厂商，办公人员约 5 万人，每日来访观光者还有数万人。它由两座并列的 64 m×64 m 见方的直筒形建筑组成，采用密柱深梁组成的钢框架筒体结构。柱距 3 m，截面 0.76 m×0.76 m 见方，至第 9 层柱一分为三，柱距 1 m，截面 0.46 m×0.46 m 见方，柱间只留下 0.5 m 宽的窗洞，柱与 1.3 m 高的裙梁相连，形成的筒壁就像 4 片有窄洞口的钢墙。大厦的内核心区为服务性设施区，有 56 个电梯井，由框架结构和斜支撑支承。大厦的楼盖采用轻质混凝土楼面、压型钢板和钢桁架梁系统，钢桁架梁跨越了外墙筒和内核心区之间，其间不再设内柱；楼盖的长边跨度为 18.3 m，短边跨度为 10.7 m，自第 7 层至第 107 层的桁架梁处都安放了黏弹性阻尼器，用以吸收风力作用下全楼的变形能量。以上均可参见图 13.19(a)、(b)、(c)。

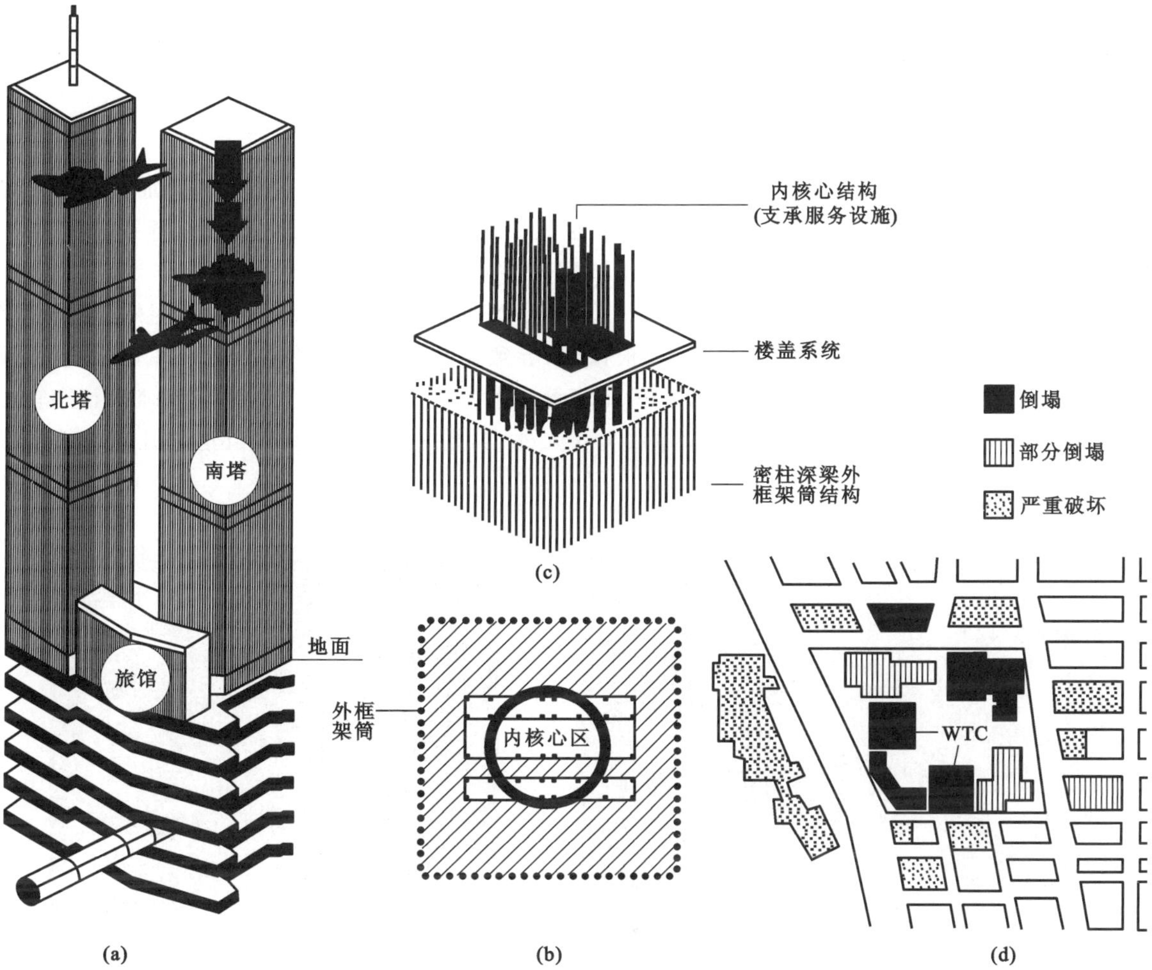

图 13.19 世界贸易中心双塔

(a) 双塔外貌(含地下室示意)及“9·11”事件中飞机撞击示意；(b) 平面示意；

(c) 外筒和内筒结构示意；(d) 双塔倒塌后周围建筑物倒塌和损坏状况示意

美国东部时间2001年9月11日晨，恐怖分子利用两架满载航空汽油的767型客运飞机先于8时46分撞入北楼顶部，约18 min后又撞入南楼顶端附近(机翼总长约50 m，小于塔楼总宽，故飞机能够撞入)[见图13.19(a)]，将撞入处的立柱和楼盖撞毁，立即引起熊熊大火和滚滚浓烟，火焰最终温度估计达到1 500 °F(815℃)。由于钢材在温度达到600℃时强度和弹性模量几乎为零，钢结构的承载能力几乎丧尽，故世贸中心两座大厦的结构完全失效，导致约1 h后即晨10时许大厦竖向逐层坐塌，变成一堆废墟。随即周围陆续还有3幢楼完全倒塌，3个街区的楼房部分倒塌，10个街区的楼房严重损坏[图13.19(d)]。从世贸中心被撞后坐塌的全过程看，它在设计时未曾料到会遭遇以下这样极端严重的事态：

①钢结构会处于如此高温的环境下，以致完全丧失承载力；

②建筑物会遭到如此庞大重物有意识地撞击，以致完全丧失整体稳定性；

③高层建筑会遇到如此众多人群(几万人)必须顷刻疏散的问题，以致数千人因来不及逃出而死亡；

④高层结构会发生如此迅速的自上而下的破坏，以致出现倾泻性的坐塌；

⑤双塔倒塌后会影响如此众多的周围建筑物，以致曼哈顿商业区顿时消失。

"9·11"事件后，高层建筑依然是城市生活的重要组成部分，建筑工作者应该从速研究解决以下问题，以便保证在高层建筑物里工作和生活的人们的安全。

①耐火材料的应用以及材料和结构的耐火、耐久性问题；

②选择更为坚实可靠的主体结构体系，建立多道抗撞击荷载的防线；

③在结构系统中建立防止结构连续倒塌的机制；

④在建筑布置中建立结构绝对安全可靠的逃生通道；

⑤解决在危急情况下大批人员的紧急疏散问题；

…………

美国俄克拉何马州Alfred P. Murrah联邦大楼建于18世纪70年代，是一座9层钢筋混凝土结构的政府大楼。大楼东西长67.1 m、南北长304 m。为了满足入口的大跨度要求，大堂上部设置一跨度为12.2 m的大型转换梁，转换梁上支承着3根柱子，柱子从第3层直通顶层。

1995年4月19日，恐怖分子将一辆载有450～550 kg炸药的卡车开到大楼旁边并引爆，爆炸源离大厦的距离为4.75 m，爆炸直接炸断了结构底层的一根柱子，导致相邻两根柱子严重受剪破坏，支承转换梁的柱子因此失效，从而导致转换梁上部结构因失去支承而垮塌；破坏依次传递下去，最终导致结构整个前立面完全倒塌，如图13.20所示。这次恐怖袭击事件导致168人死亡，超过500人受伤，且这些死难者多数是由于大楼连续倒塌来不及逃生。

图13.20　被炸后的 Alfred P. Murrah**大楼**

14 土木工程的展望

人类面临的最重要挑战是发展。现在世界正在从工业社会向信息社会过渡，土木工程面临的新事物：

(1)高新技术的快速发展和大规模结合；

(2)高速交通工具和通信技术的迅猛发展；

(3)新型信息经济(指新的生产过程的市场形式)的产生；

(4)生产环境已经遭受严重破坏，必须优先考虑它的平衡；

(5)人类生活、工作和分配方式将会发生重大变化。

土木工程是最古老的工程技术之一，它的发展受传统观念的影响很深，因而其发展速度也较其他工程缓慢。面临上述新事物，土木工程工作者必须在材料、设计、建造的技术和管理方面以及怎样为人类生产、生活需要服务的观念方面有较大的变化，才能适应全世界前进的步伐。展望未来，土木工程需要在以下几方面大力发展。

14.1 工程材料向高性能、多品种和组合利用方向发展

(1)传统的工程材料既要改善其性能，又要增加其品种。

①墙体材料　传统的做法是用黏土砖砌墙，由于它与农业争地，所以要限制使用。因此，要大力发展多孔砖、空心砖、混凝土砌块、加气混凝土砌块和各类用地方材料做成的块材，如石材、火山灰制品、工业废料(如烟灰、炉渣)制品、沥青土坯，以及木材或竹材加筋制品等。它们的发展方向是努力改善其传统性能，力求因地制宜地合理使用，如增加强度、增加延性、改进形状和模数尺寸、改善孔型、增加孔洞率、减轻自重。此外，改进砂浆成分和性能也是一个发展趋势，如采用以矿渣做细骨料的轻质砂浆，以掺聚合物拌和水泥形成的高黏结砂浆等。

②混凝土材料　传统的做法是采用C20～C40的普通混凝土。由于它的强度和耐久性不够高，工作性能(指流动性或和易性)与水灰比密切相关，脆性和产生裂缝的概率较高，抗渗和抗腐蚀能力较弱，水化热偏高容易开裂等弱点，几十年来经历了许多重大变革：如20世纪30年代发明用外加剂(如减水剂等)提高混凝土的流动性；40年代首创聚合物混凝土(将聚氯乙烯掺入混凝土)；60年代发明浸渍混凝土(用甲基丙烯酸甲酯等浸渍混凝土，可提高其耐久性、抗蚀性)。当前，新兴的混凝土尚有以下几类：

a. 高性能混凝土——在普通混凝土中掺加一定量的矿物细掺料和外加剂，采用现代混凝土技术制作的混凝土，其耐久性、工作性、强度、适用性、体积稳定性、经济性均较好，强度可达50～80 MPa，特殊条件下可达到90～100 MPa。要注意的是强度越高脆性越大，破坏前可能缺乏预兆。

b. 自密实混凝土——它的特点是在低水灰比条件下具有较高的流动性，不离析，不泌水，可以自我填实模板空间。

c. 智能混凝土——包括自感应混凝土(在混凝土基材中复合部分导电相，使混凝土具备自感应功能)、自调节混凝土(在混凝土中投入形状记忆合金，记忆合金形状的变化，使混凝土内部应力重新分布，产生一定的预应力，能够抵抗异常的荷载作用)和自修复混凝土(模仿动物骨组织结构受创伤后再生恢复的机制，实现混凝土自行愈合，具有再生的功能)。

d. 电磁波屏蔽混凝土——它是对电磁波穿透有屏蔽作用的水泥混凝土。其原理是在制作过程中引入金属纤维、碳纤维、碳粒或铁氧体粒子等能吸收电磁波的材料。

e. 再生混凝土——它是将废弃的混凝土块经破碎、清洗、分级，并按一定比例进行级配后，由其部分或全

部代替砂石配制成的混凝土。

f. EPS 轻集料混凝土——用发泡的聚苯乙烯颗粒作为轻集料的矿物胶结混凝土，具有轻质、环保(利用废料)、保温隔热、隔声吸能等特性，可有效解决建筑物保温、隔声、防潮、防冻等需求。

g. 水下不分散混凝土——也称水下浇筑混凝土，指可以直接在水中就地浇筑的高性能混凝土；措施是在混凝土中增加可增强砂浆黏聚性的外加剂。

③金属材料　钢材的发展主要体现在采用低合金、热处理方法提高其屈服点和综合(包括防锈和防火)性能。传统做法是采用普通碳素质的 Q235 钢(屈服点不低于 235 MPa)，20 世纪 60 年代同时采用低合金 16Mn 钢和 16Mnq 钢(屈服点不低于 345 MPa)，80 年代末建造的九江大桥采用 15MnVNq 钢(屈服点不低于 420 MPa)。目前我国在钢筋混凝土结构中常用的钢种是 HRB335～HRB500 钢筋(其中 H 表示热轧，R 表示肋形，B 表示钢筋)。与美国、德国、日本等国家所用钢材相比，我国所用钢材的性能还有差距，如德国用于建筑结构的钢材的屈服强度已可达 690 MPa。钢材发展的另一个方向是开发经济截面的型钢，如轧制 H 型钢、T 型钢、冷弯薄壁型钢、方圆钢管、彩色镀锌压型钢板和更高强度的耐候钢。另外，钢筋、钢丝、钢绞线也在向高强度、耐腐蚀、强黏结、低松弛等方面发展。我国在大跨径桥梁中广泛应用的高强度钢丝和钢绞线的强度极限已分别达到 1 600 MPa 和 1 860 MPa。目前，美国、英国、日本已研制出高强度的镀锌钢丝，强度可达 1 500～1 800 MPa。日本已为明石海峡大桥研制出强度可达 1 800～2 000 MPa 的低合金钢丝。有人预计，未来混凝土中采用的钢丝强度可能会超过 13 500 MPa。

(2)组合材料要大力加以开发。

用两种或两种以上材料组合，利用其各自的优越性开发出高性能的便于使用的建筑制品和结构构件，甚至结构体系，应该成为 21 世纪土木工程的一个重要特征。目前，用钢材和混凝土做成的压型钢板楼盖、组合梁、组合柱已在高层建筑和大跨桥梁中广泛应用。今后，利用层压技术把传统材料组合起来，形成各种具有建筑装饰、结构受力、隔热、隔声、绝缘、防火等方面新性能的复合材料，并将其应用于屋面、墙体乃至结构构件，是土木建筑业发展的新天地。

(3)将化学合成材料用于抗力结构是材料发展的崭新领域。

现在将化学合成材料用于管材、门窗、装饰配件、黏结剂、外加剂等已非常普遍。其今后发展的方向一是扩展使用范围，用于建筑物的外围部件，如用以代替钢、铜、木和陶瓷等传统材料；二是改善建筑制品的性能，解决保温、隔热、隔声、耐高温、耐高压、耐磨、耐火等新的需求；三是在深入研究、开发其受力和变形的性能后广泛用于抗力结构 。目前的工程实践表明，高性能纤维增强复合材料(Advanced Fiber Reinforced Polymer，FRP)由于具有轻质、高强、耐腐蚀、可设计等优点，在许多领域已得到大量应用。分析表明，若用碳纤维强化复合材料建造悬索桥，其极限跨径可比钢悬索桥的跨径提高一倍以上。我国先后在 863 计划项目、国家自然科学基金项目、国家科技攻关项目等重大项目中资助 FRP 材料相关的研究工作，并在适合于土木工程应用的高性能 FRP 材料及其制品开发、FRP 在土木工程应用中的关键技术等方面取得了一系列成果，包括 FRP 材料及产品开发、FRP 加固修复结构技术、FRP 结构设计与理论、FRP 材料(产品)与应用技术规范标准、工程应用等。这些工作极大地推进了 FRP 技术在我国基础设施建设中的广泛应用。

此外，聚氨酯-钢复合材料也很有发展前途，它除具备钢材的高强度和高刚度优势外，还具有质量轻、结构简单、加工方便、抗冲击、耐疲劳、减震、消音、隔热、施工周期短等优点，同时该材料比钢材造价低，因此可作为结构材料取代钢材，在国外得到了越来越广泛的应用，但该结构材料的研制技术并没有公开，国内目前也没有这方面的应用报道。加强聚氨酯-钢复合材料的基础研究，掌握该复合材料的核心技术，是该技术推广应用的关键。

14.2　工程项目向更高、更深、更快的方向发展

为了解决城市土地供求的矛盾，出于人类生产生活的需求，或者因为商业聚集效应的需要，建筑工程项

目会向更高更深的方向发展。美国曾拟在芝加哥建造的米格林-拜特勒大厦（Miglin-Beitler Building）从地平面到塔尖的高度为 609.7 m，有 125 个楼层，大厦的主体结构是一个十字形的筒体，由一个内有十字正交壁的中心核心筒（壁厚 0.46～0.91 m）和两组位于建筑每侧端部的 8 个巨型翅形钢筋混凝土组合扶壁组成（扶壁底部的截面为 2 m×10 m，近顶部的截面为 1.4 m×4 m，见图 14.1），混凝土强度等级为 C70～C100。近年来我国已陆续建成了上海中心大厦、深圳平安金融中心、天津周大福金融中心等摩天大楼。据统计，截至 2020 年底我国高度达 150 m 以上的高层建筑超过 1 400 座。日本竹中工务店技术研究所提出的“摩天城”（Sky City）方案计划建造一地下 60 m 深、地上 1 000 m 高的六边形建筑，总建筑面积 800 万 m^2，可居住 3.5 万人，预计造价每平方米 4 760 美元，预期工期为 14 年。

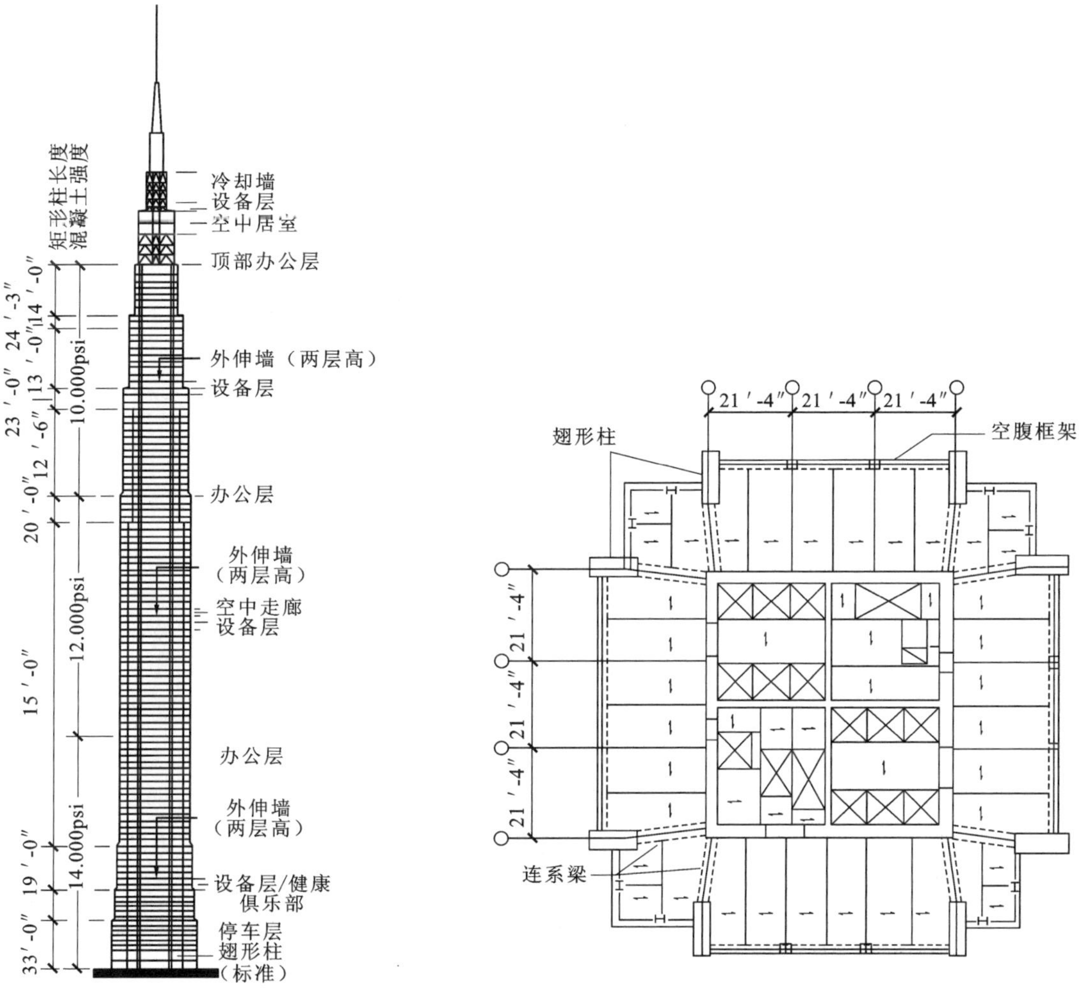

(a)　　(b)

图 14.1　米格林-拜特勒大厦平剖面示意

应当注意的是，建筑工程的发展应符合“实用、经济和美观”的基本要求。在发展高新技术的基础上，建筑工程应为人类的生活和生产创造更优越的条件，使人们获得更高质量的建筑制品和配件，享有更高效能的优质城市基础设施（交通、通信、生活生产用水排水设施等），而不是一味追求超高层建筑的高度。

为适应城市开发、水上通航、海上跨越的需要，桥梁的跨度越来越大，种类也越来越多，桥梁正向着“长距离、大跨度”的方向发展。20 世纪 80 年代以来，世界上修建的著名桥梁超过 100 座，其中跨径大于 200 m 的占 90%以上，超过 1 000 m 的占 10%以上。如目前已建成的美国彭恰特伦桥，总长为 38.4 km，共有 1 526 孔；日本本州、四国联络桥全长 37.3 km；我国已建成的坐落在长江入海口处的苏通长江大桥，全长也有 32.4 km，主跨径 1 088 m。可以预计，未来大跨度的桥梁会有更大的发展。此外，一些富有创造性的新桥型——如中水位隧道桥、塑料管形桥、能调整跨径的桥、预应力金属和塑料桥、多用途桥也将在未来的桥梁中诞生。

信息社会的发展在很大程度上取决于交通和信息工具的进步,高速交通工具的出现又推动了铁路、公路和隧道工程的快速发展。高速列车已在日本和欧洲等地运营,不少国家正在开发磁悬浮列车系统和真空隧道。高速铁路既是空运和城市内高速道路的补充,又是航空和汽车运输的竞争对象。法国、意大利高速铁路的时速已达到 300 km,日本新干线的行车速度则达到 345 km/h。磁悬浮列车由于行进中轮轨间不直接接触,消除了摩擦力,预期时速可以达到 500 km。我国目前已拥有全世界最大规模的高速铁路网,运营里程超 15 000 km,最高行车速度为 350 km/h;磁悬浮列车已在上海等地运营。

公路建设方面,我国改革开放以后即行规划的"五纵、七横国道主干系统"已经建成(表 14.1)。2004 年规划的"7918 国家高速公路网系统"由 7 条首都放射线、9 条南北纵线和 18 条东西横线组成,总规模约 8.5 万 km。它们贯通了首都、直辖市和各省(自治区)省会城市(首府),连接了所有百万人口以上的特大城市和 50 万人口以上的城市。这个系统具有完善的安全保障、通信设施和综合管理服务系统,为重要城市间提供快速、直达、舒适的公路客货运输。

表 14.1 我国国道主干线系统

五纵	七横
1. 同江—三亚	1. 绥芬河—满洲里
2. 北京—福州	2. 丹东—拉萨
3. 北京—珠海	3. 青岛—银川
4. 二连浩特—河口	4. 连云港—霍尔果斯
5. 重庆—湛江	5. 上海—成都
	6. 上海—瑞丽
	7. 衡阳—昆明

公路作为最基础、最广泛的交通基础设施,是衔接其他各种运输方式和发挥综合交通网络整体效益的主要支撑,在综合交通运输体系中具有不可替代的地位。"十四五"时期,我国公路交通保持了较为平稳的发展态势,发展水平跃上新的大台阶,截至 2022 年底,全国公路总里程接近 535.48 万 km,高速公路通车里程达到 17.73 万 km。全国农村公路里程已达 453.14 万 km,实现具备条件的乡镇和建制村 100%通硬化路;2020 年 8 月底,已基本实现具备条件的乡镇和建制村 100%通客车,"两通"兜底性目标全面实现。

《公路"十四五"发展规划》提出,到 2025 年,安全、便捷、高效、绿色、经济的现代化公路交通运输体系建设要取得重大进展,"十四五"时期,从需求规模和结构、需求质量、需求类型、发展重点、发展动力各方面来看,我国公路交通发展将以满足机动、灵活、便利、高附加值、轻型化的个人出行和货物运输需求为主,更加关注出行体验和运输效率,提质增效,逐步向创新驱动发展方向转变。

14.3 土木工程的可持续发展

经济建设在取得巨大成就的同时,也消耗了十分可观的资源和能源。图 14.2 反映了 10 年内我国能源生产和几种主要建材产量的增长情况。它表明一次能源生产总量一直保持高位。钢材、水泥、玻璃等建材工业是能耗大户,其产品大部分应用于建筑、交通等土木工程基础设施建设。

如果沿袭这种能源消耗型的发展模式,到 2050 年我国达到中等发达国家水平时,能源需要量将接近 60 亿吨标准煤甚至更多,这显然将会给全球能源供应带来严峻挑战。随着全球能源的快速消耗和环境的不断恶化,能源将逐步演变成国际政治、经济、外交、军事博弈的焦点。因此,走土木工程可持续发展之路,对于我国社会经济可持续发展具有重要的现实意义。

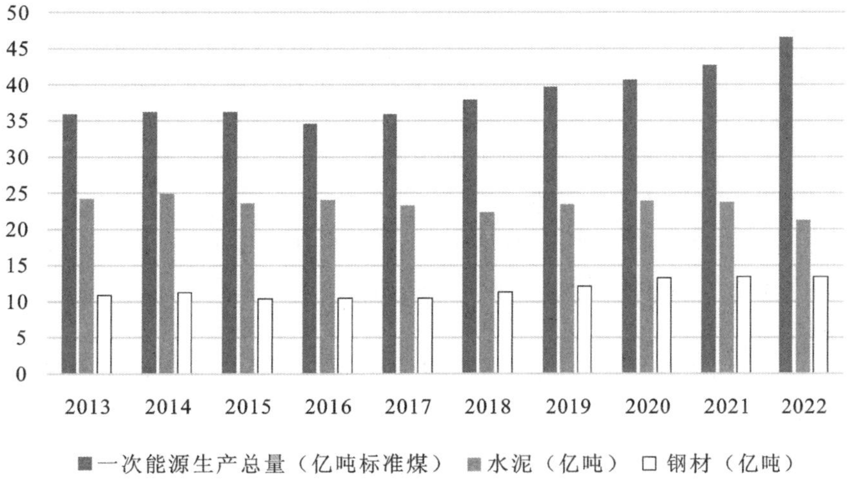

图 14.2　2013—2022 年中国能源生产与建材生产量

14.3.1　可持续发展的理念

可持续发展的理念：既满足当代人的需求，又不危及后代人发展的要求，实现人类与自然界之间的永续和谐发展。它主要回答了两个问题：一是如何正确处理人类与自然环境之间的关系；二是如何正确处理当代人之间、当代人与后代人之间，以及不同国家之间资源消费的公平问题。可持续发展理念已成为全世界共同遵循的价值观和工程观。

可持续发展的工程观主要包括以下方面：

(1)减量化原则——通过技术进步，进行进化替代，引入新材料、新能源、新工艺，使工程系统智能化、低物质化运行。

(2)再利用原则——对资源进行梯级开发利用，原料套用，可修复材料再利用。

(3)再循环原则——物质完成使用功能后，改造成再生资源，重新在工程中使用。

(4)系统综合利用原则——指不同行业之间、不同系统之间物质的共生联产和综合利用。

(5)集成优化原则——在区域尺度上对能源资源利用进行总体规划（如区域能源、区域水资源、区域交通、循环经济等方面的规划）和优化集成。

14.3.2　可持续理念的实践——绿色建筑

绿色建筑是可持续发展理念在土木建筑行业的集中体现。绿色建筑并非绿化建筑物，绿色之意义在于活力、健康，富有生命力，绿色代表着未来。

我国对绿色建筑的定义：在全寿命周期内，最大限度地节约资源（节能、节地、节水、节材）、保护环境和减少污染，为人们提供健康、适用和高效的使用空间，与自然和谐共生的建筑物和各种土木工程设施。简单的理解是以最少的能源资源消耗，以最小的环境损失来换取最佳的人居环境的建筑。绿色建筑是可持续发展理念的载体，又是科学的技术方法学。绿色建筑把关注的视野从土木建筑工程的建设过程，向前延伸到工程材料的生产、运输，向后延伸到工程设施的运行、使用；从单一的能源消耗延伸到广义的资源消耗，妥善地协调了土木建筑、人与自然三者之间的关系。绿色建筑是土木建筑工程的发展方向。

14.3.3　建造绿色建筑的技术途径

(1)节地与室外环境

我国人多地少，在城市设计、区域开发时必须解决好以下问题：

①土地利用和空间结构。在这方面需要考虑的问题有:保护和延续原有自然生态空间,适度开发土地,节约用地;控制人均占地面积,保持合理的建筑容积率;提倡土地的混合利用;减少人员出行距离;增加土地的经济性和功能多样性。

②地下空间利用。在城市人口迅速膨胀、土地资源十分紧张的条件下,城市发展的出路之一是利用地下空间,即在地球表面以下的土层或岩石中天然形成和经人工开发而成的空间。联合国自然资源委员会已经在1981年把地下空间确定为重要的自然资源。

地下空间除可以用来建造单体建筑外,还有城市地下铁道、地下隧道、地下广场、城市综合管廊等多种利用形式,以至于用来建造地下街道、地下城市。地下空间利用不只是对地下30~50 m的利用,向纵深100 m或更深处发展已成为必然。

③绿色交通设计。以绿色出行为原则,建立与公共交通系统相适应的道路交通体系,设置慢行车道,鼓励使用自行车或公共交通出行。

④区域气候环境的设计。进行区域风环境与热环境规划,使区域建筑保持良好的自然通风环境与室外热环境,减少热岛效应。建设绿地生态系统,建设绿化景观系统,保护本土绿地、水系、湿地。利用乡土化的植物,形成多样化的绿化体系。利用自然绿地下垫层的低导热率、良好的保水性,缓解城市热岛效应。

(2)节能与能源利用

节能的目标在于减少建筑物使用过程中对能源的消耗。实现这一目标可以从三个方面入手:①通过建筑围护结构与合理设计建筑空间,创造冬暖夏凉的室内环境,尽量减少空调设备的启用时间;②提高空调设备的能源利用效率,减少能源消耗;③采用各种可再生能源作为采暖制冷、生活热水、建筑照明的动力源,冲抵化石能源的消耗。

(3)节水与水资源利用

我国绝大多数地区属于水资源匮乏地区,我国水资源人均占有量仅为世界人均占有量的1/4。一定程度上,节水的紧迫性不亚于节能。节水与水资源利用可通过节流和开源并举的措施加以实现。

高效节水器具的应用,节水管网系统设计,城市自来水管网的直供水系统,喷灌、微灌方式的使用等都可以减少给水的消耗或供水能耗。采用新型给水管材配件(如液压式冲洗水箱、水力控制的多功能阀等)可减少给水管网的漏损。开源则要考虑雨水回收和建筑中水利用(以建筑生活排水、杂排水、优质杂排水为水源)、市政再生水等再生水利用,实现水资源的梯级利用和循环利用,提高水资源的综合利用效率。

(4)节材与材料资源利用

从全寿命周期的角度分析,土木工程材料在生产过程中的高能耗、高污染是土木建筑业不可持续发展的原因。优化结构系统设计,减少材料用量,使用绿色工程材料,实现工程材料的循环利用,是节材与材料资源利用的必要手段。绿色土木工程材料必须具备良好的力学性能、耐久性能以及低能耗、无污染、环境友好等特征。

绿色土木工程材料的发展方向:使用高性能钢材(如高强度、高弹性模量、高延性钢材等);使用生态环保的工程木材和竹材;使用轻质高强、耐久、抗冲击的新型纤维复合材料;发展低能耗绿色水泥制备技术;发展利用工业矿物掺合料的混凝土改性技术;发展高延性/高抗裂性混凝土制备技术;发展钢筋混凝土建筑垃圾再利用技术;发展再生混凝土制备技术等。

14.3.4 绿色建筑案例——沪上生态家

沪上生态家(图14.3)是2010年上海世博会我国参展城市最佳实践区的重要案例。它的总建筑面积为3 017 m^2,地上4层,地下1层,屋面高度18.9 m,其具有上海里弄建筑的风格。它响应“低碳”的核心理念,立足上海的城市、人文、气候特征,通过“风、光、影、绿、废”五种主要“生态”元素的构造与技术设施的一体化设计,成功反映了中国上海的未来绿色建筑理念。

图 14.3 沪上生态家

沪上生态家在设计中强调生态技术的一体化，运用了 70%的既有成熟技术和 30%的未来前瞻技术。其重点突出的是表 14.2 所示的 10 大技术亮点。

表 14.2 沪上生态家采用的主要技术

序号	主要技术	序号	主要技术
1	夏热冬冷气候适应性围护结构	6	天然采光和 LED 照明
2	PC 预制式多功能阳台	7	BIPV 非晶硅薄膜光伏发电系统
3	固废再生轻质内隔墙	8	燃料电池家庭能源中心
4	自然通风强化技术	9	智能集成管理和家庭远程医疗
5	生活垃圾资源化	10	家用机器人服务系统

沪上生态家采用由无机保温砂浆复合保温墙体、双层窗体系、可调外遮阳系统等组成的夏热冬冷地区气候适应性节能体系。它的承重墙体材料是用 15 万块旧石库门砖头回炉后制成的；非承重内隔墙则采用粉煤灰砖与再生骨料砖，其中粉煤灰砖是由工业废弃物粉煤灰经过加气制成的砌块，再生骨料砖则来源于城市的固体废料（如用拆迁之后的碎石块和一些废旧的混凝土制成），还使用了用河道清淤后的淤泥生产的淤泥空心砖。建筑外墙外立面采用隔热涂料或隔热砂浆，保温层采用无机保温砂浆，内立面采用相变材料与脱硫石膏复合系统，在保护环境的同时，使建筑外墙形成随室外环境变化而变化的复合节能系统。

外窗是影响冬夏季室内环境的主要因素。沪上生态家南向外窗采用双层窗体系，其他朝向选用常规断热铝合金低辐射中空玻璃窗。双层窗是由内外两层窗构成的双层透明围护结构，中间安装遮阳系统。双层窗构造可通过不同的操作模式提高外窗与气候的适应性，有效解决了沪上生态家外窗夏季隔热、冬季保温和过渡季通风的功能需求。窗户外的百叶窗、落地玻璃外的卷帘门，还有阳台外的屈臂式遮阳篷等装置构成外遮阳系统，在炎热的夏天能够随时阻挡阳光进入，起到隔热降温的作用。

沪上生态家不仅体现了上海传统建筑的智慧，更运用了现代科学技术，实现了“零能耗”，很好地诠释了上海世博会的主题——“城市，让生活更美好”。

14.4 大力发展计算机技术在土木工程中的应用

计算机技术已经在建筑材料和制品的生产，各类土木工程的设计、计算、施工和研究、开发的领域中得到日益广泛的应用。尽管如此，大力发展计算机技术和信息技术在土木工程中的应用，仍是今后相当长时期内的重要任务。

譬如,发展智能建筑(或称“高科技建筑”或“聪慧建筑”)是推广计算机技术在土木工程中应用的一个方面。在建筑,尤其是在高层建筑或大型公共建筑中,智能建筑系统技术(ISBT)一般包括下列几个方面①:

(1) 办公(或活动)自动化系统;

(2) 通信(包括远程通信)自动化系统;

(3) 建筑管理自动化系统;

(4) 设备自动化系统;

(5) 空气处理和配送系统;

(6) 照明系统。

智能建筑的特征是所有设备都是用计算机的先进管理系统监测与控制的,它能通过优化控制来保证使用者对舒适性、安全性、能源利用率和可靠性的需要。这种计算机辅助建筑的总目标是,用计算机技术提供的方法有效地处理各个子系统的集成和信息协调问题,以及大量信息的处理方法和方式问题。这个总目标肯定会对建筑的场地规划和建筑设计、建筑的围护系统、建筑的交通和消防系统、结构体系的选择、供热制冷和给排水系统产生重大影响。

1984 年在美国哈特福特市出现了第一幢智能大厦,楼内设置了程控交换机和计算机等办公自动化设备,配电、供水、空调和防火系统均由计算机控制和管理,用户享有电子邮件、文字处理、语音传输、科学计算、信息检索和市场行情查询、防盗、闭路电视监视、火灾报警、应急照明等全方位服务。日本青山大楼是一座为智囊团思考、立案、企划提供工作场所的建筑。大楼设有联络处,可显示并确认个人行踪和传达找人;备有为会议中心提供数据、文字、图形、概念、情报检索等功能的大型荧光屏;有完善的防火、防震、防盗报警系统,并设有地震仪和自动播送火灾、震级信息,可用于指导疏散的广播系统。我国典型的智能建筑有上海金茂大厦、上海议政大厦、上海证券大厦、广州中天广场、深圳地王大厦、深圳赛格广场等。智能建筑在发达国家发展较快,90%以上的大型综合建筑采用智能建筑的思路进行设计。美国、日本等国家已开始进行综合智能城市的建设,数以万计的智能建筑拔地而起。可以认为,智能建筑已成为建筑行业的主流。

在发展智能建筑的同时,智能交通系统(ITS)也应运而生。美国、欧盟均于 20 世纪 90 年代开始开发研究 ITS,它一般包括下列先进系统:①交通管理(含管理信息、运政信息、交通事故预防、紧急救援、网络收费等)系统;②交通综合信息服务系统;③车辆控制系统;④车辆调度系统;⑤公共交通系统;⑥自动高速公路系统。我国的 ITS 展望:2005 年基本形成我国 ITS 研究框架、理论体系和全国统一标准,初步建成中国交通运输信息网;2030 年基本形成大城市综合交通的 ITS;2050 年基本形成综合交通的 ITS②。

又如,土木工程的计算机仿真分析可用来解决许多以往技术上解决不了的难题。洪水、火灾、核事故、地震等灾害的原型试验固然不可能进行,但利用计算机仿真分析则可进行原型的模拟试验。目前已有不少抗灾防灾的模拟仿真软件被研制成功。地下工程开挖全过程的计算机模拟仿真可以预示土体失稳或管涌、潜蚀、流沙、土洞等现象,以防止其出现。地震、火灾、洪水的计算机模拟仿真,可以大体演示这些灾难的过程,从而指导抗震、防火、防洪规划;尤其在震害发生时,可以较为准确地找到结构倒塌的原发点,复原连续倒塌的全过程,从而为抗震设计提供可靠依据。核反应堆安全壳的事故反演分析,则可找出事故发生的缘由,复原事故发展的过程。另外,计算机仿真试验还可以按 1∶1 的足尺进行计算机上的工程试验、钢筋混凝土结构裂缝发展和破坏过程的模拟试验,因而更能显示真实的结果。计算机仿真基本思路可用图 14.3 表示。

① 通常把有办公自动化(OA)、通信自动化(CA)、设备自动化(BA)服务功能的智能建筑称为“3A 建筑”;如果再具有防火自动化(FA)、安全保卫自动化(SA)功能,则称“5A 建筑”。

② 引自史其信.中国智能交通系统(ITS)发展战略[J].道路交通与安全,2000,1:19-24。

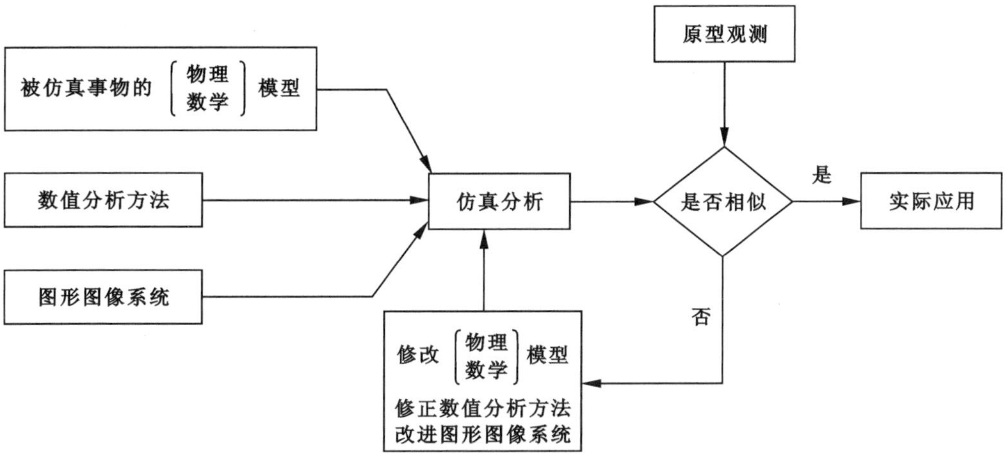

图 14.3 计算机仿真的基本思路

再如，建筑结构基本理论未来研究的热点也离不开计算机技术，以下列几个方面为例：

案例：BIM 技术在高速公路项目中的应用

①设计计算方法中近似概率极限状态方法的完善和全概率分析方法的研究；

②将强度、变形、延性贯穿起来的全过程分析；

③整体结构的空间工作、地基与上部结构耦联系统的综合分析；

④大型结构(如大跨桥梁、大跨薄壁空间结构、海洋平台等)的整体分析；

⑤与时间有关的结构动力分析，如短时冲击作用、行车脉动载荷、地震作用等的反应分析；

⑥综合考虑安全性、整体稳定性、适用性和耐久性的可靠度分析和评估方法；

…………

它们只有依靠计算机技术的应用才能较好地实现，或者才能大大提高它们的精确度和可靠性。

目前，计算机辅助设计(CAD)、计算机制图以及计算机化的建造技术已在土木工程设计、施工和管理的各个环节中被广泛采用。土木工程建设在招投标、编制概预算、编制施工组织设计、工程进展记录、设备材料和人员管理等方面已普遍应用计算机技术，并且正朝着计算机辅助制造(CAM)方向发展。CAM 是计算机辅助工程(CAE)的一个组成部分，涉及建筑构配件的成批生产、加工处理和现场拼装，在构配件设计、制造、安装、成型的连续化上极具潜力，今后还很有可能向“机器人”方向发展。目前，日本已开发建筑机器人 90 多种，年产量 100 台左右，有解开吊装钩环机器人、钢筋配筋机器人、混凝土布料机器人、地面压光机器人、隧道凿岩车等。建造技术的计算机化使 CAD/CAM/CAE 的“一条龙”不会随土木工程的竣工而终止，它们在建筑物(包括构筑物)的使用阶段还会继续，将提供公共信息网，使土木工程在维修、改建、维护、构配件更换、遇突发事件的人员疏散等方面的管理更加简便。

14.5 土木工程工业化

在科技迅猛发展的今天，土木工程已不再是传统的劳动密集型产业，其机械化、工业化、自动化、集成化程度都在不断提高。譬如，我国在道路铁路工程的勘察设计中已大量应用 3S(GPS、RS、GIS)技术。其中 GPS(全球卫星定位系统)在公路和铁路的测设中发挥关键作用；RS(遥感)已在大面积资源调查和环境监测方面发挥了重要作用，我国在川藏公路的整治工程中就用它查明了地形地貌、地表岩性、地质构造和滑坡泥石流等不良地质情况；GIS(地理信息系统)可对沿线的资源、环境、城市的有关空间数据进行存储、检索、显示、运算、管理等。今后 3S 技术将得到更广泛的应用，更多地考虑线路周围的各种环境因素、生态环境和视觉景观，它必然会大幅度提高选线的层次和质量。

土木工程工业化是指用现代化的制造、运输、安装和科学管理的大工业生产方式，来代替传统土木建筑行业中分散的、低水平的、低效率的手工业生产方式。其主要标志是设计标准化、构配件生产工厂化、施工机械化和组织管理科学化。土木工程工业化的意义在于：

(1)有利于提高建设效率，服务快速城市化进程。通过部件、配件与设备在"后场"的标准化生产，以及"现场"的机械化施工与装配运作，建造活动的劳动强度得以降低，建设工期缩短，建设效率大为提高。据欧洲经验，预制装配式施工比传统施工节约人工 20%～30%(这在当今劳动力资源日趋紧张的形势下显得十分重要)，降低造价 10%～15%，缩短工期约 50%。如美国 110 层、41.38 万 m^2 的西尔斯大厦就是用工厂生产的 3 万多个两层高的柱梁预制构件在现场拼装起来的。

图 14.4　蒙特利尔居住建筑的"盒子结构体系"

(2)有利于促进节能减排，服务生态城市建设。工业化施工避开现场"湿作业"，实行装配、装修一体化，减少了水、电及土木工程材料的资源、能源损耗，有效控制了工地粉尘与噪声污染，避免施工堆场的垃圾造成污染。标准化结构和部分体系可以重复利用，资源再生利用率明显高于传统的建造模式。如 20 世纪蒙特利尔居住建筑的"盒子结构体系"(图 14.4)是将房屋的结构、装修、水电管线在工厂中全部做完后运至施工现场，再由其拼装而成的，可比常规建筑节约水泥 22%，节约钢材 20%，减少建筑自重 55%。我国至今已建成多栋这类建筑物。

(3)有利于产业结构升级，服务经济社会发展。在工业化建造模式下，"后场加工"主导下的现代土木建筑行业将取代"现场施工"主导下的传统土木建筑行业，成为特殊的土木工程制造业。这一制造业所蕴含的科学研究与生产能力、施工机械化和管理信息化水平大大提高，传统的建筑工人多被具备专业技能的产业工人所代替，这从本质上促进产业结构向高级化、集约化方向转型。

土木工程工业化的基本内容：①采用先进适用的技术、工艺和装备，科学合理地组织施工，推进施工专业化，提高机械化水平，减少繁重、复杂的手工劳动和湿作业；②发展构配件、制品、设备生产并形成适度的规模经营，为土木建筑业市场提供系列化的通用土木建筑构配件和制品；③制定统一的建筑模数和重要的基础标准(如模数协调、公差与配合、合理建筑参数、连接等)，合理解决标准化和多样化的关系，建立和完善产品标准、工艺标准、企业管理标准、工法等，不断提高土木建筑标准化水平；④采用现代管理方法和手段，优化资源配置，实行科学的组织和管理，培育和发展技术市场和信息管理系统，适应发展社会主义市场经济的需要。土木工程工业化的特征：设计和施工的系统性；施工过程和施工生产的重复性；构配件生产的批量化。

14.6　土木工程向海洋、沙漠和太空进军

14.6.1　土木工程向海洋进军

地球上海洋面积约 36 200 万 km^2，约占地球表面积的 71%。在这片广阔无垠的领域里，土木工程可以做的工作很多。海洋蕴藏着丰富的油、气、矿产资源；目前全世界大约 20%的石油在海洋；已探明海洋中有大量的金属矿产，如太平洋含锰 4 000 亿 t、镍 164 亿 t、铜 88 亿 t 等，这相当于陆地矿产储量的几十倍至几千倍。海洋开发将成为 21 世纪的新兴产业，必将推动深海勘探、海底采矿、海上运输和建造海洋工程构筑物等高新土木工程技术的发展。

人类向海洋领域拓展的工程规模在急剧扩大。日本自 1995 年起，在神奈川夏岛町附近海面上建造"超大型浮体式海洋构筑物"，形成了海面上的大片人造陆地，它能承受海上潮汐涨落的波动、巨大风浪和地震的冲击和威胁。为了防止机场噪声对城市居民的影响，也为了节约土地，日本在大阪府泉州冲海域的人工岛上建造了关西国际机场(图 14.5)，该处海水深 17～18 m，人工岛利用 18 亿立方米土石围海建造而成。2000

年，这个 1 000 m 长的浮动机场试飞成功。日本海上浮城计划则计划建造由两条真空管道承托的环形浮岛，浮岛两边住宅户户向海，岛上有高架公路网、空中穿梭巴士、太阳能发电站、再生水源设备等高科技设施。预计今后日本将会出现越来越多类似的人造陆地。

图 14.5　日本关西国际机场

我国从 20 世纪 60 年代至今，已建成了鸡骨礁人工岛、张巨河人工岛，并在上海南汇滩、崇明东滩围垦成功，还成了黄浦江外滩的拓岸工程。我国也陆续建成和正在建设一批跨海大桥、海洋平台、港口等海洋工程构筑物，如天津滨海新区、上海浦东机场、杭州湾跨海大桥、港珠澳大桥等，而具有国家战略意义的南海岛礁基础设施建设也正在积极推进中。上海市正在进行“海上人工岛的可行性研究”，它将建于近海海域，建成后即可得到深水泊位，且四周水域全部可利用；建岛的建筑材料则可利用经处理的城市民用垃圾、钢渣、煤灰和长江每年流入大海的近 5 亿吨泥沙。海南省海口市具有围填海造地的资源优势(围填海造地一般要求水深 5～8 m，海口市有 5 m 等深线以内的浅海和滩涂)，优越的区位地理条件，完善的市政和基础设施，以及国际上闻名的旅游度假胜地等，这些都为海口市围填海造地创造了有利条件。在不破坏环境的前提下，采取吹沙造湾、填海造岛、填海造陆等方式，向海面拓展城市发展空间，使海口的城市规划真正体现“城在海中、海在城里、城海相依”的特色。

土木工程向海洋发展需要重点关注以下几方面的问题：

(1)腐蚀性海洋环境。在海洋环境中，海水本身是一种强的腐蚀介质。波浪、潮、流等对工程结构产生的低频往复撞击作用，由海洋微生物、附着生物及其代谢产物腐蚀作用，风浪、潮汐等激起的海浪、飞沫的溅散作用等都对海洋工程腐蚀过程产生直接或间接的加速作用。海洋工程结构的防腐显得非常重要。

(2)适合海洋环境的施工技术。海洋工程规模宏大，受海洋环境、气候的影响极大。杭州湾跨海大桥施工时，就专门研制了起重能力达 3 000 t 的“天一号”专用架梁起重船，该船能运送架设重达 2 200 t 的 70 m 长混凝土箱梁，为双体船型，总长 84 m、型宽 46 m，具有抗蒲氏 8 级风浪的能力。

(3)海洋工程属于巨型结构。海洋工程规模巨大，所受荷载极其复杂，要考虑风、浪、地震、海啸、温度、冰等的流-固耦合作用，还要区分施工阶段、正常使用阶段和遭遇特殊灾害时的状况，导致海洋工程的计算分析极其复杂。

(4)海洋生态环境影响评估。尽管海洋工程建设对区域经济发展、城市空间拓展、交通运输发展等均具有重要作用，但任何填海造地工程都会对海洋生态环境造成一定的影响，因此需要对其进行海洋生态环境评估。

14.6.2　土木工程向沙漠进军

全世界约有 1/3 的陆地为沙漠，而且沙漠还不断侵蚀耕地，每年以 6 万 km^2 的速度增加，如撒哈拉沙漠每年都会南移 30 km。沙漠的自然特征：地表为沙丘覆盖，风暴、沙尘暴频繁发生；气候干燥、雨量稀少，蒸发旺盛，地表水十分缺乏；气温变化剧烈，日温差可达50℃以上，夏季白天最高温度60～70℃，夜间温度骤降，有时尚有霜冻；植被稀疏低矮。不但如此，由沙漠引起的沙尘暴可从农田上吹走肥沃的表层土，从而使农田失去使用价值，危及人类的生活。世界上最大的沙漠地区在非洲和西亚。非洲撒哈拉沙漠约800万km^2，西亚沙特阿拉伯的沙漠约120万km^2。我国甘肃、新疆、内蒙古等九个省、自治区共有沙漠71.29万km^2，戈壁(为粗砂、砾石覆盖的荒漠地形)59.65万km^2。我国沙漠多深居内陆，在新疆分布最广(约占全国的55%)。沙漠的自然条件各不相同，其一般分布在海拔较高的平原和内陆山间盆地。同时，我国除部分沙漠外，大多数沙漠地区虽缺乏地表水，但都分布有潜水和承压水，这为沙漠治理——“变沙漠为绿洲”提供了便利条件。我国在沙漠地区建设新绿洲的经验是“全面规划，兴修水利，平整土地，植树造林，防止风沙，改良土壤”。

世界未来学会对21世纪世界十大工程的设想之一是将西亚和非洲的沙漠改造成绿洲，如果沙漠大面积绿化，沙漠气候也将同时改善。改造沙漠首先必须有水，然后才能考虑绿化和改造沙土。利比亚国土面积175.95万km^2，除沿地中海地区外，几乎全是沙漠，缺少淡水。该国在离海岸900 km的撒哈拉沙漠南部发现了大量地下水，建造了一条大型输水管道——人工河，将水输送至沿海地区，并在班西加建成一座直径1 km、深16 m的蓄水池，以方便农场利用地下水灌溉。如果有地下水，甚至有深层地下水，利用地下水修建蓄水池，以此改造沙漠，未尝不是可行办法。以色列2/3的国土为沙漠，人均水资源仅270 m^3，只占我国的1/8。但农业是其立国之本，1952—1963年，该国建设了一条长145 km的“北水南调”输水管道，并在20世纪60年代中期推广了滴灌的科学节水方法，带动了农业腾飞；目前该国正在建设大型海水淡化厂，实现“节流开源”。

在缺乏地下水的沙漠地区，国际上正在研发使用太阳能淡化海水的方案，该方案一旦付诸实施，将会带动毗邻海洋的沙漠的大规模改造和工程建设，首先可能受益的地区包括墨西哥的加利福尼亚半岛南部、秘鲁和智利西海岸、中东、纳米比亚以及许多岛屿。这些沙漠建设工程的实现将会造就一批具有吸引力的沿海经济开发区。

我国自行修建的第一条长途沙漠输水工程——甘肃民勤调水工程(图14.6)于2001年全线建成试水，工程设计流量为6 m^3/s，年设计调水量6 100万m^3，将黄河水引入河西走廊的民勤县红崖山水库。该工程有效地缓解了民勤县水资源枯竭、土地沙化以及生态环境严重恶化的趋势。

我国首条沙漠高速公路——榆林至靖边高速公路(图14.7)于2003年建成通车，正线全长116 km，大部分路段穿越毛乌素沙漠。榆靖高速公路的建设，填补了我国沙漠高速公路建设的空白。工程技术人员历时两年，提出了路基填筑风积沙法，即只需将沙漠表层上的草皮扒去，高削低填，再用特殊的压路机压实。榆靖高速公路的绿化和防风固沙工程堪称一流，工程建设者们共实施人工绿化2 248万m^2，飞播造林5 273万m^2，搭设柴草网格障蔽1 802万m^2，目前沿线80%的沙面已经固定，其中有20%的沙面已结皮，植被覆盖率达到90%以上。如今驱车行驶在这条高速公路上，人们能处处观赏到“车在沙漠走，如在绿中行”的美景。榆靖高速公路的建成，为实施西部大开发战略和建设西部经济强省提供了坚实的交通保障，也为我国建设沙漠高速公路积累了宝贵的经验。

图14.6　民勤调水工程沙漠段专用输水渠道

图14.7　榆靖高速公路

我国首条沙漠铁路——青藏铁路(图 14.8)于 1958 年首次动工,全线于 2006 年 7 月 1 日正式通车,于 2023 年 7 月 1 日正式投用时速 160 km 的复兴号动车组,至此青藏铁路进入动车时代。青藏铁路起于青海省省会西宁,向西沿青海湖北缘绕行,南折与 315 国道并行后,经柴达木盆地,由格尔木南行攀上昆仑山,穿越可可西里,经过唐古拉山,进入西藏自治区,直抵首府拉萨。青藏铁路沿线地质情况十分复杂,海拔 4 000 m 以上路段共占 960 km,多年连续冻土的地段有 550 km,还有部分地段为岛状冻土及深季节冻土的地段。主要工程难题包括高寒缺氧、多年冻土、生态脆弱,以及地震带影响。青藏铁路是世界上海拔最高、线路最长的高原铁路,其最高点位在海拔 5 072 m 的唐古拉山口,号称是离天堂最近的铁路,有“天路”的美称。除为我国重大科研攻关提供工程实例外,青藏铁路的建成运行大幅增加了中国内地主要城市与西藏及中国与尼泊尔等周边国家的客运与贸易往来,加强了藏族与其他各民族的文化交流,促进了青海与西藏经济、社会高质量发展。

图 14.8 青藏铁路

沙漠中的风积沙既是一种危害,又是一种资源。科学利用风积沙可以使其变害为利,变废为宝。将多孔沙漠沙透水砖等产品应用于道路、广场的铺设,可以使部分降水渗入地下,减少地表径流。以粉煤灰和沙漠石英砂为主要原料制备的烧结砖的抗压强度达到 19.56 MPa,达到了 MU15 级烧结砖的国家标准要求。上海世博会内蒙古馆的墙壁即由 2 010 块沙砖砌筑而成,这些沙砖来自内蒙古东部沙化严重的奈曼旗。新疆塔克拉玛干沙漠北缘部分砖厂生产的沙砖的抗压强度比普通黏土砖还要高一倍,它成为一种可代替黏土砖的新型建筑材料。

14.6.3 土木工程向太空进军

除海洋与沙漠外,新时代土木工程也正朝向太空发展。除真空外,太空环境具有超大温差、超强辐射等特点,处于太空中的人造构筑物需要经受更严酷的环境考验。图 14.9 是设想的月球表面基地。

关于太空建材,早在 1984 年,美籍华人林铜柱博士就提出了一大胆设想,即在月球上利用它上面的岩石生产水泥并预制混凝土构件,再用其组装太空试验站。然而制备混凝土需要用水,航天技术的运力目前也受到制约,如何结合星球材料,研发一种全新的、能就地取材的太空材料是土木工程进军太空的必由之路。

太空电梯是人类构想的一种通往地球近地轨道太空空间的垂直运输设备。太空电梯的想法最早由俄罗斯科学家康斯坦丁·齐奥尔科夫斯基于 1895 年提出。随着人类太空探索步伐的加快,科学家考虑设计一种太空电梯,实现外太空和地球之间更便捷的物资交换。只需在地球同步轨道上建造一个空间站,并用某种足够长也足够结实的“绳索”将其与地面相连,在引力和向心加速度的相互作用下,绳索会绷紧,宇航员、乘客以及货物可以通过电梯轿厢一样的升降舱沿绳索直入太空,这样就不需要依靠成本昂贵的火箭与航空飞机运输人员和物资了。

图 14.9　设想的月球表面基地

关于外星球基地的建造工艺,目前得到主流科学界认可的技术方案有两类:其一是由华中科技大学引领的"轻量化可重构月面建造方法研究"重点研发计划。该计划借鉴中国传统砌筑和榫卯连接方式,将中国传统的制砖砌筑工艺与3D打印建造方式相结合,利用月壤烧出带有榫卯结构的月壤砖,再用机器人砌筑;另一方案沿袭传统航空工程中的可展开结构工艺,将高强度、高几何稳定性、超低热膨胀系数的材料作为构件的主要材料,它在地面上处于收拢状态,可固定于运载工具的有效荷载仓内,抵达目标外空后,可依指令完成展开、拼装工序,形成可供使用的外星球基地空间。

伴随更高性能材料的研发,能够承受万米"电梯"自重的建材或已问世,但太空电梯的结构性能与建设方法仍停留在概念阶段,太空建设成本高、风险大、运营难、功能受限,且需要面临特有的工程伦理问题,相关研究还需要结合太空事业的发展逐步进行。

15　工程师执业资格制度概述

执业资格制度是指政府对某些责任较大、社会通用性强、关系公共利益的专业技术工作实行的准入控制制度，其目的是确保只有具备相应资格并获得执业许可的人才能够从事特定的职业，从而保护公共利益，提高职业水平，规范行业管理。执业资格制度作为一项国际适用的管理制度，在一些发达国家已实行了近百年。1986 年我国建立了第一项执业资格制度《注册会计师制度》，1994 年各类执业资格制度陆续推出。建设执业资格制度是指国家通过法定条件和法定程序对建设活动主体资格进行认定和批准，赋予其在法律规定的范围内从事一定的建设活动的制度。在经济全球化与新工业革命演进交织下，注册工程师制度对国家和地区工业科技迭代发展、产业结构转型升级、卓越工程师人才培养等发挥着重要支撑作用。

15.1　国外注册工程师资质认证制度概述

15.1.1　认证主体与组织

国外的注册工程师资质认证制度变迁的基本模式分为强制性与诱致性。强制性模式强调制度变迁，驱动主体主要来自政府，其自上而下推进，以政策规划、行政指令、资金分配为基本手段；诱致性模式的驱动主体主要来自基层，其自下而上推进，强调先试点后推广和从外围向核心突破相结合，改革通常是渐进性的。

美国、英国、日本、澳大利亚四国均建立了专业认证和注册工程师资质认证机制，日本代表强制性类型，美国、英国、澳大利亚代表诱致性类型。注册工程师组织的建构模式主要分为综合型组织和独立型组织两种，前者以英国、澳大利亚为代表，后者以美国、日本为代表。英、澳、美、日注册工程师资质认证机构与组织架构见表 15.1。

表 15.1　英、澳、美、日注册工程师资质认证机构与组织架构

国别	工程教育专业认证机构	注册工程师资质认证机构	组织架构
英国	英国工程理事会（EUCK）	—	认证标准委员会
			质量监督委员会
			智囊团与法规委员会
			国际顾问委员会
			财务审计与薪酬委员会
澳大利亚	澳大利亚工程师学会（EA）	—	以地域为基础的组织
			以学科为基础的组织
			以科技社团为基础的组织
美国	工程和技术认证委员会（ABET）	美国工程与测量考试委员会（NCEES）	考试类委员会：专业工程师考试委员会、专业测量师考试委员会、考试审计委员会、考试政策与程序委员会
			法律法规类委员会：法律实施委员会、程序规范与立法委员会
			理事会咨询委员会
			工程教育委员会
			常规类委员会：执照局成员事务委员会、提名委员会、时务委员会、授奖委员会

续表 15.1

国别	工程教育专业认证机构	注册工程师资质认证机构	组织架构
日本	日本技术者教育认证机构(JABEE)	日本专业工程师协会(IPEJ)	管理运营组织
			地域组织
			部会组织
			委员会组织

注:组织架构仅指注册工程师资质认证机构。

15.1.2 认证程序与标准

(1)注册工程师资质认证程序

资质认证程序主要有分层考试和申请考核两种模式,前者以美国、日本为代表,强调考试形式在认证过程中的作用,通过分层考试量化毕业生的各项能力,从而检验其是否达到相应注册工程师资质标准;后者以英国、澳大利亚为代表,强调考核形式在判定注册工程师资质中的作用。美国、日本的分层考试制见表 15.2。

表 15.2 美国和日本的分层考试制

国别	第一次考试名称	第一次考试时长	第一次考试组成部分	第一次考试共同点	第二次考试名称	第二次考试时长	第二次考试组成部分		第二次考试共同点
美国	工程基础考试	8 h	工程基础部分	考查内容为所学本科工程教育课程,侧重基础知识广度	工程实践与原理考试	8 h	专业广度考试		考查内容针对某一学科领域,强调专业知识深度和实践能力水平
			工程专业部分				专业深度考试		
日本	第一类考试	4 h	基础科目		第二类考试	3.5 h	笔试	必考科目	
			适应科目					选考科目	
			专业科目			20～40 min	面试	应用能力 工程伦理	

澳大利亚和英国基于申请考核制开展注册。相较于美国和日本的国家性分层考试制,澳大利亚和英国的申请考核制具有以下特点:一是更注重信用和承诺,它们的工程师认证制度以个人诚信为基础、以推荐人为保障;二是针对性和灵活性强,澳大利亚和英国由各专业学会和委员会负责认证,它们可根据专业领域的不同特点酌情进行不同类别的认证标准处理,如英国的化学工程师学会充分考虑化工行业的特性,面对统一认证标准时侧重安全和环境部分的能力素质标准的考察。

(2)注册工程师资质认证标准设计与能力要求

能力标准对工程人才培养和工程师未来职业发展具有重要导向作用。《华盛顿协议》明确要求,工科毕业生应具备的基本能力包括工程知识、问题分析、设计解决方案、研究、使用现代工具 5 项技术性能力,以及工程与社会、环境和可持续发展、职业规范、个人和团队、沟通、项目管理、终身学习 7 项非技术能力,并要求工程师人才培养重视技术能力与非技术能力协同发展。随着新工业革命对工程师解决复杂工程问题能力的要求越来越高,认证标准不断得到完善和修正,相比于传统工程技术能力,当前的认证标准更强调非技术能力要求,如工程伦理、协同合作、终身学习等。英国专业工程师能力素质标准见表 15.3。

表 15.3 英国专业工程师能力素质标准

能力要求	工程技师	主任工程师	特许工程师
知识与理解	理解和运用工程知识,应用技术和实践技能	结合一般和专门工程知识应用现有技术和新兴技术	结合普通和专业工程知识优化先进和复杂系统
设计、开发和解决工程难题	参与产品、设备、工艺、系统或服务的设计、开发、制造、建造、调试、退役、操作或维护	应用适当的理论和实践方法设计、开发、制造、建造、委托、操作、维护、退役和回收工程过程、系统、服务和产品,解决工程问题	运用适当的理论和实际方法分析和解决工程问题

续表 15.3

能力要求	工程技师	主任工程师	特许工程师
责任、管理和领导	接受并履行个人责任	提供技术和商业管理	提供技术和商业领导
沟通和人际交往能力	运用有效的沟通和人际关系技巧	表现有效的沟通和人际关系技巧	展示有效的沟通和人际关系技巧
个人和职业承诺	表现出对适当的职业行为准则的个人承诺，确认对社会、职业和环境的义务	表现出对专业标准的个人承诺，承认对社会、专业和环境的义务	证明对专业标准的个人承诺，承认对社会、专业和环境的义务

15.1.3 认证对象发展路径

(1)多样化的职业生涯分类设计

基于本国工程教育特色和工业经济发展实际，国外注册工程师资质认证制度设计了各具特色的工程师职业发展路径，其主要包括链式进阶型和分类平行型两类。链式进阶型工程师专业发展路径以日本和美国为代表，该模式不进行工程师职业类型划分，只遵循从实习工程师到正式工程师的单向性发展路径。分类平行型工程师专业发展路径以澳大利亚和英国为代表，该模式根据工程教育的不同学历和工程师群体的不同功能划分平行路径，申请人可根据自身学历水平选择相应路径，最终注册成长为不同类型的工程师。美、日、英、澳四国的工程师专业发展路径如图 15.1 所示。

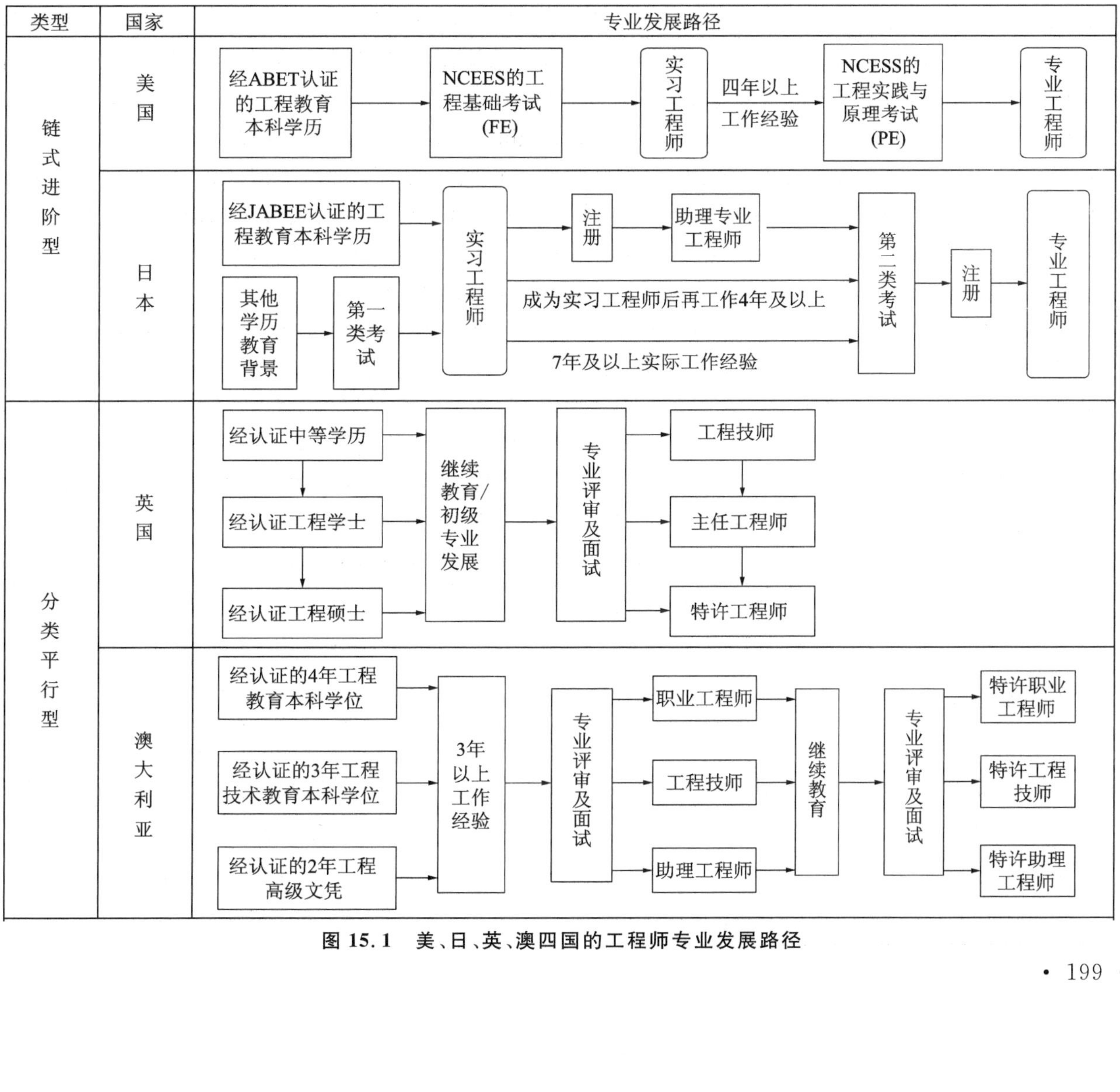

图 15.1 美、日、英、澳四国的工程师专业发展路径

(2)开展继续教育,注重持续专业发展

人工智能、大数据、区块链等新技术变革正驱动工业生产模式快速迭代,要求工程师群体不断自我学习,不断提升应对社会变革的能力。继续教育是工程师职业生涯发展路径中不可或缺的一环,是对专业技术人员进行知识更新、补充、拓展和能力提高的高层次追加教育。

各国积极制定相关政策或要求,以保证工程师的长期职业发展。例如,美国的工程师资质并非终身制,每五年须进行重新审核与更新,继续教育被视为评判专业工程师是否有资格更新执照的重要凭证。美国工程与测量考试委员会制定的《继续专业能力准则》(Continuing Professional Competency Guidelines)通过学时转换机制量化继续教育情况等,建立起全国统一的继续教育能力标准,量化内容主要包括大学课程、短期培训、高质量研讨会、专利、工业实践等。

15.1.4 认证融通与国际互认

国际上注册工程师的培养分为大学时期接受工程教育、毕业后取得职业资格和持续职业发展三个阶段。工程学历教育是工程师资质认证的起点,要取得专业工程师资质,须先取得经认证的相应教育背景,或证明自己具有同等学力。由于各国工程教育专业认证标准不同、工程师专业发展路径多元,单一国家内部的专业认证和注册工程师资质认证制度难以满足工程师参与国际合作工程项目的资质要求,因此有必要建立专业认证与注册工程师资质认证高度协同的国际互认机制。

国际工程联盟(International Engineering Alliance)作为最大的全球性非营利工程组织之一,极大地促进了各国工程教育专业认证与注册工程师资质认证的相互融通与国际互认。国际工程联盟由《华盛顿协议》、《悉尼协议》和《都柏林协议》三大工程教育专业认证互认协议与《国际职业工程师协议》、《亚太工程师协议》(The APEC Agreement)、《国际工程技术员协议》(International Engineering Technologists Agreement)和《国际工程技师协议》(Agreement for International Engineering Technicians)四大注册工程师资质认证互认协议组成。《国际职业工程师协议》创建了工程师专业工程能力的国际标准框架,可授权成员组织成为国际专业工程师注册机构的有效组成部分,承认各国建立的工程师知识掌握与实践运用能力标准的实质等效性;这不仅促进了各国人才流动壁垒的消除,推动了工程师群体的国际合作,且各国可根据其创建的工程师能力资质框架不断完善本国的注册工程师制度,从而有效提升本国工程师的质量。

三大工程教育专业认证互认协议与四大工程师资质认证互认协议相互对应。《华盛顿协议》是对工程专业教育四年本科学位水平的互认,与《国际职业工程师协议》和《亚太工程师协议》两个针对专业工程师资格的互认协议在毕业生学位水平上对应,《亚太工程师协议》在亚太经合组织经济体内适用,《国际职业工程师协议》在世界范围内更广泛适用;《悉尼协议》认证的工程教育学位水平与《国际工程技术员协议》相对应,为三年制工程技术学位;《都柏林协议》认证的专业学位水平则与《国际工程技师协议》相对应,为两年制学士学位。澳、美、英、日加入的国际工程教育专业互认和工程师互认协议见表15.4。

表15.4 澳、美、英、日加入的国际工程教育专业互认和工程师互认协议

<table>
<tr><th>序号</th><th>国家</th><th>工程教育专业认证互认协议</th><th>工程师互认协议</th></tr>
<tr><td>1</td><td>澳大利亚</td><td rowspan="3">《华盛顿协议》
《悉尼协议》
《都柏林协议》</td><td>《国际职业工程师协议》
《亚太工程师协议》
《国际工程技术员协议》
《国际工程技师协议》</td></tr>
<tr><td>2</td><td>英国</td><td>《国际职业工程师协议》
《国际工程技师协议》</td></tr>
<tr><td>3</td><td>美国</td><td rowspan="2">《国际职业工程师协议》
《亚太工程师协议》</td></tr>
<tr><td>4</td><td>日本</td><td>《华盛顿协议》</td></tr>
</table>

2016 年 6 月 2 日，我国正式成为国际本科工程学位互认协议《华盛顿协议》的正式会员，教育部高等教育教学评估中心、中国工程教育专业认证协会是我国高校工程教育专业认证的组织机构。截至 2022 年底，全国共有 321 所普通高等学校的 2 385 个专业通过了工程教育认证。截至 2021 年底，全国共有 119 所高校的土木工程专业通过了工程教育认证。

在中国科学技术协会倡导下，由全国学会、地方工程师学会、高校、企业等 82 家单位共同发起的中国工程师联合体(Chinese Society of Engineers，CSE)于 2021 年 3 月 18 日在北京正式成立。2023 年 12 月 5 日，中国工程师联合体在北京与马来西亚工程师学会签署会员互认协议，与缅甸工程理事会续签加强工程能力建设谅解备忘录，这是中国工程师能力建设和国际工程师交流与合作的一次新跨越，工程师能力的互认也为“中国制造”“中国创造”更大范围地走出国门建起了桥梁。

15.2 我国执业资格制度概述

15.2.1 我国执业注册制度的发展

我国注册工程师认证一般包括高等教育评估、职业实践、资格考试和注册四个过程。随着我国经济的发展，在计划经济向社会主义市场经济转轨的过程中，我国工程师注册制度体系的发展大致经历了三个阶段：

第一阶段是 1950—1966 年，在计划经济体制下，工程师是一种职务(岗位)，其技术称号是一种资格，职务的认定采用终身制，不考虑市场竞争，无特殊情况不存在人才流动，资格、职务、工资三位一体。

第二阶段是 1979—1994 年，这个阶段国家尝试将专业技术职务和技术职称分开管理，启动了执业注册制度的试点。

第三阶段是 1995 年至今，这一阶段是逐步建立工程师执业资格制度并与国际工程师制度逐渐接轨的阶段。1993 年 11 月，党中央在《关于建立社会主义市场经济体制若干问题的决定》中确定，我国实行执业资格证书制度，我国的执业资格制度以政府管理为主。

我国虽在部分工程领域建立了准入类和水平评价类注册制度，但它们各具特色，既不能覆盖所有工程领域，也无法作为全国统一的工程师制度，管理体系也尚未与国际通行做法接轨。因此，我国注册工程师资质认证制度的建构需要多方协作，构建各级政府宏观主导、市场本位与高校协同多主体参与的认证治理共同体；需要确定科学合理的工程师类型与职业生涯发展路径，推进工程师制度分类与分层设计；需要建构专业认证与注册工程师资质认证的衔接机制。建立专业认证与注册工程师资质认证的紧密衔接机制，加入相关国际协议，能有效赋能我国培养大批具备复杂工程问题解决能力的卓越工程师人才，有效支撑中国特色、国际一流的工程教育强国建设。

15.2.2 我国与土木工程专业相关的注册执业资格

我国建筑业执业资格制度虽推行时间较短，但进展很快。我国专业技术人员执业资格都是国家资格，带有强制性，全部通过考试取得。目前，建设领域执业资格制度体系已建成，已建立的相关执业资格制度都具有上述共同特点，所有的执业资格都与企业资质挂钩，这是我国与国际执业资格制度最大的区别。

参照国际上的成熟做法，我国建设行业执业资格制度主要由考试制度、注册制度、继续教育制度、教育评估制度、社会信用制度等五项基本制度组成。注册后还应注意以下几点：①若一人考取多证，则多个证只能在一个企业注册；②考试全部通过向个人颁发资格证，该资格证终身有效；③在获得资格证后，个人可通过就业单位向住房城乡建设部申请注册，审批通过后取得注册证，注册证有使用年限，年限到期后应续期，在注册期间，当事人跳槽到别处就业的，可另行注册；④当取得注册证后，当事人获得个人职称注册公章；⑤国家注册的证书具备职称作用，且全国通用，助理工程师、工程师、高级工程师不具备法定职称作用。

与土木工程专业相关的注册执业资格有注册结构工程师、注册建造师、注册土木工程师、注册监理工程师、注册造价工程师、注册安全工程师等。

(1) 注册土木工程师，是指通过考试取得土木工程执业资格，并经注册取得注册土木工程师执业资格证书和执业印章，从事土木工程工作的专业技术人员。注册土木工程师分为岩土、港口与航道工程、水利水电工程及道路工程四个专业。注册岩土土木工程师的基础考试科目共18科：高等数学、普通物理、普通化学、理论力学、材料力学、流体力学、计算机应用基础、电气与信息、工程经济、法律法规、土木工程材料、工程测量、职业法规、土木工程施工与管理、结构力学与结构设计、土力学与基础工程、工程地质和岩体工程与基础工程；专业考试科目共11科：岩土工程勘察、岩土工程设计基本原则、浅基础、深基础、地基处理、土工结构与边坡防护、基坑工程与地下工程、特殊条件下的岩土工程、地震工程、岩土工程检测与监测和工程经济与管理。

(2) 注册结构工程师，是指通过考试取得注册结构工程师执业资格，并经注册取得注册结构工程师执业证书和执业印章，从事房屋结构、桥梁结构及塔架结构等工程设计及相关业务工作的专业技术人员。注册结构工程师分为一级注册结构工程师和二级注册结构工程师。一级注册结构工程师基础考试科目共16科：高等数学、普通物理、普通化学、理论力学、材料力学、流体力学、建筑材料、电工学、工程经济、计算机与数值方法、结构力学、土力学与地基基础、工程测量、结构设计、建筑施工与管理和结构试验；专业考试科目共8科：钢筋混凝土结构、钢结构、砌体结构与木结构、桥梁结构、地基与基础、高层建筑、高耸结构与横向作用和设计概念题。

(3)注册建造师，是指通过考试取得注册建造师执业资格，并经注册取得注册建造师执业证书和执业印章，担任施工单位项目负责人及从事相关工作的专业技术人员。注册建造师分为一级注册建造师和二级注册建造师。一级注册建造师的考试科目共4科：建设工程经济、建设工程项目管理、建设工程法规及相关知识和专业工程管理与实务。

(4)注册监理工程师，是指通过考试取得注册监理工程师执业资格，并经注册取得注册监理工程师执业证书和执业印章，从事工程建设监理工作的专业技术人员。考试科目共4科：建设工程监理基本理论与相关法规、建设工程合同管理、建设工程质量(投资、进度)控制和建设工程监理案例分析。

(5)注册造价工程师，是指通过考试取得造价工程师执业资格，并经注册取得注册造价工程师执业证书和执业印章，从事工程造价工作的专业人员。考试科目共4科：工程造价管理基础理论与相关法规、工程造价计价与控制、建设工程技术与计量(土建或安装)和工程造价案例分析。

(6)注册安全工程师，是指通过考试取得安全工程师执业资格，并经注册取得注册安全工程师执业资格证书和执业印章，从事安全工程相关工作的专业技术人员。考试科目共4科：安全生产法及相关法律知识、安全生产管理知识、安全生产技术和安全生产事故案例分析。

土木工程专业实践性强，学生毕业后将面临多项注册工程师资格认证考试，要及时了解不同的资格考试的考试科目、报考要求以及其他相关规定，提前规划好自己的考证工作，通过考证提升自己的职业资质、能力和素养；同时还要及时了解专业认证与注册工程师资质认证高度协同的国际互认机制，了解相关国际协议，取得国际互认的与土木工程专业相关的执业资格，提升自身从事跨国工程建设的资质、能力和素养。

16　土木工程专业的教学安排

在了解了土木工程的概貌之后，土木工程专业大一新生最希望进一步弄清的是高等学校的教育特点和本专业的课程设置。

16.1　高等学校的教育特点

普通高等学校教育与普通中等学校教育相比有很多不同，如表16.1所示。

表16.1　我国普通高等学校教育与普通中等学校教育的区别

	普通中等学校	普通高等学校(工科)
教育性质和学制	普通教育，学制6年(初中3年，高中3年)	中等教育基础上的专业教育，学制大学本科4年，高职3年；有的学校具有弹性学制，本科不得超过5年或6年；有的学校还可直读硕士学位
社会职能	向高一级学校输送合格新生； 为国家建设培养劳动后备力量	培养社会需要的各类高级专门人才； 开展科学研究，发展科学和技术； 开发科技含量高的项目，直接为社会服务
管理体制	由学校统一管理。教育活动按全国(或地区、市)统一的教学计划和课程设置进行。各校有自己特色的附加课程和教育活动安排	在学校统一领导下，教育活动按学院、系和专业划分进行具体的管理。 系是基层教育行政单位，负责履行上述3项社会职能，兼有行政和学术组织职能。 专业隶属于系，是招生、分配、组织教学的基层单位；专业有自己相对独立的培养目标、对学生的素质要求，以及相应的教学计划
教育方式	以课堂教学为主； 附加各种课外教育活动，如兴趣小组、科技竞赛、劳动教育、社会调查等	有多种教学方式，如课堂教学、电化教学、实验教学、设计教学、生产实习、毕业设计等；教学是最基础、最根本的教育工作。 课外教育活动丰富多彩，如党团及班级活动、科技活动、文艺社团活动、公益劳动、社会实践等
课程设置	开设政治、语文、外语、数、理、化、生、史、地、体、音、美等十余门基础课程和劳动技术、生理卫生等必修课程，以及各种选修课；课程多属基础知识型	开设公共课、基础课、技术基础(或称专业基础)课、专业必修课、专业实践课等40～50门课，以及大量公共或专业选修课； 学生修完规定的学分和规定的学时(包括必、选修)，取得合格成绩，即可毕业，获学士学位
教师作用	传递科学文化知识和技能；塑造学生的心灵、思想和品德	作为教师，传授知识技能，组织大学生的学习活动，教书育人； 作为科技工作者，开展科学研究、技术开发，用新的科技成果为社会服务并充实教学内容； 作为专业活动家，参加各种科技工程活动，密切学校和社会的横向联系
教育设施和教育环境	图书馆、实验室、音像教学设施、体育活动场地，它们相对简单	图书馆、实验室、资料室、电教中心、计算机设施、体育设施，它们相对齐全；校园文化丰富，学术气氛浓厚

从表16.1中的对比看,高等学校在教育性质、社会职能、课程设备、教师作用诸方面都与中学有所区别。如果说,学生在中学时还多少要依靠教师才能学有所成的话,那么,到了大学则主要靠自己。学生要充分利用学校的教师资源、教育设施和教育环境,积极调动自己的学习主动性。大学教师对学生学习的指导作用在于传授各门课的知识技能,为学生设置各种教育情景,组织好学习活动,最大限度地调动学生的学习主动性和积极性。

对学生来说,大学阶段更重要的是认识中学毕业后的自己。大学生一般在17～22岁之间,处于青年向成年过渡的阶段。他们经过中学教育,在认知以及伴随认知过程产生的情感、意志和个性方面有一系列特征,譬如:

(1) 认知方面　有较准确的观察力、良好的记忆力、丰富的想象力、活跃的思维力(善于独立思考);但他们的阅历毕竟还浅,实践经验还少,辨别能力还弱,以致认知过程中有时带有主观性、片面性。

(2) 情感方面　情感强烈、爱憎分明,自我意识对情感能起调控作用,爱国感、集体感、责任感、成人感等高级情感得到发展;但他们的情感又有两极性和不稳定性,常出现情感波动,有摇摆不定、易走极端的缺陷。

(3) 意志方面　有自觉性、独立性、坚毅性和果断性,在学习上能够执行自己的决策,较少需要外部压力;但他们的意志水平取决于行为的动机、经验和信念,有些人可能有脆弱、犹豫、附和等意志薄弱的表现。

(4) 个性方面　自我意识增强,有自主学习能力,对个人前途有美好愿望,对毕业后的职业有明确意向,这些愿望和意向在很大程度上影响着他们学习的状态;但他们的个性尚未完全成熟,往往表现为“理想自我”与“现实自我”、“个人愿望”与“社会需求”的矛盾,他们的自我认识和自我评价往往偏高。

总之,高等学校的特点和大学生的特征,都和学习质量密切相关。前者是客观因素,后者是主观因素。对主观因素要“培养”,也即对影响认知的能力和良好的情感、意志和个性自觉地进行培养、调节、锻炼、充实、提高;对客观因素则要“理解、利用、调适、争取”,要理解高等学校的教育方式,要充分利用学校优越的学习环境和学习设施,要调适自己的学习目标和学习方法,要争取教师及时的指引和教导。只有做到这些,新入大学的学生才会较快地适应大学学习生活。

16.2　课程的内涵和工科课程类型

任何一门课程都和教师、学生、教学活动和教学设备有密切的关系,如图16.1所示。

工科课程的类型有:

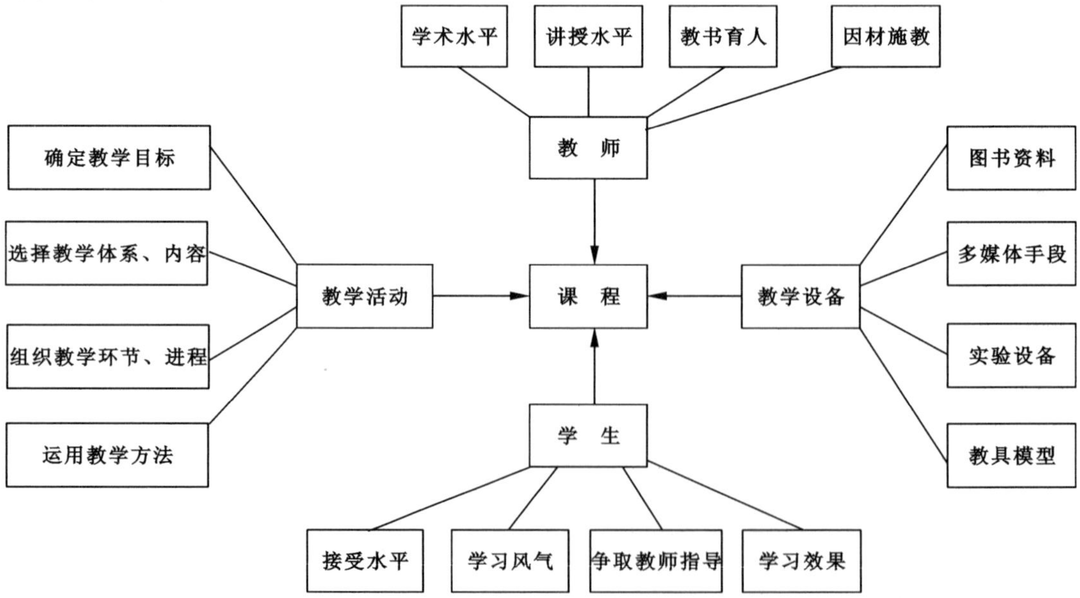

图16.1　课程与教师、学生、教学活动以及教学设备的关系

(1) 基础课　研究自然界和社会的形态、结构、性质、运动规律的课程。它没有应用背景，是学生学习知识、进行思维和基本技能训练、培养能力的基础，也为学生提高素质以及学好本专业各类课程奠定良好的基础。基础课分两大部分：

①数学和自然科学(如物理、化学、地质等)；

②人文和社会科学(如政治、历史、经济、哲学、伦理、文化等)。

(2) 公共课　它是各专业都必修的课程，是培养人才德智体全面发展的必要课程。如思想政治理论课、体育课、外国语课(语文课)、法律知识课、军事知识课等。

(3) 技术基础课　研究有应用背景的自然现象和规律的课程。它是由以利用自然和改造自然为人类服务的知识组成的课程。技术基础课虽有应用背景但并不涉及具体的工程或产品，因而它的覆盖面较宽，有一定的理论深度和知识广度；还教授与工程科学有密切关系的方法论，因而它能帮助学生打下坚实的理论基础，对培养工程专门人才十分有用。如力学类、电子学类课程就是典型的技术基础课程。由于技术基础课往往是专业课的理论基础，有时也称之为专业基础课。

(4) 专业课　它是有具体应用背景的与本专业有关的工程、产品类课程，或与本专业的工程科技、技能直接相关的课程。以土木工程专业开设的专业课程为例，它包括：

①工程知识类，如房屋建筑学；

②工程科技类，如混凝土结构；

③工艺技术类，如施工技术；

④工程实验类，如结构试验；

⑤工程管理类，如工程项目管理。

不同专业有不同的专业核心课程。如土木工程专业的核心课程：结构力学、土木工程材料、混凝土结构、钢结构、土力学与基础工程。建筑管理专业的核心课程：运筹学、工程经济学、工程项目管理、施工组织与技术。

(5) 实践类课程　它是配合工程师基本训练，培养相应的技能和能力的课程。其教学目标是使学生获得将所学知识用于解决科学技术和工程实际问题的能力，密切学生和社会、工程之间的关系，它是工程师基本训练的重要组成部分。如施工生产实习、毕业设计等。

(6) 必修课、限制性选修课和任意选修课　必修课是学生在校期间必须修习完的课程，它保证了所培养专门人才在知识技能方面应有的水准(也称基本规格)。选修课则是学生可以有选择地修习的课程，它们有的为了介绍科学技术的前沿，有的为了加深科学技术的基础理论，有的为了训练科学方法，有的为了拓宽知识面，有的为了满足学生的兴趣爱好……选修课又可分限制性选修课和任意选修课。限制性选修课为的是在必修课基础上拓宽学生在某些学科领域的知识，如土木工程专业在高年级时要划分若干方向(如建筑管理方向，交通土建工程方向，岩土工程方向，地下工程方向，给排水工程方向等)，表现在课程设置上就是每个方向规定有若干限制性选课组。任意选修课则不受上述规定限制，是为了适应学生的个性差异，开阔其视野、发挥其专长，促进因材施教而设置的。学生修习的各种选修课在专业教学安排中应占一定比例，但不应过多，以免影响专门人才应有基本规格的培养。

16.3　与土木工程专业关系密切的课程系列

(1)主要理论课程

①数学课程

高等数学、线性代数、概率论与数理统计。

②力学课程

大学物理中的力学部分、理论力学、材料力学、结构力学、水力学、土力学、弹性力学、有限元及矩阵分析。

③专业技术公共课程

土木工程概论、工程制图基础、测量学、房屋建筑学。

④工程材料和结构课程

大学化学、土木工程材料、混凝土结构、钢结构、砌体结构、基础工程、结构试验、抗震工程。

⑤施工课程

施工技术、施工组织、工程合同与项目管理、工程概预算。

⑥计算机课程

计算机程序设计基础、计算机语言与程序设计、计算机制图、土木工程 CAD 技术基础。

(2)实践类课程

①试验系列

物理试验、化学试验、力学试验、材料试验、土工试验、结构试验。

②实习系列

认识实习、地质实习、生产实习、毕业实习。

(3)给排水工程

它是土木工程的一个分支,但它与建筑、道路、桥梁工程在学科特征上存在差异。给排水工程学科的特征:①用水文学和水文地质学的原理解决从水体内取水和排水的有关问题;②用水力学原理解决水的输送问题;③用物理、化学和微生物学的原理进行水质处理和检验。因此,物理、化学、水力学、水文学、水文地质学和微生物学是给排水工程专业的主要课程。

(4)不同专业方向限制性选修课举例(表 16.2)

表 16.2　不同专业方向限制性选修课举例

交通土建工程组	岩土工程组	给排水工程组
道路勘察设计	土质学与土力学	环境保护与可持续发展
道路工程	岩石力学与工程	水微生物学
铁路工程	岩土工程勘察	有机化学
桥梁工程	岩土工程地下水	工业给水处理
交通规划与智能交通系统	土动力学	工业废水处理
交通和信息与控制	地貌与第四纪地质学	给排水工程结构
路基路面工程	环境岩土工程	给排水工程经济
道桥施工	遥感地质	水处理新技术

注:各校限制性选修课会有很大差别,也很可能与本表所列完全不同。

学生在大学一年级和二年级上学期时要学好基础课、公共课和土木工程概论,为今后学习技术基础课(或称专业基础课)和专业课打下基础。其中土木工程概论课还是专业思想教育课,阐述如下内容:

①为什么学习——土木工程专业的培养目标;

②学习什么——概述土木工程的主要内涵;

③怎样学习和为什么这样学习——4 年教学安排和学习的原理。

它为激发学生对专业的兴趣和学习动力,搞好 4 年的大学学习和构筑今后的远大理想建立思想基础。

到大学二年级和三年级上学期时,技术基础课的分量会比较重,这是学生今后确定专业方向、学好后续课程的重要阶段。三年级和四年级上学期时,学生已经确定了专业方向,要为学好本方向的必修课、限制性选修课和任意选修课而努力。四年级第二学期是毕业设计阶段,学生在这时要综合运用所学的理论知识和实践技能完成一项实际生产或研究开发任务。这是学生走上专业实际工作岗位前的一次在学习、思想、作风上的全面培养和训练。

17 学习原理

学习是通过刺激和反应之间的联结来完成的，是通过经验来改变行为的一种过程；学习是学习者主动地获取、储存、加工和运用知识的内部心理过程；学习不仅仅是获得知识和技能的过程，更是个人成长和实现潜能的过程。知识是学习者主动建构的，而不是被动地由教师传授的，大学生对本科阶段的学习要有理性的认识，才能提高自身的学习能力和本科阶段的学习实效。本章就本科阶段的学习过程、学习原则、教师的指导作用、探索性学习方式、学习中的非智力因素、若干学习要领等方面进行讨论。

17.1 学习过程

大学本科阶段学生的学习是学生在教育环境中发展认知、提高素质的过程。学生是学习的主体，学习对象（课程、书本、文献、科学原理、工程技术、操作技能等）是学习的客体。本科阶段的学习也是它的主、客体在学校教育环境中，在教师指导作用下相互作用的过程。

大学本科阶段的学习一般先后经历下列 5 个基本阶段，它们既贯穿于整个学习过程中，也存在于各门课程的教学中（参见图 17.1，注意各阶段中各要素的“促进”“认识”“效果”作用）：

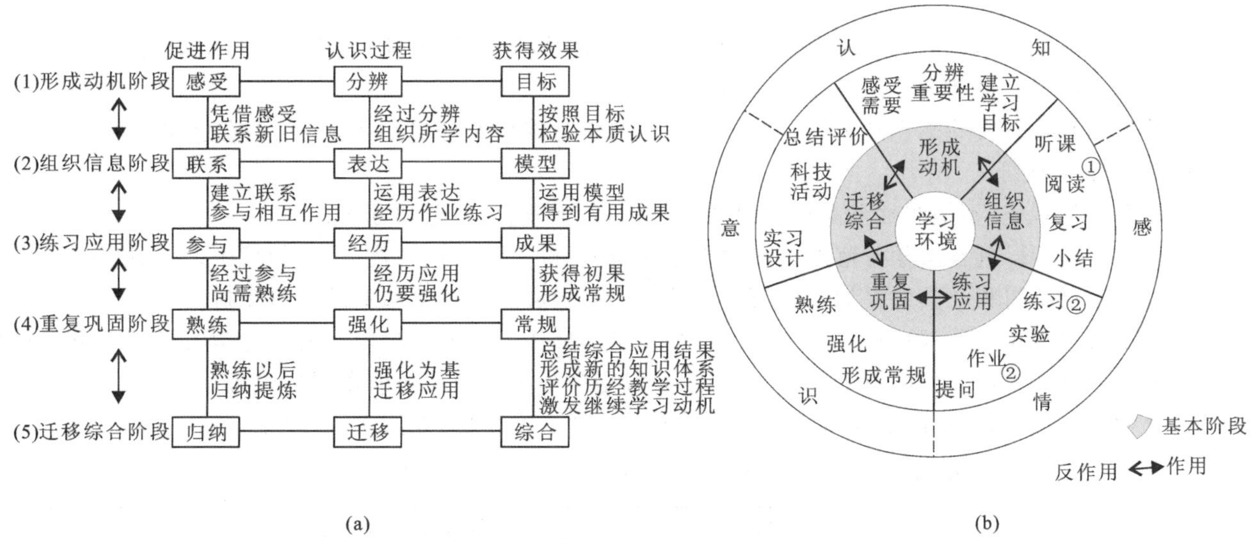

①阅读资源：教科书，电子课件，参考文献，教学资料库，教学网站……

②练习、作业资源：题库，在线论坛，质疑，答疑……

图 17.1 学习过程的 5 个基本阶段

(a)学习过程各基本阶段间的关系；(b)学习过程基本阶段循环图

(1)形成动机阶段（感受、分辨、目标）

学生要想形成学习的动机，要把握以下 3 个要素：

——“感受”社会发展和自身发展的需要，这是搞好学习的第一步；

——“分辨”，对将要学习的事物和已知事物进行比较，分辨它们的意义和重要性；

——“目标”，在感受、分辨的基础上确定自己学习的目标，规划学习的计划和行动。

(2)组织信息阶段（听课、阅读、复习）

学生要学习的信息都有自己的横向（相关的、对应的）和纵向（从属的、层次的）联系，组织它们时要做到以下 3 个“善于”：

——善于把新旧知识沿纵横向“联系”起来，靠已知掌握未知，形成高一级的信息网络。

——善于“表达”新知信息(假设、概念、原理、方法等)，处理好具体—抽象—具体、整体—局部—整体、基本—细节—基本、综述—分述—综述等方面的关系，这里前一个具体、整体……是形象的、初步的、一般的，后一个具体、整体……是理念的、提高的、综合的。

——善于将得到的结论用“模型”(数学的或逻辑的)进行特征描述，以便于应用。

(3)练习应用阶段(提问、作业、实验)

学习不能停留在听课、阅读、复习上，学生要通过自身的“参与”和“经历”获得“成果”，使所知达到足以运用的程度：

——“参与”所学知识、技能的相互作用，以提问、讨论等方式进入角色；

——“经历”练习和应用，如做习题、讨论思考题、做实验、进行实际操作等，并不断投入行动；

——尝到参与、经历并获得“学习成果”后的喜悦，才算初步理解所学习的知识和技能。

(4)重复巩固阶段(熟练、强化、常规)

学习的“学”是仿效的意思，“习”是鸟用羽翼频频飞起的意思。把“学习”用在教育上，意味着要在学习过程中对基本和主要的所学内容反复强化，才能达到巩固的目的。因此，该阶段的学习应做好以下几点：

——上述阶段的练习和应用，要达到“熟练”的程度，才能使知识和技能为自己所有，并从中提炼出自己的见解；

——在后续学习中，还要不断复习和检验已学过的内容，加以“强化”，从而修正、提高自己的认识和见解；

——熟练和强化所期望的效果，使所获得的知识和技能成为自己“常规”的认识和行动指南。

(5)迁移综合阶段(设计、实习、科技活动、总结)

学习的目的是将获得的知识和技能灵活应用到新的学习或研究任务中去，为此要在已巩固的知识及其初步应用的基础上做到：

——用自己的观点(不是照抄书本)“归纳”所学到的重要概念、原理和方法；

——将它们“迁移”到本次学习范围以外的学习或研究(设计、实习、科技活动)领域中，再加以应用；

——对几次迁移过程及其成果加以“综合”总结、评价，形成知识体系和新的学习动机。

在这个学习过程中，后一阶段是前一阶段的发展，又会反作用于前一阶段。前一轮学习过程的第 5 阶段还会发展成为后一轮学习过程的第 1 阶段。可见，学习是一个不断循环向前发展的过程。

在这个学习过程中，学生的认知水平会经历由低到高的 3 个阶梯，如图 17.2 所示。

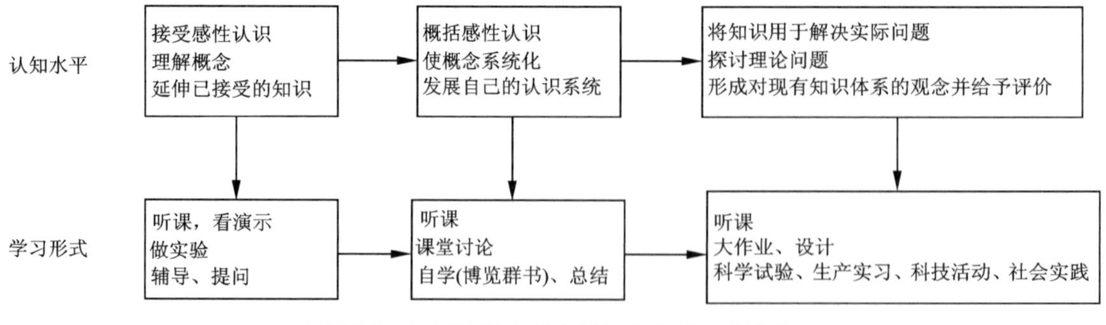

图 17.2　学习过程中学生认知水平的 3 个阶梯

显然，学生第一阶梯认知水平是在“组织信息阶段”和“练习应用阶段”形成的。从第一阶梯到第二阶梯认知水平的变化，是学生认真进行练习应用、积极参加课堂讨论、阅读较多的参考文献、进行学习总结的结果。从第二阶梯到第三阶梯认知水平的变化，则是由于在“迁移综合阶段”参与各种实践环节的训练，应用理论知识解决实际问题。在这些变化中，学生要把握时机，及时将自己低一阶梯的认知水平提高到高一阶梯的认知水平。

17.2 学习原则

学习原则，是学习过程中由长期积累的经验形成的“学习基本要求”。它确定学习的方向，显示学习主要成分[由学习主体(学生)、学习客体(学习对象)和学习环境(教育环境)三部分组成)]间的关系，指引学习的行动。一般说来，本科阶段的大学生要遵循的学习原则如下：

17.2.1 自主学习原则

学习的动机、目标、内容、方法、效果都与“学习主体的不可替代性”紧密相关。大学生只有认识到这个规律，建立起自己的自主学习观，才能提高自己的学习质量。自主学习原则的含义如下：

——自我识别，指对自己已有知识、能力、意向、兴趣、特长在深度、广度上的识别。经常解剖自己，和过去的自己比较，和同类人比较，以此建立学习的目标，这是搞好学习的基础；

——自我选择，指在基本完成专业必修课的同时，根据社会需求和个人爱好有选择地扩充某些方面的知识，提高某些方面的能力，发挥自己的特长，这是培养高质量人才的需要；

——自我培养，指制订自我学习计划、确定学习目标、课内积极参加课堂讨论、课外广泛阅读文献、高质量完成作业、开展专题研究、认真进行学习总结，这是学习的主战场；

——自我评价，指每经过一段时间对自己的学习进行全面检查，同时结合考核结果征求教师的评价，听取同学们的意见，找出该肯定和要改进的地方，这是学习的加油站；

——自我调控，指在自我评价的基础上修正自己的学习目标、分配自己的学习精力、改进自己的学习方法、发扬自己的学习特长，这是学习进步的前提。

在未来社会发展中，大学生是否具有竞争力、创造力，从根本上讲取决于学生是否具有自主学习的能力，是否具有终身学习的能力。从高考中走出来的中学生，习惯于传统的接受式学习，进入大学后，必须改变学习方法，养成自主学习的习惯，才能成为能自主学习和自主探索的创新型人才。自主学习既不是学生的“自我设计”，也不只追求“个性发展”，而是一种在全面落实本专业教学计划的基础上，在教师指导下进行的、能充分发挥学生个性的学习方式。

17.2.2 充分利用教育环境原则

大学的教育环境是大学生学习客体的总和，是大学生成长、成才和素质养成的重要条件。充分利用这个“总和”，必然是一条重要的学习原则。该学习原则的内涵如下：

——大学里有优秀的教师，要积极主动地争取教师的指导，密切师生间的联系，经常进行学术和思想交流；

——大学里有浓郁的学术氛围、美丽宁静的校园、严谨进取的校训，它们都是激励学习的重要因素；

——大学里有众多各个专业的高年级学长，可以吸取他们的学习经验，传承他们的优良学风；

——要充分利用学校图书馆、各院系的资料室、电子图书馆和网络学习平台等，使这些地方成为博览群书的战场，让各种书籍和资料成为今后工作和学习的良师益友；

——要充分利用各类实验室及其设备，观摩实验室的科研成果，用它们检验自己所学的理论知识，锻炼自己试验检测的技能，拓宽自己获得科技信息的渠道；

——要充分利用学校体育馆和体育馆里的器械，增强体质和体能，养成良好的运动习惯；

——聆听校内举办的各种学术报告会，参与各类学习和体育竞赛，开阔视野，激发学习动力；

——积极参加班级活动和校内组织的各种社团活动，发展课余爱好，培养组织和管理能力。

17.2.3 理论结合实践原则

学习的意义在于研究和解决实际问题，它必然要通过实践行动才能实现。所以大学生应该认识到：

——学习的目的在于应用理论认知，在实践中解决实际问题；

——所学的理论认知必须以实践(科学实践、工程实践、社会实践)来检验；

——要善于将理论课和实践环节的学习结合起来，在学习过程中认真思考和总结；

——要善于利用一切校内外实践的机会，提高自己"知、情、意、行"多方面的素质。

大学生认识和实践的关系如图 17.3 所示。

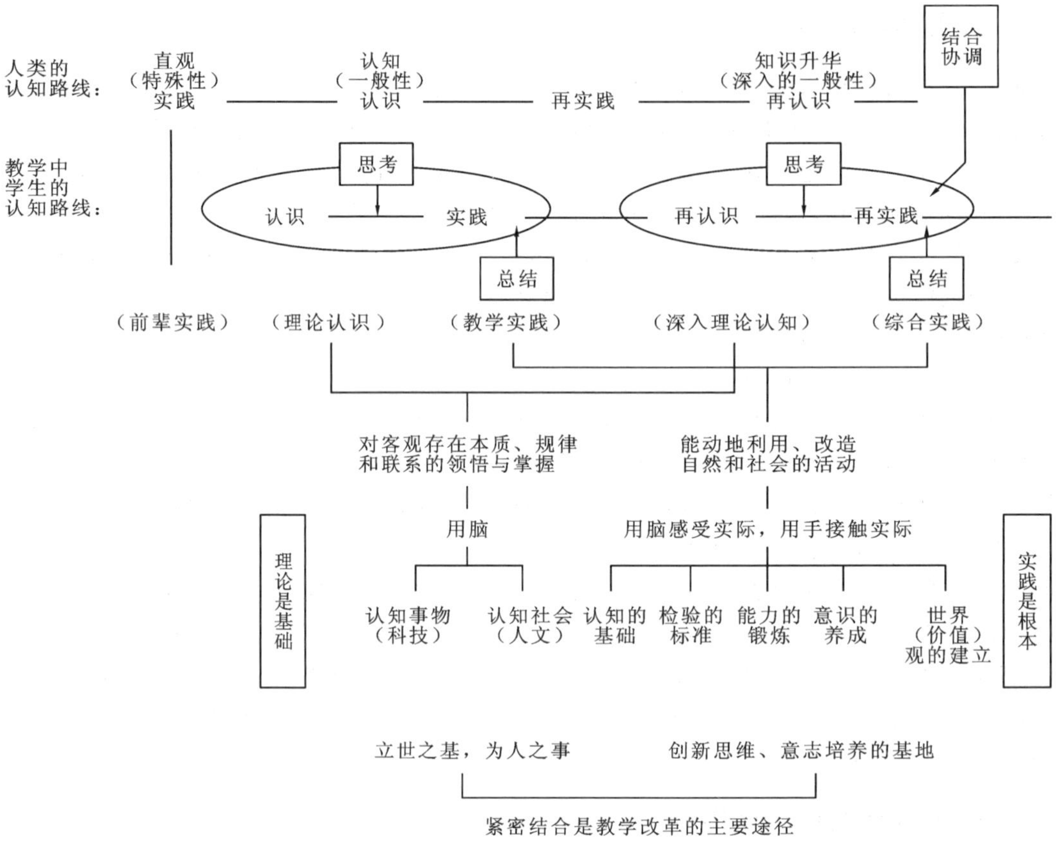

图 17.3 认识和实践的关系

17.2.4 提高思维力原则

要想提高学习质量，就要提高学习时的思维质量。思维，是以已有的认知为中介，在思想中对事物进行间接的联系和概括的过程。学习给思维提供养料，高水平的思维则会使学习更有成效。提高思维力的内涵主要包括：

——提高形象思维力：学习需要通过对事物的认真观察，认识它们的存在和联系；

——提高逻辑(抽象)思维力：学习需要对事物去粗取精，进行由表及里、由浅入深、由此及彼的联系，进行由具体到抽象的概括；

——提高辩证思维力：学习需要全面地看问题，把握它们的全部要素，从事物的发展中对事物做具体分析，促使它们存在的可能性转变为现实性；

——提高创新的思维力：社会所需的卓越人才需要有创新意识，创新需要有更活跃的思想、更灵性的精神、更有新意的需求和更执着的意志。

要想成为高素质的未来工程师，就要摆脱长期形成的只注重课堂和书本的学习思维方式，建立有“工程思维”的学习方式。工程思维是一种系统思考和解决问题的方法，例如：

◆既要有纵向的科技思维，还要有横向的社会（政治、经济、法制等）思维；

◆既要向书本文献学习，还要向实际经验学习；

◆既要学会问题的求解，还要学会问题的提出和探索；

◆既要强调独立自主，还要强调团队协作；

◆既要重视分析，还要重视综合；

◆既要注重学习并继承好的传统，还要追求改革、发展和创新。

17.3 教师的指导作用

大学工科教师既是教育者，也是科技工作者和工程活动家：作为教育者，起着对学生进行指导、组织和培育的作用；作为科技工作者，肩负着国家赋予的以科研成果促进经济建设和学科发展的重托，这要求教师做出科学研究和培养人才的双重成果，并以科研成果充实教学内容；作为工程活动家，工科教师要有参与工程的实际经验，并以实际工程经验丰富教学过程，他们应该成为“学科教学”和“工程实践”两个环节相结合的组织者和执行者。在这三重身份中，教师应以“指导、培育人才”的任务为重，这是社会赋予学校的主要责任，更是国家富强兴旺的希望所在。

教师和学生之间有着亲密无间的关系。正如前清华大学校长梅贻琦先生所说：“学校犹水也，师生犹鱼也，其行为如游泳也，大鱼为导，小鱼尾随，是从游也。从游既久，其濡染观摩之效，自不求而至，不为而成。”（见《大学一解》）这种关系说明教师既“授业、解惑”，又在思想、学风、观念、行为、做事、为人等方面“传道”，对学生施加影响。这种影响是自觉的（学生主动争取教师指导，教师对学生倾注爱心）、渗透的（渗透在各个教学环节中）、长期的（存在于学生求学的全过程中）。

教师的指导作用反映在学业和学风的指导上，主要包括传授真理知识、严密方法和先进教学理念，指导学生“自行探索地求知”和“养成严谨勤奋的学风”。

教师的组织作用指教师要组织好各种类型的教学活动，如课堂授业、课堂讨论、科学实验、课程设计、生产实习、专题研究以及举办学术讲座、学术沙龙等，并在这些环节中因材施教，有效提高各类学生的认知水平、活动能力和创造性。

教师的培育作用指教师在表17.1中所列的学习目的、目标、动力、方向、方法、品质等方面对学生的引导和思想交流。

表 17.1 教师培育作用的体现方面

序号	培育作用	体现
1	目的	适应社会需要和学生自身需求；全面提高素质
2	目标	推进土木工程建设；培养卓越的核心人才
3	动力	追求发展；实现理想
4	内容	认知基本概念、原理、方法；学会怎样做人、做事、做学问
5	方式	教师授业、解惑、传道为导；学生自主学习为本
6	方法	演绎推理，综合归纳；博学审问，慎思笃行
7	方向	建设前景；学科前沿
8	时间	随时随地学习；永远开拓进取
9	空间	充分利用学校教育环境；积极参与实际工程实践
10	品质	严谨勤奋，求实创新；厚德载物，自强不息

教师对学生的指导要有健全的制度保证,如质疑和答疑制度、考核后的评价制度、教师接待学生来访制度等。学生入学后宜配有相对固定的"专业导师",由其对学生的日常学习和课程选修进行全面的引导。

17.4 探索性学习方式

大学教学是教师将前人"探索求知"所得到的结论,传授给对这些结论尚且"未知"的学生,也就是给予学生一个"可以自主探索未知"的捷径。如果将"教师讲、学生听"的传统课堂教学,转变为一个可以启发学生独立思考的起点,使教学成为"教师引导学生不断自主探索新知"的过程,就能够在很大程度上激发学生学习的积极性,提高学习的质量。

"探索",在英文词汇里是 search;"再探索",顾名思义是 re+search,research 一般译为"研究"。所以探索性学习也可以认为是一种"研究性学习"。开展探索性学习必然对培养学生的创新思维、创造能力和研究能力起到重要作用。

要做到这一点,就要建立"问题意识",提倡从提出问题出发,建立探索性的学习方式。物理学家李政道曾经说过:"求学问,须学问,只学答,非学问"。他认为求学就必须学会提问,只学习书本和文献上已经做出的解答,不是应有的求学问态度。可见"提问题"是"求学问"的必然要求。许多教师都可能意识到:上课积极提问的学生在进入社会后,会比上课只认真听讲的学生有更强的适应能力,因此可以认为"学习的高境界不在于'跟随',而在于'自主探索'。"

探索性学习,指教师在提出学习的目的和要求、给予基本的学习内容和方法、设置一些可以引起思考探索的问题、提供一些参考文献的基础上,引导并组织学生自学、讨论、作业和进行专题研究。

——在自学时,学生要自主探索分析问题的途径(可以避开教师提供的思路,另起炉灶),寻找解决问题的理论依据;在得到解答后,还要把问题引向深入,刨根问底,对新问题再做新一轮的探索分析和解答……在这个过程中,教师要激发学生的兴趣,引导学生的思维,鼓励不同的有新见解的思维出现,及时提供必要的提示和帮助。

——在组织讨论时,学生要勇于发表自己得到的结论、见解或建议,并通过同学间的互相讨论对其进行补充、修正和完善;教师则要对各种见解和解答给与评价,进行汇总、总结和提炼,并提出新的问题,再组织新的探索和讨论。组织讨论的"时机"要及时,"内容选择"和"时间分配"要恰当,使讨论成为进一步探索的促进剂。

——对设置的作业,学生要有自己的解题方式、自己的实验方法、自己的设计方案,并且在进行过程中探索它们的最佳使用途径。作业完成后,学生要有自己的总结和讨论,提出进一步要探讨的问题。

——专题研究[有的学校称为"学生研究课题"(Student Research Topic,SRT)],是一项由教师设置的因材施教措施。学生可以按照自己的兴趣独立研究,或参加小组的集体研究。不论独立研究或是参加组合,都要求参加人独立地检索资料、开展研究;在集体研究中,则要对所研究的问题提出自己的思路和解决途径,积极参加小组讨论和成果集成。一般来说,专题研究中要探索的问题更多,难度更大,对教师引导和评审的要求更严,但专题研究能够培养学生的创新能力和团队合作精神,同时也是引导学生未来在本科基础上攻读研究生学位的需要。

养成做"学习小结和总结"的习惯,是探索性学习中的重要一步。要提倡学生在参与教材和文献阅读、课堂讨论、作业、实验、设计、实习、专题研究等环节并获得成果后,用自己的认知、思路和语言对自己的学习收获进行分阶段的"学习小结"和总体的"学习总结"。其内容包括:①概括归纳自己的学习收获;②对所学理论问题进行探讨;③对解决实际问题的实效进行讨论;④对所学知识体系进行评价并形成自己的观念;⑤总结自己在学习过程中的表现……小结和总结的文字可短可长,但必须是自己的思路和语言,不是教材或文献中某些段落的翻版。这是学生不断自主探索的一个过程,也是学生达到较高认知水平的一个表现。它有利于巩固学习成果,有利于形成学生自己的知识体系,有利于明确进一步的学习目标,更有利于学生逐渐养成"做学问"的习惯和学风,提高写作能力。

17.5 学习中的非智力因素

对学习有直接影响的因素，除培养目标和认知、能力方面的要求外，还有学生心理方面的特征和状态，称为“非智力因素”，如学习时的兴趣、情感、性格、意志、人生观等。

——兴趣，指人们力求认知、探究事物的心理倾向；大学生对学习有积极兴趣是主流的情况，但由于他们还处于青年时期，往往兴趣的广度大而稳定性不足，需要加以引导。

——情感，指人们对客观事物的体验；大学生的高级情感如爱国情、使命感、责任心、美感等，具有相对稳定性；而情感中的情绪却有情境性和暂时性，如兴奋、消沉、喜、怒、哀、乐等。

——性格，指人们对现实的态度和行为方式，如灵活、开拓，乐观、热情，果断、勇敢，诚恳、守信，其对立面是拘谨、狭隘，消沉、冷漠，优柔、懦弱，虚伪、随意。

——意志，指人们确定、实现目标的心理倾向，表现为目的性、主动性、纪律性等，其对立面是散漫性、被动性、抗拒性等。

——人生观，指人们对社会的认识和对自己所处地位的认知，包括世界观（对世界根本变化的看法）和价值观（对事物用途和作用的评价）。

上述五种非智力因素对学习具有动力、促进强化和调节稳定的作用，具体见表 17.2。

表 17.2 非智力因素对学习的作用

作用	非智力因素				
	兴趣	情感	性格	意志	人生观
动力作用	激发学习动机	使学习动力强大	好学的性格能自觉维持这种动力	使学习动力指向培养目标	感受到学习的需要
促进强化作用	使学习轻松、愉快、有成效	使学习具有责任感	开拓的性格能形成有创见的学习成果	在学习中表现出顽强意志	认知学习的意义
调节稳定作用	能克服学习中遇到的困难	使命感会抑制学习中的消极情绪	理性的性格能正确处理学习中遇到的挫折	坚强的意志能排除学习中的各种干扰	调整学习行为，稳定学习信念

健全大学生非智力心理品质的关键，是学校和教师做好“教书育人”工作，它表现为以国富民强的宏伟前景为蓝图，进行培养目标的教育；以现代工程为背景，进行生动有效的工程教育；以真理的知识和严密的方法，进行学科和学风教育；以先进人物和教师为示范，以培育“富强、民主、文明、和谐；自由、平等、公正、法治；爱国、敬业、诚信、友善”社会主义核心价值观为抓手，进行品德和人生观的教育。

对于一个人的“个性”和一个人的“全面发展”的关系，应该有这样一些认识：在学习过程中，每一个人的认知、能力、体质、气质（气质指人的稳定的心理特征）和上述非智力的心理品质，塑造了一个人精神面貌，也必然会逐渐形成一个人今后行为的独有心理特征，这就是一个人的“个性”。一个人健康的个性，影响着他完成任何活动时的潜在可能性，以及他的动力、态度、倾向和行为方式，它是一个人全面发展的重要组成部分。

17.6 若干学习要领

学习要领有 3 个基本点：

(1)“操之在我”，学生是学习的主体，学生自己对学习过程、学习原则、学习方式的认知和学习的自主性，是提高学习效率和学习质量的关键；

(2)“专心致志”，在任何一个学习过程和学习环节中，都必须集中精力、突出重点、一心一意、专心致志；

(3)“精益求精”,不但要求学习好、能力强,而且要求学习得更好、获得的能力更强。

17.6.1 怎样听课

(1)要认知教师对本课程教学体系和教学目的的讲述,以便建立学生自己的学习目标、学习渠道和学习的方式方法。

(2)要重点关注教师对本课程重点、难点知识的演绎,尤其是他们的讲解思路、推理方法和独到见解,以作为学生自己探索新知的榜样和借鉴。

(3)要认真参与教师组织的教学活动,如课堂讨论、课外阅读、现场教学、作业布置、质疑答疑、科技活动、专题研究等,在这些活动中锻炼自己的能力。

(4)要积极求教,搞好师生关系,争取教师对自己进行学术方面和思想方面的指导。

17.6.2 怎样预习、复习

(1)提倡预习。课前用已学过的知识浏览下次课教学安排所对应的教材上的相关章节,大体了解即将学习的内容和它的难点,可以在很大程度上提高听课效率。

(2)重视复习。复习的作用:①巩固所学知识;②为参与练习以及阅读相关文献做准备;③反复学习能够将知识内化,从而达到认知的飞跃。复习的过程和作用见图 17.4。

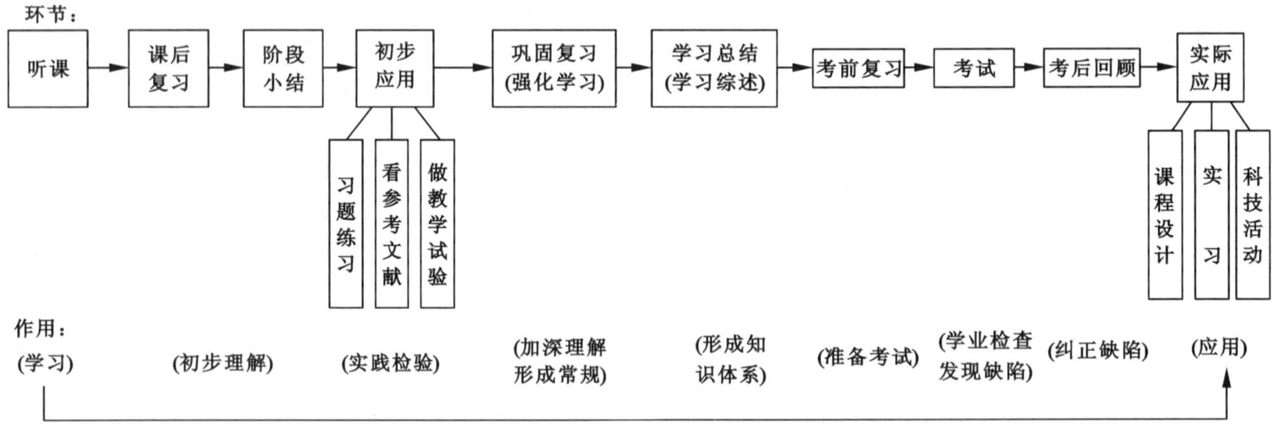

图 17.4 复习的过程和作用

复习时要注意:

①先复习后应用,不要到应用时才复习,吃“夹生饭”;

②要及时复习,及时消化,不要在考试前“临时抱佛脚”;

③先吃透基本概念和基本原理,再求深求精,循序渐进。

附　录　1

埃及金字塔(Pyramids)

埃及有大批金字塔遗迹，它们在公元前2000余年的法老王朝以前就已建成，至今仍有3座矗立着。其中最大的是公元前3—4世纪第四王朝法老胡夫(Khufu)的金字塔，它位于开罗近郊吉萨，耗时30多年之久才建成，是一座正方形底座的三角锥形石结构建筑。底边长230.5 m(756 ft)，占地52 600 m^2(13英亩)，高146.6 m(481 ft)，斜面倾角52°，其几何关系可能如附1图1所示。它的内核是用巨石围砌的扶壁，内倾角约75°(附1图2)，愈到外围扶壁高度愈小，形成台阶状。石块有3类：

(1) 内石(Interior Blocks)，是当地微红色的石灰岩块；

(2) 罩石(Casing Blocks)，位于内石表面，也是当地石灰岩块，但经过了切割加工；

(3) 面石(Facing Blocks)，用经过精加工的都兰(Tura)石灰岩块砌成。

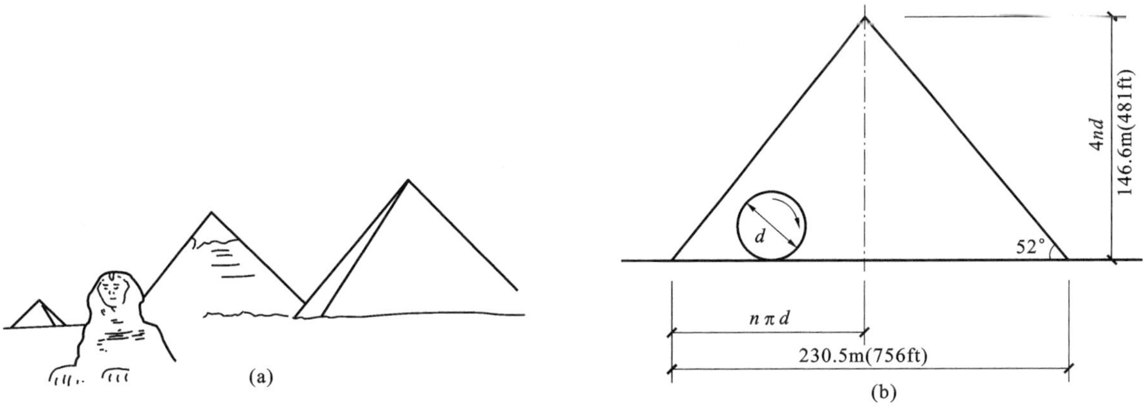

附1图1　埃及金字塔和金字塔的可能示意图

总石块量估计有230余万块，平均每块重约2.5 t，总重约650万t。

金字塔在历史上起什么作用，至今是个谜。但估计其作用之一是用来隐藏法老的墓室。墓室或安置在金字塔下面的巨石里，或安放在塔身中的某处，由很窄的秘密甬道、石阶通往(附1图2)。

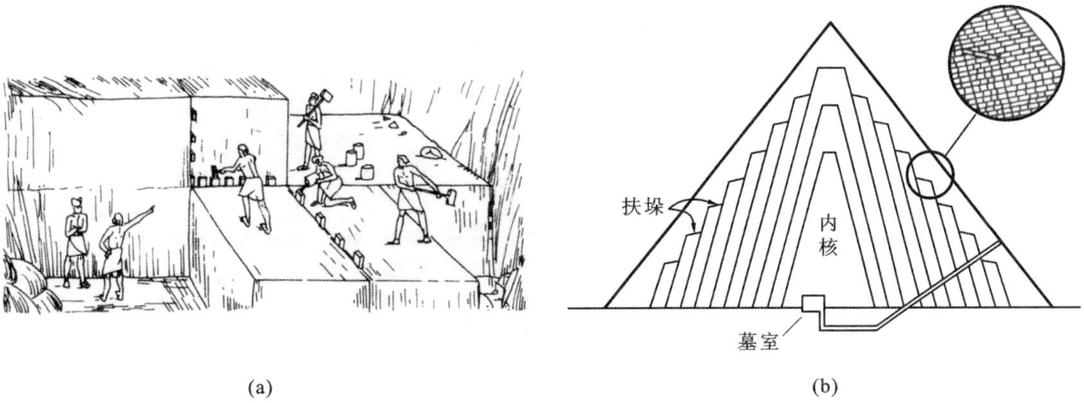

附1图2　金字塔建造示意图

(a) 巨石开采；(b) 巨石砌成扶垛示意

令人惊叹的是金字塔建造的精度。在平面尺度上，它底座4边边长的差异，不超过0.20 m(8 in)，边长误差率只有1/1 134；底座4个90°直角的角误差不大于3.5′，误差率小于1/1 500；底座4角基点位置的最大误差只有 5.5′,误差率约 1/4 000。在高程上,它底座 4 个角部高差只有 0.012 5 m(0.5 in),是边长的 1/18 400。这种在高程上不可思议的精度,估计是通过在底部基坑内灌水,量出水平面下基坑各处应有的精确深度后得到的。此外,巨石块的制作精度也是惊人的:金字塔叠砌石块的表面非常完整,缝隙很小,连一张明信片都难以塞进去。

建造金字塔需要 3 种资源:人力、块石和时间。按照希腊历史学家希罗多德(Herodotus)考证:建造前,埃及大约花了 10 年时间在吉萨准备并筑成一个高原平台,而在平台上建造金字塔却用了 20 多年。所用巨石是采石场开采的[附 1 图 2(a)],工人们先用金属工具将打制木楔插入切口,再用木槌敲打,然后用水浇湿使木楔膨胀,造成岩石开裂,劈开成材;至于用都兰石灰岩制作面石,则由最好的技工操作,他们先用凿子将石块表面垛平,再用石英岩球、砂子和水将面抛光,使石面像丝织品一样的平整,最后仔细拼接起来,做到难以塞进一张明信片。巨石块是装在驳船上从采石场水运至建造现场的。埃及在河流港口铺了一条 800 码(约 730 m)长的用碎石和黏土做成的斜堤道,其直通金字塔边,工人们在堤道上泼水使石块易于拖上来。一排排石块按四角锥形砌筑就位,最后铺上面石[附 1 图 2(b)]。约有 4 000 名技术工人全时在采石场和现场施工,有 8 万~10 万名(另一种说法为 3 万名)非技术劳动力按季节在农闲时参加施工。

附 1 图 3 为吉萨大金字塔内部示意。其中①为通风井;②为与胡夫墓室相连的有宏伟装饰的前廊;③为下倾的通向出口的通道;④为上行的通道,它在安葬完墓主后要被封死。金字塔中部是墓室,在墓室上有 122 m(400 ft)高的巨石荷载,墓室顶是用 400 t 重的花岗岩做成的,在它上面有 4 层平顶小室和一层坡顶小室,它们用来承受从金字塔顶部传下来的巨大的重力,并将其传递给两侧结构。

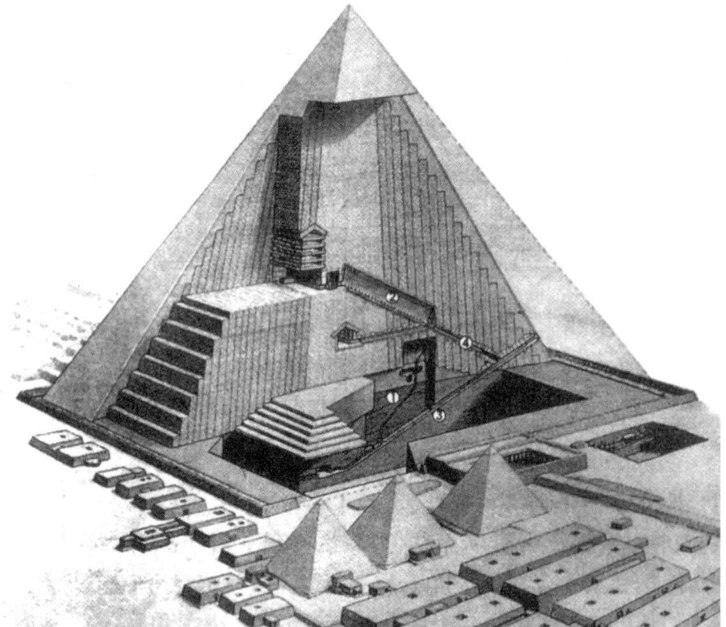

附 1 图 3　金字塔内部布置示意

在如此遥远的过去,采用如此大量的巨型石块,建造成如此精确的工程,工程质量竟如此完美无缺,而且一直留存数千年至今,这是一个伟大的人间奇迹!

附:

在离胡夫金字塔 350 m 处的狮身人面像,似乎是塔陵的守护者,象征着人的智慧和狮子的勇敢的结合;它由建造大金字塔时留下的整块巨石雕刻而成。它高约 20 m,长 57 m(如把另外的两只前爪计算在内,共长 73.5 m),耳鼻长度超过一人高,胡须全长约 4 m。

附　录　2

万里长城(The Great Wall)

(一)

万里长城，是我国最长的城墙建筑，古代最伟大的土木工程，也是世界历史上的七大奇迹之一，以它的气势雄伟闻名全球。我国传统思想中的万里长城是秦始皇灭六国后修筑的，而现在的万里长城大部分却是明代遗留下来的“西起嘉峪关、东至山海关的 17 700 里长的长城”。其实早在公元前 7 世纪，楚国就在今天的河南一带修造了数百里的长城。若将历代修筑长城的长度相加，其将不下 2 万 km，遍及新疆、甘肃、青海、宁夏、陕西、山西、河南、山东、河北、内蒙古、辽宁、吉林、黑龙江，乃至北京、天津 15 个省、市、自治区(2012 年我国国家文物局公布：历代长城总长为 21 196.18 km)。历史上关于长城较为著名的记载有：

(1)公元前 675 年春秋时期的楚国，曾修筑了数百里的长城防御北方诸侯，称为“方城”。

(2)公元前 425 年至公元前 221 年战国时期的齐、楚、燕、赵、魏、秦国(今河北、河南、辽宁、山西、陕西、山东、湖南、湖北、安徽等地)，以及中山国等(今石家庄、定县一带)都在各自边境上修筑自卫城墙。

(3)公元前 221 年秦始皇统一六国后，于公元前 215 年派大将蒙恬率军 30 万北上收复被匈奴占领的失地，同时决定把原属秦、赵、燕三国的长城连起来，重新加固，在险要处安置要寨。经过十多年的努力，一条西起临洮、北傍阴山、东至辽东，长约 2 500 km 的长城屹立在北方延绵的山脉上。

(4)公元前 206 年至公元前 25 年的西汉时期，当朝除修葺秦长城外，又将其东西两侧延伸，延伸后的长城西至甘肃敦煌，东到玉门关以西的今新疆境内，东经内蒙古的狼山、阴山、赤峰到达吉林地区，共长约 5 750 km。

(5)公元 25 年至 220 年的东汉时期，外有匈奴骚扰使西域不宁，内有豪强地主割据，在此背景下，当朝在各地长城内设置了许多亭堠、障塞等辅助工程，以增强防御能力。

(6)公元 420 年至 589 年的南北朝时期，北朝统治者继续修筑长城和北部边疆内的军镇，以防御突厥、契丹等长城以北民族的侵扰。其中北魏在赤城(今河北赤城)至五原(今内蒙古乌拉特中旗)一带修补增筑长城超过 2 000 km；北齐于公元 555 年修筑居庸关至大同一段的长城，而且在长城以内又建造一道城墙，名为“重城”，其西起山西偏头关，经雁门关、平型关、居庸关至怀柔地区。

(7)公元 581 年至 618 年的隋朝开凿大运河，7 次修筑长城。

(8)公元 1115 年至 1234 年的金朝，为防御成吉思汗多次南下侵犯，曾在北蒙古一带修筑过两道长城。

(9)公元 1368 年至 1644 年的明朝，为应对北元残余势力的复辟，防御鞑靼的侵犯和抵抗东北女真族的扩张，迁都北京，并以长城一带为前沿，封王定藩，配以重兵，借长城险隘建立一系列军事据点。于是明朝大规模修筑了现存的大部分长城，前后经历 200 余年，修葺达 18 次。明长城西起嘉峪关，东到鸭绿江。可惜的是从山海关至鸭绿江的 9 500 km 现已大部分毁坏，而自嘉峪关至山海关段则至今大多完好。

由此可见，长城不但是古代在都邑四周用作防御的墙垣，而且是一国边境保卫疆土的堡垒；长城不但是一道道连绵不断的屏障，而且是一组组有实战效能的宏伟军事构筑群。

(二)

长城的选址多在山脉高处的山脊，且多选择城墙外地势陡峭、城墙里地势平缓的地段。选取山脊的目的是，从军事需要考虑，有利于占据制高点，也便于排水、泄洪、防涝，免受地面径流雨水威胁。外陡，意味着敌人难以进攻；内缓，则带来军事调动、军需供应和信息联络的方便。若山脊处遇到巨石，就将它围绕在城墙以内，以免被敌人登高时利用；若山脊处遇到水涧，就修建水关，并在其两侧设制高点，对其进行控制和掩护。因而长城的走向有时迂回曲折、有时高低盘旋，而其宏伟、壮观、磅礴的气势则与世永存。

长城城墙上每隔 30～100 m 有一个哨楼(也称敌台，见附 2 图 1)。哨楼高两层，突出城墙外，底层设有瞭望口和炮窗，上层设有瞭望室和女儿墙。长城在山岭最高处每隔 1.5 km 左右有一处烽火台。在汉代建造时就规定:“五里一燧,十里一墩,三十里一堡,百里一城”。燧,即烽火台,是在敌人入侵时燃放烟火的地方。墩,也称墩台,指用砖石砌成的较大的烽火平台,往往设在高山顶上或平地转折处,报警时将积薪苇炬点起,白天燃烟,晚上燃火,远至 15 km 外都能看到,用以传递敌情。堡,也称营堡,是屯兵的地方。明长城每隔若干烽火台还要设总城台一座,城台四周有围墙环绕,可驻守士兵,成为长城的前哨据点;城台脚下筑有矮墙,纵横交叉,可阻止敌人骑兵驶近,也可设置用竹木栅做成的军用障碍物,用来阻止敌人入侵。附 2 图 2 所示为汉代城障遗址复原。

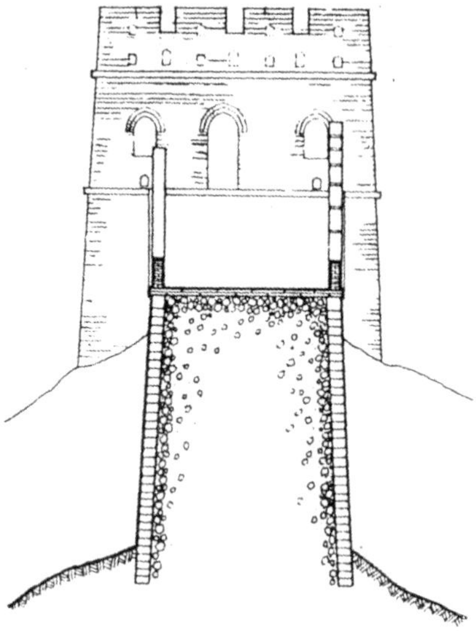

附 2 图 1　长城哨楼(北京八达岭附近长城)

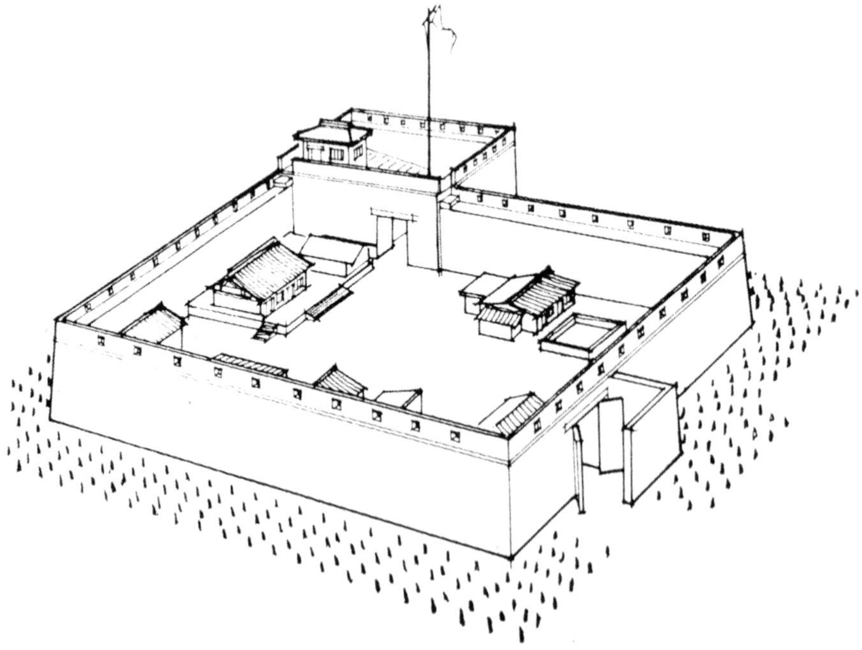

附 2 图 2　甘肃汉代城障遗址复原(引自《中国古代建筑史话》)

根据军事要求,长城的总体并不仅只布置一道绵延不断的城墙,在关键的地段往往要设置两道、三道乃至多道城墙。北京附近居庸关的长城内外就各增设了一道城墙。山西偏头关附近一带的长城多达 4 道城墙。嘉峪关为长城的起点，其关城墙为四方形，关城墙外还包有“罗城”一道。山海关是长城的终点，倚山临海，长城从北蜿蜒而下，连接山海关城后继续南下直入渤海；入海处的墩台称为“老龙头”。山海关关城也呈四方形，东西城门外各建“罗城”一道，南北沿长城线上还有“翼城”各一座，故人们称山海关为“五花城”(指东、南、西、北、中五城)。

（三）

长城所用的材料因地制宜，建造的方法是就材而筑。大体有以下 5 类：

(1)用土筑或土版筑——土筑，即无模夯实；土版筑，即在夯土墙两侧以板材为模，中间填土夯实。现存的临洮秦长城即用土版筑做成。

(2)用石块垒——先平整地基，然后用一层层石板作为基础；城墙体用大石块垒成，石块间用碎石、小石块和土填实。现存陕西旬阳楚长城即用石块垒成。

(3)用砂砾和芦苇压叠——用砂、砾石和芦苇或柳条层层压叠而成，每 25～40 cm 加一层芦苇或柳条。甘肃地区沙碛地带的长城即用此法做成。

(4)用条石或砖砌筑——用整齐的条石或特制砖和白灰砂浆砌筑城墙外侧，内部用夯土或三合土填实，称“条石墙”或“砖城墙”(特制砖指在长城建造现场的砖窑生产的砖)。八达岭等处的城墙就是砖城墙，而且用方砖铺地，石灰砂浆砌缝。

(5)劈崖作墙——如在辽东镇有山险墙、劈山墙等。这只是少数特殊地段的城墙，即利用山崖劈岩建成的山墙。

长城城墙的横断面都呈梯形，下宽上窄，两侧随墙体升高而向内倾斜。城墙的高度视地形起伏而异，城墙的一部分往往由山体的陡坡构成。汉长城约“一丈来高，三尺多宽，十分坚固”(《中国通史简编》)，而明长城的断面高 6～9 m，底部宽 6～7 m，顶部宽 4～6 m；如居庸关、八达岭一带的城墙平均高度就是 7～8 m。当山地坡度小于 25°时，砖或条石可与地面呈平行状砌筑；大于 25°时，则要分层垒砌。城墙顶面要做成坚实的马道，可以供五马并骑或十人并行；陡峻处的顶面要做成斜坡或踏步台阶。城墙顶部两侧为 1 m 高的女儿墙和 1.6～2 m 高的垛口。

长城是我国古代工程技术的伟大成就，反映了我国劳动人民的智慧和力量。早在 200 多年前一位英国外交官亲眼看见长城后赞叹不已，他认为古罗马、古埃及、叙利亚以及亚历山大皇帝的后代都修筑过许多防御性的城墙，它们都对人类作出重大的贡献，但是无论在工程规模、材料用量、人力消耗还是建造难度上，它们加起来都抵不上一个中国的万里长城。

附 录 3

索菲亚大教堂和清华大学大礼堂

清华大学大礼堂[下称清华大礼堂,见附3图1(a)]作为我国科学殿堂的代表性建筑之一,多次在新闻媒体中展露。但是,它的主体结构有何特色?它的蔚蓝穹顶怎样构成?它于1917年建成,在形式上模仿1 400多年前建成的土耳其伊斯坦布尔的索菲亚大教堂[附3图1(b)],二者有何重大区别?后者几经地震,多次局部塌落重建,至今裂缝仍依稀可见;而清华大礼堂虽受唐山大地震波及,仍矗立至今安然无恙,这又是为何?这些有趣的问题,鲜为人知。现将所知晓的概况简叙于后。为方便比较,先说索菲亚大教堂,再说清华大礼堂。

索菲亚大教堂(Sophia Cathedral)始建于公元532年,耗时五年建成,其平面呈方形,中间大厅四角有4个实心石柱墩(截面估计7 m×10 m),墩间为一半圆形全拱,拱顶支承着一个矢高7.6 m、直径33 m的扁圆穹顶[附3图1(d)]。支承穹顶的是两对侧拱;因建筑需要,南北两拱用墙填实,上开三层窗;东西两拱下无填充墙,一端为教堂入口,另一端为祭台入口。从主体结构看,顶部扁圆穹顶有水平推力,设计人当时找不到承受推力的办法,只能在东西端结合入口的使用要求,各设置一个有半圆穹顶的大空间来抵住东西拱的推力,又用拱板和辅柱墩把这些推力传给地基[附3图1(f)]。但是,南北端无入口,不能用同样的办法解决,只能使南北拱跨度小些,并在主拱下设置若干由填充墙支承的小拱,以此减小主拱的推力。设计人还考虑到4个主柱墩和4个辅柱墩要支承大部分重力和穹顶的水平推力,故选用了重量重、强度大的花岗岩;岩块的水平面被仔细磨平并灌以铅液,保证岩块间完全接触。至于穹顶、拱板则要尽量轻,采用了石灰浆砌筑的460 mm见方、50 mm厚的砖块[均见附3图1(f)]。

不幸的是,该大教堂在建成后不到20年间,两次遭受震害,东侧拱及相邻半圆穹顶和部分主穹顶倒塌。重建时将主穹顶加高约6 m,使穹顶大体呈半球形,可减少30%的推力。到公元989年,西侧主拱和半圆穹顶再次倒塌。后来又在教堂南北两侧各做两对巨大扶壁,破坏了原立面外貌[附3图1(b)]。到公元1345年,在另一次强震中,东侧主拱再次被破坏。最后到公元1847年,瑞士工程师用铁链在主圆穹顶的底部做了一圈圆环,它有效地承受了穹顶的水平推力,才使连续倒塌的现象得到根本解决。

清华大礼堂的平面同样为正方形,四角同样有4个立柱,不过用的不是石材,而是钢筋混凝土,立柱截面1 m×1 m(含外贴砖)[附3图1(c)]。两两立柱间均为钢筋混凝土的半圆全拱,在每个拱顶上有三个不等高小柱,小柱顶设一八角形的水平钢筋混凝土圈梁,圈梁上砌5 m高的八角形砖墙,墙顶支承着一个矢高为7 m、直径为19.5 m的钢筋混凝土扁球壳穹顶[附3图1(e)]。穹顶的底部有一圈钢筋混凝土支承环,可以完全承受扁球壳产生的水平推力,使穹顶内力处于自平衡状态;支承穹顶的4个半圆全拱只须承受穹顶重力,故其相应的支承立柱也只承受重力而不再需要巨大的截面,也无须设置抵御水平推力的附设结构。这样就可以大大增加礼堂的使用面积,减少不必要的建筑面积。清华大礼堂中间核心部分的跨度为19.5 m×19.5 m,东南西侧观众平台和北侧舞台前均为4.6 m宽的两坡顶拱架结构;加上前厅、舞台和后厅的总尺寸为南北长约43 m,东西长约29 m,周边建筑两层高,总建筑面积1 843 m^2[附3图1(c)]。1976年发生的唐山大地震波及北京,清华大学属于6~7度震害地区,震后大礼堂无明显裂痕;后经检查仅发现北端墙体因与小河邻近,有少许不均匀沉降引起的裂缝,现已修复。

索菲亚大教堂的穹顶结构完全外露,用40个等间距的径向肋加强,肋间设有采光窗口,使穹顶形成一圈有强烈光环的天体,异常壮丽。两边侧墙上各有三排窗口,更使大厅的光线十分充足[附3图1(h)]。

清华大礼堂则是另一种景色:由于东西向宽度不大,只需在两侧墙上做较大窗口,即可解决室内采光问题,不需用屋面采光。因而屋顶采用由吊顶木龙骨和苇箔做成的抹灰顶棚,加上饰面层,就能形成一个半球形的蔚蓝色天体[附3图1(g)];从观众席座位仰视,可谓一望无际,同样十分壮丽。结构穹顶和吊顶天棚间约7 m高,用固定在穹顶上的9根钢筋索下吊八角形木龙骨就位,再在木龙骨和周边八角形圈梁间架设弧形苇箔，形成天体的构造底层；在此底层上抹灰喷漆后，就能做成现在的天体面层[附 3 图 1(e)]。附 3 表 1 列出清华大礼堂和索菲亚大教堂各种指标的比较。

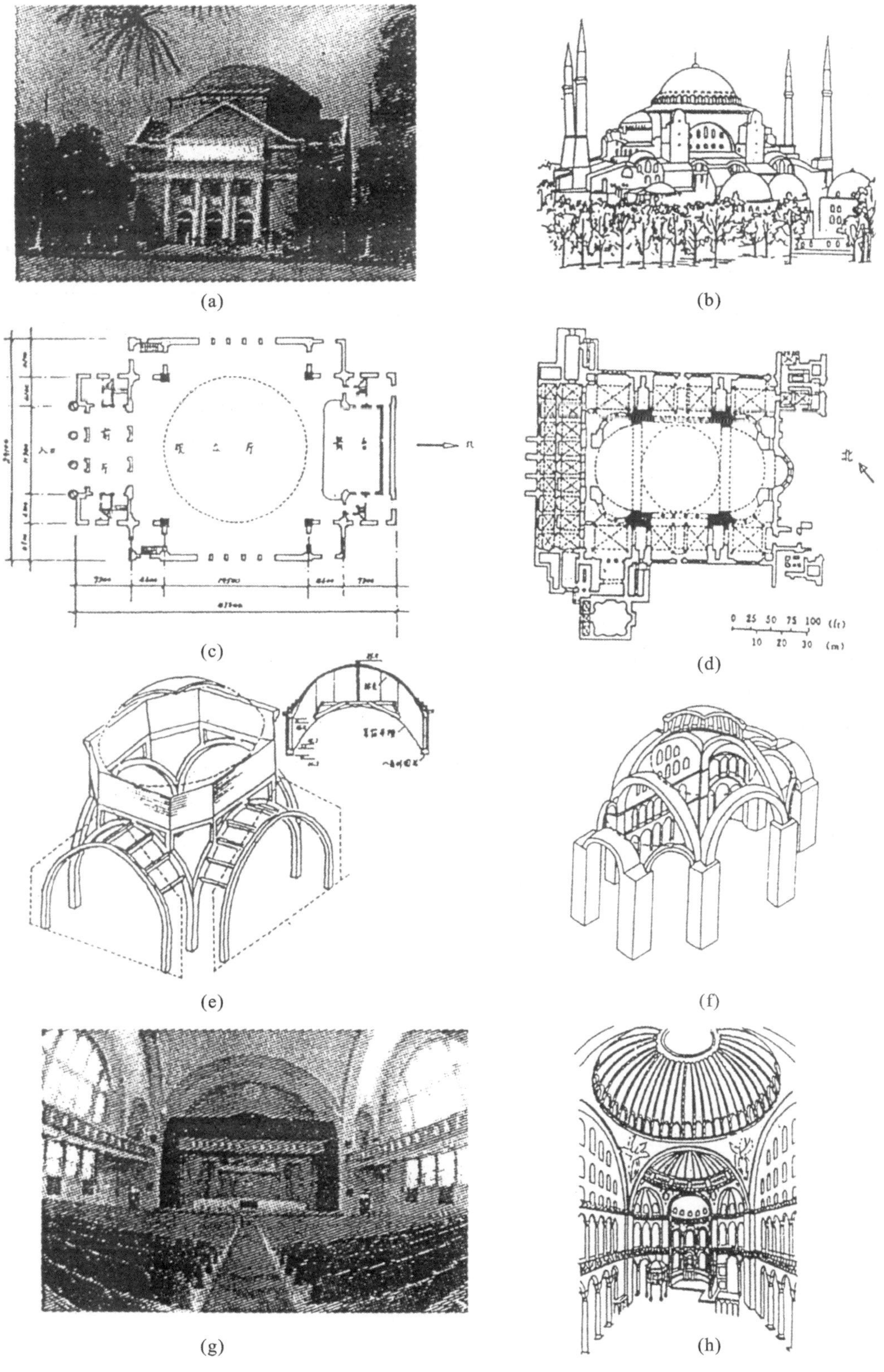

附 3 图 1　清华大学大礼堂[(a)、(c)、(e)、(g)]和索菲亚大教堂[(b)、(d)、(f)、(h)]的对比

附3表1　清华大礼堂和索菲亚大教堂各种指标的比较

	清华大礼堂	索菲亚大教堂
穹顶直径、矢高	19.5 m、7 m	约 33 m、约 13.6 m
穹顶结构	钢筋混凝土扁球壳(近半球形)	砖扁球壳(近半球形)
穹顶至室内地面高度	25.9 m	约 55 m
穹顶外推力解决办法	壳底设置支承环,做到自平衡	用支承拱、支承柱支承自身重力,外置半圆形穹顶和实心扶壁墙,均未解决推力问题
穹顶支承拱	半圆形钢筋混凝土拱,拱跨 19.5 m,外贴灰砂砖面层	半圆形石拱(东西拱跨约 30 m,南北拱跨约 36 m)
穹顶支承柱	钢筋混凝土柱,含外贴灰砂砖,截面 1 m×1 m	花岗岩石块砌成石柱,截面约 7 m×10 m
穹顶顶棚做法	龙骨苇箔吊顶,吊顶与穹顶间有 7 m 净空	穹顶的结构外露,穹顶底部周围有 40 个采光窗口
屋面做法	包青铜防水面层	待查
建筑面积	1 843 m^2	待查
建成年代	公元 1917 年始建,1921 年完成	公元 532 年始建,537 年完成

有比较才能有鉴别,通过比较可以说明两点:一是建筑物存在的根本原因是材料,也即要用适当的材料做成所需要的结构,抵御自然界和人为的作用力,才能保持建筑物的长久存在。二是土木工程的发展与材料的发展休戚相关,人类在 17 世纪 70 年代才开始大量应用生铁做建筑材料,到 19 世纪初才发展到用熟铁建造桥梁和房屋;索菲亚大教堂连续倒塌的历史,只有在使用铁链后才彻底终结。清华大礼堂是在索菲亚大教堂长期使用后才模仿建成的,而且因为采用了钢筋混凝土材料,所以比索菲亚大教堂建造得更加完善、简捷和坚固。

附　录　4

布鲁克林桥(Brooklyn Bridge)

1883 年建成的布鲁克林桥(附 4 图 1)是 19 世纪世界上最长的悬索桥。它横跨纽约东河,将曼哈顿区和布鲁克林区连接起来,每天约有 10 万辆车通过。该桥为纽约的经济发展做出了重要贡献,其精湛的建桥技术,也为今后世界悬索桥乃至斜拉桥的发展奠定了基础。

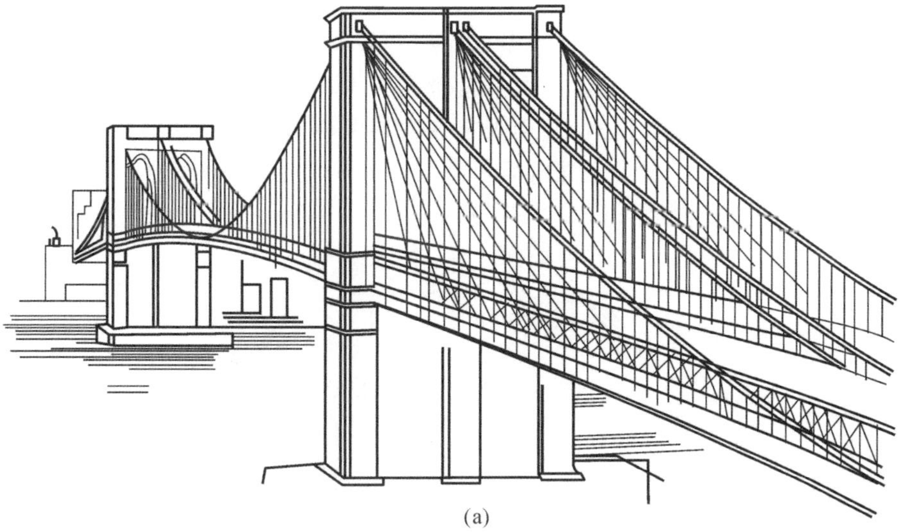

(a)

(b)

附 4 图 1　1883 年建成的布鲁克林桥

布鲁克林桥的两个奇特式竖塔间的主跨长 486 m(1 595 ft),两个侧跨每跨长 284 m(930 ft),合计 1 053 m(3 455 ft)。竖塔为花岗岩砌体结构,坐落在庞大的混凝土沉箱基础上。桥面为钢加劲桁架梁,有 25.6 m (84 ft)宽,支承在 4 根 400 mm 直径的主钢悬索和 380 根附钢吊索上,并有从竖塔顶拉下的斜拉索作为辅助支承。竖塔高出东河水面 84 m(276 ft),桥面高出水面 41 m(135 ft),大型船只可以自由通航。

布鲁克林桥的设计者是罗布林(J. A. Roebling),他在赴欧考察沉箱施工时不幸负伤,不久逝世。此工程遂由其子 W. A. Roebling 继续完成。老罗布林是德国柏林的建筑师兼工程师,后赴美从事规划工作,但一直对钢丝在工程中的应用感兴趣,曾做过这方面的建筑工程设计,又开设了一个罗布林钢丝公司,它是当时世界上几个重要钢缆制造厂之一。1841 年,老罗布林 35 岁时曾第一次将钢缆作为悬索用在 Allegheny 河的桥上。那时，他架设钢缆的方法大体上就是后来用在布鲁克林桥上的方法的雏形。但该桥因为跨度不大，没有成名。1854 年 5 月老罗布林的对手埃莱特在 Ohia 河上建成的一座悬索桥(Wheeling Bridge，跨度 1 010 ft)突然间在暴风雨中失稳倒塌。这个重大事故使老罗布林认为必须在悬索桥面上加设与塔架连接的斜拉索，使桥面在有悬索作为主要支承外，还有多点通过斜拉索与塔架相连，从而起到辅助支承作用，以防桥面在空气动力作用下因振荡失效而破坏。这个概念后来成为老罗布林设计布鲁克林桥的主要思路。

布鲁克林桥有 4 根主悬索，其中两根在中线附近，另两根在桥面两侧，它们均为 400 mm(15.75 in)直径的钢缆，每根钢缆由 19 股钢绞线组成，每股钢绞线含 278 根钢丝。老罗布林计划架设悬索时，先将每股钢绞线锚固在河岸的一端，用他发明的移动轮将连接在轮上的钢绞线，通过塔顶的 4 个铸铁鞍座运送至对岸，固定在对岸的锚具上。如此往复来回，直至钢绞线全部到位(附 4 图 2)。然后用钢丝把 4 根主悬索的各股钢绞线全部绕紧，形成一个个圆截面的缆绳。这样做既能使各股钢绞线共同受力，又能阻止水分进入钢缆，防止它受腐蚀。这就是 400 mm 直径的主悬索。主悬索做成后再在其上等间距地架设 380 根吊索，用其吊住桥面。同时还从塔顶斜拉下 30 余根斜拉索，分别固定在塔架两侧桥面上。这些斜拉索有足够的强度，一旦主悬索在意外事故中断裂，它们可以承受全部桥面荷载。此外还应说明，当时有一个保守思想——就是主悬索要能承受 6 倍的桥面荷载，即主悬索的安全系数为 6。

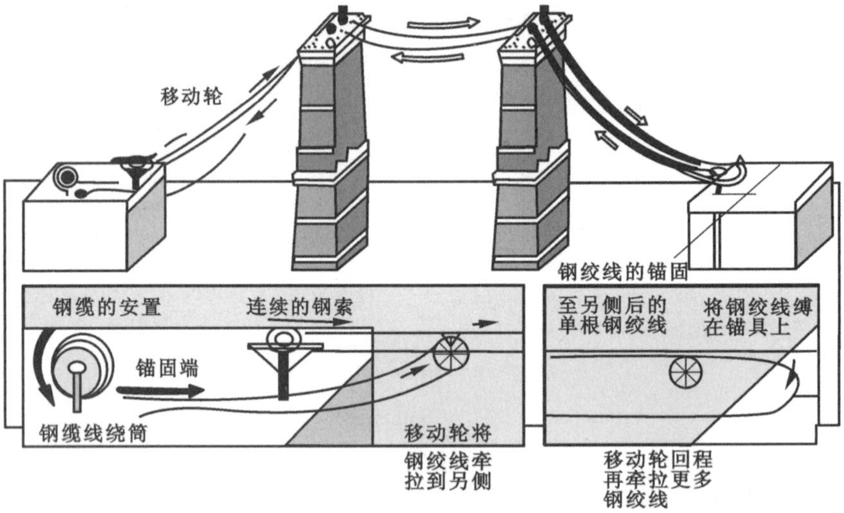

附 4 图 2　钢缆(悬索)安置示意

建造布鲁克林桥的目的是支承一个跨过东河，通行列车、汽车、马车和行人的公路路面。这个路面就是悬索桥面。它由横向钢主桁架作主梁，支承在吊索上，在纵向还有次梁连系，形成一个加劲的钢格构体系。最早的路面为 6 车道，中间两道通列车，两边车道通汽车，桥面中央有抬高的人行道。1944 年后，取消了列车道，加宽了汽车道，见附 4 图 3。

布鲁克林桥建造的第一步是做竖塔的墩座及其沉箱基础，这是该桥最关键的支承结构。此沉箱有一个巨大而不透水的无底木制工作室，其平面尺寸约 52 m×31 m(170 ft×102 ft)，木制顶部厚 6.1 m(20 ft)，四周木制墙的顶部厚 2.4 m(8 ft)，但底部只有 5 cm(2 in)，用钢板包住，称为刃脚。在工作室顶部有一个运土用的伸至水面的钢竖井，还有一个进出挖土工人用的气闸室，及打入压缩空气的压气管。使用时施工人员向工作室里打入压缩空气，当空气压力与工作室四周的水进入沉箱的压力相等时，便能在室内挖土，并将土从竖井中运走(附 4 图 4)。因此，大批挖土工是在有压力的工作室里施工的。在工人挖土的同时，工作室上面砌筑塔架的石砌基础。当工作室刃脚下四周土被挖走，钢刃脚被工作室顶部已建成的塔架基础的重力压入土中时，沉箱就会下沉。这个过程连续进行，直到刃脚到达基岩或密实砂土时为止(该桥一侧的沉箱到达基岩；另一侧到达密实砂土)。沉箱最后沉入水中的深度在布鲁克林区一侧为 13.5 m(44 ft)，在曼哈顿区一侧为 24 m(79 ft)。当沉箱抵达此深度后即在箱内全部浇筑混凝土，使混凝土墩与上面砌筑的墙体形成坚实的塔基，再在塔基上做花岗岩塔架。

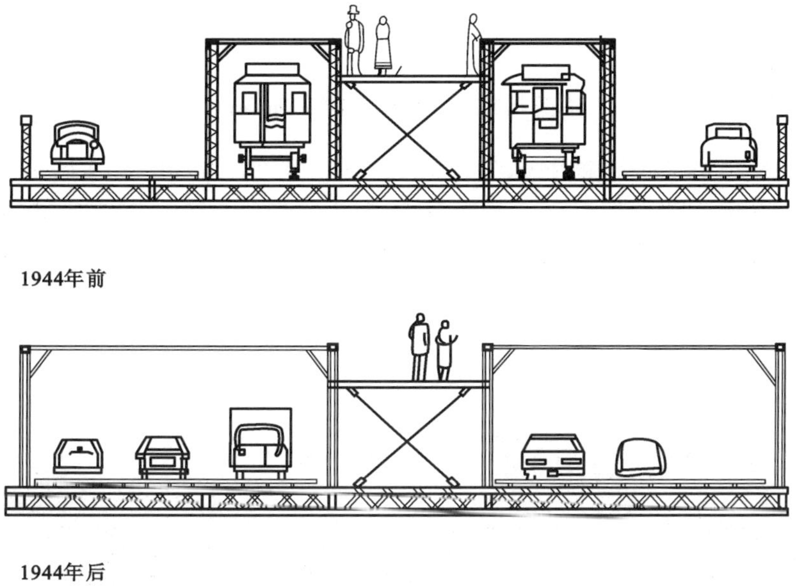

附 4 图 3　桥面横断面

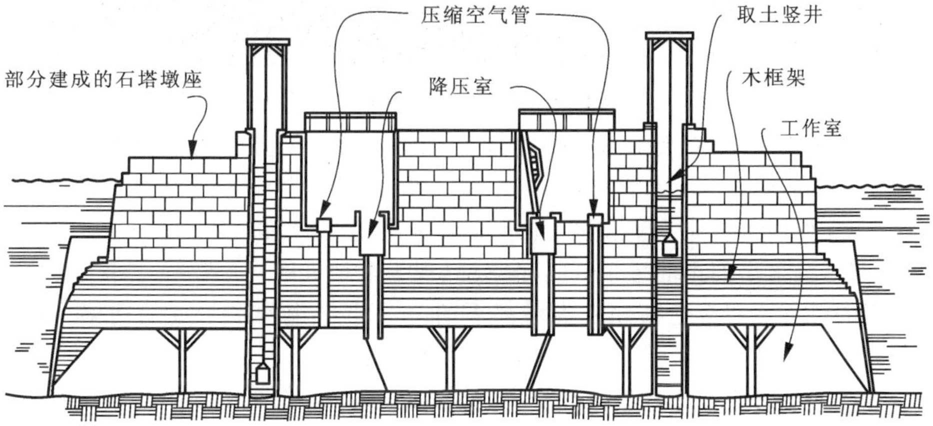

附 4 图 4　沉箱做法

布鲁克林桥前后建造了 14 年，耗资 1 600 万美元。所用钢索总长 16 000 mile(25 748.8 km)以上。该桥在 1883 年 5 月 24 日启用通车，启用时灯光通明，是世界上第一座用电灯照明的大桥。但在建造过程中有 20 人牺牲(多数患沉箱病)，包括老罗布林本人也于 1863 年因破伤风病逝世。

建造悬索桥时要让钢索从高处跨越河流，这不是一件容易做到的事。早期埃莱特要在尼亚加拉瀑布(Niagara Falls)上架设一座悬索桥。他向一群年轻人提出谁能把一根绳子跨越瀑布送到对岸就给谁 5 美元奖励。一个年轻人利用风筝成功了。埃莱特先将一根细钢丝系在绳子上使其跨越瀑布，后来逐渐将钢丝加粗，再将这些钢丝拧成钢绳，直到钢绳形成悬链线的形状后将其安置在瀑布两旁。从这个故事到现在已经过去了一个多世纪，悬索桥的跨度从 100 余米增长到近 2 000 m，材料从铁索变为钢缆，施工方法从放风筝进步到使用移动轮，甚至可用直升机，这说明工程材料和工程技术正在发生迅猛的变化。我们应该从这里得到有益的启示。

附　录　5

法国埃菲尔铁塔(Eiffel Tower)

埃菲尔铁塔(附5图1)位于巴黎塞纳河畔,有300 m(近1 000 ft)高,1887年始建,1889年建成,是19世纪世界上最高的钢结构构筑物(附5图2),这个纪录保持了40年。它为1889年巴黎展览会(Paris Exhibition)而建,本身并无使用目的,但证明了法国是世界产业革命后200年以来工程技术的先导。

附5图1　塞纳河畔的埃菲尔铁塔

此塔的结构体系既直观又简捷:底部是坐落在每边128 m(420 ft)长的底座上的4个巨型角形倾斜柱墩(倾角54°),支承着标高55 m(180 ft)处的第一平台;第一平台和标高115 m(380 ft)的第二平台之间有4个微曲的角立柱相连,角立柱向上转化为细长的、几乎垂直的、刚性很大的189 m(620 ft)高的方尖塔,并直通顶部平台;平台上部有一个很小的拱曲屋顶和若干旗杆(现为电视天线)。第一、二平台间角立柱的微小曲率加强了塔身冲向云霄的感觉。所有立柱和方尖塔都采用由X形抗风斜撑组成的网格桁架作为结构。全塔总重9 700 t,有着4个坚固的直伸至下卧持力土层的沉箱基础。

在第一平台底部有4个跨越倾斜柱墩的大拱。它是装饰用的,在结构受力上并不需要。这4个拱破坏了塔结构的线性、简捷性和"诚实"性,也损害了塔身的美观,但不幸的是这个装饰已被公认为塔外形的一个基本组成部分。

此塔在设计时除自重和游客的重力荷载外,主要考虑承受风载。设计人假设它要承受的风速为顶部148 mile/h(238 km/h≈3 970 m/min),底部105 mile/h(169 km/h),上下平均风速134 mile/h(216 km/h)的相应风压,将作用在没有"穿孔效应"的塔身侧面上。抵抗此风力的是塔身自重和每天1万余名游客的重力(约为塔身自重的10%)。由于塔身是由开口钢(实际上用的是锻铁)构架做成的细工饰品,风可以穿越,塔身没有很大的受风面积,实际风载比设计时预估的小得多,因而该塔有很大的安全储备,何况当地最大的风速至今尚不足以成为它的"敌人"。

此塔的设计人和主持建造人是工程师古斯塔夫·埃菲尔(Gustave Eiffel,1832—1922年)。他最初学的是化工,1867年开始从事钢结构的设计和承包工作,此后20年间他建造过许多火车站、百货商场甚至桥梁。在埃菲尔铁塔的设计和建造中,不但他所运用的力学、结构和美学的概念和思路是巧妙的、和谐的、统一的,而且他所做的实际工作是大量的、细致的、精确的。他为设计此塔雇用了30名绘图员,用了18个月,画了1 333 m^2(14 352 ft^2)的图纸,设计了15 000多个结构构件和250多万个连接用的铆钉孔,而且安装时每一个铆钉都能准确地穿过铆钉孔。他在制造和安装这9 700 t钢构件时(附5图3、4、5),只用了250名工人,在整个制造和安装工程中没有出过一起事故。他曾允诺在1889年巴黎展览会开幕前完工,结果只用了两年两个

附 5 图 2　埃菲尔铁塔雄姿

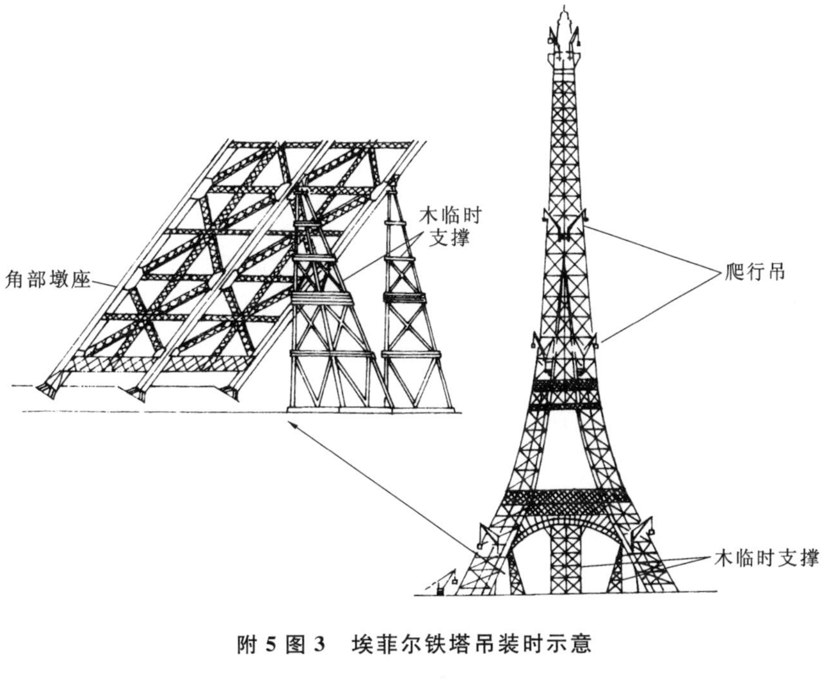

附 5 图 3　埃菲尔铁塔吊装时示意

月零五天即竣工。他预计造价仅为150万美元,完成时竟节约了预算造价的5%。

这是一个伟大的人类所完成的至今仍举世闻名的伟大工程!

附5图4　50 t爬行吊正在吊装两个构件就位(一侧的吊重要与另一侧的吊重相平衡)

附5图5　放在4个角形倾斜柱墩底部的水压千斤顶(它是这个工程的闪光点,通过升降千斤顶,可以调整上部支柱的位置,使得结构上部构件的铆钉孔可以对准)

附　录　6

都江堰(Dujiang Weir)

都江堰是中国古代建设并一直沿用至今的大型水利工程，位于四川省都江堰市城西，岷江上游约340 km处。此水利工程一举改善了成都平原的供水生态，经过历代整修，两千多年来都发挥着巨大的防洪、灌溉作用，是“天府之国”当之无愧的缔造工程，堪称人类利用工程技术改造自然的应用典范(附6图1)。

附6图1　都江堰水利工程全景图

据传，都江堰建设于战国时期。鉴于所制定的“灭六国，统华夏”的战略部署，秦国深知战略后方粮仓供给稳定的重要性。彼时，四川盆地初见规模，但由于该地区本就由上游河流所携带的大量泥沙长期冲积形成，彼时的蜀地仍经常受到洪水侵袭，导致江河泛滥，民不聊生。《蜀道难》“蚕丛及鱼凫，开国何茫然”一说，也从侧面表面明古蜀地地势险恶，江水凶急，下游四川平原水患不止。一方面是民众期盼山洪被治理，另一方面是国家推动粮仓建设，如何有序引导变幻莫测的峡谷河流来水，成为一个关键的工程需求，蜀地水利工程的建设势在必行。

据《史记·河渠书》《汉书·沟洫志》记载，都江堰是由战国时期秦国蜀郡郡守李冰及其子于约公元前256年至公元前251年主持始建的。据传，李冰父子详细考察了当地地形，并广泛征集民间能工巧匠，首先开凿玉垒山并打通了一道引水口，然而岷江来水并未按照设想通过凿口涌入，实际分洪效果一般，在这样的情况下，李冰父子想到填河筑堰的方法，随即诞生了都江堰工程的整体初步方案设计。

灌溉与防洪是都江堰设计之初的主要需求，但正如前文所讲，四川盆地平原原本就是岷江挟沙沉积形成的，山洪暴发时，随高速、巨量上游来水一起倾泻而下的，还有体量庞大的泥沙，水利工程的兴修，还必须同时考虑水中携带泥沙的疏导与防治。在我国水利工程建设的早期实践当中，有相当一部分工程对泥沙问题处理不当或失效，致使工程最终废于泥沙的淤积，尤其是黄河流域的工程更是如此。

都江堰能够延续使用两千多年而长盛不衰，就是因为它有效地处理了泥沙问题。如附6图2所示，一方面，都江堰在其主体工程上游修建有百丈堤，作为调治构造物，这条长长的堤坝能够及早对流入堰体的水流进行干预，引导河水使其流速均一可控。另一方面，都江堰入堰口恰处于平弯段，弯曲的河流水体看似一齐流过弯道，但实质上水流高速通过弯曲渠道时，会因为弯曲河槽的阻挡与高速流动水体自身的惯性作用，发生顺轴副流(横断面漩涡)，若将水体沿流动方向正交切断，表层清水将流向凹岸(弯弧外侧)，而底层浊水将流向凸岸(弯弧内侧)。由于都江堰鱼嘴的分流作用，凹岸清水顺次流入内江，而裹挟大量泥沙的凸岸浊水则分入外江排出。都江堰合理利用自然地形形成的弯渠对上游水进行筛选与分流,其设计、选址等理念实属精妙。

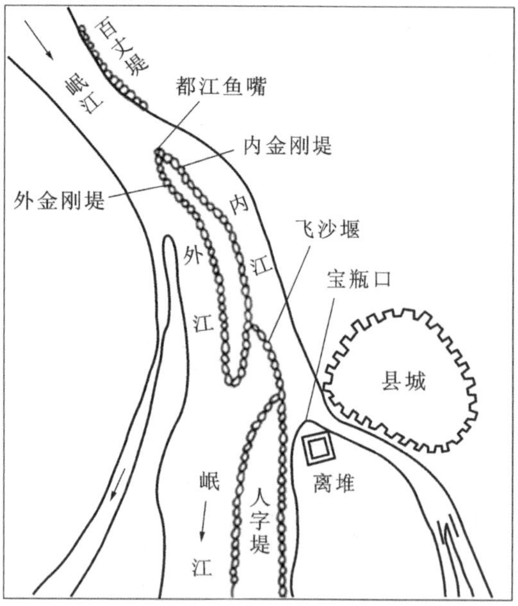

(a)

(b)

附6图2 都江堰水利工程

(a)设计平面示意图;(b)设计理念名句

大量的来沙已由外江导出,但这并不代表流入内江的清水就清澈见底。颗粒粒径较小的悬浮质泥沙依旧随着清水流入内江,而在内江处,另一巧妙的排沙设计即将发挥作用。

都江堰的内江尽头被离堆阻断,灌溉口则设置在内江尽头的一侧,而另一侧则设置了享有盛名的飞沙堰。正常水位时期,内江来水水位未超过飞沙堰,内江来水主要通过宝瓶口进入四川平原。由于宝瓶口断面面积小,水流因过水断面急剧压缩形成立轴副流(平面漩涡),此处漩涡卷起的泥沙恰可被飞沙堰捕获,只需在枯水季水位下降时定期安排飞沙堰清淤,即可满足都江堰可持续的分沙治沙功能。

除治沙巧思以外,在都江堰工程中,建造者依据岷江来水的季节性变化,通过将内江河滩挖窄挖深,保持外江河滩又宽又浅,建成了依据上游水位高低自行分配进入内江水量的"四六分水"机制,可确保都江堰分配流入四川平原的江水水量最大限度免受水位变化的影响,满足平原稳定灌溉用水的需求。

都江堰的设计、建造、维护还有许多精巧之处,包括飞沙堰可形成漫水坝扩大泄洪过水面积;鱼嘴金刚堤采用竹筐填石形成耐冲刷基础;宝瓶口采用冷热膨胀法开凿坚硬岩石等。一个超世纪工程,在千百年里,真真切切地抵挡了天灾与隐患,切切实实地改变了广袤的大地,实实在在地造福了一方水土和百姓!后人对督造都江堰工程的李冰父子给予了高度的评价,以至于道教团体创立后,还主导过供奉李冰父子为清源真君的习俗,于都江堰旁兴修了二王殿以示庄严纪念。

不管从科学技术还是从文史哲学的角度,围绕都江堰工程,都还有大量的学术内容等待进一步的挖掘和研究。"深淘滩,低作堰"是后世之人对都江堰设计理念的高度概括,都江堰各处巧妙设计,无不是在追求与自然的和谐统一。敬畏自然,尊重自然,顺应自然,才能与自然和谐共处,相惠互利。中华优秀传统价值观念早在两千多年前就已融入那个时代的建设工艺当中,如此境界,值得我们所处时代的工程师们深思与借鉴。

都江堰可谓凭"一己之力"缔造"天府之国",用简陋建材延续千年功用!都江堰是中华民族治水智慧的结晶,是我国传统治水文化的明珠,它不仅是中华民族的财富,也是全人类共同的财富!

附　录　7

港珠澳大桥(Hong Kong-Zhuhai-Macao Bridge)

港珠澳大桥(Hong Kong-Zhuhai-Macao Bridge)是中华人民共和国境内一项连接香港、广东珠海和澳门的桥隧工程(附7图1),位于广东珠江口伶仃洋海域内,为珠江三角洲地区环线高速公路南环段。港珠澳大桥全长55 km,其中包含22.9 km的桥梁工程和6.7 km的海底隧道,隧道由东、西两个人工岛连接;桥墩224座,桥塔7座;桥梁宽度33.1 m,沉管隧道长度5 664 m、宽度28.5 m、净高5.1 m;桥面最大纵坡3%,桥面横坡2.5%以内,隧道路面横坡1.5%以内;桥面按双向六车道高速公路标准建设,设计速度100 km/h,全线桥涵设计汽车荷载等级为公路一Ⅰ级,桥面总铺装面积70万 m^2;通航桥隧满足近期10万t、远期30万t油轮通行;大桥设计使用寿命120年,抗震设防烈度为9度,可抵御16级台风、30万t撞击以及珠江口300年一遇的洪潮。

附7图1　港珠澳大桥全景图

港珠澳大桥于2009年12月15日动工建设;于2017年7月7日实现主体工程全线贯通;于2018年2月6日完成主体工程验收;2018年10月24日上午9时开通运营。

港珠澳大桥东起香港国际机场附近的香港口岸人工岛,向西横跨南海伶仃洋水域连接珠海和澳门人工岛,止于珠海洪湾立交。工程项目总投资额1 269亿元。港珠澳大桥因其超大的建筑规模、空前的施工难度和顶尖的建造技术而闻名世界。2023年经港珠澳大桥珠海公路口岸出入境旅客超过1 630万人次。

港珠澳大桥建成通车后,驾车从香港到珠海、澳门的时间从3 h缩短到45 min。这条长55 km的大桥,集桥、岛、隧道于一体。这桥为什么要建造得那么复杂? 一桥建到底不行吗? 科学家们是如何挑战极限,一步步实现跨越的呢?

港珠澳大桥分别由三座通航桥、一条海底隧道、四座人工岛及连接桥隧、深浅水区非通航孔连续梁式桥和港珠澳三地陆路联络线组成。

其中,三座通航桥从东向西依次为青州航道桥、江海直达船航道桥和九洲航道桥;海底隧道位于香港大屿山岛与青州航道桥之间,通过东、西人工岛连接其他桥段;深浅水区非通航孔连续梁式桥分别位于近香港水域与近珠海水域;三地口岸及其人工岛位于两端引桥附近,通过连接线接驳周边主要公路。

港珠澳大桥主桥为三座大跨度钢结构斜拉桥,其中青州航道桥塔顶结构[附7图2(a)]形状吸收"中国结"文化元素,将最初的直角、直线造型"曲线化",使桥塔显得纤巧灵动、精致优雅。江海直达船航道桥主塔塔冠[附7图2(b)]造型取自"白海豚"元素,与海豚保护区的海洋文化相结合。九洲航道桥主塔造型取自"风帆",寓意"扬帆起航",与江海直达船航道塔身形成序列化造型效果,桥塔整体造型优美、亲和力强,具有强烈的地标韵味。

港珠澳大桥海底隧道所在区域没有现成的自然岛屿,需要人工造岛。受800万t海床淤泥的限制,施工团队采用了"钢筒围岛"方案(附7图3):在陆地上预先制造120个直径22.5 m、高度55 m、重量达550 t的巨型圆

(a)

(b)

附 7 图 2 港珠澳大桥

(a)青州航道桥塔顶结构;(b)江海直达船航道桥主塔塔冠

形钢筒,通过船只将其直接固定在海床上,然后在钢筒合围的中间区域填土造岛。这种施工方法既能避免过度开挖淤泥,又能避免抛石沉箱在淤泥中滑动。岛上建筑采用表面平整光滑、色泽均匀、棱角分明、无碰损和污染的新型清水混凝土,施工时一次浇注成型,无任何外装饰,能有效应对外海高风压、高盐和高湿度的不利环境。

附 7 图 3 外海造岛

港珠澳大桥沉管隧道及其建造技术是整个工程的核心,建设隧道既能减少大桥和人工岛的长度,降低建筑阻水率,从而保持航道畅通,又能避免与附近航线产生冲突。沉管隧道安置采用集数字化集成控制、数控拉合、精准声呐测控、遥感压载等为一体的无人对接沉管系统;沉管对接以多艘大型巨轮、多种技术手段和人工水下作业相配合的方式进行。

港珠澳大桥的斜拉桥距离机场很近,受密集航班影响,海上作业建筑限高严格,传统的架设临时塔式起重机的吊装方法无法施展。为此,施工团队采用预制索塔牵引吊装的方案,即在陆地上造桥塔,然后通过桥梁底座上的连接轴进行连接,用巨大的钢缆将原本水平放置的桥塔牵引旋转 90°角垂直于桥面后再固定(附 7 图 4)。

附 7 图 4 索塔吊装

港珠澳大桥的建成通车,极大地缩短了香港、珠海和澳门三地间的时空距离。作为中国从桥梁大国走向桥梁强国的里程碑之作,该桥被业界誉为桥梁界的“珠穆朗玛峰”,这是一座圆梦桥、同心桥、自信桥、复兴桥,它的建设创下多项世界之最,非常了不起,这体现了一个国家“逢山开路、遇水架桥”的奋斗精神,展现了我国的综合国力、自主创新能力,体现了勇创世界一流的民族志气。

附 录 8

对“土木工程概论”课程教学大纲的建议

(1) 课程名称、学时和教科书:课程“土木工程概论”,在大一上学期或下学期设置;学时:课内 16~18,课外 16~18(1∶1);采用教科书《土木工程(专业)概论》。

(2) 教学目的:为完成土木工程专业培养目标,对培养对象进行专业思想教育,以作为德育教育的补充,并达到以下效果:

①使学生了解专业培养目标和学习的目的、大学素质教育的实质;

②使学生了解土木工程概貌和基本建设的国情,建立为服务祖国建设而学习的思想和感情;

③指导学生适应大学学习生活,掌握学习方法,懂得学习原理;

④建立专业师生之间的有机联系,最大程度地调动学生学习的主动性和积极性。

(3) 课内外教学安排见下表。

序号	课 内	学时	课 外	学时
1	第 1 章 专业培养目标和素质要求	2	交自我介绍一份	1
2	第 2 章 土木工程概述 (1) 建筑工程(含展望) (2) 道桥工程(含展望) (3) 建设程序、过程、法规等 (多媒体教学手段)	8~10	看录像片(1)、(2)每类 1~2 部,每部 30~60 min,有录像说明; 参观施工现场(校内或附近)2 次,每次 2 h,由教师讲解(不是工地技术人员讲解)	8~10
3	第 3、4 章 土木工程专业教学安排	4	参观本专业优秀学生作业(从基础课作业至毕业设计作业); 组织一次师生思想交流(或与高班学生交流)	1 2
4	第 5 章 学习原理和学习要领	2	组织一次师生思想交流; 其他	2 2~4
共 计		16~18	共 计	16~18

(4)作业要求:

①第 1 周学生交“自我介绍”一份,其目的是对学生有所了解,使教学有针对性。内容:为什么选本专业,个人爱好、特长、兴趣,对大学的初步印象,有何困难和希望。字数不超过 1 000 字。

②期中交参观工地和看录像片的感想。内容可自选或来自各章思考题。

③期末交学习小结一份。内容:对土木工程的认识,对大学学习的认识,自己今后几年的规划,在学习动力和学习方法上的体会,对本课程的意见和建议。字数、形式、体裁均不限。

(5)课外讨论(思想交流):

①对培养目标和大学学习特点的讨论(目的:明确为什么学习的问题);

②对土木工程和教学安排的讨论(目的:解决学什么的问题);

③对学习概念、原则、方法的讨论(目的:解决如何学好的问题)。

(6)考核:不考试,以上述作业和期末小结质量为评分依据。

(7)基本经验:

①任课教师要有丰富的教学和工程实践经验;

②教学内容宜生动活泼,以感性知识为主;

③教师要深入了解学生思想状况,讲课有针对性。班主任、辅导员宜参加辅导,组织好课外思想交流。

参 考 文 献

1 张光斗,王冀生. 中国高等教育[M]. 北京:清华大学出版社,1995.

2 倪明江. 创造未来——工程教育改革研究[M]. 杭州:浙江大学出版社,1999.

3 罗福午. 提高对于专业概论课的认识[M]. 中国高教研究,1992(2):82-85.

4 罗福午,于吉太. 以现代工程为背景,进行生动有效的工程教育[J]. 高等工程教育研究,2004(2):51-54.

5 罗福午. 工程思想教育是工科大学德育的重要组成部分[J]. 高等工程教育研究,2006(1):16-20.

6 李培根. 工程教育需要大工程观[J]. 高等工程教育研究,2011(3):1-3+59.

7 罗福午. 建筑工程专业概论[M]. 北京:清华大学出版社,1993.

8 罗福午. 建筑结构[M]. 武汉:武汉理工大学出版社,2005.

9 D. L. Schodek. Structure[M]. 罗福午,等译. 北京:清华大学出版社,2004.

10 林同炎,S. D. 斯多台斯伯利. 结构概念和体系[M]. 高立人,等译. 2 版. 北京:中国建筑工业出版社,1999.

11 罗福午. 建筑结构概念体系与估算[M]. 北京:清华大学出版社,1991.

12 罗福午,王毅红. 土木工程质量缺陷事故分析及处理[M]. 武汉:武汉理工大学出版社,2009.

13 中国大百科全书总编辑委员会《土木工程》编辑委员会. 中国大百科全书:土木工程[M]. 北京:中国大百科全书出版社,1987.

14 丁大钧,蒋永生. 土木工程总论[M]. 北京:中国建筑工业出版社,1997.

15 叶志明. 土木工程概论[M]. 3 版. 北京:高等教育出版社,2009.

16 崔景浩. 土木工程导论[M]. 北京:清华大学出版社,2011.

17 崔景浩. 土木工程概论[M]. 北京:清华大学出版社,2012.

18 项海帆,沈祖炎,范立础. 土木工程概论[M]. 北京:人民交通出版社,2007.

19 叶列平. 土木工程科学前沿[M]. 北京:清华大学出版社,2006.

20 周云. 土木工程防灾减灾学[M]. 广州:华南理工大学出版社,2002.

21 徐有邻. 汶川地震震害调查及对建筑结构安全的反思[M]. 北京:中国建筑工业出版社,2009.

22 徐培福. 复杂高层建筑结构设计[M]. 北京:中国建筑工业出版社,2008.

23 美国高层建筑与城市环境协会. 高层建筑设计[M]. 罗福午,等译. 北京:中国建筑工业出版社,1997.

24 S. 塔拉纳特. 高层建筑钢、混凝土、组合结构设计[M]. 罗福午,等译. 北京:中国建筑工业出版社,2000.

25 刘大海. 高楼结构方案优选[M]. 西安:陕西科学技术出版社,1992.

26 韩林海. 钢管混凝土结构[M]. 北京:科学出版社,2000.

27 任家骥. 南京奥体中心工程预应力技术的应用[J]. 钢结构,2006(2):30-34.

28 陈晓明,金俞槐,吴欣之. 南京奥林匹克主体育场钢屋盖工程安装工艺研究[J]. 第五届全国现代结构工程学术研讨会论文集,2005,325-329.

29 余永辉,杨汉伦,周定. 广州新电视塔结构设计及难点分析[J]. 广东土木与建筑,2010(4):3-5+18.

30 汪大绥,周建龙,袁兴方. 上海环球金融中心结构设计[J]. 建筑结构,2007,37(10):8-12.

31 华南理工大学建筑结构教研组. 钢筋混凝土与砖石特种结构[M]. 广州:华南理工大学出版社,1990.

32 侯继尧,王军. 中国窑洞[M]. 郑州:河南科技出版社,1999.

33 童林旭. 地下建筑图说 100 例[M]. 北京:中国建筑工业出版社,2007.

34 刘锡良. 现代空间结构[M]. 天津:天津大学出版社,2003.

35 王毅红,茹广生.《陕西省村镇建筑抗震设防技术要点》图例[M]. 西安:西安地图出版社,2007.

36 周健,吴世明,徐建平. 环境与岩土工程[M]. 北京:中国建筑工业出版社,2000.

37 罗国杰. 智能建筑系统工程[M]. 北京:机械工业出版社,2000.

38 黎连业,刘占全,袁林. 智能大厦网络实施指南[M]. 北京:清华大学出版社,1998.

39 孙大章. 中国古代建筑史话[M]. 北京:中国建筑工业出版社,1987.

40 项海帆,肖汝诚. 现代桥梁工程六十年[M]//第十八届全国桥梁年会论文集. 北京:人民交通出版社,2008.

41 姚玲森. 桥梁工程[M]. 北京:人民交通出版社,2010.

42 邵旭东. 桥梁工程[M]. 北京:人民交通出版社,2007.

43 项海帆,肖汝诚,葛耀均,等. 桥梁概念设计[M]. 北京:人民交通出版社,2011.

44 中华人民共和国行业标准. 公路桥涵设计通用规范:JTG D60—2004[S]. 北京:人民交通出版社,2004.

45 杨少伟. 道路勘察设计[M]. 北京:人民交通出版社,2008.

46 邓学钧. 路基路面工程[M]. 3 版. 北京:人民交通出版社,2008.

47 朱照宏. 道路规划与几何设计[M]. 北京:人民交通出版社,2008.

48 交通部公路司. 新理念公路设计指南[M]. 北京:人民交通出版社,2005.

49 交通部公路司. 降低造价公路设计指南[M]. 北京:人民交通出版社,2005.

50 张庆贺,朱合华,庄荣,等. 地铁与轻轨[M]. 北京:人民交通出版社,2007.

51 孙章,蒲琪. 城市轨道交通概论[M]. 北京:人民交通出版社,2010.

52 宋洁萱. 建筑给排水的发展方向——中水工程[J]. 科技信息,2008(4):597-600.

53 包松琴. 建筑给排水的发展趋势[J]. 科技与经济,2006(18):28-29.

54 关立男. 建筑给排水的发展探究[J]. 中国新技术新产品,2010(2):149.

55 张雪峰,李伟. 节水节能技术在建筑给排水中的应用及发展[J]. 山西建筑,2007(25):210-211.

56 周树琴. 建筑工程造价与招标投标[M]. 成都:成都科技大学出版社,1998.

57 建筑业与房地产企业工商管理培训教材编审委员会. 工程项目管理[M]. 北京:中国建筑工业出版社,1998.

58 建筑业与房地产企业工商管理培训教材编审委员会. 建设法规教程[M]. 北京:中国建筑工业出版社,1998.

59 建筑业与房地产企业工商管理培训教材编审委员会. 施工组织设计与进度管理[M]. 北京:中国建筑工业出版社,1998.

60 武育秦. 建筑工程经济与管理[M]. 武汉:武汉工业大学出版社,1997.

61 林毓琦. 大学学习论[M]. 西安:西安交通大学出版社,1987.

62 罗福午. 大学工程教学 16 讲[M]. 北京:清华大学出版社,2007.

63 韩晓燕,张彦通. 美国注册工程师制度的现状问题及改革方向[J]. 高等工程科技进步与对策,2007,24(1):145-149.

64 苏永强,黄玲. 与注册工程师制度相适应的工程教育改革[J]. 广东工业大学学报(社会科学版),2005,5(1):41-43.

65 蒋永生,邱洪兴. 从注册结构工程师试点考试探讨土建类专业教学改革[J]. 高等建筑教育,1997(3):6-8.

66 文亮,瓮晶波,何继善. 我国今后工程师分类框架设计[J]. 中国工程学,2007,9(8):15-20.

67 李国强,熊海贝. 土木工程专业教育评估国际互认的探索与实践[J]. 高等建筑教育,2013,22(1):5-12.

68 国家质量监督检验检疫总局,中国国家质量监督检验检疫总局. 碳素结构钢:GB/T 700—2006[S]. 北京:中国标准出版社,2006.

69 国家市场监督管理总局,中国国家标准化管理委员会. 低合金高强度结构钢:GB/T 1591—2018[S]. 北京:中国质检出版社,2018.

70 国家质量监督检验检疫总局,中国国家标准化管理委员会. 火灾分类:GB/T 4968—2008[S]. 北京:中国标准出版社,2008.

71 鲍跃全,李惠. 人工智能时代的土木工程[J]. 土木工程学报, 2019, 52(5):1-11.

72 陈翀,李星,姚伟,等. BIM 技术在智能建造中的应用探索[J]. 施工技术(中英文),2022,51(20):104-111.

73 毛超,彭窑胭. 智能建造的理论框架与核心逻辑构建[J]. 工程管理学报, 2020,34(5):001-006.

74 胡德鑫,徐文君,常乔丽,等. 国际注册工程师资质认证制度的建构逻辑与改革趋向(J). 高等工程教育研究, 2023(2):87-95.